中国国家标准汇编

373

GB 21505～21555

（2008 年制定）

中国标准出版社　编

中国标准出版社

北京

图书在版编目（CIP）数据

中国国家标准汇编：2008年制定．373：GB 21505～21555/中国标准出版社编．—北京：中国标准出版社，2009

ISBN 978-7-5066-5293-3

Ⅰ．中…　Ⅱ．中…　Ⅲ．国家标准-汇编-中国-2008
Ⅳ．T-652.1

中国版本图书馆CIP数据核字（2009）第079184号

中 国 标 准 出 版 社 出 版 发 行
北京复兴门外三里河北街16号
邮政编码：100045
网址 www.spc.net.cn
电话：68523946　68517548
中国标准出版社秦皇岛印刷厂印刷
各地新华书店经销

*

开本 880×1230　1/16　印张 38.5　字数 1 134 千字
2009年6月第一版　2009年6月第一次印刷

*

定价 200.00 元

ISBN 978-7-5066-5293-3

出 版 说 明

1.《中国国家标准汇编》是一部大型综合性国家标准全集。自1983年起，按国家标准顺序号以精装本、平装本两种装帧形式陆续分册汇编出版。它在一定程度上反映了我国建国以来标准化事业发展的基本情况和主要成就，是各级标准化管理机构，工矿企事业单位，农林牧副渔系统，科研、设计、教学等部门必不可少的工具书。

2.《中国国家标准汇编》收入我国每年正式发布的全部国家标准，分为“制定”卷和“修订”卷两种编辑版本。

“制定”卷收入上一年度我国发布的、新制定的国家标准，顺延前年度标准编号分成若干分册，封面和书脊上注明“20××年制定”字样及分册号，分册号一直连续。各分册中的标准是按照标准编号顺序连续排列的，如有标准顺序号缺号的，除特殊情况注明外，暂为空号。

“修订”卷收入上一年度我国发布的、被修订的国家标准，视篇幅分设若干分册，但与“制定”卷分册号无关联，仅在封面和书脊上注明“20××年修订-1，-2，-3，……”字样。“修订”卷各分册中的标准，仍按标准编号顺序排列（但不连续）；如有遗漏的，均在当年最后一分册中补齐。需提请读者注意的是，个别非顺延前年度标准编号的新制定的国家标准没有收入在“制定”卷中，而是收入在“修订”卷中。

读者配套购买《中国国家标准汇编》“制定”卷和“修订”卷则可收齐上一年度我国制定和修订的全部国家标准。

3. 由于读者需求的变化，自1996年起，《中国国家标准汇编》仅出版精装本。

4. 2008年我国制修订国家标准共5946项。本分册为“2008年制定”卷第373分册，收入国家标准GB 21505～21555的最新版本，其中GB 21522—2008和GB 21523—2008（环境保护标准）未收入。

中国标准出版社

2009年5月

目　　录

ICS 97.220.99
Y 55

中华人民共和国国家标准

GB/T 21505—2008

5.6 毫米运动手枪

5.6 mm Sport pistol

2008-03-10 发布　　2008-05-01 实施

中华人民共和国国家质量监督检验检疫总局
中国国家标准化管理委员会　发布

前　言

本标准由中国兵器装备集团公司提出。

本标准由中国兵器工业标准化研究所归口。

本标准起草单位:重庆长风机器有限责任公司。

本标准主要起草人:王明君、周宗林、王家勇、罗浩然、邱年生、敖光诚。

5.6 毫米运动手枪

1 范围

本标准规定了5.6毫米运动手枪的分类与分级、要求、试验方法、检验规则、标志、包装、运输、贮存等内容。

本标准适用于5.6毫米标准手枪和慢射手枪的制造与验收。

2 规范性引用文件

下列文件中的条款通过本标准的引用而成为本标准的条款。凡是注日期的引用文件，其随后所有的修改单(不包括勘误的内容)或修订版均不适用于本标准，然而，鼓励根据本标准达成协议的各方研究是否可使用这些文件的最新版本。凡是不注日期的引用文件，其最新版本适用于本标准。

GB/T 191 包装储运图示标志(GB/T 191—2000, eqv ISO 780:1997)

WJ/Z 204 兵器气相防锈包装指南

WJ 298 包装标志用字型及符号

WJ 1270 枪炮产品打印记和字型

3 术语和定义

下列术语和定义适用于本标准。

3.1

5.6毫米标准手枪 5.6 mm standard pistol

使用5.6毫米运动长弹、枪械结构限制较多、采用自动装填方式，符合国际射击联合会(ISSF)竞赛规则要求的射击竞赛用手枪。

3.2

5.6毫米慢射手枪 5.6 mm free pistol

使用5.6毫米运动长弹、枪械结构限制较少、采用手动单发装填方式，符合国际射击联合会(ISSF)竞赛规则要求的射击竞赛用手枪。

3.3

远弹 abnormal offset point of impact

以10发弹为一组进行射击密集度试验时，一发弹的弹着点与其他九发弹的平均弹着点距离大于其他九发弹的散布圆直径(弹孔距离和散布圆直径以弹孔中心计算)的弹。

4 分类与分级

4.1 分类

5.6毫米运动手枪按用途分为：

a) 5.6毫米标准手枪；

b) 5.6毫米慢射手枪。

4.2 分级

5.6毫米运动手枪按射击密集度分为：

a) 特级；

b) 比赛级。

5 要求

5.1 尺寸

5.1.1 全枪尺寸

标准手枪(长×高×宽):应不大于 300 mm×150 mm×50 mm。

5.1.2 零(部)件及装配尺寸

零(部)件尺寸、装配尺寸均应符合产品图样的规定。

5.2 质量

标准手枪(包括附件、配重和一个空弹匣):不大于 1.4 kg。

5.3 外观质量

5.3.1 金属件

金属件的外表面质量应符合以下要求:

a) 零件的表面粗糙度应符合产品图样及标准样件的要求;

b) 外表面处理层应牢固、色泽均匀,不应有花斑、擦伤、划痕及锈迹等缺陷;

c) 零件的外表面不应有裂纹、夹层、毛刺、锈蚀、矫正压痕、气孔、虚焊、烧穿及超出标准样件的擦伤、碰伤等缺陷;

d) 焊接体应牢固,焊接体的焊接部位不应有裂纹、气孔、漏焊及烧穿等缺陷;

e) 铆接件应牢固,铆接部位的铆钉头应完整,不应有飞边,零件不应有损伤。

5.3.2 木质件

木质件的外观质量应符合以下要求:

a) 表面不应有死节、裂纹、划伤、压伤、木屑等;

b) 表面涂层应附着牢固、厚度均匀、色泽一致,不应有漏漆、堆积、起皱、起皮、脱落和明显流痕。

5.4 枪管

5.4.1 枪管口径为 5.6 mm。

5.4.2 标准手枪枪管长度不大于 153 mm,不应在枪管上开孔。

5.4.3 弹、线膛同轴度公差不大于 ϕ0.05 mm,弹、线膛表面粗糙度 R_a 最大允许值分别为 0.2 μm 和 0.4 μm。

5.4.4 枪管口部、尾端面、配合面不应有毛刺及碰痕。

5.5 标准手枪弹匣

5.5.1 托弹板在弹匣中运动时,不应卡滞。

5.5.2 每个弹匣应只能装入五发枪弹,装满五发弹后应有适当的下沉量。

5.6 扳机引力

5.6.1 扳机引力应可调整,调整范围为:

a) 标准手枪为 9.8 N~14.7 N;

b) 慢射手枪为 0.049 N~1.96 N。

5.6.2 标准手枪的一道火与二道火应有明显的感觉,一道火及二道火行程应可调整。

5.7 瞄准机构

5.7.1 标准手枪瞄准基线长应不大于 220 mm。

5.7.2 瞄准机构应能进行高低、方向的微调,动作应灵活、定位应准确、可靠,调整时应能发出可听见的响声。调整紧定后应牢固,射击过程中不应松动。

5.7.3 照门缺口宽度和准星宽度应有分组并能调整,且在射击过程中不应松动。

5.8 握把

5.8.1 标准手枪:握持手枪时,大拇指与食指之间的最高部位不应超过枪管中心线,虎口深度不应大于 30 mm。各项尺寸要求见图 1、图 2 所示。

单位为毫米(mm)

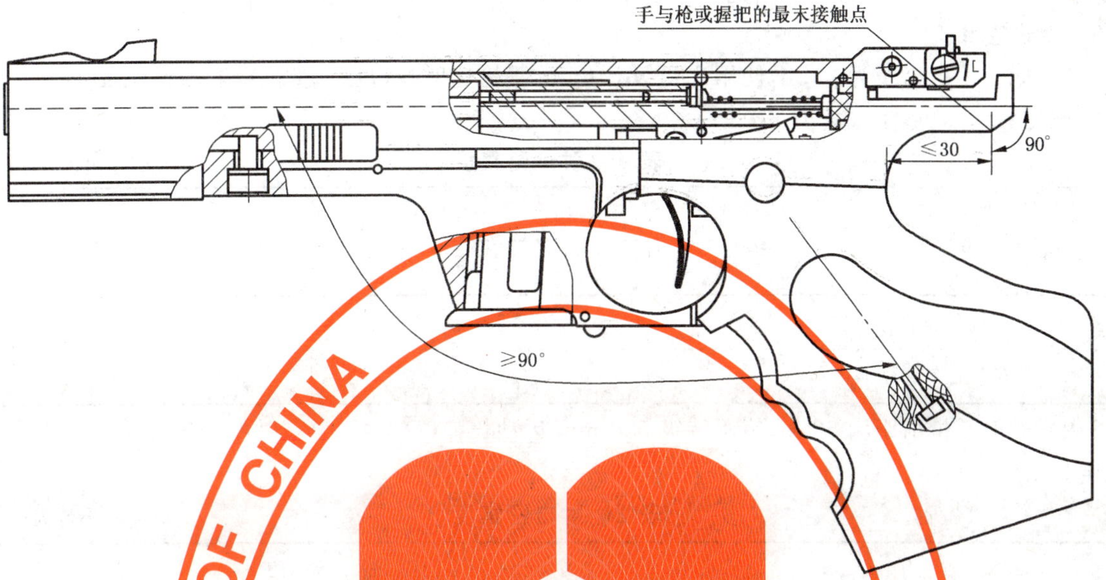

图 1

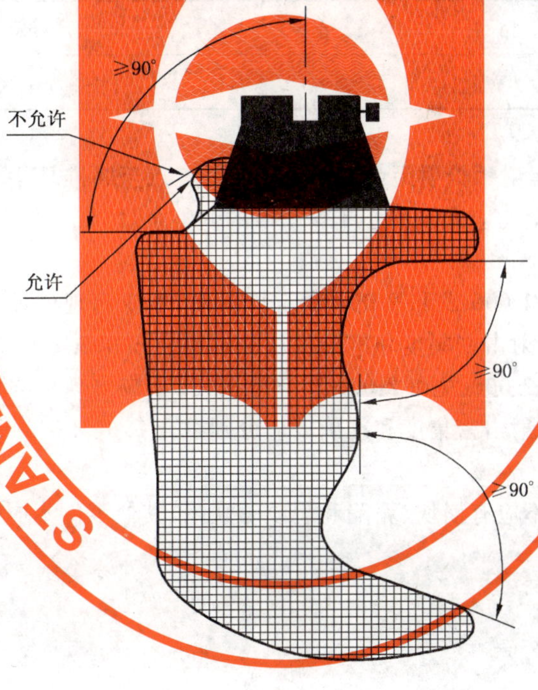

图 2

5.8.2　慢射手枪:允许采用包手式握把,但应保证手腕处于自由状态。

5.8.3　握把与枪管轴线夹角应不小于 90°。

5.8.4　握把护托应能上下调整,紧固后在射击中不应松动。

5.9　性能

5.9.1　机构动作

5.9.1.1　标准手枪

以不同射击速度射击不同品牌的手枪速射弹,手枪各机构动作应准确、可靠,射击过程中应能正常进弹、闭锁、击发、开锁、退壳。

5.9.1.2 **慢射手枪**

手枪各机构动作应准确、可靠，射击过程中应能正常进弹、闭锁、击发、开锁、退壳。

5.9.2 **射击密集度**

5.9.2.1 标准手枪射距为 25 m，使用比赛级 5.6mm 手枪速射弹($\overline{D}_{100}$≤2.5)，射击密集度 D_{100} 应符合表 1 的规定。

表 1 射击密集度

单位为厘米

射击密集度	手 枪 等 级	
	特 级	比 赛 级
三靶平均散布直径 $\overline{D}_{100}$	≤2.5	≤3.0
单靶最大散布直径 D_{max}	≤3.0	≤4.0

5.9.2.2 慢射手枪射距为 50 m，使用特级 5.6 mm 运动长弹($\overline{D}_{100}$≤1.0)，射击密集度 D_{100} 应符合表 2 的规定。

表 2 射击密集度

单位为厘米

射击密集度	手 枪 等 级	
	特 级	比 赛 级
三靶平均散布直径 $\overline{D}_{100}$	≤1.3	≤2.5
单靶最大散布直径 D_{max}	≤1.8	≤3.0

5.9.3 **射击准确度**

标准手枪射距为 25 m，慢射手枪射距为 50 m，平均弹着点至瞄准环中心的距离应不大于 1.5 cm；同时瞄准机构在高低和方向上均应有不小于 1.5 mm 的调整余量。

5.10 **可靠性**

5.10.1 标准手枪实弹射击 4 000 发和 2 000 次空枪击发，不应出现破损零件，故障率不应超过 2‰。试验后，扳机引力、瞄准机构、射击密集度和准确度应分别符合 5.6、5.7、5.9.2 和 5.9.3 的规定。

5.10.2 慢射手枪实弹射击 2 000 发和 2 000 次空枪击发，不应出现破损零件，故障率不应超过 2‰。试验后，扳机引力、瞄准机构、射击密集度和准确度应分别符合 5.6、5.7、5.9.2 和 5.9.3 的规定。

5.11 **安全性**

射击过程中闭锁支撑面不应有崩块、塌陷和裂纹等缺陷，其他零件不应变形、损伤，弹壳上不应有凸出和出现深圈痕。

6 试验方法

6.1 **尺寸**

全枪及零、部件尺寸及装配尺寸，用专用量具、通用量具等进行检查。

6.2 **质量**

使用规定的计量器具测量。

6.3 **外观质量**

全枪及零、部件外观用目视的方法检查。

6.4 **枪管**

用专用量具检查口径，长度用通用量具检查，其余目视检查。

6.5 **标准手枪弹匣**

以手压托弹板检查其运动灵活性，并将教练弹装入弹匣检查装弹数，检查装弹量。

6.6 扳机引力

6.6.1 用测量精度为±0.01 N的专用计量器具进行检测。

6.6.2 检测时枪管应垂直，测量点应在扳机拇指扣动圆弧面的中点，施加与枪膛轴线平行的力，此力逐渐增大，直至击发，此瞬间的力为扳机引力。

6.6.3 用手触法检查标准手枪扳机一、二道火的性能。

6.7 瞄准机构

用通用量具检测瞄准基线长度，以手动、耳听的方法检查各调整机构的灵活性及可靠性。

6.8 握把

采用目测、手触、量具测量等方法进行检验。

6.9 机构动作

6.9.1 标准手枪

使用不少于两个品牌的手枪速射弹各射击20发普通弹，且每个品牌弹的一半弹数按每4秒5发的射击速度进行射击，检查手枪的机构动作。

6.9.2 慢射手枪

用30发普通枪弹进行射击，检查手枪的机构动作。

6.10 射击密集度

6.10.1 将手枪夹持在固定枪架上，标准手枪射距25 m±0.1 m，慢射手枪射距为50 m±0.1 m。

6.10.2 正式射击前预射10发枪弹温枪。

6.10.3 标准手枪、慢射手枪分别使用手枪速射弹(比赛级)、运动长弹(特级)连续射击三靶，每靶10发，射击速度为每分钟10发～15发。

6.10.4 以弹孔中心计算散布直径，包容10发弹孔的最小直径即为散布圆直径。记录单靶散布圆直径，并计算三靶平均散布圆直径。

6.10.5 当出现远弹时，该靶不计，应复试一靶。

6.11 射击准确度

6.11.1 手枪夹持在固定枪架上，标准手枪射距25 m±0.1 m，慢射手枪射距为50 m±0.1 m。

6.11.2 调整瞄准机构后，标准手枪、慢射手枪分别使用手枪速射弹(比赛级)、运动长弹(特级)瞄准射击10发。

6.11.3 测量10发弹散布圆直径及平均弹着至瞄准环中心的距离。

6.12 可靠性

6.12.1 标准手枪

6.12.1.1 射击时应使用配备的两个弹匣交叉进行射击。

6.12.1.2 试验分40个循环，每个循环射击100发弹。前20个循环按每分钟10发～15发的射击速度进行射击，每个循环后应空枪击发(应塞入弹膛保护塞)100次；后20个循环按每4秒5发的射击速度进行射击。

6.12.1.3 每个试验循环实弹射击100发枪弹后，应空冷至室温，擦拭枪管内膛及枪机弹底窝面，每五个循环完成后进行分解、清洗、擦拭、涂油，并以目视检查零件有无破损和变形。每天每支枪不应超过2 000次击发。

6.12.1.4 累计射弹4 000发、空枪击发2 000次后，按6.6、6.7、6.10和6.11分别检查扳机引力、瞄准机构、射击密集度、射击准确度。

6.12.2 慢射手枪

6.12.2.1 射击速度为每分钟10发～15发。

6.12.2.2 试验分20个循环，每个循环先实弹射击100发，然后空枪击发(应将弹壳装入弹膛)100次。

6.12.2.3 每个试验循环射击100发枪弹后，应空冷至室温，擦拭枪管内膛及枪机弹底窝面，每五个循环完成后进行分解、清洗、擦拭、涂油，并以目视检查零件有无破损和变形。每天每支枪不应超过 2 000 次击发。

6.12.2.4　累计射弹 2 000 发、空枪击发 2 000 次后，按 6.6、6.7、6.10 和 6.11 分别检查扳机引力、瞄准机构、射击密集度、射击准确度。

6.12.3　试验记录

试验结束后记录：零件破损、变形情况，以及试验终了时手枪的扳机引力、瞄准机构状况、射击密集度、射击准确度。

6.13　安全性

将慢射手枪固定在枪架上，射击两发强装药弹，目视检查手枪零件和弹壳。

7　检验规则

7.1　检验分类

本标准规定的检验分类如下：

a)　鉴定检验；

b)　质量一致性检验。

7.2　鉴定检验

7.2.1　检验时机

当出现下列情况之一时，应进行鉴定检验：

a)　新产品定型或老产品转产时；

b)　产品停产一年以上，重新恢复生产时；

c)　产品结构、材料或工艺有重大改变，可能引起产品性能改变时；

d)　质量一致性检验结果与上次相比有较大差异时；

e)　合同有规定时；

f)　国家质量监督机构提出进行鉴定检验时。

7.2.2　检验项目

鉴定检验项目见表 3。

表 3　检验项目

序号	检验项目	鉴定检验	质量一致性检验	要求章条号	检验方法章条号
1	尺寸	●	●	5.1	6.1
2	质量	●	●	5.2	6.2
3	外观质量	●	●	5.3	6.3
4	手枪标志	●	●	8.1、8.3	8.4
5	枪管	●	●	5.4	6.4
6	标准手枪弹匣	●	●	5.5	6.5
7	扳机引力	●	●	5.6	6.6
8	瞄准机构	●	●	5.7	6.7
9	握把	●	●	5.8	6.8
10	机构动作	●	●	5.9.1	6.9
11	射击密集度	●	●	5.9.2	6.10
12	射击准确度	●	●	5.9.3	6.11
13	可靠性	●	—	5.10	6.12
14	安全性	●	●	5.11	6.13

注：● 必检项目，— 不检项目。

7.2.3 检验顺序

检验顺序按表3所列顺序。

7.2.4 样本量及合格判据

样本量及合格判据按鉴定试验大纲的规定。

7.3 质量一致性检验

7.3.1 检验项目

质量一致性检验项目见表3。

7.3.2 检验顺序

检验顺序按表3所列顺序。

7.3.3 检验数量

手枪的检验应100%进行。

7.3.4 合格判据

所有检验结果符合第5章要求,则判定手枪合格。

8 标志

8.1 手枪标志

8.1.1 标志的基本内容应包括:

a) 型号;

b) 编号;

c) 制造厂标记。

8.1.2 手枪标志部位应符合产品图样要求。

8.1.3 标志用字型应符合 WJ 1270 的规定。

8.2 包装标志

8.2.1 包装箱上应有产品名称、型号、枪号、数量、制造厂名和厂址、生产日期等标志。

8.2.2 包装箱上的字型应符合 WJ 298 的规定。

8.2.3 包装箱上应按 GB/T 191 的规定,标明"怕湿"、"小心轻放"等包装储运图示标志。

8.3 标志要求

标志应正确、清晰、完整、附着牢固。

8.4 标志检验方法

用目视方法进行检查。

9 包装、运输、贮存

9.1 包装

9.1.1 防护包装

9.1.1.1 手枪在包装前应擦拭干净,并进行防腐处理。

9.1.1.2 手枪采用油封包装,外加塑料薄膜密封,并符合 WJ/Z 204 的要求。

9.1.1.3 防护包装用目视方法进行检查。

9.1.2 装箱

9.1.2.1 手枪应单支包装,在包装箱内应定位可靠,不应松动。

9.1.2.2 装箱的产品应附有合格证(含靶样)、使用说明书及装箱清单。

9.1.2.3 装箱用目视方法进行检查。

9.2 包装检验

9.2.1 检验项目

包装检验项目按表4的规定。

表4 包装检验项目

序 号	检验项目	要求章条号	检验方法章条号
1	包装标志	8.2、8.3	8.4
2	防护包装	9.1.1.1、9.1.1.2	9.1.1.3
3	装箱	9.1.2.1、9.1.2.2	9.1.2.3

9.2.2 检验数量

包装检验应100%进行。

9.2.3 合格判据

所有检验结果符合要求，则判定包装检验合格。

9.3 运输

9.3.1 手枪在运输过程中应小心轻放，不应碰撞和摔跌。

9.3.2 手枪在运输过程中应有防雨、防潮、防曝晒等措施。

9.4 贮存

9.4.1 手枪应贮存在干燥、通风的室内库房，且应保持室内相对稳定的温度和湿度。

9.4.2 手枪在贮存过程中应防潮、防雨、防晒，不应与酸、碱等腐蚀性物品混放。

9.4.3 手枪在贮存中应定期进行检查。

ICS 97.220.99
Y 55

中华人民共和国国家标准

GB/T 21506—2008

5.6 毫米运动枪弹

5.6 mm Sport cartridge

2008-03-15 发布　　2008-05-01 实施

中华人民共和国国家质量监督检验检疫总局
中国国家标准化管理委员会　发布

前　言

本标准的附录A、附录B、附录C为规范性附录。

本标准由中国兵器装备集团公司提出。

本标准由中国兵器工业标准化研究所归口。

本标准起草单位：黑龙江北方工具有限公司。

本标准主要起草人：张俊杰、张立秋、朱永凯、刘文令、郭云、司伟、袁诗章。

5.6 毫米运动枪弹

1 范围

本标准规定了5.6毫米运动枪弹的分类与分级、要求、试验方法、检验规则及标志、包装、运输和贮存等内容。

本标准适用于5.6毫米运动枪弹(以下简称"枪弹")的制造与验收。

2 规范性引用文件

下列文件中的条款通过本标准的引用而成为本标准的条款。凡是注日期的引用文件,其随后所有的修改单(不包括勘误的内容)或修订版均不适用于本标准,然而,鼓励根据本标准达成协议的各方研究是否可使用这些文件的最新版本。凡是不注日期的引用文件,其最新版本适用于本标准。

GB/T 2828.1 计数抽样检验程序 第1部分:按接收质量限(AQL)检索的逐批检验抽样计划(GB/T 2828.1—2003,ISO 2859-1:1999,IDT)

WJ 72 测压铜柱技术条件

WJ 75 测压器油技术条件

3 产品分类与分级

3.1 产品分类

枪弹分为以下二类:

a) 运动长弹;

b) 手枪速射弹。

3.2 产品分级

3.2.1 运动长弹按射击密集度分为以下四级:

a) 特级;

b) 比赛级;

c) 训练级;

d) 普通级。

3.2.2 手枪速射弹按射击密集度分为以下二级:

a) 比赛级;

b) 训练级。

4 要求

4.1 外观

枪弹外观质量应良好,不应有超过外观实物标本的缺陷。

4.2 尺寸

枪弹尺寸应符合相应产品图样规定。

4.3 质量

全弹质量、弹头质量及发射药装药量应符合相应产品图样规定。

4.4 拔弹力

枪弹拔弹力应符合相应产品图样规定。

4.5 射击性能

4.5.1 射击密集度、速度、膛压

枪弹射击密集度、速度、膛压应符合表1规定。

表1 枪弹射击密集度、速度、膛压

类别	级别	射击密集度		速度		最大膛压最大值(P_{mmax}) MPa
		平均值($\bar{D}$) cm	最大值(D_{max}) cm	平均值($\bar{V}_{10}$) m/s	极差值(ΔV_{10}) m/s	
运动长弹	特级	≤1.0	≤1.2	302～342	≤20	≤127
	比赛级	≤1.4	≤1.6			
	训练级	≤1.8	≤2.1			
	普通级	≤3.0	≤5.0			
手枪速射弹	比赛级	≤2.5	≤3.5		≤30	
	训练级	≤3.5	≤5.0			

4.5.2 射击可靠性

枪弹在15℃～35℃常温下射击时,不应有早发火、迟发火、瞎火、弹壳裂缝、弹头留膛、不抛壳、不抽壳等缺陷。

4.6 高低温发火性能

枪弹在50℃高温和－20℃低温状态下射击,应正常发火。

4.7 振动

枪弹在振动过程中不应有自发火及弹头脱落、击发药松动等缺陷。

5 试验方法

5.1 外观

采用目视方法检验。必要时应提供外观实物标本进行对比检验。

5.2 尺寸

用通用量具或专用量具检验。允许将弹头部的润滑剂擦去后再进行检验。

5.3 质量

用分度值为0.001 g的天平逐发进行称量。用于全弹质量和弹头质量检验的枪弹应经外观检验合格、并将弹头部的润滑剂擦去后再进行检验。

5.4 拔弹力

用专用试验机(或专用拔弹机)进行试验。用专用夹具分别卡住弹头和弹壳,将弹头从弹壳中拔出,拔弹机的最大示值即为该发枪弹的拔弹力。

5.5 射击性能

5.5.1 射击密集度

按附录A规定的方法进行。

5.5.2 速度试验

按附录B规定的方法进行。

5.5.3 膛压试验

按附录C规定的方法进行。

5.5.4 射击可靠性

将被试弹置于15℃～35℃环境中不少于1 h,用专用测试枪进行射击,检查射击可靠性。

5.6 高低温发火性能

将被试弹分别置于(50±2)℃高温和(−20±2)℃低温环境中不少于2 h,取出后立即用专用测试枪进行射击,检查发火性能。

5.7 振动

用振动试验机进行试验。振幅为(70±2) mm,振动频率为1 Hz,枪弹立放、倒放、横放各振动30 min。

6 检验规则

6.1 检验分类

枪弹检验分为:

a) 鉴定检验;

b) 质量一致性检验。

6.2 鉴定检验

6.2.1 检验时机

当出现下列情况之一时,应进行鉴定检验:

a) 新产品定型时;

b) 老产品转厂时;

c) 产品停产一年以上,重新恢复生产时;

d) 产品结构、材料或工艺等有重大改变,可能引起产品性能改变时;

e) 质量一致性检验结果与上次相比有较大差异时;

f) 合同有规定时;

g) 国家质量监督机构提出进行鉴定检验时。

6.2.2 检验项目

鉴定检验项目见表2。

表2 检验项目表

序号	检 验 项 目	鉴定检验	质量一致性检验	要求章条号	测试方法章条号
1	外观、产品标志	●	●	4.1、7.1	5.1、7.3
2	尺寸	●	●	4.2	5.2
3	质量	●	●	4.3	5.3
4	拔弹力	●	●	4.4	5.4
5	射击密集度	●	●	4.5.1	5.5.1
6	速度	●	●	4.5.1	5.5.2
7	膛压	●	●	4.5.1	5.5.3
8	射击可靠性	●	●	4.5.2	5.5.4
9	高低温发火性能	●	—	4.6	5.6
10	振动	●	—	4.7	5.7
注:●必检项目;—不检项目。					

6.2.3 检验顺序

枪弹通过外观、产品标志、尺寸、质量、拔弹力检验合格后,才能进行其他项目检验。

6.2.4 检验样品数及合格判据

鉴定检验的样品数及合格判据按鉴定试验大纲的规定执行。

6.3 质量一致性检验

6.3.1 检验项目

质量一致性检验项目见表 2。

6.3.2 检验顺序

枪弹通过外观、产品标志、尺寸、质量、拔弹力检验合格后，才能进行其他项目检验。

6.3.3 抽样

6.3.3.1 组批规则

6.3.3.1.1 枪弹批量一般为 35 001 发至 150 000 发。

6.3.3.1.2 每批枪弹一般应装配同一型号、同一批次的发射药，发射药更换批次时允许共同编批交验，但不得超过两个批次的发射药；不同批次的发射药装配的枪弹应分别包装。

6.3.3.2 外观、产品标志、尺寸

6.3.3.2.1 抽样方案

按 GB/T 2828.1 的规定执行。采用一般检验水平 Ⅱ，二次抽样方案，接收质量限(AQL 值)：A 类不合格为 1.0，B 类不合格为 2.5。

6.3.3.2.2 不合格分类

尺寸、外观不合格分类见表 3。

表 3 尺寸、外观不合格分类

不合格分类	不 合 格 项
	弹头脱落
致命	底缘穿孔或裂缝
	枪弹在 40 N 静载荷下不能符合全形规
	枪弹外表面有污垢、色斑(按标本)
	弹头滚花不正、花带不显著、花带擦伤、削尖或压凹(按标本)
	弹头未涂润滑剂
A	弹壳皱折、压痕、夹灰、凹痕或麻点(按标本)
	弹壳口部(与弹头接触部位)纵裂缝(按标本)
	底缘直径超出规定值±0.02 mm，但未超出规定值±0.05 mm
	枪弹外表面有轻微污垢、色斑(绿色除外)(按标本)
	弹头润滑剂不全
	弹壳口部堆积，但尺寸符合要求(按标本)
B	底缘直径超出规定值，但未超出规定值±0.02 mm
	枪弹以自重不能符合全形规，但在 40 N 静载荷下能够符合全形规
	枪弹无标志、标志错误或标志不清

6.3.3.3 质量、拔弹力

6.3.3.3.1 抽样方案

按 GB/T 2828.1 的规定执行。采用特殊检验水平 S-4，二次抽样方案，接收质量限(AQL 值)：A 类不合格为 0.40，B 类不合格为 1.0。

6.3.3.3.2 不合格分类

质量、拔弹力不合格分类见表 4。

表 4 质量、拔弹力不合格分类

不合格分类	不合格项
致命	未装击发药
	发射药装药量超出规定值±0.005 g
	弹壳内表面有腐蚀性污垢
A	全弹质量超出规定值±0.025 g
	弹头质量超出规定值±0.015 g
	击发药不完整
	发射药装药量超出规定值，但未超出规定值±0.005 g
	拔弹力超出产品图样下限 20 N 或超出产品图样上限 50 N
B	全弹质量超出规定值，但未超出规定值±0.025 g(弹头或装药量原因引起的不计)
	弹头质量超出规定值，但未超出规定值±0.015 g
	拔弹力超出产品图样下限，但未超出产品图样下限 20 N；或拔弹力超出产品图样上限，但未超出产品图样上限 50 N

6.3.3.4 射击性能

6.3.3.4.1 射击密集度

运动长弹每批随机抽取 100 发、手枪速射弹每批随机抽取 50 发进行射击密集度试验，试验结果应满足 4.5.1 的要求，否则应加倍复试；复试两组均应满足 4.5.1 要求。

6.3.3.4.2 速度

每批枪弹随机抽取 10 发进行测速试验，试验结果应满足 4.5.1 的要求，否则应加倍复试；复试两组均应满足 4.5.1 要求。

6.3.3.4.3 膛压

每批枪弹随机抽取 10 发进行测压试验，试验结果应满足 4.5.1 的要求，否则应加倍复试；复试两组均应满足 4.5.1 要求。

6.3.3.4.4 射击可靠性

运动长弹在射击密集度、速度、膛压试验的同时考核射击可靠性。手枪速射弹在射击密集度、速度、膛压试验考核射击可靠性的同时，还应再随机抽取 100 发专门进行射击可靠性试验；考核(试验)结果应满足 4.5.2 的要求。若有一发枪弹出现表 5 所列的 A 类不合格项时，允许再随机抽取 100 发进行复试，复试应不再出现表 5 所列的任何不合格项。

表 5 射击可靠性不合格分类

不合格分类	不合格项
致命	早发火、迟发火
	瞎火(特级弹、比赛级弹)
	射击后距弹壳底面 3 mm 以内穿孔或纵、横裂缝(按标本)
	弹头留膛
	不抛壳或不抽壳(特级弹、比赛级弹)
A	瞎火(训练级弹、普通级弹)
	射击后距弹壳底面 3 mm 以外的体部纵、横裂缝(距离弹壳口部 3 mm 以内不计)
	底火击穿
	不抛壳或不抽壳(训练级弹、普通级弹)
	枪尾漏烟(弹壳裂缝及底火击穿引起的不计)

6.3.4 合格判据

受检样品各检验项目的合格品数满足质量一致性检验规定的数量要求时，判该批质量一致性检验合格；否则判该批质量一致性检验不合格。

6.3.5 优惠规则

6.3.5.1 按 GB/T 2828.1 规定进行计数抽样的检验项目，其转移规则按 GB/T 2828.1 的相应规定执行。

6.3.5.2 同批发射药装配的枪弹，若连续五批速度、膛压合格，则从第六批开始，允许每 10 批抽验一次速度、膛压；若出现某批速度或膛压不合格，则应恢复连续抽验，直至有连续五批合格，方可恢复每 10 批抽验一次速度、膛压。

7 标志

7.1 产品标志

弹壳底面上应压制产品商标标志，标志应完整、正确、清晰。

7.2 包装标志

包装标志应符合产品包装标志图，包装标志应完整、正确、清晰、附着力强，其内容一般包括：

a) 产品名称、型号、规格；

b) 产品商标；

c) 产品级别；

d) 产品数量；

e) 箱体体积和质量；

f) 制造日期和生产批号；

g) 制造厂名。

7.3 标志检验方法

采用目视方法检查。

8 包装、运输和贮存

8.1 包装

包装应满足运输、贮存和使用的要求，包装数量应正确，并符合产品包装图的规定。

8.2 包装检验

8.2.1 抽样方案及合格判据

每批枪弹随机抽取一个外包装箱进行检验，检验结果应满足 7.2 和 8.1 的要求。若检验中出现表 6所列的 A 类不合格项一次或 B 类不合格项两次时，允许再随机一个外包装箱进行复验，复验应不再出现表 6 所列的任何不合格项；否则判该包装检验不合格。

8.2.2 不合格分类

包装不合格分类见表 6。

表 6 包装不合格分类

不合格分类	不 合 格 项
致命	包装标志错误
A	包装数量不正确
B	包装标志遗漏或不清

8.3 运输

枪弹装卸时应轻拿轻放；运输时不应剧烈震动、雨淋或曝晒。

8.4 贮存

8.4.1 枪弹应分批次、按类别、堆码贮存在清洁、干燥、通风良好的库房内。

8.4.2 库房温度以15℃～35℃为宜，相对湿度以65%为宜。

8.4.3 枪弹在贮存中应注意防火、防潮、防腐蚀、防虫蛀、防雷击。

8.5 产品随行文件

产品包装箱中应有以下随行文件：

a) 产品合格证；

b) 产品使用说明书；

c) 装箱单；

d) 其他有关技术资料。

附 录 A
（规范性附录）
射击密集度试验方法

A.1 试验设备、仪器或装置及其要求

A.1.1 试验用枪：运动长弹试验用专用测试步枪，手枪速射弹试验用专用测试手枪；专用测试枪应具有质量证明书或合格证。

A.1.2 专用枪架：应具有足够的刚度，夹固可靠、位置可调、操作简便。

A.1.3 靶：立靶，靶纸为白色新闻纸。

A.1.4 靶道：为防风、防雨的室内靶道。

A.1.5 校靶弹：至少应用选定的两支专用测试枪，每支枪每天射击 10 靶，每靶 10 发，连续射击三天；若射击密集度稳定，则可确定该批枪弹为校靶弹，并以其射击密集度平均值($\overline{D}$)和射击密集度最大值(D_{max})作为该批校靶弹的校靶值。校靶值运动长弹射击密集度平均值($\overline{D}$)应不大于 1.4 cm，射击密集度最大值(D_{max})应不大于 1.6 cm；手枪速射弹射击密集度平均值($\overline{D}$)应不大于 2.5 cm，射击密集度最大值(D_{max})应不大于 3.5 cm。

A.2 试样

A.2.1 枪弹外观、尺寸应经检验合格。

A.2.2 运动长弹每批 10 靶，每靶 10 发；手枪速射弹每批 5 靶，每靶 10 发；每靶所用枪弹应是同一包装盒内的产品。

A.3 试验条件

A.3.1 射击室温度：15℃～35℃。

A.3.2 枪弹保温：试样和校靶弹应在室内保温 1 h 以上。

A.3.3 靶距：运动长弹为 50 m，手枪速射弹为 25 m。

A.4 试验程序

A.4.1 用专用夹具将试验用枪固定在枪架上。

A.4.2 射击两发至五发枪弹温枪并对靶。

A.4.3 用校靶弹射击三靶至五靶，每靶 10 发，以检查枪支固定的正确性。若校靶弹的射击密集度不大于校靶弹的校靶值，则认为枪支固定正确，可以进行射击密集度试验；否则应重新紧固枪支并重新射击；若经三次重新紧固枪支，射击结果均超出校靶弹的校靶值时则应换枪。

A.4.4 试验时，每射击一靶，移动一次靶纸，直至射击完毕，移动距离为不使射击时出现重孔为准；射击速度为每分钟 10 发至 15 发。

A.4.5 若射击结果超出了规定值，应再次检查枪支固定的正确性，并用校靶弹射击三靶；若校靶弹的射击密集度超出校靶值，则该射击结果无效，重新按上述步骤紧固枪支并试验；如连续三次重新固定枪支后校靶弹的射击密集度仍超出校靶值，则应换枪；若校靶弹的射击密集度小于校靶值，则该试验结果有效。

A.4.6 每射击 10 靶后（不含温枪弹）应擦净枪管并冷枪。

A.5 试验结果的表述

测量计算每靶中两个最远弹孔中心的距离（其方法是测出两个最远弹孔相对外边缘间的距离减去

一个弹孔直径)即为该靶的射击密集度(D)。各靶射击密集度的算术平均值即为该批枪弹射击密集度平均值($\overline{D}$);各靶射击密集度的最大值即为该批枪弹射击密集度最大值(D_{max})。

A.6 评定枪弹级别

以射击密集度平均值($\overline{D}$)和射击密集度最大值(D_{max})值同时符合表1规定级别中的最高级别为该批枪弹的级别。

附　录　B
（规范性附录）
速度试验方法

B.1　试验设备、仪器或装置及其要求

B.1.1　试验用枪：为专用测速枪，且应具有质量证明书或合格证。
B.1.2　专用枪架：应具有足够的刚度，夹固可靠、位置可调、操作简便。
B.1.3　标准弹：应符合相应技术文件的规定。
B.1.4　光幕靶测速系统：时标精度不低于 1 μs。
B.1.5　保温箱：应具有良好的保温功能，控温分辨力应不低于 1℃。

B.2　试样

B.2.1　枪弹外观、尺寸应经检验合格。
B.2.2　数量 10 发。

B.3　试验条件

B.3.1　射击室温度：(20±2)℃。
B.3.2　保温：试样和标准弹应进行标准温度(20±1)℃保温，保温时间不少于 2 h。
B.3.3　靶距：第一靶中心距枪口端面为(9±0.01) m，两靶之间距离为(2±0.001) m。

B.4　试验程序

B.4.1　用专用夹具将试验用枪固定在枪架上，并对准光幕靶。
B.4.2　射击两发枪弹进行温枪，并检查测速仪器是否正常。
B.4.3　进行射击试验，试验时采用标准弹与被试弹平行或交叉射击的方法，平行射击时先射击一组标准弹，再射击一组被试弹；交叉射击时先射击一发标准弹，再射击一发被试弹。
B.4.4　每射击完 20 发(不含温枪弹)后应擦净枪管并冷枪。

B.5　试验结果的表述

B.5.1　速度值按公式(B.1)计算：

$$V_{10} = \frac{S}{t} \quad \cdots\cdots(\text{B.1})$$

式中：

V_{10}——弹头在两靶中间的速度值，单位为米每秒(m/s)；
S——靶距的数值，单位为米(m)；
t——弹头通过两靶的时间的数值，单位为秒(s)。

B.5.2　计算该组枪弹的速度极差值 ΔV_{10} 和实测平均值 $\bar{V}_{10}'$。
B.5.3　当组枪械修正值按公式(B.2)计算：

$$V_{BZ} = V_B - \bar{V}_{BX} \quad \cdots\cdots(\text{B.2})$$

式中：

V_{BZ}——当组枪械修正值，单位为米每秒(m/s)；
V_B——标准弹标准速度值，单位为米每秒(m/s)；

$\bar{V}_{BX}$——标准弹当组实测速度平均值，单位为米每秒(m/s)。

B.5.4 修正后的速度平均值按公式(B.3)计算：

$$\bar{V}_{10} = \bar{V}_{10}' + V_{BZ} \quad \cdots\cdots(B.3)$$

式中：

$\bar{V}_{10}$——修正后的速度平均值，单位为米每秒(m/s)；

$\bar{V}_{10}'$——实测速度平均值，单位为米每秒(m/s)；

V_{BZ}——当组枪械修正值，单位为米每秒(m/s)。

附　录　C
（规范性附录）
膛压试验方法

C.1　试验设备、仪器或装置及其要求

C.1.1　试验用枪：为专用测压枪，且应具有质量证明书或合格证。
C.1.2　专用枪架：应具有足够的刚度，夹固可靠、位置可调、操作简便。
C.1.3　标准弹：应符合相应技术文件的规定。
C.1.4　测压铜柱：应符合 WJ 72 的规定。选用 $\phi 3\ mm \times 4.9\ mm$ 的圆柱形铜柱，铜柱尺寸用分度值不大于 0.01 mm 的外径千分尺测量。
C.1.5　测压器油：应符合 WJ 75 的规定。
C.1.6　保温箱：应具有良好的保温功能，控温分辨力应不低于 1℃。

C.2　试样

C.2.1　枪弹外观、尺寸应经检验合格。
C.2.2　数量 10 发。

C.3　试验条件

C.3.1　射击室温度：(20±2)℃。
C.3.2　试样和标准弹应根据要求进行标准温度(20±1)℃保温，保温时间不少于 2 h。

C.4　试验程序

C.4.1　用专用夹具将试验用枪固定在枪架上。
C.4.2　射击两发枪弹进行温枪，并检查测压装置是否可靠。
C.4.3　进行测压试验，试验采用标准弹与被试弹平行或交叉射击方法；平行射击时先射击一组标准弹，再射击一组被试弹；交叉射击时先射击一发标准弹，再射击一发被试弹；每发射击后，应更换铜柱和测压气孔中的测压器油，并擦拭测压气孔，再进行下一发射击。
C.4.4　每射击完 20 发(不含温枪弹)后应擦净枪管并冷枪。

C.5　试验结果的表述

C.5.1　铜柱特性修正值按公式(C.1)计算：

$$\Delta P_c = P_g - P_s \qquad \text{(C.1)}$$

式中：
ΔP_c——铜柱特性修正值，单位为兆帕(MPa)；
P_g——射击前铜柱公称高度压力值，单位为兆帕(MPa)；
P_s——射击前铜柱实测高度压力值，单位为兆帕(MPa)。

C.5.2　当组枪械修正值按公式(C.2)计算：

$$\Delta P_q = P_{mb} - P_{mbc} \qquad \text{(C.2)}$$

式中：
ΔP_q——当组枪械修正值，单位为兆帕(MPa)；
P_{mb}——标准弹标准膛压值，单位为兆帕(MPa)；

P_{mbc}——标准弹经铜柱特性修正后的实测压力值,单位为兆帕(MPa)。

C.5.3 膛压值按公式(C.3)计算:

$$P_m = P + \Delta P_c + \Delta P_q \qquad \text{(C.3)}$$

式中:

P_m——单发枪弹的最大膛压值,单位为兆帕(MPa);

P——单发枪弹射击后的铜柱实测高度压力值,单位为兆帕(MPa);

ΔP_q——当组枪械修正值,单位为兆帕(MPa)。

C.5.4 选出该组枪弹中的最大膛压最大值(P_{mmax})。

ICS 97.220.99
Y 55

中华人民共和国国家标准

GB/T 21507—2008

12号运动猎枪弹

12 Gauge sporting shotgun cartridge

2008-03-10 发布　　2008-05-01 实施

中华人民共和国国家质量监督检验检疫总局
中国国家标准化管理委员会　发布

前　言

本标准的附录 A、附录 B、附录 C 为规范性附录。

本标准由中国兵器装备集团公司提出。

本标准由中国兵器工业标准化研究所归口。

本标准起草单位:重庆嘉陵特种装备有限公司。

本标准主要起草人:张藻、江长友。

12 号运动猎枪弹

1 范围

本标准规定了12号运动猎枪弹的分级、要求、试验方法、检验规则、标志、包装、运输和贮存等内容。

本标准适用于12号塑壳运动猎枪弹(以下简称猎枪弹)的制造与验收。

2 规范性引用文件

下列文件中的条款通过本标准的引用而成为本标准的条款。凡是注日期的引用文件,其随后所有的修改单(不包括勘误的内容)或修订版均不适用于本标准,然而,鼓励根据本标准达成协议的各方研究是否可使用这些文件的最新版本。凡是不注日期的引用文件,其最新版本适用于本标准。

GB/T 2828.1—2003 计数抽样检验程序 第1部分:按接收质量限(AQL)检索的逐批检验抽样计划(ISO 2859-1:1999,IDT)

WJ 72 测压铜柱技术条件

WJ 75 测压器油技术条件

WJ 325—2004 镀银铜丝规范

WJ 474 惰性断路器技术条件

3 术语和定义

下列术语和定义适用于本标准。

3.1

弹丸 pill

由铅、铅合金或其他材料如钢、铋等制成,并用于射击的球状物。

3.2

射击密集度 concentration fired rounds

按规定的距离射击,每发猎枪弹弹丸散布在靶纸上,直径为750mm圆内的弹丸命中数与装填弹丸数比值的百分数。

4 分级

猎枪弹按其性能分为比赛级和训练级。

5 要求

5.1 尺寸

猎枪弹各部位尺寸应符合相应产品图样的规定。

5.2 外观质量

猎枪弹外观质量应良好,不应有超过外观实物标本的缺陷。

5.3 发射药装药量

猎枪弹发射药装药量应符合相应规定。

5.4 弹丸装填质量

比赛级猎枪弹弹丸装填质量为23.4 g～24.4 g；训练级猎枪弹弹丸装填质量为23.0 g～24.5 g。

5.5 性能

5.5.1 弹丸速度

猎枪弹弹丸速度应符合表1的规定。

5.5.2 膛压

猎枪弹膛压(常温)应符合表1的规定。

表1 猎枪弹速度、膛压

弹丸号数	速度 m/s			膛压 MPa	
	$\overline{V}_5$	ΔV_5		$\overline{P}_{m32}$	$P_{m32\ max}$
		比赛级	训练级		
7、7$\frac{1}{2}$、8、9	≥370	≤30	≤40	≤63.7	≤73.5

5.5.3 射击密集度

猎枪弹射击密集度应符合表2的规定。

表2 猎枪弹射击密集度

弹丸号数	靶距 m	射击枪管	射击密集度/%	
			比赛级	训练级
7、7$\frac{1}{2}$、8	35	长管1/1喉缩(F)	≥67	≥60
9	20	短管双向喉缩(S)		

5.5.4 一次射击发火率

比赛级猎枪弹一次射击发火率应不小于99.8 %；训练级猎枪弹一次射击发火率应不小于99 %。

5.6 振动

猎枪弹振动时，不允许有自行发火、底火凸出弹壳底平面、底火松动或脱落、弹丸撒出等缺陷。

5.7 封口抗力

猎枪弹封口抗力平均值应不小于274 N，最小值应不小于250 N。

5.8 底座拉脱力

猎枪弹底座拉脱力应不小于539 N。

6 试验方法

6.1 尺寸

用专用量具进行检验。

6.2 外观质量

用目视进行检验。

6.3 猎枪弹标志

用目视进行检验。

6.4 发射药装药量及弹丸装填质量

用分度值为0.01 g的天平称量。

6.5 弹丸速度

按附录A的规定进行检验。

6.6 膛压

按附录B的规定进行检验。

6.7 射击密集度

按附录C的规定进行检验。

6.8 一次射击发火率

在运动猎枪上进行射击，上下枪管各射击总数一半的被试猎枪弹。

6.9 振动

将经外观检验合格的猎枪弹紧密放置在振动试验机的盒内(装时猎枪弹口部一倒一顺排列)。振幅为(150±2) mm，频率为1 Hz，按立、倒、横三个方向进行振动。每振动20 min调换一个方向，共振动60 min。

6.10 封口抗力

抽取外观、尺寸检验合格的猎枪弹，并在工房内(温度不超过30℃)存放12 h以上。然后将猎枪弹沿弹托以下横向切断。取弹体上半部在量程为0 N～5 000 N的拉力试验机上测量封口抗力。

6.11 底座拉脱力

抽取外观、尺寸检验合格的猎枪弹弹壳，在量程为0 N～5 000 N的拉力试验机上测量底座拉脱力。

7 检验规则

7.1 检验分类

本标准规定的检验分类如下：

a) 鉴定检验；

b) 质量一致性检验。

7.2 鉴定检验

7.2.1 检验时机

当出现下列情况之一时，应进行鉴定检验：

a) 新产品定型或老产品转厂时；

b) 产品停产一年以上，重新恢复生产时；

c) 产品结构、材料或工艺有重大改变，可能引起产品性能改变时；

d) 合同有规定时；

e) 国家质量监督机构提出进行鉴定检验时。

7.2.2 检验项目

鉴定检验项目按表3规定。

表3 检验项目

序号	检验项目	鉴定检验	质量一致性检验			要求章条号	试验方法章条号
			A组检验	C组检验	D组检验		
1	尺寸	●	●	—	—	5.1	6.1
2	外观质量	●	●	—	—	5.2	6.2
3	猎枪弹标志	●	●	—	—	8.1、8.3	6.3
4	发射药装药量	●	—	●	—	5.3	6.4
5	弹丸装填质量	●	—	●	—	5.4	6.4
6	弹丸速度	●	—	—	●	5.5.1	6.5
7	膛压	●	—	—	●	5.5.2	6.6
8	射击密集度	●	—	—	●	5.5.3	6.7

表 3(续)

序号	检验项目	鉴定检验	质量一致性检验			要求章条号	试验方法章条号
			A组检验	C组检验	D组检验		
9	一次射击发火率	●	—	—	●	5.5.4	6.8
10	振动	●	—	—	—	5.6	6.9
11	封口抗力	●	—	—	●	5.7	6.10
12	底座拉脱力	●	—	—	●	5.8	6.11
注：●必检项目；—不检项目。							

7.2.3　检验样品数、检验顺序及合格判据

鉴定检验的样品数、检验顺序、合格判据按鉴定试验大纲的规定执行。

7.3　质量一致性检验

7.3.1　检验分组

质量一致性检验按表3分为A、C、D三组。

7.3.2　检验项目

质量一致性检验项目按表3规定。

7.3.3　检验顺序

猎枪弹经过A、C组检验项目检验合格后，才能进行D组检验项目的检验。

7.3.4　组批规则

7.3.4.1　猎枪弹应按规定数量组批，每100 000发编为一个批(订货方同意时，批量可适当增减)。

7.3.4.2　每批猎枪弹应装同一型号、同一批号的底火，同一号数和质量的弹丸，同一型号和同一批号的发射药。当发射药换药批时，允许装配有两个批号的发射药，但应分开存放。此时，各项检验可任选一个药批的猎枪弹进行。

7.3.5　抽样方案

7.3.5.1　A组检验按GB/T 2828.1—2003中规定的二次抽样方案，其检验水平为一般检验水平Ⅱ，接收质量限(AQL)A类不合格为1.0，B类不合格为4.0。

7.3.5.2　C组检验按GB/T 2828.1—2003中规定的二次抽样方案，其检验水平为特殊检验水平S-3，接收质量限(AQL)A类不合格为1.5，B类不合格为4.0。

7.3.5.3　D组检验样本量及检验周期按表4规定。当弹丸速度、膛压、射击密集度、一次射击发火率试验中出现表7规定的A类不合格项时，则补试100发(不测量具体值)；出现B类不合格项时，则补试50发(不测量具体值)。此时，不应再出现同类不合格项。

表4　D组检验样本量及检验周期

序号	检验项目	样本量/发	检验周期	复　检
1	弹丸速度	10	每批	a)　当弹丸速度、膛压、射击密集度任一项初试不合格时，则加倍样本量20发复验； b)　当膛压复试不合格，则以后每批抽试直至五批连续合格时，才能恢复正常试验周期。
2	膛压	10	每换一批发射药的第一批	
3	射击密集度	10	每批	
4	一次射击发火率	10	每批	当一次射击发火率不合格时，按允许百分率进行补试。
5	封口抗力	5		当封口抗力不合格时，重抽五发检验。
6	底座拉脱力	5		当底座拉脱力不合格时，重抽五发检验。

7.3.6 **不合格分类**

7.3.6.1 A组检验不合格分类按表5规定。

表5 A组检验不合格分类

不合格分类	不合格项
致命	底火高出弹壳底平面
	底火倒装
	无底火
	火帽破裂
A类	底火松动
	弹壳有穿孔(折口部除外)
	弹壳有裂缝(折口部除外)
	体部扭曲(按标本)
	底座纵裂,长度不大于2 mm
	底座口部缺损,深度不大于1.5 mm,弦长不大于3 mm
	底座镀层脱落(按标本)
	猎枪弹长度超过规定
	火帽装入深度超过规定
	底缘直径超过规定
	底缘厚度超过规定
	在49 N静载荷下,猎枪弹不能符合全形规
B类	封口折叠中心偏歪(按标本)
	封口处弹丸暴露(按标本)
	体部弹丸室起鼓(按标本)
	底座水渍、油渍、汗渍、锈迹(均按标本)
	猎枪弹标志不清晰或标志脱落

7.3.6.2 C组检验不合格分类按表6规定。

表6 C组检验不合格分类

不合格分类	不合格项
A类	传火孔堵塞
	无弹托
	无发射药
	无弹丸
B类	发射药装药量偏差超过±0.02 g,但不超过±0.04 g
	弹丸装填重量超出规定值,但不超过0.5 g

7.3.6.3 D组检验不合格分类按表7规定。

7.3.7 **合格判据**

受检样品各检验项目的合格品数满足质量一致性检验规定的数量要求时,判该批质量一致性检验合格。否则,判该批质量一致性检验不合格。

表 7 D组检验不合格分类

不合格分类	不 合 格 项
致命	早发火
	迟发火
	弹壳口部断裂且部分或全部留在枪膛内
A类	从底座上边缘处断裂或体部横断
	底座与塑料管位移超过 1.6 mm 或底座脱落
	底缘炸裂或膨胀变形，不能正常退壳
	塑料管纵裂，其总长度达到塑料管的全长
B类	弹壳口部部分断裂，但未留在枪膛内
	塑料管纵裂，其总长度未超过全长的三分之一
	塑料管横裂或烧穿未超过塑料管圆周长的三分之一
	底座撕裂，其总长度未超过全长的二分之一
	底火击穿(测压不计)
	底火脱落，但无气体溢出闭锁机构
	底火周围漏烟，其总长度未超过圆周长的二分之一，且无气体从闭锁机构溢出

8 标志

8.1 猎枪弹标志

猎枪弹弹体上应有弹丸号、弹丸直径标志；底部应有口径号、制造厂标志。

8.2 包装标志

8.2.1 包装纸盒上应有制造厂名和厂址、商标、弹丸号、弹丸直径、包装数量、口径号、生产日期、批号、比赛级和训练级标志。

8.2.2 包装纸箱上应有制造厂名和厂址、产品名称、商标、弹丸号、包装数量和质量、“怕湿”和“小心轻放”、生产日期、批号、比赛级和训练级标志。

8.3 标志要求

标志应完整、正确、清晰、附着牢固。

9 包装、运输和贮存

9.1 包装

9.1.1 包装要求

猎枪弹内包装采用纸盒，每盒装 25 发，外包装采用纸箱，每 10 个或 20 个纸盒装入一个纸箱内。

9.1.2 检验方法

9.1.2.1 包装标志

用目视进行检验。

9.1.2.2 包装数量

用人工计数检验。

9.1.3 包装检验

9.1.3.1 检验项目按表 8 规定。

9.1.3.2 包装检验按 GB/T 2828.1—2003 中规定的二次抽样方案，其检验水平为特殊检验水平 S-3，接收质量限(AQL)A 类不合格为 1.5，B 类不合格为 4.0。

表 8 检验项目

序号	检验项目	要求章条号	试验方法章条号
1	包装标志	8.2	9.1.2.1
2	包装数量	9.1	9.1.2.2

9.1.3.3 包装检验不合格分类按表 9 规定。

表 9 包装检验不合格分类

不合格分类	不 合 格 项
A 类	包装标志错误
	包装纸盒、纸箱内枪弹数量不足
B 类	包装标志不清晰或遗漏

9.2 运输

9.2.1 运输猎枪弹的车辆应符合有关规定。

9.2.2 猎枪弹在运输过程中应小心轻放，不应碰撞。同时应注意防火、防潮、防雨、防晒。

9.3 贮存

9.3.1 猎枪弹应按批号整齐堆放在清洁、干燥、通风良好的库房内，库房温度以 15℃～25℃ 为宜，相对湿度以 65％为宜。

猎枪弹在贮存中应注意防火、防潮、防腐蚀、防虫蛀。

附 录 A
（规范性附录）
弹丸速度试验方法

A.1 试验设备、仪器或装置及其要求

A.1.1 试验用枪：为专用测速弹道枪，且应符合相应技术文件规定。

A.1.2 专用枪架：应具有足够的刚度、夹固可靠、位置可调、操作方便。

A.1.3 电子测时仪：应符合有关技术文件规定。

A.1.4 钢板靶：尺寸为 500 mm×600 mm×(8～10) mm。

A.1.5 保温箱：应具有良好的保温功能，控温分辨力不应低于 1℃。

A.1.6 惰性断路器：应符合 WJ 474 的规定。

A.1.7 镀银铜丝：应符合 WJ 325—2004 的规定。

A.2 试样

A.2.1 经外观、尺寸检验合格的猎枪弹。

A.2.2 数量为 10 发。

A.3 试验条件

A.3.1 射击室温度为(20±2)℃。

A.3.2 猎枪弹保温温度为(20±1)℃，保温时间不少于 4 h。

A.3.3 第一靶为直径 0.2 mm 镀银铜丝，距枪口端面为(5±1) mm；第二靶为装有惰性断路器的钢板。两靶距离为(10±0.005) m。

A.4 试验程序

A.4.1 将试验用测速弹道枪紧固在专用枪架上。

A.4.2 试验前先用一发猎枪弹进行温枪射击，每射击完 10 发(不含温枪弹)后，应冷却擦净枪管，冷枪的同时检查钢板靶。

A.5 试验结果的表述

A.5.1 速度按公式(A.1)计算：

$$V_5 = \frac{S}{t} \qquad \text{(A.1)}$$

式中：

V_5——两靶中点速度的数值，单位为米每秒(m/s)；

S——靶距的数值，单位为米(m)；

t——弹丸通过两靶时间的数值，单位为秒(s)。

A.5.2 计算出一组(10 发)速度平均值$\overline{V}_5$和速度极差值 ΔV_5。并应进行弹温修正，其值精确至整数位。

附　录　B
（规范性附录）
膛压试验方法

B.1　试验设备、仪器或装置及其要求

B.1.1　试验用枪：为专用测压弹道枪，且应符合相应技术文件规定。

B.1.2　专用枪架：应具有足够的刚度、夹固可靠、位置可调、操作方便。

B.1.3　测压铜柱：应符合 WJ 72 的规定。

B.1.4　测压器油：应符合 WJ 75 的规定。

B.1.5　保温箱：应具有良好的保温功能，控温分辨力不应低于 1℃。

B.1.6　千分尺：分度值为 0.01 mm。

B.2　试样

B.2.1　经外观、尺寸检验合格的猎枪弹。

B.2.2　数量为 10 发。

B.3　试验条件

B.3.1　射击室温度为(20±2)℃。

B.3.2　猎枪弹保温温度为(20±1)℃，保温时间不少于 4 h。

B.3.3　测压器选用活塞断面积为 0.2 mm^2 的枪用旋入式测压器，测压器锥面与测压孔锥面应密合。

B.3.4　测压铜柱选用(ϕ5×8.1) mm 锥形铜柱，铜柱预压值为 19.6 MPa～29.4 MPa。

B.4　试验程序

B.4.1　将试验用测压弹道枪紧固在专用枪架上。

B.4.2　试验前先用一发猎枪弹进行温枪射击。

B.4.3　每射击一发后，用干布擦净枪膛，并取出被发射药气体冲脱的塑料壳片后，才能进行下一发射击。每射击完 10 发(不含温枪弹)后，应冷却擦净枪管。

B.5　试验结果的表述

B.5.1　铜柱特性修正量按公式(B.1)计算。

$$\Delta P_c = P_g - P_s \qquad \cdots\cdots(B.1)$$

式中：

ΔP_c——铜柱特性修正量，单位为兆帕(MPa)；

P_g——射前铜柱公称高度压力值，单位为兆帕(MPa)；

P_s——射前铜柱实测高度压力值，单位为兆帕(MPa)。

B.5.2　膛压值按公式(B.2)计算。

$$P_{m32} = P + \Delta P_c \qquad \cdots\cdots(B.2)$$

式中：

P_{m32}——单发猎枪弹膛压值，单位为兆帕(MPa)；

P——单发猎枪弹射击后的铜柱高度压力值，单位为兆帕(MPa)；

ΔP_c——铜柱特性修正量，单位为兆帕(MPa)。

B.5.3　计算出一组(10 发)的膛压平均值$\overline{P}_{m32}$和膛压最大值 $P_{m32\,max}$。并应进行弹温修正，其值精确至 0.1 MPa。

附 录 C
（规范性附录）
射击密集度试验方法

C.1 试验设备、仪器或装置及其要求

C.1.1 试验用猎枪：应符合相应技术文件规定。

C.1.2 专用枪架：应具有足够的刚度、夹固可靠、位置可调、操作方便。

C.1.3 木质靶架：应符合相应规定。

C.1.4 圆规：应符合相应规定。

C.2 试样

C.2.1 经外观、尺寸检验合格的猎枪弹。

C.2.2 数量为10发。

C.3 试验条件

C.3.1 试验靶距为35 m或20 m。

C.3.2 试验应在能防风、防雨的靶道内进行，在靶距终点处垂直安装木质靶架，其上贴靶纸。

C.4 试验程序

C.4.1 将试验用猎枪紧固在专用枪架上。

C.4.2 每10发为一组进行单发装填射击，射速每分钟不超过两发。

C.4.3 每射击完10发（不含温枪弹）后，应冷却擦净枪管。

C.5 试验结果的表述

C.5.1 每射击一发后，取下靶纸，以散布中心为圆心，750 mm为直径画圆，然后清点圆内弹丸命中数，弹丸孔中心在圆内计数。

C.5.2 每发猎枪弹的射击密集度按公式（C.1）计算。

$$A(\%) = \frac{n}{N} \times 100 \qquad \cdots\cdots(C.1)$$

式中：

A——射击密集度的数值，以（%）表示；

n——靶纸上直径为750 mm圆内的弹丸命中数，单位为粒；

N——猎枪弹装填弹丸数，单位为粒。

C.5.3 计算出一组（10发）猎枪弹的射击密集度平均值，其值精确至0.1%。

ICS 13.030.40
J 88

中华人民共和国国家标准

GB/T 21508—2008

燃煤烟气脱硫设备性能测试方法

Performance test method for coal-fired flue gas desulphurization equipment

2008-03-12 发布　　2008-09-01 实施

中华人民共和国国家质量监督检验检疫总局
中国国家标准化管理委员会　发布

前　　言

本标准的附录A为规范性附录，附录B～附录E均为资料性附录。

本标准由中国机械工业联合会提出并归口。

本标准起草单位：机械科学研究总院、西安热工研究院有限公司、浙江菲达环保科技股份有限公司、武汉凯迪电力环保有限公司、浙江大学热能工程研究所、国电环境保护研究院、中钢集团天澄环保科技股份有限公司、江苏苏源环保工程股份有限公司、湖南省电力勘测设计院、上海电气环保集团、深圳宇星科技发展有限公司、浙江西子联合工程有限公司、北方联合电力有限责任公司。

本标准主要起草人：何育东、张滨渭、丹慧杰、郦建国、朱少平、李雄浩、高翔、肖宝恒、胡汉芳、孙克勤、张力、张小可、吴迅海、陈坚、王自宽。

本标准首次发布。

燃煤烟气脱硫设备性能测试方法

1 范围

本标准规定了燃煤烟气脱硫设备性能测试的内容、时间、条件、方法和报告。

本标准适用于以石灰石-石膏法为代表的湿法脱硫工艺和干/半干法脱硫工艺的性能测试，其他类似脱硫工艺也可参照执行。

2 规范性引用文件

下列文件中的条款通过本标准的引用成为本标准的条款。凡是注日期的引用文件，其随后所有的修改单(不包括勘误的内容)或修订版均不适用于本标准，然而，鼓励根据本标准达成协议的各方研究是否可使用这些文件的最新版本。凡是不注日期的引用文件，其最新版本适用于本标准。

GB/T 211 煤中全水分的测定方法

GB/T 3286.1 石灰石、白云石化学分析方法 氧化钙量和氧化镁量的测定(GB/T 3286.1—1998，neq JIS M8850:1994)

GB/T 3286.2 石灰石、白云石化学分析方法 二氧化硅量的测定(GB/T 3286.2—1998，neq JIS M8850:1994)

GB/T 3286.3 石灰石、白云石化学分析方法 氧化铝量的测定(GB/T 3286.3—1998，neq JIS M8850:1994)

GB/T 3286.4 石灰石、白云石化学分析方法 氧化铁量的测定(GB/T 3286.4—1998，neq JIS M8850:1994)

GB/T 3286.5 石灰石、白云石化学分析方法 氧化锰量的测定(GB/T 3286.5—1998，neq JIS M8850:1994)

GB/T 3286.6 石灰石、白云石化学分析方法 磷量的测定(GB/T 3286.6—1998，neq JIS M8850:1994)

GB/T 3286.7 石灰石、白云石化学分析方法 硫量的测定(GB/T 3286.7—1998，neq JIS M8850:1994)

GB/T 3286.8 石灰石、白云石化学分析方法 灼烧减量的测定(GB/T 3286.8—1998，neq JIS M8850:1994)

GB/T 3286.9 石灰石、白云石化学分析方法 二氧化碳量的测定(GB/T 3286.9—1998，neq JIS M8850:1994)

GB/T 5484 石膏化学分析方法

GB/T 5748 标准作业场所空气中粉尘测定方法

GB 6904.3 锅炉用水和冷却水分析方法 pH 的测定 用于纯水的玻璃电极法

GB 6905.1 锅炉用水和冷却水分析方法 氯化物的测定 摩尔法

GB 6905.2 锅炉用水和冷却水分析方法 氯化物的测定 电位滴定法

GB 6911.1 锅炉用水和冷却水分析方法 硫酸盐的测定 重量法

GB 6911.3 锅炉用水和冷却水分析方法 硫酸盐的测定 电位滴定法

GB 7484 水质 氟化物的测定 离子选择电极法

GB 8978 污水综合排放标准

GB 12349 工业企业厂界噪声测量方法

GB/T 16157—1996 固定污染源排气中颗粒物测定与气态污染物采样方法

DL/T 567.5 煤粉细度的测定

DL/T 943 烟气湿法脱硫用石灰石粉反应速率的测定

JC/T 478.1 建筑石灰试验方法 物理试验方法

3 术语和定义

下列术语和定义适用于本标准。

3.1

性能保证值 performance guarantee value

脱硫设备在设计条件运行的情况下，其性能参数应达到的保证值。

3.2

性能验收试验 performance acceptance test

以考核验收脱硫设备为目的性能试验。

3.3

设计工况 design condition

脱硫设备在设计入口烟气参数时的运行工况。

3.4

标准状态 normal condition

气体在温度为 273 K、压力为 101 325 Pa 时的状态。

3.5

干烟气 dry flue gas

不含水分的烟气。

3.6

原烟气 raw gas

进入脱硫设备前未经处理的烟气。

3.7

净烟气 clean gas

经脱硫设备处理后的烟气。

3.8

负荷率 load rate

脱硫设备入口烟气流量(标准状态、湿烟气、过剩空气系数为 1.4 时)与设计工况下烟气流量(标准状态、湿烟气、过剩空气系数为 1.4 时)之比。

3.9

脱硫效率 desulphurization efficiency

表示烟气脱硫设备脱除 SO_2 的能力。用脱硫设备原烟气和净烟气 SO_2 浓度计算脱硫效率[见公式(1)]：

$$\eta=\frac{C_{\mathrm{rawgas}}-C_{\mathrm{cleangas}}}{C_{\mathrm{rawgas}}}\times 100 \qquad \cdots\cdots(1)$$

式中：

η——脱硫效率，%；

C_{rawgas}——原烟气在标准状态干烟气和过剩空气系数为 1.4 时的 SO_2 浓度；

C_{cleangas}——净烟气在标准状态干烟气和过剩空气系数为 1.4 时的 SO_2 浓度。

3.10

烟气系统阻力　system resistance

烟气流经脱硫设备时的阻力，为脱硫设备入口至出口各段阻力之和。

3.11

电能消耗量　electricity consumption

脱硫设备消耗的各种电能之和。

3.12

水消耗量　water consumption

脱硫设备消耗的所有水量之和。

3.13

蒸汽消耗量　steam consumption

脱硫设备消耗的所有蒸汽量之和。

3.14

吸收剂消耗量　absorbent consumption

脱硫设备消耗的吸收剂量。

3.15

钙硫摩尔比　mole ratio of Ca/S

投入脱硫设备中钙基吸收剂与脱硫设备脱除的 SO_2 摩尔数之比。它同时表示脱硫设备在达到一定脱硫效率时所需要的脱硫吸收剂的过量程度。

3.16

除雾器出口烟气中浆液滴含量　slurry droplet concentration in flue gas downstream the mist eliminator

湿法脱硫设备中除雾器出口烟气所携带的大于一定粒径的浆液滴的质量浓度。

3.17

石灰石反应速率　limestone dissolution rate

石灰石中碳酸盐与酸的反应速率。

3.18

石灰消化速率　lime slaking rate

石灰与水反应生成消石灰的反应速度。

4　测试要求

4.1　测试时间

新建脱硫设备的性能验收试验应在脱硫设备整体试运行结束 2 个月后、6 个月内的适当时间进行。在役脱硫设备的性能试验应在检修后运行半个月后进行。

性能验收试验宜在设计工况下持续 7 天以上。

4.2　稳定状态

如脱硫设备设有旁路烟道，旁路挡板应处于完全关闭状态。试验期间，锅炉和脱硫设备应稳定运行，每个测试工况锅炉负荷波动不宜超过 5%，脱硫设备的运行参数不应有大的改变。

4.3　对燃料、吸收剂和工艺水的要求

性能验收试验时，燃用的煤质、吸收剂的成分和活性、工艺水品质应符合设计要求。

4.4　脱硫设备入口的烟气参数

性能验收试验时，应将烟气流量、温度、烟尘含量、SO_2 浓度等参数调整到设计工况。当运行工况偏离设计工况时，应用修正曲线对试验结果进行修正。

5 测试内容

5.1 性能试验应做的项目

烟气流量；

SO_2 排放浓度；

脱硫效率；

烟尘排放浓度；

除尘效率；

净烟气排放温度；

吸收剂的主要成分和反应/消化速率；

脱硫副产物的成分；

烟气系统阻力；

电能消耗量；

水消耗量；

吸收剂消耗量和钙硫摩尔比；

负荷率变化范围；

工作场所的粉尘浓度；

设备噪声。

5.2 性能试验选做的项目

除雾器出口烟气中浆液滴的含量(对湿法)；

SO_3 的脱除率；

HF 的脱除率；

HCl 的脱除率；

外供压缩空气消耗量(如果有)；

蒸汽消耗量(如果有)；

脱硫外排废水的主要成分和质量流量(对湿法)；

应根据性能测试的目的、具体的工艺、现场的测试条件选择测试项目。

6 测试方法

6.1 锅炉和脱硫设备主要的运行参数记录

6.1.1 锅炉和脱硫设备的主要运行参数应每隔 10 min～15 min 记录一次，每个测试工况每天至少应进行一次燃煤的工业分析和硫分分析，必要时进行燃煤的元素分析。

6.1.2 主要运行参数在锅炉和脱硫设备的主控室进行记录，典型的运行参数表见附录 A 中表 A.1 和表 A.2。

6.2 烟气参数测量

6.2.1 烟气参数的测量以精度等级高于在线测量的移动式测试仪器为主，以脱硫设备自身配置并经过校验的监控仪表为辅。

6.2.2 测试位置：脱硫设备进、出口烟道和其他需要测量的烟道或位置；选择测量断面参见附录 B。

6.2.3 测试和计算参数：烟气的温度、水分含量、CO_2 浓度、O_2 浓度、烟气密度、动压、静压、流速、流量、阻力和大气压力。

6.2.4 测试方法

6.2.4.1 烟气温度、水分含量、CO_2 浓度、O_2 浓度、烟气密度、动压、静压、流速、流量和大气压力的测试和计算参照 GB/T 16157 执行。其中 CO_2 浓度、O_2 浓度测量采用仪器法测量。性能验收试验时，净烟气排放温度、CO_2 浓度、O_2 浓度应采用多点测量后计算平均值，采样点数目按照 GB/T 16157—1996 中 4.2 执行。

6.2.4.2 两个测量断面(中间不含压力提升机械)之间的烟气阻力 Δp 按公式(2)计算：

$$\Delta p = (p_{1j} - p_{2j}) + (p'_{1d} - p'_{2d}) + (\rho_1 Z_1 - \rho_2 Z_2)g \quad \cdots\cdots(2)$$

式中：

p_{1j}、p_{2j}——上、下游测量断面处的烟气静压(绝对压强)，单位为帕斯卡(Pa)；

p'_{1d}、p'_{2d}——上、下游测量断面处的烟气平均动压，单位为帕斯卡(Pa)；

ρ_1、ρ_2——上、下游测量断面处实际工况下的烟气密度，单位为千克每立方米(kg/m^3)；

Z_1、Z_2——上、下游测量断面处的水平标高，单位为米(m)；

g——重力加速度，9.8 m/s^2。

脱硫设备总的烟气系统阻力 Δp_{FGD} 按公式(3)计算：

$$\Delta p_{FGD} = \Delta p_1 + \Delta p_2 + \cdots + \Delta p_i \quad \cdots\cdots(3)$$

式中：

Δp_1、Δp_2、…、Δp_i——脱硫设备烟气系统各段的阻力，单位为帕斯卡(Pa)。

6.2.5 进行若干天的稳定运行性能测试时，也可用上述测量烟气量的方法先标定脱硫设备配置在线烟气量测量仪表，并在测试期间通过 DCS 或人工定时记录这些仪表的数值，统计平均值后作为测试期间的平均烟气量。

6.3 烟气成分测量及脱除效率计算

6.3.1 烟气成分的测量以精度等级高于在线测量的移动式测试仪器为主，以脱硫设备自身配置并经过校验的监控仪表为辅。

6.3.2 测试位置：脱硫设备进、出口烟道；选择测量断面参见附录 B。

6.3.3 测试参数：烟气中的 SO_2、SO_3、HF、HCl 的浓度。同时，也要测量烟气中的 O_2 浓度，并将测试结果折算到过剩空气系数为 1.4 下的浓度。

6.3.4 测试方法

6.3.4.1 SO_2 浓度

参照 GB/T 16157 执行。采样方法推荐采用仪器直接测量法。性能验收试验时，SO_2 浓度、O_2 浓度应采用多点测量后计算平均值，采样点数目参照 GB/T 16157—1996 中 4.2 执行。

6.3.4.2 SO_3 浓度

采用化学法采样和分析的方法，推荐的方法参见附录 C。

6.3.4.3 HCl 浓度取烟道测量断面的中心点作为采样点。

采用化学法采样和分析的方法，取烟道测量断面的中心点作为采样点。采样方法按 GB/T 16157 执行。两级吸收液均为 100 mL 蒸馏水，抽取烟气的速度不大于 3 L/min，抽取的烟气量应满足分析的要求。吸收液中 HCl 含量的测定按 GB 6905.1 和 GB 6905.2 执行。最后将吸收液中 HCl 含量换算到烟气中 HCl 浓度。

6.3.4.4 HF 浓度

采用化学法采样和分析的方法，取烟道测量断面的中心点作为采样点。采样方法按 GB/T 16157 执行。两级吸收液均为 70 mL 氢氧化钠溶液[$c(NaOH)=0.1$ mol/L]和 15 mL 过氧化氢溶液 $c(H_2O_2)=3\%$的混合液。抽取烟气的速度不大于 3 L/min，抽取的烟气量应满足分析的要求。吸收液中 HF 含量的测定按 GB 7484 执行。最后将吸收液中 HF 含量换算到烟气中 HF 浓度。

6.3.5 SO_2、SO_3、HCl、HF 脱除效率测试应在脱硫设备稳定运行时在进、出口测量截面上同步测量。脱除效率的计算按公式(4)计算：

$$\eta_X = \frac{C_{X\text{-rawgas}} - C_{X\text{-cleangas}}}{C_{X\text{-rawgas}}} \times 100 \quad \cdots\cdots(4)$$

式中：

η_X——脱除效率，%；

$C_{X\text{-rawgas}}$——折算到标准状态干烟气和过剩空气系数为1.4状态下的原烟气中该气体浓度，单位为毫克每立方米(mg/m^3)；

$C_{X\text{-cleangas}}$——折算到标准状态干烟气和过剩空气系数为1.4状态下的净烟气中该气体浓度，单位为毫克每立方米(mg/m^3)。

6.3.6 进行若干天稳定运行测试时，也可用上述测量SO_2、O_2浓度的方法先标定脱硫设备自带的进、出SO_2、O_2浓度测量仪表，并在测试期间通过控制系统或人工定时记录这些仪表的数值。统计平均值后计算SO_2脱除效率。

6.4 烟尘浓度和除尘效率

6.4.1 烟尘浓度的测量以移动式测试仪器为主，以脱硫设备自身配置的监控仪表为辅。

6.4.2 测试位置：脱硫设备进、出口烟道；

6.4.3 测试和计算参数：烟尘浓度和除尘效率；

6.4.4 测试方法：烟尘浓度测试参照GB/T 16157执行。除尘效率测试应在脱硫设备(或除尘器)稳定运行时在进、出口测量截面上同步测量。除尘效率的计算按公式(5)计算：

$$\eta_{dust} = \frac{C_{dust\text{-rawgas}} - C_{dust\text{-cleangas}}}{C_{dust\text{-rawgas}}} \times 100 \qquad \cdots\cdots\cdots\cdots(5)$$

式中：

η_{dust}——脱除效率，%；

$C_{dust\text{-rawgas}}$——折算到标准状态干烟气和过剩空气系数为1.4状态下的原烟气(或除尘器进口)中烟尘浓度，单位为毫克每立方米(mg/m^3)；

$C_{dust\text{-cleangas}}$——折算到标准状态干烟气和过剩空气系数为1.4状态下的净烟气(或除尘器出口)中烟尘浓度，单位为毫克每立方米(mg/m^3)。

6.4.5 进行若干天稳定运行测试时，也可用上述测量烟尘浓度的方法先标定脱硫设备自带的进、出烟尘测量仪表，并在测试期间通过控制系统或人工定时记录这些仪表的数值。统计平均值后计算除尘效率。

6.5 吸收剂的主要成分和反应/消化速率

6.5.1 采样位置和采样方法

可在吸收剂运输车上、下料管道采样口或称重给料机处采集样品。将采集的样品充分混合、缩分后立即放入密闭、防潮的磨口广口瓶中或塑料袋中。

6.5.2 测试参数

6.5.2.1 石灰石(粉)/石灰成分主要包括氧化钙、氧化镁、二氧化硅、氧化铝、氧化铁、氧化锰、磷、硫、灼烧减量、二氧化碳(碳酸盐)。

6.5.2.2 需要时也可测量石灰石(粉)的水分。

6.5.2.3 吸收剂的反应/消化速率。

6.5.3 测试方法

6.5.3.1 石灰石(粉)/石灰成分测试按GB/T 3286执行。

6.5.3.2 石灰石(粉)水分的测试参照GB/T 211执行。

6.5.3.3 石灰石反应速率：按DL/T 943或国外的相关标准执行。

6.5.3.4 石灰消化速率：按JC/T 478.1或国外的相关标准执行。

6.6 吸收剂消耗量和钙硫摩尔比

6.6.1 如脱硫设备没有配置吸收剂称重计量装置，可用物料平衡的方法测试和计算吸收剂消耗量和钙硫摩尔比；如脱硫设备配置了吸收剂称重计量装置，应用称重计量装置对试验期间吸收剂消耗量进行累计计量。称重计量装置应在测试前完成标定。

6.6.2 湿法脱硫设备吸收剂消耗量和钙硫摩尔比的测试和计算方法(以石灰石-石膏法为例)

在整个测试期间,采集净烟气、原烟气中 SO_2 和 O_2 的浓度,求得平均值。取石灰石样进行石灰石纯度和水分含量分析,取石膏样进行 $CaSO_4 \cdot 2H_2O$、$CaSO_3 \cdot 0.5H_2O$ 和 $CaCO_3$ 的分析,由钙硫摩尔比和 SO_2 脱除量计算石灰石消耗量。按公式(6)计算:

$$W_{CaCO_3} = \frac{V_{RG} \times (C_{SO_2\text{-rawgas}} - C_{SO_2\text{-cleangas}})}{10^6} \times \frac{M_{CaCO_3}}{M_{SO_2}} \times \frac{100}{F_p} \times S_t \times \frac{100}{100 - F_w} \quad \cdots\cdots\cdots(6)$$

式中:

W_{CaCO_3}——石灰石(干)耗量,单位为千克每小时(kg/h);

V_{RG}——折算到标准状态干烟气和过剩空气系数为 1.4 时脱硫设备入口烟气流量,单位为立方米每小时(m^3/h);

$C_{SO_2\text{-rawgas}}$——折算到标准状态干烟气和过剩空气系数为 1.4 状态下原烟气中 SO_2 浓度,单位为毫克每立方米(mg/m^3);

$C_{SO_2\text{-cleangas}}$——折算到标准状态干烟气和过剩空气系数为 1.4 状态下净烟气中 SO_2 浓度,单位为毫克每立方米(mg/m^3);

M_{CaCO_3}——$CaCO_3$ 摩尔质量,100.09 kg/kmol;

M_{SO_2}——SO_2 摩尔质量,64.06 kg/kmol;

F_p——石灰石纯度(干燥基 $CaCO_3$ 的质量百分比),%;

F_w——石灰石附着水,%;

S_t——钙硫摩尔比,按公式(7)计算:

$$S_t = 1 + \frac{\dfrac{x_{CaCO_3}}{M_{CaCO_3}}}{\dfrac{x_{CaSO_4 \cdot 2H_2O}}{M_{CaSO_4 \cdot 2H_2O}} + \dfrac{x_{CaSO_3 \cdot 0.5H_2O}}{M_{CaSO_3 \cdot 0.5H_2O}}} \quad \cdots\cdots\cdots(7)$$

式中:

x_{CaCO_3}——石膏中 $CaCO_3$ 质量含量,%;

$x_{CaSO_4 \cdot 2H_2O}$——石膏中 $CaSO_4 \cdot 2H_2O$ 质量含量,%;

$x_{CaSO_3 \cdot 0.5H_2O}$——石膏中 $CaSO_3 \cdot 0.5H_2O$ 质量含量,%;

$M_{CaSO_4 \cdot 2H_2O}$——$CaSO_4 \cdot 2H_2O$ 摩尔质量,172.18 kg/kmol;

$M_{CaSO_3 \cdot 0.5H_2O}$——$CaSO_3 \cdot 0.5H_2O$ 摩尔质量,129.15 kg/kmol。

6.6.3 干/半干法脱硫设备吸收剂消耗量和钙硫摩尔比的测试和计算方法

在整个测试期间,采集净烟气、原烟气中 SO_2 和 O_2 的浓度,求得平均值。取石灰样进行石灰纯度和水分含量分析,取脱硫渣样进行 $CaSO_4 \cdot 2H_2O$、$CaSO_3 \cdot 0.5H_2O$ 和 $Ca(OH)_2$ 的分析,由钙硫摩尔比和 SO_2 脱除量计算石灰消耗量。按公式(8)计算:

$$W_{CaO} = \frac{V_{RG} \times (C_{SO_2\text{-rawgas}} - C_{SO_2\text{-cleangas}})}{10^6} \times \frac{M_{CaO}}{M_{SO_2}} \times \frac{100}{F_p} \times S_t \quad \cdots\cdots\cdots(8)$$

式中:

W_{CaO}——石灰耗量,单位为千克每小时(kg/h);

V_{RG}——折算到标准状态干烟气和过剩空气系数为 1.4 时脱硫设备入口烟气流量,单位为立方米每小时(m^3/h);

$C_{SO_2\text{-rawgas}}$——折算到标准状态干烟气和过剩空气系数为 1.4 状态下原烟气中 SO_2 浓度,单位为毫克每立方米(mg/m^3);

$C_{SO_2\text{-cleangas}}$——折算到标准状态干烟气和过剩空气系数为 1.4 状态下净烟气中 SO_2 浓度,单位为毫克每立方米(mg/m^3)；

M_{CaO}——CaO摩尔质量，56.08 kg/kmol；

M_{SO_2}——SO_2摩尔质量，64.06 kg/kmol；

F_p——石灰纯度(CaO的质量百分比)，%；

S_t——钙硫摩尔比，按公式(9)计算：

$$S_t = 1 + \frac{\dfrac{x_{Ca(OH)_2}}{M_{Ca(OH)_2}}}{\dfrac{x_{CaSO_4 \cdot 2H_2O}}{M_{CaSO_4 \cdot 2H_2O}} + \dfrac{x_{CaSO_3 \cdot 0.5H_2O}}{M_{CaSO_3 \cdot 0.5H_2O}}} \quad \cdots\cdots (9)$$

式中：

$x_{Ca(OH)_2}$——脱硫渣中$Ca(OH)_2$质量含量，%；

$x_{CaSO_4 \cdot 2H_2O}$——脱硫渣中$CaSO_4 \cdot 2H_2O$质量含量，%；

$x_{CaSO_3 \cdot 0.5H_2O}$——脱硫渣中$CaSO_3 \cdot 0.5H_2O$质量含量，%；

$M_{Ca(OH)_2}$——$Ca(OH)_2$摩尔质量，74.08 kg/kmol；

$M_{CaSO_4 \cdot 2H_2O}$——$CaSO_4 \cdot 2H_2O$摩尔质量，172.18 kg/kmol；

$M_{CaSO_3 \cdot 0.5H_2O}$——$CaSO_3 \cdot 0.5H_2O$摩尔质量，129.15 kg/kmol。

6.7 电能消耗量

6.7.1 测试位置：集中供电脱硫设备的高压开关柜处；分散供电脱硫设备的各动力柜处。

6.7.2 测试方法：采用便携式电能分析仪或在线电能计量表测定。

当脱硫设备不单独设脱硫风机时，宜不计入风机的电能消耗。

6.8 水消耗量

6.8.1 测试位置：水量消耗在脱硫设备供水管道处。

6.8.2 测试方法：采用供水管道上的在线流量计或超声波流量计测量。

6.9 蒸汽消耗量

6.9.1 测试位置：蒸汽消耗量在脱硫设备供汽管道处。

6.9.2 测试方法：采用供汽管道上的在线流量计或超声波流量计测量。

6.10 外供压缩空气消耗量

6.10.1 测试位置：外供压缩空气消耗量在脱硫设备供气管道处。

6.10.2 测试方法：外供压缩空气消耗量采用供气管道上的在线流量计或超声波流量计测量。

6.11 除雾器出口烟气中浆液滴的含量

推荐的方法参见附录F。性能验收试验时，应采用多点测量后计算平均值，采样点数目参照GB/T 16157—1996中4.2执行。

6.12 脱硫外排废水的主要成分和质量流量

6.12.1 脱硫废水的主要参数和成分有：pH、悬浮物、化学耗氧量、氟化物、总镉、总汞、总铬、总镍、总铜、总铅、总锌、硫化物。

6.12.2 分析方法：按GB 8978执行。

6.12.3 质量流量：宜用超声波流量计进行计量。

6.13 脱硫副产物(石膏或脱硫渣)成分

6.13.1 采样位置：脱硫副产物脱水后的固态产物或脱硫渣储放处。

6.13.2 测试参数：主要有附着水、结晶水、硫酸盐(以三氧化硫计)、亚硫酸盐(以二氧化硫计)、碳酸盐(以碳酸钙计)、氯、氟、氧化钙、氧化镁、三氧化二铁、三氧化二铝、二氧化钛、氧化钾、氧化钠、二氧化硅、无氧化二磷、烧失量、酸不溶物、pH、细度和粒度分布。

应根据脱硫工艺和试验目的选择测试参数。

6.13.3 测试方法

6.13.3.1 附着水、结晶水、硫酸盐(以三氧化硫计)、氟、氧化钙、氧化镁、三氧化二铁、三氧化二铝、二氧化钛、氧化钾、氧化钠、二氧化硅、无氧化二磷、烧失量、酸不溶物的测定按 GB/T 5484 执行。

6.13.3.2 亚硫酸盐(以二氧化硫计)的测定

a) 方法提要:在酸性溶液中,试料中的亚硫酸盐与碘进行反应,过量的碘用硫代硫酸钠标准溶液反滴定。其反应式为:

$$SO_3^{2-} + I_2 + H_2O = SO_4^{2-} + 2H^+ + 2I^- \qquad (10)$$

$$2Na_2S_2O_3 + I_2 = Na_2S_4O_6 + 2NaI \qquad (11)$$

b) 试剂

1) 碘标准滴定溶液 $c(I_2)=0.05$ mol/L:称取 12.690 g 碘,溶解在 1 L 容量瓶中,加水稀释到刻度。

2) 硫代硫酸钠标准溶液 $c(Na_2S_2O_3 \cdot 5H_2O)=0.1$ mol/L:称取 24.818 g $Na_2S_2O_3 \cdot 5H_2O$,溶解在 1 L 容量瓶中,加水稀释到刻度。

3) 淀粉溶液:称取 10 g 可溶解淀粉,溶解在 500 mL 煮沸的去离子水中,并冷却。

4) 硫酸(1:1)。

c) 分析步骤

称取烘干后的试料 1 g±0.1 mg 置于滴定瓶中,加入过量的碘溶液、50 mL 去离子水、5 mL 硫酸和 1 mL~2 mL 的淀粉溶液。用硫代硫酸钠标准溶液反滴定过量的 I_2,直至液体颜色由蓝色变成无色时为终点。按此步骤同时做空白试验。

d) 计算

$$X_{SO_2} = \frac{(V_0 - V_2) \times C \times 64.06 \times 0.5}{m} \times 100 \qquad (12)$$

式中:

X_{SO_2}——二氧化硫的质量百分数,%;

V_0——空白试验时加入硫代硫酸钠标准溶液的体积,单位为毫升(mL);

V_2——滴定试料时加入硫代硫酸钠标准溶液的体积,单位为毫升(mL);

C——硫代硫酸钠标准滴定溶液的浓度,单位为摩尔每升(mol/L);

m——试料质量,单位为毫克(mg);

64.06×0.5——1 mol 0.5SO_2 的质量。

6.13.3.3 碳酸盐(以碳酸钙计)的测定

a) 方法提要:在试料中加入过量的盐酸标准溶液,使碳酸盐完全分解。过量的盐酸用氢氧化钠标准溶液反滴定,以酚酞为指示剂。其反应式为:

$$CO_3^{2-} + 2H^+ = CO_2 + H_2O \qquad (13)$$

$$H^+ + OH^- = H_2O \qquad (14)$$

在加入盐酸之前,加入过氧化氢用以氧化样品中的亚硫酸盐,避免亚硫酸分解而增加盐酸的耗量。

本方法用于测定含量在 0.1%~2%范围内的碳酸盐。如需增大测量范围,可以增加盐酸标准溶液的用量或浓度。

b) 试剂

1) 盐酸标准滴定溶液 $c(HCl)=0.1$ mol/L;

2) 氢氧化钠标准滴定溶液 $c(NaOH)=0.1$ mol/L;

3) 过氧化氢溶液 $c(H_2O_2)=3\%$;

4) 酚酞指示剂 5 g/L。

c) 分析步骤

称取烘干后的试料 1 g±0.1 mg 置于 400 mL 锥形瓶中，加入约 10 mL 的去离子水和几滴 H_2O_2 溶液。放置约 2 min 后加入 20 mL 的 HCl 标准滴定溶液，反应片刻后加入约 20 mL 去离子水。加热样品溶液约 15 min 使样品温度至 50℃～70℃。让样品溶液冷却后加入约 200 mL 的去离子水并搅拌约 5 min。加 5 滴酚酞指示剂，用 0.1 mol/L 氢氧化钠标准滴定溶液反滴定剩余的盐酸至 pH 到达 7(溶液由无色变成微红色，30 s 内不退色)为终点。

d) 计算

$$X_{CaCO_3} = \frac{22.0 \times (C_1 \times V_1 - C_2 \times V_2)}{m} \times 2.274 \times 100 \quad \cdots\cdots\cdots\cdots\cdots (15)$$

式中：

X_{CaCO_3}——碳酸钙的质量百分数，%；

22.0——1 mol 0.5CO_2 的质量；

C_1——HCl 标准滴定溶液的浓度，单位为摩尔每升(mol/L)；

V_1——加入 HCl 标准溶液的体积，单位为毫升(mL)；

C_2——NaOH 标准滴定溶液的浓度，单位为摩尔每升(mol/L)；

V_2——加入 NaOH 标准溶液的体积，单位为毫升(mL)；

m——试料质量，单位为毫克(mg)；

2.274——碳酸钙对二氧化碳的换算系数。

6.13.3.4 氯离子的测定

称取烘干后的试料 10 g±0.1 mg 与 60 mL 去离子水制成悬浮液，搅拌加热后，用慢速滤纸真空过滤，并用热的去离子水冲洗滤纸。将滤液静置冷却后加去离子水至 100 mL，滤液中氯离子测定按 GB 6905.1、GB 6905.2 执行，并换算得到试料中氯离子的质量百分比。

应根据试料中氯离子的预测含量合理调整试料与去离子水的比例，使氯离子浓度满足 GB 6905.1、GB 6905.2 标准中的测定范围。

6.13.3.5 pH 的测定

在室温下，称取试料 10 g±0.1 g 与 90 mL 去离子及 CO_2 水制成悬浮溶液，搅拌后 1 min 后静置 5 min，然后倒入一个带瓶塞的玻璃瓶后盖上瓶塞待用。玻璃瓶在使用前要经稀盐酸煮洗并用去离子水彻底冲洗。悬浮溶液 pH 的测定应按 GB 6904.3 执行。

6.13.3.6 细度和粒度分布的测定

称取烘干后的试料 50 g±0.1 g，选取筛网孔径为 32 μm 的试验筛，按 DL/T 567.5 的方法测定试料细度。

粒度分布宜用激光粒度仪测定。

6.14 脱硫设备负荷率的变化范围

调整锅炉负荷或旁路挡路开度，改变脱硫装置入口烟气流量，确定脱硫装置能够稳定运行的负荷率范围。

6.15 脱硫设备工作场所的粉尘浓度

6.15.1 测试位置：吸收剂制备间、吸收剂和副产物的装卸间等。

6.15.2 测试方法：按 GB/T 5748 执行。

6.16 噪声

6.16.1 测试位置：距产生噪声设备的 1 m 处。

6.16.2 测试方法：按 GB 12349 执行。

7 测试报告

7.1 数据处理

测试数据和信息的处理应采用计算机技术及时准确地处理，并通过质量保证体系保证各种测试数据和信息的准确性和统一性。

对性能验收试验，当脱硫设备的实际运行工况如与设计工况存在偏差，则所有的数据应换算到设计工况。换算的依据是脱硫设备供货商在供货合同中提供的性能修正曲线。修正曲线应得到测试其他方的确认。

性能修正曲线至少包括：

a) 脱硫效率与入口烟气量的修正曲线；

b) 脱硫效率与入口二氧化硫浓度的修正曲线；

c) 脱硫设备电耗与入口烟气量的修正曲线；

d) 脱硫设备电耗与入口烟气温度的修正曲线；

e) 脱硫设备电耗与入口二氧化硫浓度的修正曲线；

f) 脱硫设备水耗与入口烟气量的修正曲线；

g) 脱硫设备水耗与入口烟气温度的修正曲线；

h) 脱硫设备吸收剂耗量与入口烟气量的修正曲线；

i) 脱硫设备吸收剂耗量与入口二氧化硫浓度的修正曲线；

j) 脱硫效率与吸收剂成分的修正曲线。

对干/半干法脱硫设备中除尘器的效率修正曲线按除尘器的要求执行。

7.2 报告内容

应根据测试的过程和结果编制完整的测试报告，测试报告的内容至少包括以下章节：概述、目的、内容、测点布置、方法、条件、结果、结论和分析、附件。

7.2.1 概述

介绍项目的由来、脱硫设备的建设状况、主要设计参数、工艺参数以及主要设备的参数等。

7.2.2 测试目的

包括脱硫设备的设计指标和测试应达到的目标和目的。

7.2.3 测试内容

包括所有的测试工况和需要测试的参数。

7.2.4 测试测点布置

包括测点布置位置图、截面测量中的测量网格分布。

7.2.5 测试方法

包括测试采用的标准或规范、测试步骤、测试过程、测量仪器的型号和使用药剂的名称等。

7.2.6 测试条件

包括锅炉、燃煤、吸收剂和脱硫设备等在测试期间的实际情况。

7.2.7 测试结果

包括测试原始数据、计算公式、转换方法、修正到合同或设计文件规定条件下的最终测试结果。

7.2.8 结论和分析

采用分项对照法，将欲评价的指标和测试结果逐项进行比较。对性能验收试验，达到合同或设计文件规定保证值的，判为合格；没有达到合同或设计文件规定保证值的，判为不合格。对不合格的项目要进行分析和讨论。

7.2.9 附件

包括脱硫设备流程图、测试位置和测点布置图、有关测试的原始数据和表格、修正曲线、运行图表等。

附 录 A
（规范性附录）
基 础 参 数

A.1 锅炉主要运行参数记录表（见表 A.1）

表 A.1 锅炉主要运行参数记录表

用　　户：______________　　设备编号：______________

试验工况：______________　　试验日期：______年____月____日

记 录 人：______________　　审 核 人：______________

序号	项　目	单位	数　据		
			时间 1	时间 2	时间 3
1	机组电负荷	MW			
2	锅炉蒸发量	t/h			
3	主蒸汽压力	MPa			
4	主蒸汽温度	℃			
5	给水压力	MPa			
6	给水温度	℃			
7	甲/乙侧引风机开度	%			
8	甲/乙侧引风机电流	A			
9	甲/乙侧送风机开度	%			
10	甲/乙侧送风机电流	A			
11	排烟温度	℃			
12	排烟氧量	%			

A.2 典型湿法脱硫设备的主要运行参数记录表（见表 A.2）

表 A.2 典型湿法脱硫设备的主要运行参数记录表

用　　户：______________　　设备编号：______________

试验工况：______________　　试验日期：______年____月____日

记 录 人：______________　　审 核 人：______________

数据	单位	设备编号			
时间			时间 1	时间 2	时间 3
原烟气挡板下游					
原烟气温度					
原烟气压力					
原烟气烟尘浓度					
O_2 浓度					
SO_2 浓度					

表 A.2(续)

数据	单位	设备编号			
时间			时间 1	时间 2	时间 3
增压风机					
增压风机入口压力					
烟气量测量装置差压					
湿烟气流量					
干烟气流量					
湿烟气流量(标态,过剩空气系数 1.4)					
增压风机出口压力					
增压风机转速					
动叶位置					
增压风机和 GGH 之间					
烟气温度					
烟气压力					
GGH 和吸收塔之间(原烟气)					
烟气温度					
烟气压力					
吸收塔					
运行的循环泵					
吸收塔液位					
pH 值					
浆液密度					
除雾器上游烟气压力					
除雾器下游烟气压力					
#1 氧化风机风量					
#2 氧化风机风量					
吸收塔和 GGH 之间(净烟气)					
烟气温度					
烟气压力					
GGH 和净烟气挡板之间					
烟气温度					
烟气压力					
SO_2 浓度					
O_2 浓度					
烟尘浓度					
SO_2 脱除率					

表 A.2(续)

数据	单位	设备编号			
时间			时间 1	时间 2	时间 3
工艺水系统					
工艺水流量					
石灰石制浆系统					
石灰石仓料位					
＃1 石灰石磨机给料量					
＃1 磨机 1 号再循环箱液位					
＃1 磨机 2 号再循环箱液位					
＃2 石灰石磨机给料量					
＃2 磨机 1 号再循环箱液位					
＃2 磨机 2 号再循环箱液位					
石灰石浆液箱液位					
石灰石浆液流量					
石灰石浆液密度					
石膏脱水系统					
石膏浆液箱液位					
＃1 石膏浆液旋流站压力					
＃1 脱水机速度					
＃1 脱水机石膏厚度					
＃2 石膏浆液旋流站压力					
＃2 脱水机速度					
＃2 脱水机石膏厚度					
石膏仓料位					
电气系统					
6 kV 母线电流					
6 kV 母线电压					
6 kV 母线有功					
增压风机电流					
1 号循环泵电流					
2 号循环泵电流					
3 号循环泵电流					
4 号循环泵电流					

A.3　典型干/半干法脱硫设备的主要运行参数记录表(见表 A.3)

表 A.3　典型干/半干法脱硫设备的主要运行参数记录表

用　　户：______________　　设备编号：______________

试验工况：______________　　试验日期：______年____月____日

记 录 人：______________　　审 核 人：______________

数据	单位	设备编号			
时间			时间 1	时间 2	时间 3
FGD 入口					
原烟气温度					
原烟气压力					
原烟气烟尘浓度					
O_2 浓度					
SO_2 浓度					
湿烟气流量					
干烟气流量					
湿烟气流量(标态,过剩空气系数 1.4)					
反应塔入口					
烟气温度					
烟气压力					
反应塔					
反应塔总压降					
物料床层压降					
水喷嘴入口水压力					
水喷嘴出口水压力					
反应塔出口					
烟气温度					
烟气压力					
FGD 出口					
烟气温度					
烟气湿度					
烟气压力					
SO_2 浓度					
O_2 浓度					
烟尘浓度					
SO_2 脱除率					

表 A.3(续)

数据	单位	设备编号			
时间			时间 1	时间 2	时间 3
烟气再循环挡板开度					
工艺水系统					
工艺水箱液位					
消化水箱液位					
消化器水流量					
消石灰旋转给料机转速					
二级除尘器					
空气斜槽流化风温度					
灰斗流化风温度					
流化风流量调节阀开度					
电气系统					
高压水泵电流					
消石灰输送电机电流					
灰斗流化风机电流					
除尘变压器功率					

附　录　B
（资料性附录）
典型工艺系统的测点布置图

B.1　湿法脱硫工艺（以石灰石-石膏法为例）

图 B.1 是测点位置和范围的建议，测点安装应根据每个工程的具体情况而定。

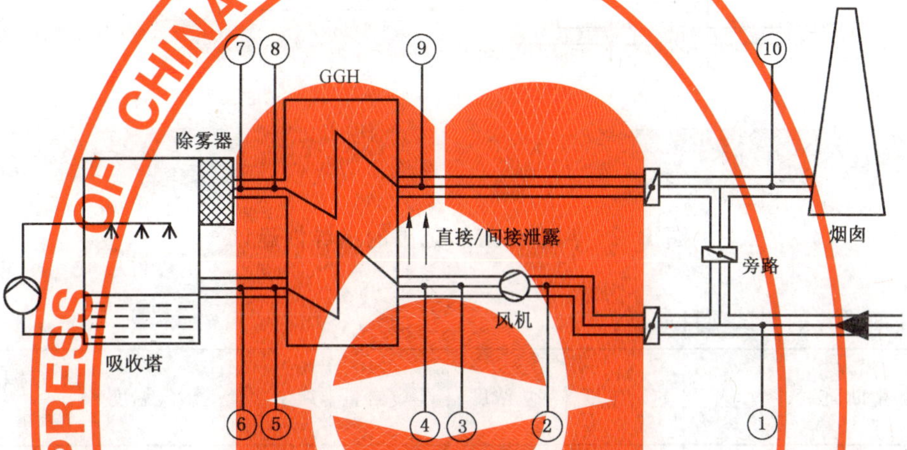

图 B.1　测点位置和范围的指导性建议

各测量断面推荐的测试项目如下：

测量断面	SO_2 浓度	O_2 浓度	H_2O 含量	烟尘含量	浆液滴含量	烟气温度	烟气体积流量	静压
1. FGD 进口	必须	必须	必须	必须	—	必须	必须	必须
2. 未净化烟气风机上游	可选	可选	—	—	—	可选	可选	必须
3. 未净化烟气风机下游	—	—	—	—	—	可选	—	必须
4. GGH 进口（未净化）	—	—	—	—	—	必须	可选	必须
5. GGH 出口（未净化）	可选	可选	—	—	—	必须	可选	必须
6. 吸收塔入口	可选	可选	可选	可选	—	必须	—	必须
7. 吸收塔出口	可选	可选	可选	必须	必须	必须	—	必须
8. GGH 进口（净化）	可选	可选	可选	可选	可选	必须	—	必须
9. GGH 出口（净化）	可选	可选	可选	—	—	必须	可选	必须
10. FGD 出口	必须	必须	可选	必须	—	必须	必须	必须

B.2 干/半干法脱硫工艺(以烟气循环流化床脱硫工艺为例)

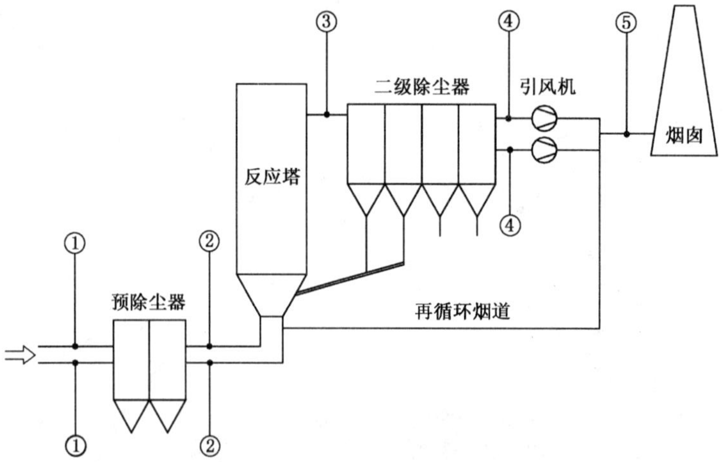

图 B.2 测点位置和范围的指导性建议

各测量断面推荐的测试项目如下:

测量断面	SO_2 浓度	O_2 浓度	H_2O 含量	烟尘含量	烟气温度	烟气体积流量	静压
1. FGD 入口	必须	必须	必须	必须	必须	必须	必须
2. 反应塔入口	可选	可选	可选	可选	必须	可选	必须
3. 反应塔出口	可选	可选	可选	可选	可选	—	必须
4. 二级除尘器出口	可选	可选	可选	可选	可选	可选	必须
5. FGD 出口	必须	必须	必须	必须	必须	必须	必须

附 录 C
（资料性附录）
烟气中 SO_3 浓度的测定

C.1 方法提要

用专用的气体采样系统对烟道气进行等速采样。采样系统中的石英过滤器用来过滤烟气中的颗粒物，用带水浴的蛇形玻璃管对 SO_3 进行控制冷凝。取样后，用去离子水冲洗石英过滤器和蛇形玻璃管得到含有 SO_4^{2-} 的溶液。分析此溶液中 SO_4^{2-} 的含量并换算到烟气中 SO_3 的浓度。

C.2 采样系统

烟气中 SO_3 采样系统见图 C.1。

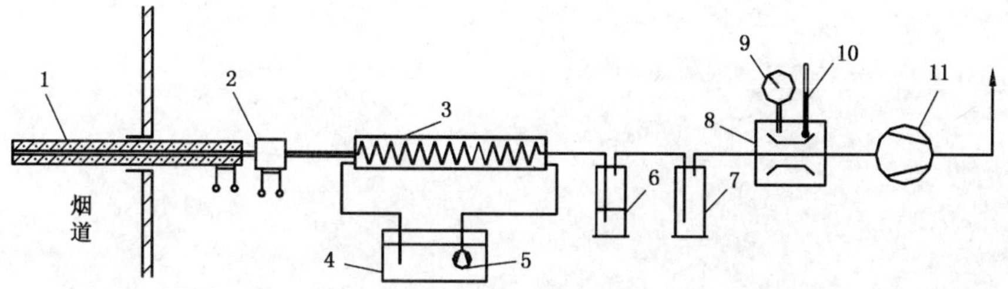

1——加热采样管；
2——加热石英过滤器；
3——蛇形玻璃收集管；
4——水浴；
5——水力循环泵；
6——吸收瓶；
7——液滴分离器；
8——湿式流量计；
9——压力计；
10——温度计；
11——抽气泵。

图 C.1 烟气中 SO_3 采样系统

C.3 测量步骤

a) 取样前准备：保证玻璃蛇形收集管和玻璃滤板清洁、干燥（用丙酮清洗，在空气中干燥），若玻璃滤板上有难于清洗的固体异物可用重铬酸钾处理后清洗干净；
b) 可取靠近烟道测量断面中心的一点或几点作为采样点，取样前应测量取样处的烟气流速；
c) 调节水浴温度为 60℃～65℃；电加热采样管和石英过滤器的温度保持在 260℃；
d) 吸收瓶中的吸收液为 3%的 H_2O_2 溶液；
e) 抽取的烟气流速应满足等速采样的要求，抽取的烟气量应满足分析的要求；
f) 采样完成后，用 40 mL 去离子水分别冲洗玻璃蛇形收集管和石英过滤器，将洗液混合后定容于 100 mL 容量瓶中；

g) 按 GB 6911.1 或 GB 6911.3 测定洗液中硫酸根离子的含量 X。

C.4 计算

$$C_{SO_3} = 0.833 \times L \times X / V \quad \text{(C.1)}$$

式中：

C_{SO_3}——三氧化硫浓度(标准状态、干烟气、过剩空气系数为 1.4)，单位为毫克每立方米(mg/m^3)；

0.833——硫酸根对三氧化硫的换算系数；

L——洗液的容积，0.1 L；

X——洗液中硫酸根离子的含量，单位为毫克每升(mg/L)；

V——抽取的烟气体积(标准状态、干烟气、过剩空气系数为 1.4)，单位为立方米(m^3)。

附　录　D
（资料性附录）
烟气中浆液滴含量的测定

D.1　方法提要

等速采样使烟气通过一级、二级捕集装置，烟气中大于一定粒径（约 3 μm）的液滴在重力和惯性力的作用下附着在捕集装置的内壁上。采样后称重，捕集装置在试验后的重量减去充分干燥后的重量即是液滴中水的重量。此重量包含烟道中的冷凝水滴，需要用捕集液滴和吸收塔浆液中的 Mg^{2+} 浓度来修正，扣除烟道冷凝水的影响。最后用吸收塔浆液的含固量修正到浆液液滴的质量。

采样时，除雾器应停止水冲洗。

D.2　测试仪器

液滴捕集器（见图 D.1）由两部分组成，等速取样的烟气由 8 mm 的采样嘴进入直径为 40 mm 的一级捕集装置，大液滴被分离捕集下来。然后通过直径为 6 mm 绕成四圈蛇形玻璃管的二级液滴捕集装置，烟气中的较小液滴在此被捕捉并粘附在二级捕集装置的内壁上，然后反向折回进入取样管道。

具体的采样系统图及液滴捕集器的形状尺寸如图 D.1 和图 D.2 所示。

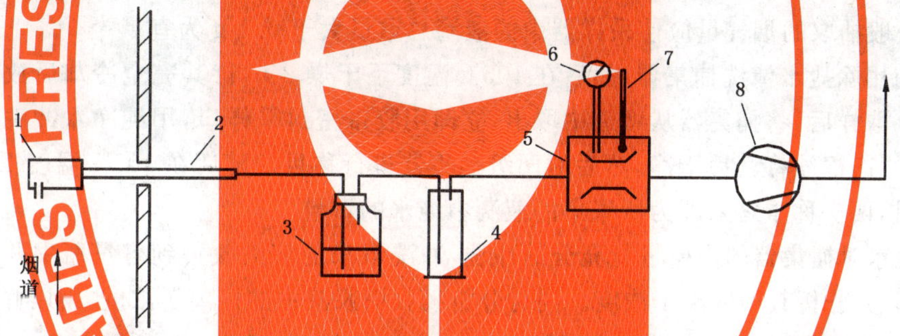

1——液滴捕集器；
2——采样枪；
3——SO_2 吸收瓶；
4——液滴分离瓶；
5——湿式流量计；
6——压力计；
7——温度计；
8——抽气泵。

图 D.1　烟气中液滴的采样系统

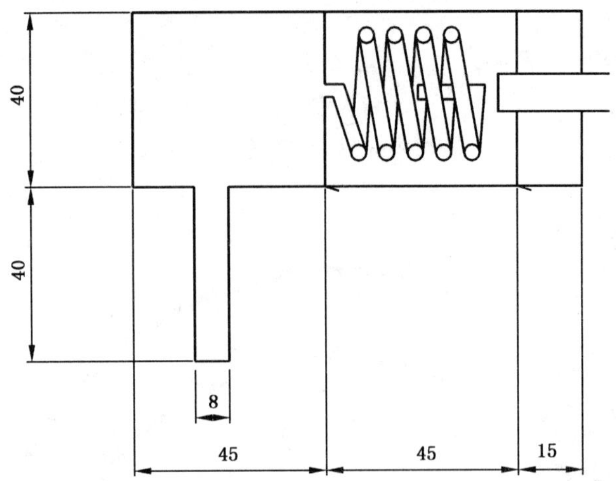

图 D.2 液滴捕集器尺寸和形状

D.3 测试过程

a) 除雾器出口测量网格各点流速及抽取烟气量的确定

用标准皮托管对测量截面(进行网格划分)的各点进行流速的测量,确定网格上每一测试点的烟气流速,通过液滴采样器的口径(直径为 8 mm)确定抽气泵的抽取速度,最后确定抽取时间。一般抽取的烟气量应使采样器中的液滴总重量大于 0.1 g 为宜。

b) 试验前用除盐水清洗捕集器,然后在 105℃温度下干燥 2 h,待其完全冷却后放置在干燥器中待用。取样后,将捕集器从烟道中取出,立即用胶带密封采样口,用纯净水冲洗捕集器的外壁面,并用净棉纱将其擦干净,然后对两级捕集器进行称重。随后在 105℃温度下干燥 2 h 后再次称重,两次称重之差即为所采集的液滴中纯水的重量。

c) 用除盐水对捕集器的内壁进行充分的冲洗,冲洗下来的溶液收集到容量瓶中并定容记下溶液的体积,并分析其中镁离子浓度。同时分析吸收塔浆液中的镁离子浓度,用以修正烟道冷凝水滴的影响。

d) 用吸收塔浆液含固量将纯水含量换算到浆液滴含量。

D.4 浆液滴含量的计算

a) 液滴中水的浓度 C_W,mg/m^3(标态,干烟气,过剩空气系数为 1.4)

$$C_W = [(G_{11} - G_{01}) + (G_{12} - G_{02})]/V \quad \cdots\cdots(D.1)$$

式中:

G_{01}、G_{02}——采样后一、二级捕集器干燥后的重量;

G_{11}、G_{12}——采样后一、二级捕集器干燥前的重量;

V——抽取的烟气体积(标态,干烟气,过剩空气系数为 1.4);

b) 扣除烟道冷凝水滴后的水滴浓度 C_{W0}

$$C_{W0} = C_W \times \frac{C_{mg1}}{C_{mg2}} \quad \cdots\cdots(D.2)$$

式中:

C_{mg1}——捕集器中液滴的镁离子质量浓度,单位为毫克每升(mg/L);

C_{mg2}——吸收塔浆液中的镁离子质量浓度,单位为毫克每升(mg/L)。

c) 液滴总浓度 C,mg/m^3(标态,干烟气,过剩空气系数为 1.4)。

$$C = C_{W0} \times \frac{100}{100 - C_x} \quad \cdots\cdots (D.3)$$

式中：

C_x——吸收塔浆液含固量，%。

附　录　E
（资料性附录）
烟气脱硫分析常用物质的分子量

物质	分子量	物质	分子量物质
Al_2O_3	101.961	$2H_2O$	36.031
$BaSO_4$	233.400	H_2SO_4	98.078
CO_2	44.010	KCl	74.555
$CaCO_3$	100.090	K_2O	94.203
$CaC_2O_4 \cdot 2H_2O$	146.120	K_2SO_4	174.270
$CaCl_2$	110.990	$MgCO_3$	84.321
$CaCl_2 \cdot 6H_2O$	219.080	MgO	40.311
CaF_2	78.080	$Mg(OH)_2$	58.327
CaO	56.080	$Mg_2P_2O_7$	222.570
$Ca(OH)_2$	74.090	$MgSO_4$	120.370
$Ca(HSO_3)_2$	202.220	$MgSO_4 \cdot 7H_2O$	246.480
CaS	72.140	$MgSiO_3$	100.400
$CaSO_3$	120.140	NH_3	17.031
$CaSO_3 \cdot 1/2H_2O$	129.150	NH_4	18.039
$CaSO_4$	136.140	NO	30.006
$CaSO_4 \cdot 1/2H_2O$	145.150	NO_2	46.006
$CaSO_4 \cdot 2H_2O$	172.170	NO_3	62.005
$CaSiO_3$	166.160	N_2O_3	76.012
FeO	71.846	NaCl	58.443
Fe_3O_4	231.539	Na_2O	61.979
Fe_2O_3	159.692	Na_2SO_4	142.040
$Fe(OH)_3$	106.869	$Na_2SO_4 \cdot 10H_2O$	322.190
$FeSO_4$	151.909	SO_2	64.063
$FeSO_4 \cdot 7H_2O$	278.016	SO_3	80.062
H_2O	18.015	SiO_2	60.085
$1/2H_2O$	9.007 7	$Si(OH)_4$	96.115

ICS 13.030.40
J 88

中华人民共和国国家标准

GB/T 21509—2008

燃煤烟气脱硝技术装备

Denitration equipment of coal-fired flue gas

2008-03-12 发布　　　　2008-09-01 实施

中华人民共和国国家质量监督检验检疫总局
中国国家标准化管理委员会　发布

前　言

本标准的附录A～附录D均为资料性附录。

本标准由中国机械工业联合会提出并归口。

本标准起草单位：机械科学研究总院、浙江大学热能工程研究所、江苏苏源环保工程股份有限公司、武汉凯迪电力环保有限公司、浙江菲达环保科技股份有限公司、北京博奇电力科技有限公司、浙江天地环保工程有限公司、中国华电工程（集团）有限公司、蓝天环保设备工程有限公司、四川恒泰环境技术有限责任公司、中电投远达环保工程有限公司、西安热工研究院有限公司、江西省电力设计院。

本标准主要起草人：高翔、孙克勤、李雄浩、葛介龙、郦建国、张涌新、吴树志、刘柏辉、沈明忠、付智明、杜云贵、许思龙、陈坚、任岷、张滨渭。

本标准首次发布。

燃煤烟气脱硝技术装备

1 范围

本标准规定了燃煤烟气脱硝技术装备的定义、适用范围、工艺系统、技术要求、检验验收、标牌、标志、包装、运输和贮存等内容。

本标准适用于燃煤锅炉选择性催化还原法(SCR)烟气脱硝需采用的技术装备。燃气、燃油、垃圾和生物质燃烧以及冶金化工行业的尾气需要采用SCR烟气脱硝技术装备时可以参考执行。

2 规范性引用文件

下列文件中的条款通过本标准的引用成为本标准的条款。凡是注日期的引用文件,其随后所有的修改单(不包括勘误的内容)或修订版均不适用于本标准,然而,鼓励根据本标准达成协议的各方研究是否可使用这些文件的最新版本。凡是不注日期的引用文件,其最新版本适用于本标准。

GBJ 87—1985 工业企业噪声控制设计规范

GB 150 钢制压力容器

GB/T 191—2000 包装储运图示标志(eqv ISO 780:1997)

GB 536—1988 液体无水氨(GB/T 536—1988,neq ГОСТ 6221:1982)

GB 2440—2001 尿素

GB 4053.1 固定式钢直梯安全技术条件

GB 4053.2 固定式钢斜梯安全技术条件

GB 4053.3 固定式工业防护栏杆安全技术条件

GB 4053.4 固定式工业钢平台

GB 6388—1986 运输包装收发货标志

GB/T 13306—1991 标牌

GB/T 13384—1992 机电产品包装通用技术条件

GB 14554 恶臭污染物排放标准

GB/T 16157 固定污染源排气中颗粒物和气态污染物采样方法

GB 18218—2000 重大危险源辨识

GB 50016—2006 建筑设计防火规范

GB 50017—2003 钢结构设计规范

GB 50040—1996 动力机器基础设计规范

GB 50057 建筑物防雷设计规范

GB 50058—1992 爆炸和火灾危险环境电力装置设计规范

GB 50160 石油化工企业设计防火规范

GB 50205—2001 钢结构工程施工质量验收规范

GB 50222—1995 建筑内部装修设计防火规范

GB 50229—2006 火力发电厂与变电站设计防火规范

GB 50236—1998 现场设备、工业管道焊接工程施工及验收规范

GB Z1—2002 工业企业设计卫生标准

GB Z2—2002 工业场所有害因素职业接触限值

JB/T 4735—1997 钢制焊接常压容器

DL/T 5072—1997　火力发电厂保温油漆设计规程

DL/T 5153—2002　火力发电厂厂用电设计技术规定

《安全生产法》

《危险化学品安全管理条例》

《危险化学品生产储存建设项目安全审查办法》国家安全生产监督管理局、国家煤矿安全监察局令(第17号)

《建设项目竣工环境保护验收管理办法》国家环境保护总局令第13号

3　术语和定义

下列术语和定义适用于本标准。

3.1

燃煤烟气脱硝技术装备　denitration equipment of coal-fired flue gas

用于脱除烟气中氮氧化物(脱硝)的工艺系统装备,包括与工艺直接相关的设备以及工艺附属的公用设备。

3.2

选择性催化还原法(SCR)　selective catalytic reduction

利用还原剂在催化剂作用下有选择性地与烟气中的氮氧化物(主要是一氧化氮和二氧化氮)发生化学反应,生成氮气和水,从而减少烟气中氮氧化物排放的一种脱硝工艺。

3.3

还原剂　reductant

使烟气中氮氧化物还原的物质。

3.4

催化剂　catalyst

促使还原剂选择性地与烟气中的氮氧化物在一定温度下发生化学反应的物质。

3.5

SCR反应器　SCR reactor

燃煤烟气脱硝技术装备中选择性还原脱除氮氧化物的反应装置。

3.6

氨氮摩尔比　NH_3/NO_x molar ratio

喷入氨的物质的量与SCR反应器入口氮氧化物物质的量之比。

3.7

喷氨混合系统　ammonia injection and mixing system

在SCR反应器进口烟道内将经空气稀释后的氨气喷入及与烟气均匀混合的系统,一般有喷氨格栅(ammonia injection grid)、烟气混合器(flue gas mixer)等技术。

3.8

氨逃逸　ammonia slip

SCR反应器出口烟气中氨的浓度。

3.9

SO_2/SO_3 转化率　SO_2/SO_3 conversion rate

烟气中的二氧化硫(SO_2)在SCR反应器中被氧化成三氧化硫(SO_3)的百分比。按公式(1)计算:

$$X = \frac{M_{S_2}}{M_{S_3}} \times \frac{S_{3o} - S_{3i}}{S_{2i}} \times 100 \quad \cdots\cdots (1)$$

式中：

X——SO_2/SO_3 转化率，%；

M_{S_2}——SO_2 的摩尔质量，单位为克每摩尔(g/mol)；

M_{S_3}——SO_3 的摩尔质量，单位为克每摩尔(g/mol)；

S_{3o}——SCR 反应器出口的 SO_3 浓度(标准状态，干基，过剩空气系数 1.4)，单位为毫克每立方米(mg/m^3)；

S_{3i}——SCR 反应器入口的 SO_3 浓度(标准状态，干基，过剩空气系数 1.4)，单位为毫克每立方米(mg/m^3)；

S_{2i}——SCR 反应器入口的 SO_2 浓度(标准状态，干基，过剩空气系数 1.4)，单位为毫克每立方米(mg/m^3)。

3.10

装备可用率　availability

脱硝装备每年正常运行时间与锅炉每年总运行时间的百分比。按公式(2)计算：

$$Y=\frac{A-B}{A}\times 100 \qquad \cdots\cdots(2)$$

式中：

Y——装备可用率，%；

A——锅炉每年总运行时间，单位为小时(h)；

B——脱硝装备每年因自身故障导致的停运时间，单位为小时(h)。

3.11

脱硝效率　denitration efficiency

脱硝装备脱除的 NO_x 量与未经脱硝前烟气中所含 NO_x 量的百分比。按公式(3)计算：

$$\eta=\frac{C_1-C_2}{C_1}\times 100 \qquad \cdots\cdots(3)$$

式中：

η——脱硝效率，%；

C_1——SCR 反应器入口烟气中 NO_x 的浓度(标准状态，干基，过剩空气系数 1.4)，单位为毫克每立方米(mg/m^3)；

C_2——SCR 反应器出口烟气中 NO_x 的浓度(标准状态，干基，过剩空气系数 1.4)，单位为毫克每立方米(mg/m^3)。

3.12

催化剂活性　catalyst activity

催化剂促使还原剂与氮氧化物发生化学反应的能力。按公式(4)计算：

$$k=-\frac{V_f}{S_c}\times \ln\left[1-\frac{\eta}{100}\right] \qquad \cdots\cdots(4)$$

式中：

k——催化剂活性(标准状态，湿基)，单位为米每小时(m/h)；

V_f——实验室测试通过催化剂的烟气流量(标准状态，湿基)，单位为立方米每小时(m^3/h)；

S_c——催化剂单元(与工程上安装的单元尺寸相同)的表面积，单位为平方米(m^2)；

η——氨氮摩尔比等于 1 条件下的脱硝效率，%。

3.13

装备压力降　differential pressure of equipment

脱硝装备进口和出口烟气平均全压之差，单位为帕[斯卡](Pa)。

4 工艺系统

4.1 总体布置

4.1.1 燃煤烟气脱硝技术装备的总平面布置应符合 GB 50016、GB 50160、GB 50222 和 GB 50229 等防火、防爆有关规范的规定。

4.1.2 燃煤烟气脱硝技术装备的工艺布置方案可根据节能、降耗、增效的原则进行选择。工艺布置及典型工艺流程参见附录 A。

4.1.3 脱硝系统应进行计算机数值模拟和物理流场模型优化试验。

4.1.4 喷氨混合系统一般布置在 SCR 反应器进口烟道内。

4.1.5 氨气稀释系统应靠近 SCR 反应器布置。

4.1.6 还原剂储运制备系统的布置位置应考虑厂区主导风向的影响。

4.1.7 还原剂储运制备系统区域与周围建筑物防火间距应符合 GB 50016、GB 50160 的规定。

4.2 脱硝系统

4.2.1 喷氨混合系统

4.2.1.1 喷氨混合系统的设计应考虑防腐、防堵、防磨和热膨胀。

4.2.1.2 喷氨混合系统应具有良好的抗热变形性和抗振性。

4.2.1.3 在喷氨混合系统上游和下游可分别设置导流和整流装置。

4.2.2 SCR 反应器

4.2.2.1 SCR 反应器设置的数量应根据锅炉容量、反应器大小和脱硝系统可靠性要求等确定。

4.2.2.2 SCR 反应器宜采用钢结构，并考虑检修维护措施，设置必要的平台扶梯。钢结构设计应符合 GB 50017 的规定，并充分考虑耐热、热膨胀等方面的要求。

4.2.2.3 SCR 反应器的设计压力应当与锅炉设计一致，瞬时不变形承载能力按照炉膛抗爆压力考虑。

4.2.2.4 SCR 反应器内的设计流速一般在 4 m/s～6 m/s 之间选择。

4.2.2.5 SCR 反应器内的催化剂一般设有一层或多层初装层，并预留备用层或附加层，备用层与初装层的技术要求一致，附加层是在原有的初装层上直接加装一定高度模块的催化剂。

4.2.2.6 SCR 反应器整体结构设计应充分考虑在第一层催化剂入口的烟气流速偏差、烟气流向偏差、烟气温度偏差以及 NH_3/NO_x 摩尔比偏差等。第一层催化剂入口烟气条件参见附录 B。

4.2.2.7 SCR 反应器设计应考虑堵塞、磨损等情况，应能适应锅炉各种工况以及负荷变化和启停的要求。

4.2.2.8 SCR 反应器应设置足够大小和数量的人孔门，并设有催化剂取样口。

4.2.2.9 SCR 反应器进出口应设置补偿器来吸收来自锅炉及自身的轴向位移、径向位移、角位移和振动。

4.2.2.10 应防止大粒径灰进入 SCR 反应器，并设置清灰设施和采取防止积灰措施。

4.2.2.11 SCR 反应器应设置催化剂模块安装、维护及更换所必须的起吊装置和平台。

4.2.2.12 锅炉加装 SCR 反应器，应核算锅炉尾部烟道防爆压力、锅炉钢架结构荷重、基础荷载等；应核算加装 SCR 反应器后烟气温度及阻力变化对锅炉尾部烟气系统的影响(如引风机压头的变化等)；应充分考虑 SCR 反应器对锅炉整体及锅炉尾部的布置、空预器腐蚀等的影响。

4.2.3 催化剂

4.2.3.1 SCR 反应器内承装的催化剂可选择蜂窝式、板式、波纹式或其他形式，以满足脱硝工艺要求。催化剂形式、催化剂中各活性成分含量以及催化剂用量应根据具体烟气特性、飞灰特性和灰分含量确定。催化剂及催化剂设计选型的基础数据参见附录 C。

4.2.3.2 催化剂正常工作温度范围一般控制在 320℃～425℃。

4.2.3.3 催化剂层数的配置及寿命管理模式应进行综合技术经济比较，优选最佳模式。催化剂在设计寿命内应能有效保证系统运行脱硝效率及各项技术指标。

4.2.3.4 当催化剂活性下降致使脱硝系统不能达到预期规定的脱硝效率时，需加装或更换催化剂。

4.2.3.5 催化剂模块应布置紧凑，并留有必要膨胀间隙。

4.2.3.6 催化剂模块间应设计有效防止烟气短路的密封装置，密封装置的寿命应不低于催化剂的使用寿命。

4.2.4 烟气旁路

4.2.4.1 脱硝系统可以根据需要设置省煤器烟气旁路。

4.3 还原剂储运制备系统

4.3.1 燃煤烟气脱硝技术装备一般选择氨气作为还原剂。氨气可由液氨、氨水或尿素等原料制得。还原剂的制备及耗量的计算方法参见附录D。

4.3.2 根据还原剂制备原料自身的特性及供应情况确定还原剂制备原料的储量和储存方式，总储量可按燃煤烟气脱硝技术装备在锅炉BMCR工况下3 d～7 d的总消耗量来设计。

4.3.3 采用液氨作为氨气来源时，液氨的品质应符合GB 536的要求。采用尿素作为氨气来源时，尿素应符合GB 2440的要求。采用氨水作为氨气来源时，氨水浓度一般为20%～30%。

4.3.4 氨/空气混合器内氨与空气的混合比例应符合GB 536的防爆规定。

4.3.5 系统应设有紧急停止供氨的措施，当出现下列情况时，应自动停止供氨。

——SCR脱硝装备出现故障(含还原剂储运制备系统发生泄露情况)时；

——SCR反应器的入口烟气温度在320℃～425℃之外时；

——氨气稀释比例高于8%(体积百分比)时。

4.3.6 当氨逃逸超过3.80 mg/m^3(标准状态，干基，过剩空气系数1.4)时，系统应根据情况减少或停止供氨。

4.3.7 液氨储罐的设计应遵循GB 150。

4.3.8 氨水储罐可采用钢制常压容器。

4.3.9 尿素应贮于场地平整、阴凉、通风干燥的仓库内，包装件堆放整齐，堆叠高度应小于7 m，其储仓、输送装置应采取防潮、防尘措施。

4.3.10 当采用液氨或氨水作为氨气来源时，系统内应就地设有事故喷淋系统、氨气泄漏检测报警系统、氮气吹扫装置和防雷防静电等安全防范设施，且系统内的地上、半地下储罐或储罐组应设置非燃烧、耐腐蚀材料的防火堤，系统周围应就地设置排水沟。

5 技术要求

5.1 基本要求

按照经过规定程序批准的图纸和设计文件要求，对燃煤烟气脱硝技术装备进行制造、安装、调试及验收。

5.2 技术性能要求

——氨逃逸不大于2.28 mg/m^3(标准状态，干基，过剩空气系数1.4)；

——SO_2/SO_3 转化率小于1%；

——脱硝效率和装备压力降等参数满足设计要求，氮氧化物排放达到国家环保部门规定；

——主体设备设计使用寿命不低于锅炉的剩余使用寿命；

——装备可用率保证在95%以上。

5.3 材料和制造要求

5.3.1 燃煤烟气脱硝技术装备中的压力容器应遵循GB 150，非压力容器应遵循JB/T 4735。

5.3.2 燃煤烟气脱硝技术装备所用钢材应附有钢材生产单位的钢材质量证明书。燃煤烟气脱硝技术装备的生产厂家应按钢材质量证明书对钢材进行验收，必要时进行复验。

5.3.3 燃煤烟气脱硝技术装备钢结构的施工应遵循 GB 50205。

5.3.4 燃煤烟气脱硝技术装备的保温、油漆应符合 DL/T 5072 的规定。

5.3.5 催化剂模块的材料和制造应满足催化剂的性能要求和强度要求。

5.4 电气和控制要求

5.4.1 燃煤烟气脱硝技术装备中还原剂储运制备系统的电气设计应遵循 GB 50058，脱硝系统的电气设计应遵循 DL/T 5153。

5.4.2 燃煤烟气脱硝技术装备的热工自动化系统可采用分散控制系统（DCS）或可编程控制器（PLC），其功能包括数据采集和处理（DAS）、模拟量控制（MCS）、顺序控制（SCS）及联锁保护。

5.4.3 燃煤烟气脱硝技术装备应采取防雷、接地措施，并符合 GB 50057 的有关规定。

5.4.4 SCR 反应器进出口烟道应设有烟气检测仪器，以监测烟气温度、流量、压力、氮氧化物浓度、氧气浓度以及出口氨逃逸等参数。

5.4.5 检测仪表和执行装置应满足燃煤烟气脱硝技术装备运行和热控整体自动化的功能与接口要求。

5.5 安全环保职业卫生要求

5.5.1 燃煤烟气脱硝技术装备的工作平台、扶梯、栏杆等应符合 GB 4053.1～GB 4053.4 的规定。

5.5.2 还原剂储运制备系统应按 GB 18218 进行辨识，并建立档案。

5.5.3 氨的储运和制备应遵循《安全生产法》、《危险化学品安全管理条例》和《危险化学品生产储存建设项目安全审查办法》的规定，并应满足 GB Z1、GB Z2 和 GB 14554 的要求。

5.5.4 燃煤烟气脱硝技术装备的噪声控制设计应符合 GBJ 87 的规定，振动控制设计应符合 GB 50040 的规定。

5.6 消防要求

5.6.1 消防系统的设计应符合 GB 50229、GB 50016 的要求，消防水系统的设置应覆盖所有设备。消防水源宜由厂内管网主消防系统供给。

5.6.2 消火栓应根据需要沿道路设置，并宜靠近路口。

6 检验验收

6.1 装备验收

6.1.1 燃煤烟气脱硝技术装备中各设备在制造完成时，应进行试验以证明其性能符合各设备规范和合同要求。

6.1.2 燃煤烟气脱硝技术装备中各设备及相关工业管道、钢结构在建设工地焊接安装完毕后，应按 GB 50236、GB 50205 规范进行验收，单体设备应验收合格。

6.1.3 催化剂验收应包括：催化剂生产单位、生产制造所执行的标准、产品规格与型号、质量证明书、产品合格证、产品编号、使用说明书、生产日期、出厂日期等。催化剂到现场后，应根据供需双方约定进行随机取样封存，并送国家权威机构进行检验。

6.1.4 工程安装、施工结束后应进行调试前的分步试验验收，验收应合格。

6.1.5 燃煤烟气脱硝技术装备应通过 168 h 运行，运行期间各子系统应运转正常，技术指标应达到设计和合同要求。

6.2 性能验收

6.2.1 燃煤烟气脱硝技术装备性能试验至少应包括：脱硝效率，氨逃逸，SO_2/SO_3 转化率，装备压力降以及电、水、氨的消耗等。性能验收采样方法参照 GB/T 16157 执行。

6.2.2 燃煤烟气脱硝技术装备竣工环境保护验收按《建设项目竣工环境保护验收管理办法》的规定进行。一般在自生产试运行之日起的 3 个月内，向有审批权的环境保护行政主管部门申请该装备的竣工环境保护验收。

7 标牌、标志、包装、运输和贮存

7.1 标牌和标志

7.1.1 标牌应符合 GB/T 13306 的有关规定。

7.1.2 燃煤烟气脱硝技术装备中各设备应在明显位置装有固定标志，且至少应包括：制造厂名或商标，产品型号及名称，额定处理能力，设备外形尺寸，执行标准号及产品编号，制造日期。

7.2 包装、运输和贮存

7.2.1 燃煤烟气脱硝技术装备的包装应符合 GB/T 13384 的规定，包装与运输的标志应符合 GB 6388 和 GB/T 191 的规定。

7.2.2 运输时应对设备的接管法兰表面加以保护，采用合理装载加固措施，依次码好，使法兰面不受损坏。

7.2.3 燃煤烟气脱硝技术装备应附有下列图样和随机文件：设备总清单；设备总图、基础图、管路图及安装图；产品合格证；使用说明书；包装清单及备品备件清单；上述图样及技术文件清单。

7.2.4 建设过程中，燃煤烟气脱硝技术装备钢结构件及大件设备允许露天存放，其余设备、电器、仪表、催化剂及设备配件宜库存。

附 录 A
（资料性附录）
工艺布置及典型工艺流程

A.1 工艺布置

本标准针对 SCR 烟气脱硝技术，无其他脱硝方法如 SNCR，电子束辐射法等内容。

在燃煤电厂中的 SCR 反应器一般有三种布置方式：高尘布置（HD，High Dust），位于锅炉后部省煤器与空气预热器之间（见图 A.1）；低尘布置（LD，Low Dust），位于电除尘器（ESP，electrostatic precipitator）后空气预热器（APH，Air Pre-Heater）之前（见图 A.2）；尾部布置（TE，Tail end），位于烟气脱硫除尘之后（见图 A.3）。

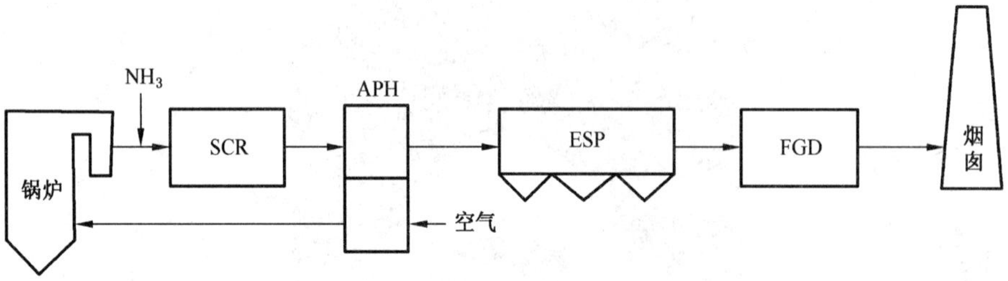

图 A.1 高尘布置图

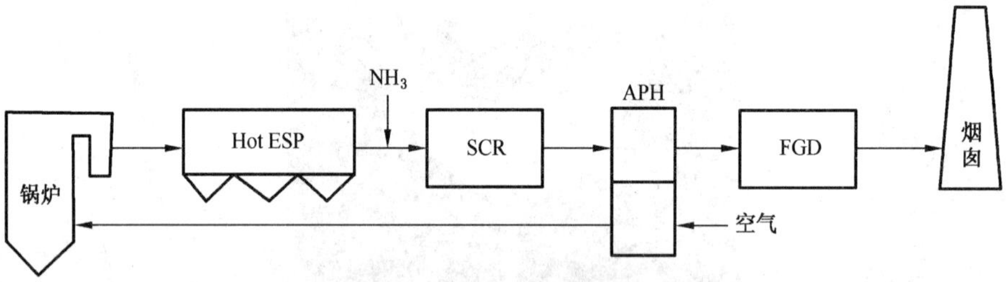

图 A.2 低尘布置图

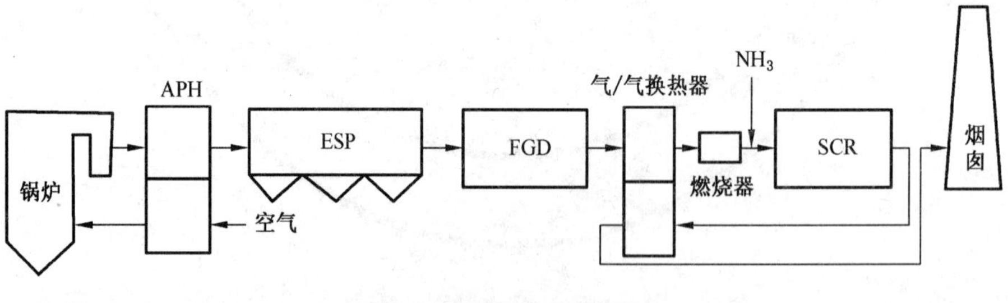

图 A.3 尾部布置图

高尘布置（HD），SCR 反应器所处位置的烟气温度为 300℃～430℃，正好是一般催化剂的最佳活性温度窗口，这种布置方案烟气在进入 SCR 反应器前不需要采用加热器对其进行再加热，因而投资费用与运行费用较低。

低尘布置（LD），该布置方式减少了烟气中烟尘对催化剂的冲刷腐蚀，避免了催化剂的堵塞，延长催化剂的使用寿命，但必须使用高温电除尘器（Hot ESP）。

尾部布置（TE），SCR 反应器位于烟气脱硫及除尘之后的低温烟气区，需要加设一套额外的烟气再热系统（含烟气换热器和燃烧器），提升脱硫后烟气的温度以满足催化剂的温度要求，因而投资费用与运行费用较高。

一般,燃煤烟气脱硝技术装备首选高尘布置工艺。

A.2 典型工艺流程

如图 A.4 所示,典型的燃煤烟气 SCR 脱硝技术装备工艺一般包含脱硝系统和还原剂储运制备系统,其中脱硝系统一般由喷氨混合系统、SCR 反应器、催化剂和烟气旁路等组成。

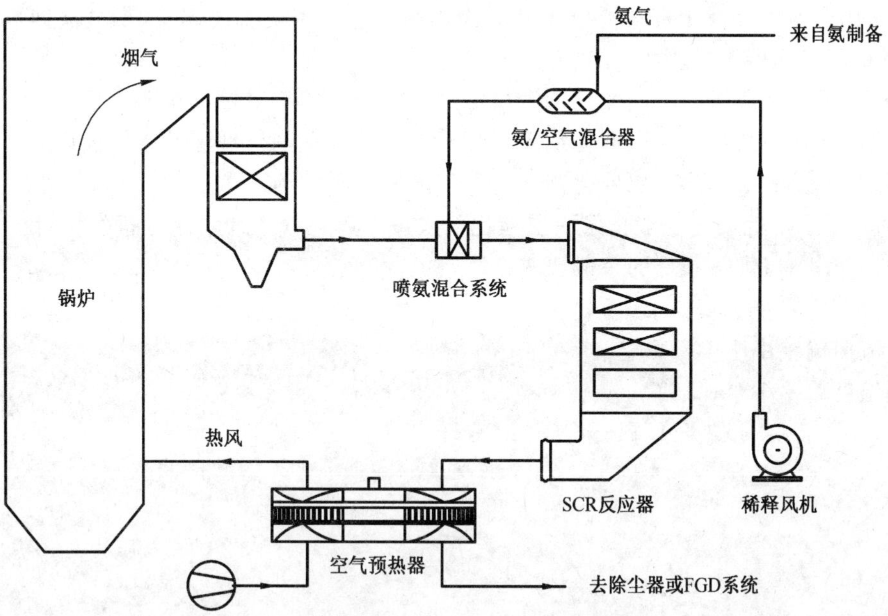

图 A.4 典型燃煤烟气 SCR 脱硝技术装备工艺流程图

将还原剂制备系统制备得到的氨气送入氨/空气混合器内与来自稀释风机的空气充分混合,再通过喷氨混合系统将用空气稀释好的氨气喷入 SCR 反应器入口烟道内与烟气均匀混合,并在下游的 SCR 反应器内与烟气中的氮氧化物在催化剂催化条件下发生化学反应,生成氮气和水,从而去除了烟气中的大部分氮氧化物。

附 录 B
（资料性附录）
第一层催化剂入口烟气条件

B.1 第一层催化剂入口烟气条件一般以第一层催化剂入口的烟气流速偏差、烟气流向偏差、烟气温度偏差、NH_3/NO_x 摩尔比偏差等表示。

B.1.1 烟气流速偏差一般指第一层催化剂入口烟气速度分布的相对标准偏差。

B.1.2 烟气流向偏差一般指第一层催化剂入口烟气流向与催化剂横截面垂直方向的夹角。

B.1.3 烟气温度偏差一般指第一层催化剂入口烟气温度分布的绝对偏差。

B.1.4 NH_3/NO_x 摩尔比偏差一般指第一层催化剂入口 NH_3/NO_x 摩尔比分布的相对标准偏差。

B.2 第一层催化剂入口烟气条件的一般要求：

——烟气流速偏差小于 15%；

——烟气流向偏差小于 10°；

——烟气温度偏差小于±15℃；

——NH_3/NO_x 摩尔比偏差小于 5%。

附 录 C
（资料性附录）
催化剂及催化剂设计选型的基础数据

C.1 催化剂材料

催化剂一般由 TiO_2、V_2O_5、WO_3、MoO_3 等物质组成。催化剂材料从功能上划分，可分为活性成分、载体和辅助材料三部分。所谓活性成分，指能促使氨气与氮氧化物发生化学反应的络合体成分。一般可以用金属、金属氧化物、活性炭等作为活性成分。载体是使活性成分得以分散的媒体物质，为了增加活性成分与烟气的接触机会，一般都用多孔质的物质作为载体，且与活性物质相协调，使活性物质均匀分散。作为载体使用的物质中，有各种多孔质的陶瓷类，矿物等，一般采用铝、钛、硅等的氧化物多孔质材料。辅助材料主要是指保证为催化剂的机械强度而使用的粘结剂或骨料，根据催化剂的不同形状，可分别采用高岭土、玻璃纤维、陶瓷、钢板、铁丝网等作为载体。

C.2 催化剂选择

催化剂的选择应根据烟气特性、飞灰特性、灰分含量、反应器形状、脱硝效率、氨逃逸、SO_2/SO_3 转化率、装备压力降以及使用寿命等条件综合考虑。当煤质含硫量高时，可选择 SO_2/SO_3 转化率低的催化剂，防止对下游设备产生影响；当飞灰含量高时，可选择具有高耐磨损性的催化剂。含有 SO_2 或者 SO_3 的烟气中，应避免使用多孔质氧化铝（矾土）作为催化剂载体，以避免与 SO_2 和 SO_3 作用形成亚硫酸盐和硫酸盐。此时，催化剂载体可选用钛或硅的氧化物作为催化剂载体。

C.3 催化剂失活

由于受到烟气中的气体条件、粉尘条件和温度条件方面因素的影响，催化剂的活性一般都会随着时间的延长而降低，主要原因如下：

1） 烟气中成分（碱金属、碱土金属、As、卤素等）使催化剂中毒，降低催化剂的活性；
2） 烟气中飞灰对催化剂的冲刷、玷污、堵塞，降低催化剂的活性；
3） 温度过高，引起催化剂烧结，致使催化剂失活。

不同的催化剂有不同的活性温度窗口。一般烟气温度范围控制在 320℃～425℃，过高或过低的温度都会导致催化剂无法正常起到催化作用，致使系统脱硝效率降低。

C.4 催化剂设计选型的基础数据

催化剂设计选型的基础数据一般应包括：

煤种的工业分析，元素分析；

煤种的其他常量和微量元素分析：

Na 含量，%；

K 含量，%；

As 含量，%；

Cl 含量，%；

F 含量，%；

飞灰粒径分布；

飞灰的矿物质成分分析：

SiO_2 含量，%；

Al_2O_3 含量，%；

Fe_2O_3 含量，%；

CaO 含量，%；

游离 CaO 含量，%；

MgO 含量，%；

TiO_2 含量，%；

MnO 含量，%；

V_2O_5 含量，%；

Na_2O 含量，%；

K_2O 含量，%；

P_2O_5 含量，%；

SO_3 含量，%；

烧失量，%；

未燃尽碳含量，%；

烟气体积流量（标准状态，湿基或干基），m^3/h；

烟气温度范围，℃；

烟气中飞灰含量（标准状态，干基，过剩空气系数 1.4），g/m^3 或 mg/m^3；

烟气组分分析：

H_2O 含量（标准状态），%；

O_2 含量（标准状态，干基），%；

CO_2 含量（标准状态，干基），%；

N_2 含量（标准状态，干基），%；

NO_x 含量（标准状态，干基，过剩空气系数 1.4），mg/m^3；

SO_2 含量（标准状态，干基，过剩空气系数 1.4），mg/m^3；

SO_3 含量（标准状态，干基，过剩空气系数 1.4），mg/m^3；

HCl 含量（标准状态，干基，过剩空气系数 1.4），mg/m^3；

HF 含量（标准状态，干基，过剩空气系数 1.4），mg/m^3；

CO 含量（标准状态，干基，过剩空气系数 1.4），mg/m^3。

在 SCR 烟气脱硝工程项目前期，还应尽量提供有助于催化剂设计的相关数据如主体工程每年在各种负荷工况下的预计运行时间等。如果项目中应用到多种燃料，催化剂设计选型的基础数据还应包括各种燃料所使用的比例。

附　录　D
（资料性附录）
还原剂的制备及耗量的计算方法

D.1　还原剂的制备

D.1.1　还原剂制备方法

D.1.1.1　液氨法：通过液氨卸料压缩机将液氨由槽车送入储氨罐内，储氨罐内的液氨在压差和自身重力势能的作用下被送至液氨蒸发器内蒸发为氨气，氨气送到氨气缓冲槽经调压阀减压后，送入氨/空气混合器中与来自稀释风机的空气充分混合，再通过喷氨混合系统将用空气稀释好的氨气喷入 SCR 反应器入口烟道内与烟气均匀混合，随后进入下游的 SCR 反应器。氨气系统紧急排放的氨气则引入氨气稀释槽中，经水吸收排入废水池，再由废水泵送至废水处理厂处理。

D.1.1.2　氨水法：将 20%～30%的氨水溶液，通过加热装置使其蒸发，并引出氨气。一般可采用接触式蒸发器法和喷淋式蒸发器法。

D.1.1.3　尿素法：一般有水解法和热解法两种。

D.1.1.3.1　水解法：将储料仓中的干尿素（NH_2CONH_2）送入混合罐中，通过加水搅拌使尿素完全溶解。溶解好的尿素溶液，通过计量泵送入水解槽之前必须过滤。在水解槽中，尿素溶液通过蒸汽预热器加热到反应温度，并与水反应成氨和二氧化碳。

D.1.1.3.2　热解法：将一定温度的空气送入专门设计的热解室（又称混合燃烧室），使喷入热解室的高浓度尿素溶液转化成氨气。

D.1.2　还原剂制备原料比较

D.1.2.1　液氨属于危险品，需十分注意安全防护；氨水容易运输较液氨安全，氨区更易整合在电厂总平面布置中，但是运输体积大；尿素是安全原料（肥料），湿或干的形态都容易运输，但是其制氨的系统相对液氨和氨水来得复杂，设备占地面积大，储存量大时需考虑潮解问题。

D.1.3　安全考虑

D.1.3.1　氨对铜、铜合金、铝等有腐蚀性，相关的管道、阀门以及仪器上不能使用这些材料。

D.1.3.2　为防止氨气逆流，应设置止回阀。

D.1.3.3　考虑到氨的毒性，在管和管接头、以及阀门类的连接处，应采用焊接连接；若不能采用焊接连接时，也可采用法兰连接，但应采取相应的加强严密性的措施。

D.1.3.4　各管道设备应采取防止静电的接地措施。

D.2　还原剂耗量的计算方法

以氨气作为 SCR 法脱硝还原剂，其耗量按式（D.1）计算（NO_x 浓度换算为 NO_2 浓度）：

$$Q = V_m \times F \times \frac{C_{NO_x}}{M_{NO_2}} \times n \times 10^{-6} \quad \cdots\cdots（D.1）$$

$$n = \frac{M_{NO_2}}{M_{NH_3}} \times \frac{C_{slipNH_3}}{C_{NO_x}} + \frac{\eta}{100} \quad \cdots\cdots（D.2）$$

式中：

Q——氨气耗量，单位为立方米每小时（m^3/h）；

V_m——标准状况下气体摩尔体积，值等于 22.4，L/mol；

F——锅炉烟气流量（标准状态，干基，过剩空气系数 1.4），单位为立方米每小时（m^3/h）；

C_{NO_x}——SCR 反应器入口换算为 NO_2 的浓度（标准状态，干基，过剩空气系数 1.4），单位为毫克每立

方米(mg/m^3);

M_{NO_2}——NO_2 的摩尔质量,单位为克每摩尔(g/mol);

M_{NH_3}——NH_3 的摩尔质量,单位为克每摩尔(g/mol);

n——氨氮摩尔比;

C_{slipNH_3}——氨逃逸(标准状态,干基,过剩空气系数 1.4),单位为毫克每立方米(mg/m^3);

η——脱硝效率,%。

ICS 11.080.99
G 70

中华人民共和国国家标准

GB/T 21510—2008

纳米无机材料抗菌性能检测方法

Antimicrobial property detection methods for nano-inorganic materials

2008-03-13 发布　　2008-08-01 实施

中华人民共和国国家质量监督检验检疫总局
中国国家标准化管理委员会　发布

前言

本标准的附录 A、附录 B、附录 C 均为规范性附录。

本标准由全国纳米技术标准化技术委员会纳米材料分技术委员会提出并归口。

本标准负责起草单位:国家纳米科技中心、中国科学院过程工程研究所、北京赛特瑞科技发展有限公司、中国疾病预防控制中心环境与健康相关产品安全所、中国科学院理化技术研究所、中国抗菌材料及制品行业协会。

本标准起草单位:中国科学院抗菌材料检测中心、上海润河纳米材料科技有限公司、南京海泰纳米材料有限公司、江苏常泰纳米材料有限公司、波司登股份有限公司、南通纵横化工有限公司参加起草。

本标准主要起草人:陈运法、刘秀岩、季君晖、付玲、王开利、任玉枝、吴镇江、丁培。

纳米无机材料抗菌性能检测方法

1 范围

本标准规定了纳米无机材料抗菌性能的术语和定义、试验方法、试验数据处理、检测结果计算、检测报告和注意事项等。

本标准适用于纳米抗菌粉末以及以纳米抗菌粉末为抗菌功能组分(结构单元)的材料,如纤维、织物、塑料、涂料和陶瓷等。其他材料的抗菌性能检测也可以参照本标准执行。

2 规范性引用文件

下列文件中的条款通过本标准的引用而成为本标准的条款。凡是注日期的引用文件,其随后所有的修改单(不包括勘误的内容)或修订版均不适用于本标准。然而,鼓励根据本标准达成协议的各方研究是否可使用这些文件的最新版本。凡是不注日期的引用文件,其最新版本适用于本标准。

GB/T 19619 纳米材料术语

GB/T 13221 纳米粉末粒度分布的测定 X射线小角散射法

中华人民共和国卫生部《化妆品卫生规范》(2002年版)

3 术语和定义

GB/T 19619确立的以及下列术语和定义适用于本标准。

3.1

抑菌

具有抑制或妨碍细菌或真菌生长繁殖及其活性的作用。

3.2

杀菌

具有杀灭细菌或真菌生长繁殖的作用。

3.3

抗菌

具有杀灭或妨碍细菌或真菌生长繁殖及其活性的作用。

3.4

纳米抗菌粉末

符合GB/T 13221要求,并具有抗菌作用的离散纳米颗粒的集合体。

3.5

纳米抗菌材料

纳米抗菌粉末以及以纳米抗菌粉末为抗菌功能组分(结构单元)的材料。

4 试验方法

4.1 纳米粉末抗菌性能的试验方法按附录A规定的方法进行。

4.2 纤维、织物、塑料粉体和微孔滤材等材料抗菌性能的试验方法按附录B规定的方法进行。

4.3 塑料、陶瓷、漆膜、板材和金属等硬质表面材料抗菌性能的试验方法按附录C规定的方法进行。

5 试验数据处理

将各平板菌落数乘以稀释倍数,即为样本实际回收菌落数。

6 检测结果计算

6.1 计算菌落数

将各平板菌落数乘以稀释倍数，即为样本实际回收菌数。

6.2 计算抗菌率

抗菌率 R 按式(1)计算，具体的评价指标由相应的产品标准规定。

$$R=\frac{A-B}{A}\times 100\% \qquad \cdots\cdots(1)$$

式中：

R——抗菌率，%；

A——对照样品与受试菌接触一定时间后平均回收菌数，单位为菌落形成单位每毫升(cfu/mL)；

B——试验样品与受试菌接触一定时间后平均回收菌数，单位为菌落形成单位每毫升(cfu/mL)。

7 检测报告

检测报告应包括以下内容：

a) 受试样本名称、状态、加入量；

b) 受试菌株；

c) 接触时间；

d) 检测日期；

e) 检测结果，平均抗菌率应为各次试验抗菌率的算术平均值，抗菌率保留小数点后一位；

f) 检测人员；

g) 送检单位；

h) 生产单位。

8 注意事项

8.1 微生物试验操作均应在生物安全柜中进行。

8.2 菌液滴染样片时，勿溢出片外。

8.3 振荡前须将振荡摇床上的三角烧瓶固定牢，以免碰破。

8.4 称量粉末样品时，操作人员应佩戴口罩，做好个人防护。

附 录 A
（规范性附录）
粉末抗菌性能试验方法　振荡法

A.1　适用范围

本试验方法适用于测定纳米粉末的抗菌性能。

A.2　试验设备和材料

A.2.1　试验设备

A_2 型二级生物安全柜、恒温振荡培养箱(300 r/min)、恒温培养箱、压力蒸汽灭菌锅、电热恒温干烤箱[(0～250)℃]、冷藏冰箱、微波炉(输出功率≥700 W)、天平(感量 0.001 g)。

A.2.2　试验器材

三角烧瓶(容量为 500 mL、250 mL、150 mL)、平皿(直径为 90 mm)、试管(18 mm×180 mm)、量筒(100 mL)、吸管(10 mL、5 mL、1 mL)、酒精灯、试管架等。

A.2.3　培养基及试剂

A.2.3.1　普通营养肉汤培养基

蛋白胨	10 g
牛肉膏	5 g
氯化钠	5 g
蒸馏水	1 000 mL

调 pH 值至 7.2～7.4，高压蒸汽灭菌 121℃，20 min。

用途：用于金黄色葡萄球菌和大肠杆菌增菌培养。

A.2.3.2　普通营养琼脂培养基

蛋白胨	10 g
牛肉膏	5 g
氯化钠	5 g
琼　脂	20 g
蒸馏水	1 000 mL

调 pH 值至 7.2～7.4，高压蒸汽灭菌 121℃，20 min。

用途：用于金黄色葡萄球菌和大肠杆菌的培养。

A.2.3.3　沙堡氏琼脂培养基

蛋白胨	10 g
葡萄糖	40 g
琼　脂	20 g
蒸馏水	1 000 mL

调 pH 值至 5.4～5.8，高压蒸汽灭菌 115℃，30 min。

用途：用于白色念珠菌的培养。

A.2.3.4　含 0.1%(体积分数)吐温-80 的磷酸盐缓冲液[PBS，0.03 mol/L，pH(7.2～7.4)]

磷酸氢二钠(Na_2HPO_4，无水)	2.83 g
磷酸二氢钾(KH_2PO_4)	1.36 g
非离子表面活性剂吐温-80	1.0 g

蒸馏水　　　　　　　　　　1 000 mL

高压蒸汽灭菌 121℃,20 min。

用途:用于菌液和试验样本的稀释。

A.2.4　试验用标准菌种

金黄色葡萄球菌(staphylococcus aureus)ATCC6538、大肠杆菌(escherichia coli)8099 或 ATCC25922、白色念珠菌(candida albicans)ATCC10231。

注:根据产品的使用要求,可选用其他菌种或菌株作为试验用菌,但所有菌种或菌株必须由国际微生物菌种保藏中心或国家相应菌种保藏管理中心提供。

A.2.5　对照样本

二氧化硅粉末,要求粉末尺度不大于 100 nm,纯度为 98%~99%,不具有抗菌作用且对试验结果的判定无影响。

A.3　试验程序

A.3.1　菌种斜面的制备

A.3.1.1　菌种活化

取干菌种管,在无菌操作下打开,以毛细吸管加入适量营养肉汤,轻柔吹吸数次,使菌种融化分散。取含 5.0 mL~10.0 mL 营养肉汤培养基试管,滴入少许菌种悬液,置 37℃±1℃培养 18 h~24 h。

A.3.1.2　分离

用接种环取第一代培养的菌悬液,划线接种于营养琼脂培养基平板上,在 37℃±1℃培养 18 h~24 h。

A.3.1.3　纯化

挑取上述第二代培养物中典型菌落,接种于营养琼脂斜面,在 37℃±1℃培养 18 h~24 h,即为第三代培养物。

A.3.1.4　菌种保藏

将菌种接种于营养琼脂培养基斜面上,在 37℃±1℃培养 24 h 后,在 0℃~5℃下保藏,一般不超过一个月转种 1 次。怀疑有污染时,应以菌落形态、革兰染色与生化试验等方法进行鉴定。

A.3.2　试验步骤

A.3.2.1　菌悬液的制备

取菌种第三代至第八代的营养琼脂培养基斜面 18 h~24 h 新鲜培养物,用 5.0 mL 吸管吸取 3.0 mL~5.0 mL 的 0.03 mol/L 磷酸盐缓冲液加入斜面试管内,反复吸吹,洗下菌苔。将洗下的菌液移至另一试管中,用振荡器混匀后,用 0.03 mol/L 磷酸盐缓冲液稀释至适宜浓度(约为 10^5 cfu/mL)。细菌繁殖体悬液应保存在 4℃冰箱内备用且保存不应超过 4 h。

A.3.2.2　对照组样液的制备

称取对照样本 0.5 g±0.05 g 粉末放入三角烧瓶中,加入 95 mL 含 0.1%吐温-80 的磷酸盐缓冲液,混匀后,再加入 5.0 mL 预制菌悬液。

A.3.2.3　试验组样液的制备

称取试验样本 0.5 g±0.05 g 粉末放入三角烧瓶中,加入 95 mL 含 0.1%吐温-80 的 PBS,混匀后,再加入 5.0 mL 预制菌悬液。

A.3.2.4　对照样本"0"接触时间活菌计数

振荡前,将对照样液经适当稀释,吸取 1.0 mL 接种于灭菌平皿中,每样液平行接种 2 个平皿,倾注 45℃~55℃已溶化的营养琼脂培养基,待琼脂培养基凝固后翻转平板,将上述平板置于 37℃±1℃恒温培养箱中,做菌落计数。

A.3.2.5　振荡接触培养

将含对照样本和试验样本的三角烧瓶固定于恒温振荡培养箱的摇床上,在作用温度 37℃±1℃条件下，以 150 r/min 速度，检测样品需要稀释后使用的材料振荡接触 1 h～4 h，不需要稀释直接使用的材料振荡接触 4 h～24 h。

A.3.2.6　振荡接触一定时间后活菌计数

振荡后的对照样液和试验样液经适当稀释后，分别取 1.0 mL 的样液接种于灭菌平皿中，每样液平行接种 2 个平皿，倾注 45℃～55℃已溶化的营养琼脂培养基，待琼脂培养基凝固后翻转平板，将上述平板置于 37℃±1℃恒温培养箱中，做活菌培养计数。

A.3.2.7　阴性对照组

阴性对照组分别吸取试验同批次稀释液、培养基与试验样本一起放入 37℃±1℃恒温培养箱中培养。观察有无污染。

A.3.2.8　观察结果

对细菌培养 46 h～48 h 后观察最终结果，对白色念珠菌培养 70 h～72 h 后观察最终结果。菌落计数按中华人民共和国卫生部《化妆品卫生规范》(2002 年版)中菌落总数测定方法。

A.3.2.9　试验次数

以上试验重复 3 次。

A.4　试验要求

A.4.1　“0”接触时间对照组的菌落数应在 1×10^4 cfu/mL～5×10^4 cfu/mL。阴性对照应无菌生长。

A.4.2　对照样本不应有明显的抗菌作用。经振荡后对照组回收菌落数不应低于“0”接触时间回收菌落数的 10%，否则试验无效。

附　录　B
（规范性附录）
材料抗菌性能试验方法　振荡法

B.1　适用范围

本试验适用于测定溶出性和非溶出性的纤维、织物、塑料粉体和微孔滤材等材料的抗菌性能。

B.2　试验设备和材料

B.2.1　试验设备、试验器材和试验用标准菌种

试验设备、试验器材和试验用标准菌种的要求应符合 A.2.1～A.2.4 的规定。

B.2.2　对照样本

对照样本为纯棉平纹白布剪取的样片(32 支纱)，样片本身不具有抗菌作用且对试验结果的判定无影响。试验前应进行脱脂处理：将纯棉平纹白布放在含洗涤剂的水中煮沸 30 min，用自来水漂洗 3 次；然后用蒸馏水煮沸 5 min 后，再漂洗、晾干、熨平；在剪开前，按制备样片的大小抽去经纬纱，再按抽纱痕剪开。

B.3　试验程序

B.3.1　菌种斜面的制备

菌种斜面的制备应符合 A.3.1 的规定。

B.3.2　试验步骤

B.3.2.1　将抗菌织物样品剪成 10 mm×10 mm，抗菌塑料、微孔滤材、长丝、短纤、纱线按原状态采用，称取抗菌样本 1.0 g±0.05 g 放入三角烧瓶中，加入 95 mL 含 0.1%吐温-80 的 PBS，混匀后，再加入 5.0 mL 预制菌悬液。

B.3.2.2　菌悬液的制备、对照组样液的制备、对照样本“0”接触时间活菌计数、振荡接触培养、振荡接触一定时间后活菌计数、阴性对照组、观察结果、试验次数等应符合 A.3.2.1～A.3.2.2、A.3.2.4～A.3.2.9 的规定。

B.4　试验要求

试验要求应符合 A.4 规定。

附　录　C
（规范性附录）
材料抗菌性能试验方法　贴膜法

C.1　适用范围

本试验适用于测定非吸水性且可制成有一定面积的材料或涂层，如塑料、陶瓷、漆膜、板材和金属等硬质表面材料的抗菌性能。

C.2　试验设备和材料

C.2.1　试验设备

A_2 型二级生物安全柜、恒温培养箱、压力蒸汽灭菌器、电热恒温干烤箱[(0～250)℃]、冷藏冰箱、微波炉（输出功率≥700 W）。

C.2.2　试验器材

三角烧瓶（容量为 500 mL、250 mL）、平皿（直径为 90 mm）、试管（18 mm×180 mm）、量筒（100 mL）、吸管（10 mL、5 mL、1 mL）、移液管（精确度 0.01 mL）、酒精灯、试管架、70%乙醇（体积分数）和聚乙烯薄膜等。

C.2.3　培养基及试剂和试验用标准菌种

培养基及试剂和试验用标准菌种应符合 A.2.3 和 A.2.4 的规定。

C.3　试验程序

C.3.1　菌种斜面的制备

菌种斜面的制备应符合 A.3.1 规定。

C.3.2　试验步骤

C.3.2.1　覆盖膜的制备

覆盖膜采用聚乙烯薄膜，尺寸为 40 mm×40 mm(±2 mm)，厚度为 0.05 mm～0.10 mm。若试验样本规格较小，可按其表面积减小该覆盖膜尺寸，以使菌悬液不溢出为适。

C.3.2.2　对照样本

对照样本用卫生级高密度聚乙烯(HDPE)注塑成型，标准尺寸为 50 mm×50 mm(±2 mm)，厚度不大于 5 mm，要求其本身不具有抗菌作用且对试验结果的判定无影响。

C.3.2.3　试验组样本的制备

将试验样本制成标准尺寸为 50 mm×50 mm(±2 mm)，若试验样本规格较小，应不小于 20 mm×20 mm。

C.3.2.4　样品的预处理

取对照样品和受检样品，用 70%乙醇溶液擦拭其表面，5 min 后用无菌蒸馏水冲洗，自然干燥。若不适于消毒剂处理的样本，可根据样品特性直接用无菌蒸馏水冲洗或采用其他方法消毒，但不得影响其抗菌性能和干扰检测结果。

C.3.2.5　制备菌悬液

取菌种第三代至第八代的营养琼脂培养基斜面 18 h～24 h 新鲜培养物，用 5.0 mL 吸管吸取 3.0 mL～5.0 mL 的 0.03 mol/L 磷酸盐缓冲液加入斜面试管内，反复吸吹，洗下菌苔。将洗下的菌液移至另一试管中，用振荡器混匀后，用 0.03 mol/L 磷酸盐缓冲液稀释至适宜浓度（约为 10^5 cfu/mL）。细菌繁殖体悬液应保存在 4℃冰箱内备用且保存不得超过 4 h。

C.3.2.6 接种菌液

将对照样品和受检样品分别放入灭菌平皿中，吸取 0.2 mL～0.5 mL 试验菌液分别滴加在对照样品和受检样品表面，每个样品做 3 个平行样。用灭菌镊子夹起覆盖膜分别盖在样品表面并且要铺平，不得有气泡，使菌液均匀接触样品，盖好平皿，在 37℃±1℃、相对湿度 90%条件下接触培养 16 h～24 h。若检验的样品采用的是光触媒类抗菌剂，应根据样本试验要求，在恒温培养箱中安装光源。

C.3.2.7 菌落计数

经接触培养 16 h～24 h 的样品，分别加入 20 mL 洗脱液，反复洗脱 3 次样品及覆盖膜，将洗脱液移入三角烧瓶中，摇匀后经适当稀释，每样液平行接种 2 个平皿，倾注 45℃～55℃已溶化的营养琼脂培养基，待琼脂培养基凝固后翻转平板，将上述平板置于 37℃±1℃恒温培养箱中，做活菌培养计数。

C.3.2.8 阴性对照组

阴性对照组应符合 A.3.2.7 的规定。

C.3.2.9 观察结果

观察结果应符合 A.3.2.8 的规定。

C.3.2.10 试验次数

以上试验重复 3 次。

C.4 试验要求

C.4.1 “0”接触时间对照组的菌落数应在 1×10^4 cfu/片～5×10^4 cfu/片。阴性对照应无菌生长。

C.4.2 同一对照样品的 3 个平行活菌数值要符合以下要求：

$$\frac{\text{最高对数值}-\text{最低对数值}}{\text{平均对数值}}\leqslant 0.3$$

C.4.3 对照样本不应有明显的抗菌作用。经接触一定时间后对照组回收菌落数不应低于“0”接触时间回收菌落数的十分之一，否则试验无效。

ICS 83.080.20
G 30

中华人民共和国国家标准

GB/T 21511.1—2008

纳米磷灰石/聚酰胺复合材料 第1部分：命名

Nano-apatite/polyamide composite—Part 1: Designation

2008-03-13 发布

2008-08-01 实施

中华人民共和国国家质量监督检验检疫总局
中国国家标准化管理委员会 发布

前　言

本部分与ISO 1874-1:1992《塑料　模塑和挤塑用聚酰胺(PA)共聚物和均聚物　第1部分:命名》的一致性程度为非等效。

GB/T 21511《纳米磷灰石/聚酰胺复合材料》分为如下2个部分:

——第1部分:命名;

——第2部分:技术要求。

本部分为GB/T 21511《纳米磷灰石/聚酰胺复合材料》的第1部分。

本部分由全国纳米技术标准化技术委员会纳米材料分技术委员会提出。

本部分由全国纳米技术标准化技术委员会纳米材料分技术委员会归口。

本部分起草单位:四川大学(分析测试中心、纳米生物材料研究中心)。

本部分主要起草人:李玉宝、左奕、杨爱萍。

纳米磷灰石/聚酰胺复合材料
第1部分：命名

1 范围

1.1 本部分规定了纳米磷灰石/聚酰胺复合材料（以下简称“纳米复合材料”）的命名方法。本命名法根据纳米复合材料所采用的聚酰胺原料类型、磷灰石类型及其在复合材料中的含量进行命名。

1.2 本部分适用于纳米磷灰石与聚酰胺复合而成的纳米磷灰石/聚酰胺复合材料。该纳米复合材料可作为生物医用材料、化工材料和功能材料等原料使用。

1.3 本部分不规定材料具体用途或提供加工所需的工程数据、性能数据。

1.4 本部分不意味着命名相同的材料必定具有相同的性能。

2 规范性引用文件

下列文件中的条款通过本部分的引用而成为本部分的条款。凡是注日期的引用文件，其随后所有的修改单（不包括勘误的内容）或修订版均不适用于本部分，然而，鼓励根据本部分达成协议的各方研究是否可使用这些文件的最新版本。凡是不注日期的引用文件，其最新版本适用于本部分。

GB/T 1844.1—1995 塑料及树脂缩写代号 第一部分：基础聚合物及其特征性能

3 命名方法

纳米磷灰石/聚酰胺复合材料的命名方法为：缩写代号＋型号。

3.1 缩写代号

按照GB/T 1844.1—1995的规定，纳米磷灰石/聚酰胺复合材料的缩写代号为NA/PA（Nano-apatite/Polyamide composite）。

3.2 型号

纳米复合材料的型号由下列几部分内容组成，数字组之间应该用逗号分开。

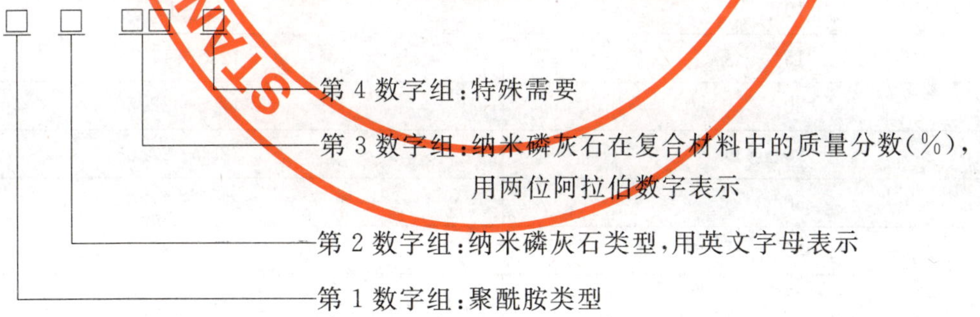

3.2.1 第1数字组

本数字组表示以不同聚酰胺为原料制备的纳米复合材料类型见表1。

表1 聚酰胺代号、类型和化学组成

代 号	类 型	化 学 组 成
6	聚酰胺6	ε-己内酰胺均聚物
66	聚酰胺66	己二胺和己二酸均相缩聚物

表 1(续)

代　号	类　型	化 学 组 成
69	聚酰胺 69	己二胺和壬二酸均相缩聚物
610	聚酰胺 610	己二胺和癸二酸均相缩聚物
612	聚酰胺 612	己二胺和十二碳烷二酸均相缩聚物
11	聚酰胺 11	11-胺基十一烷酸均聚物
1010	聚酰胺 1010	癸二胺和癸二酸均相缩聚物
12	聚酰胺 12	ω-胺基十二烷酸均聚物
MXD6	聚酰胺 MXD6	间二甲苯二胺和己二酸均相缩聚物

3.2.2 第 2 数字组

本数字组的英文字母表示不同的纳米磷灰石类型，其类型按钙磷原子摩尔比值(Calcium phosphorus molar ratio，Ca/P)分档，分档代号和范围见表 2。

表 2 纳米磷灰石代号和钙磷原子摩尔比值范围

代　号	Ca/P 范围
A	≤1.45
B	>1.45～1.55
C	>1.55～1.60
D	>1.60～1.70
E	>1.70

3.2.3 第 3 数字组

本数字组分别用两位阿拉伯数字表示纳米磷灰石的质量分数，其代号和分档见表 3。

表 3 纳米磷灰石质量分数代号和范围

代　号	含量(质量分数)/%
05	≤7.5
10	>7.5～12.5
15	>12.5～17.5
20	>17.5～22.5
25	>22.5～27.5
30	>27.5～32.5
35	>32.5～37.5
40	>37.5～42.5
45	>42.5～47.5
50	>47.5～55.0
60	>55.0～65.0
70	>65.0～75.0
80	>75.0～85.0
90	>85.0

3.2.4 第4数字组

本部分没有规定第4数字组的具体内容，仅当有特殊需要时，由供需双方商定使用。可用有关名词汉语拼音的首字母表示，如YY表示医用，HG表示化工，GN表示功能。

4 命名举例

4.1 某种纳米复合材料，以聚酰胺66和Ca/P比在>1.45～1.55范围内的纳米磷灰石为原料制备，其纳米磷灰石的质量分数在>65.0～75.0范围内，应命名为：NA/PA 66，B，70。

4.2 某种纳米复合材料，以聚酰胺6和Ca/P比在>1.60～1.70范围内的纳米磷灰石为原料制备，其纳米磷灰石的质量分数在>47.5～55.0范围内，应命名为：NA/PA 6，D，50。

4.3 某种纳米复合材料，以聚酰胺12和Ca/P比在>1.55～1.60范围内的纳米磷灰石为原料制备，其纳米磷灰石的质量分数在>32.5～37.5范围内，应命名为：NA/PA 12，C，35。

4.4 某种纳米复合材料，以聚酰胺66和Ca/P比在>1.60～1.70范围内的纳米磷灰石为原料制备，其纳米磷灰石的质量分数在>55.0～65.0范围内，本材料用于生物医用制品的制备，应命名为：NA/PA 66，D，60，YY。

ICS 83.080.20
G 30

中华人民共和国国家标准

GB/T 21511.2—2008

纳米磷灰石/聚酰胺复合材料 第2部分：技术要求

Nano-apatite/polyamide composite—
Part 2: Technology requirements

2008-03-13 发布　　　　2008-08-01 实施

中华人民共和国国家质量监督检验检疫总局
中国国家标准化管理委员会　发布

前　言

GB/T 21511《纳米磷灰石/聚酰胺复合材料》分为如下2部分：

——第1部分：命名；

——第2部分：技术要求。

本部分为GB/T 21511《纳米磷灰石/聚酰胺复合材料》的第2部分。

本部分由全国纳米技术标准化技术委员会纳米材料分技术委员会提出并归口。

本部分起草单位：四川大学(分析测试中心、纳米生物材料研究中心)。

本部分主要起草人：李玉宝、左奕、杨爱萍、严永刚、李鸿。

纳米磷灰石/聚酰胺复合材料
第2部分:技术要求

1 范围

本部分规定了纳米磷灰石/聚酰胺复合材料的技术要求、试验方法、检验规则、标志、包装、运输及贮存。

本部分适用于纳米磷灰石与聚酰胺复合而成的纳米磷灰石/聚酰胺复合材料(以下简称"纳米复合材料")。该纳米复合材料可作为生物医用材料、化工材料和功能材料等原料使用。

2 规范性引用文件

下列文件中的条款通过本部分的引用而成为本部分的条款。凡是注日期的引用文件,其随后所有的修改单(不包括勘误的内容)或修订版均不适用于本部分,然而,鼓励根据本部分达成协议的各方研究是否可使用这些文件的最新版本。凡是不注日期的引用文件,其最新版本适用于本部分。

GB/T 191 包装储运图示标志

GB/T 1040.2 塑料 拉伸性能的测定 第2部分:模塑和挤塑塑料的试验条件

GB/T 1041 塑料压缩性能试验方法

GB/T 9341—2000 塑料弯曲性能试验方法

GB/T 1871.1 磷矿石和磷精矿中五氧化二磷含量的测定 磷钼酸喹啉重量法和容量法

GB/T 1871.4 磷矿石和磷精矿中氧化钙含量的测定 容量法

GB/T 2547 塑料树脂取样方法

GB/T 6678 化工产品采样总则

GB/T 9174 一般货物运输包装通用技术条件

GB/T 9724 化学试剂 pH值测定通则

GB/T 13464 物质热稳定性的热分析试验方法

GB/T 5009.125 尼龙6树脂及成型品中己内酰胺的测定

GB/T 15337 原子吸收光谱分析法通则

GB/T 16175—1996 医用有机硅材料生物学评价试验方法

GB/T 16886.1—2001 医疗器械生物学评价 第1部分:评价与试验

GB/T 16886.3—1997 医疗器械生物学评价 第3部分:遗传毒性、致癌性和生殖毒性试验

GB/T 17037.1 热塑性塑料材料注塑试样的制备 第1部分:一般原理及多用途试样和长条试样的制备

GB/T 21511.1—2008 纳米磷灰石/聚酰胺复合材料 第1部分:命名

YY/T 0127.4—1998 口腔材料生物学评价 第2单元:口腔材料生物试验方法 骨埋植试验

YY/T 0127.8—2001 口腔材料生物学评价 第2单元:口腔材料生物试验方法 皮下植入试验

YY/T 0313 医用高分子制品包装、标志、运输和贮存

中华人民共和国药典(2000版) 重金属检查法,砷盐检查法

3 技术要求

3.1 化学组成

3.1.1 相成分

纳米复合材料由纳米磷灰石和聚酰胺组成。

3.1.2 **纳米复合材料中纳米磷灰石的钙磷原子摩尔比(Calcium phosphorus molar ratio，Ca/P)**

纳米复合材料中纳米磷灰石的钙磷原子摩尔比 Ca/P 应符合 GB/T 21511.1—2008 表 2 的规定。

3.1.3 **纳米磷灰石在复合材料中的质量分数**

纳米磷灰石在复合材料中的质量分数应符合 GB/T 21511.1—2008 表 3 的规定。

3.1.4 **己内酰胺(仅指以聚酰胺 6 树脂为原料制成的产品)**

己内酰胺最高含量应不大于 15 mg/L。

3.1.5 **有害微量杂质元素和重金属总量极限**

有害微量杂质元素和重金属总量极限应符合表 1 的规定。

表 1 有害微量杂质元素和重金属总量极限

名　称	砷	镉	汞	铅	重金属总量(以铅计)
极限含量/(mg/kg)	≤3	≤5	≤5	≤30	≤50

3.2 **物理性能**

3.2.1 **外观**

纳米复合材料的外观应无机械杂质。

3.2.2 **磷灰石粒径**

纳米复合材料中磷灰石颗粒尺寸至少有一维在 100 nm 之内。

3.2.3 **浸出液 pH 值**

纳米复合材料按 1% 的质量比在 37℃ 的去离子水中浸泡 24 h，浸出液的 pH 值介于 6.5～7.5 之间。

3.2.4 **热稳定性**

纳米复合材料的热稳定性取 3 次焓变温度测定结果的平均值作为试验结果，3 次测定结果之间的差值应在±5℃范围内。

3.3 **力学性能**

力学性能应符合表 2 规定。

表 2 力学性能要求

力学性能	断裂伸长率 ε_t/%	弯曲强度 σ_f/MPa	压缩强度 σ_c/MPa	弹性模量 E_t/GPa
范围	≥1	≥30	≥60	1～30

3.4 **生物学性能**

3.4.1 **热原试验**

热原试验应符合 GB/T 16175—1996 中 12.5.1 的规定。

3.4.2 **急性全身毒性试验**

急性全身毒性试验按照 GB/T 16175—1996 中表 13 分级，程度级别应为无。

3.4.3 **溶血试验**

溶血试验应符合 GB/T 16175—1996 中 11.4.1 的规定，溶血率不大于 5%。

3.4.4 **细胞毒性试验**

细胞毒性试验按照 GB/T 16175—1996 中表 5 分级，细胞毒性应不大于 1 级。

3.4.5 **皮肤刺激试验**

皮肤刺激试验按照 GB/T 16175—1996 中表 10 分级，反应分级为无。

3.4.6 **致敏试验**

致敏试验按照表 3 分级，致敏反应率分度不大于 I 级。

表 3 致敏反应率分级标准

致敏率[a]/%	分度	分级
0～8	Ⅰ	与阴性对照无差别
9～28	Ⅱ	轻微反应
29～64	Ⅲ	中度反应
65～80	Ⅳ	强烈反应
81～100	Ⅴ	极强反应

[a] 致敏率等于过敏动物所占实验动物的百分比。

3.4.7 遗传毒性试验

遗传毒性试验应符合 GB/T 16886.3—1997 中 4.1 的规定，结果应为阴性。

3.4.8 植入试验

骨填植试验应符合 YY/T 0127.4—1998 中 10.3.1 无反应或轻微组织反应的规定。皮下植入试验应符合 YY/T 0127.8—2001 中 9.4.1 无反应或轻度组织反应的规定。

3.4.9 致癌试验

遗传毒性试验中得出阳性结果或可疑者应做致癌试验。致癌试验应符合 GB/T 16886.3—1997 中 5.3 的规定，结果应为阴性。

4 试验方法

4.1 化学组成

化学组成的取样方法按 GB/T 6678 规定进行。

4.1.1 相成分

纳米复合材料粉末或薄片用 X-射线衍射仪测定其衍射谱，扫描速度 0.2 °/s，扫描范围 2θ：10°～70°，所得的纳米复合材料的 X-射线衍射图谱分别与纳米磷灰石和聚酰胺的 X-射线衍射图谱相比较，并通过红外光谱验证特征基团的存在。

4.1.2 纳米复合材料中纳米磷灰石的钙磷原子摩尔比（Ca/P）

按 GB/T 1871.1 测定磷含量，GB/T 1871.4 测定钙含量，并据此计算纳米磷灰石的钙磷原子摩尔比 Ca/P。

4.1.3 纳米复合材料中纳米磷灰石的质量分数

纳米复合材料的粉末或块状产品在空气中燃烧，实验燃烧温度为 600℃以上，保温 2 h，剩余的残余物为磷灰石，称重后除以复合材料的总质量，表示方法：（残余物质量/纳米复合材料的总质量）×100%。

4.1.4 己内酰胺分析

己内酰胺检验方法按 GB/T 5009.125 的规定进行。

4.1.5 有害元素分析

4.1.5.1 砷的测定

砷的测定按 YY/T 0313 砷盐检查法进行。

4.1.5.2 镉的测定

镉的测定按 GB/T 15337 的规定进行。

4.1.5.3 汞的测定

汞的测定按 GB/T 15337 的规定进行。

4.1.5.4 铅的测定

铅的测定按 GB/T 15337 的规定进行。

4.1.5.5 重金属总量(以铅计)

重金属总量(以铅计)按 YY/T 0313 重金属总量检查法进行。

4.2 物理性能

4.2.1 外观

目测将试样放入培养皿中,在自然光下用目视观察(照度范围为 200 lx±100 lx)。

4.2.2 磷灰石粒径

用透射电镜或 X-射线衍射仪或粒度分析仪检测尺寸,应符合 3.2.2 的规定。

4.2.3 浸出液 pH 值

浸出液 pH 值按 GB/T 9724 规定进行。

4.2.4 热稳定性

热稳定性按 GB/T 13464 规定进行。

4.3 力学性能

4.3.1 断裂伸长率

断裂伸长率试样按 GB/T 17037.1 制备,试验按 GB/T 1040.2 规定进行。

4.3.2 弯曲强度

弯曲强度试样按 GB/T 17037.1 制备,试验按 GB/T 9341—2000 规定进行。

4.3.3 压缩强度

压缩强度试样按 GB/T 17037.1 制备,试验按 GB/T 1041 规定进行。

4.3.4 弹性模量

弹性模量试样按 GB/T 17037.1 制备,试验按 GB/T 1040.2 规定进行。

4.4 生物学性能

4.4.1 热原试验

热原试验按 GB/T 16175—1996 规定进行。

4.4.2 急性全身毒性试验

急性全身毒性试验按 GB/T 16175—1996 规定进行。

4.4.3 溶血试验

溶血试验按 GB/T 16175—1996 规定进行。

4.4.4 细胞毒性试验

细胞毒性试验按 GB/T 16175—1996 规定进行。

4.4.5 皮肤刺激试验

皮肤刺激试验按 GB/T 16175—1996 规定进行。

4.4.6 致敏试验

致敏试验按 GB/T 14233.2—2005 规定进行。

4.4.7 遗传毒性试验

遗传毒性试验按 GB/T 16886.3—1997 规定进行。

4.4.8 植入试验

骨填植试验按 YY/T 0127.4—1998 规定进行。皮下植入试验按 YY/T 0127.8—2001 规定进行。

4.4.9 致癌试验

致癌试验按 GB/T 16886.3—1997 规定进行。

5 检验分类

本部分规定的检验分为出厂检验、抽查检验和型式检验。

5.1 出厂检验

每批产品出厂检验项目：

a) 化学组成：钙磷原子摩尔比、磷灰石含量、重金属总量；

b) 物理性能：外观、浸出液 pH 值。

5.2 抽查检验

5.2.1 产品每三个月抽检 1 次：以聚酰胺 6 为原料的应进行己内酰胺检测。

5.2.2 产品每年抽检一次的项目：

a) 化学组成：相成分、微量杂质元素；

b) 物理性能：磷灰石粒径、热稳定性；

c) 力学性能。

5.3 型式检验

5.3.1 有下列情况之一时，应进行型式检验：

a) 新产品或老产品转厂生产时的试制定性鉴定；

b) 正式生产后，如配方、原料、工艺有较大改变，可能影响产品性能时；

c) 正常生产时，二年进行 1 次检验；

d) 产品长期停产超过一年，恢复生产时；

e) 国家质量监督机构提出进行型式检验的要求时。

5.3.2 产品型式检验项目按第 3 章中所规定的项目进行检验，其中 3.4.8 和 3.4.9 仅在 a)，b)，d)，e)情况下进行型式检验。

6 检验规则

6.1 作为生物医用材料的原料使用时，按 GB/T 16886.1—2001 要求，应满足本部分各项要求。作为化工材料和功能材料的原料使用时，可不进行 3.1.5 和 3.4 的测定。

6.2 检验时以批为单位，同类原料、同一配方、同一工艺生产的同一产品作为一批，每批数量不超过 1 t。

6.3 取样按 GB/T 6678 规定，允许在生产线或包装线上抽取均匀的、有代表性的样品，取样量按 GB/T 2547规定进行。

6.4 每批产品必须由生产厂的质量检验部门按出厂检验项目检测，保证出厂的所有产品符合本部分要求。每批产品应出具质量检验报告单。

6.5 检查结果，若有某项指标不符合本部分要求时，应重新从两倍的包装单元中取样，对该项指标进行复检，如仍不合格则该产品不能使用。3.2 的生物学性能不允许复验，化学及生物学性能不合格不能作为医用。

6.6 使用单位按本部分规定的技术要求进行抽样检查，如有异议需在产品出厂一年内向生产厂提出。

6.7 当供需双方对纳米复合材料质量发生异议时，由双方协商解决或请法定质量检验部门进行仲裁。

7 标志、包装、运输和贮存

7.1 标志

纳米复合材料包装袋上应有牢固清晰的标志，内容包括生产厂名、厂址和电话、产品名称、商标、型号、批号、生产日期、有效期、净重和本部分编号，以及 GB/T 191 中规定的“防尘”、“防潮”、“防晒”、“防辐射”等标志。

7.2 包装

7.2.1 作为化工材料或功能材料的原料使用时，按 GB/T 9174 执行。作为生物医用材料的原料使用时，按 YY/T 0313 执行。

7.2.2　纳米复合材料应密封于内包装袋内，外包装用纸塑复合袋，内包装袋用聚乙烯内衬袋双层包装。包装袋的封口应保证在运输、贮存时纳米复合材料不被污染，包装应能防尘、防潮。按计量值装料，每袋净重 5 kg 或 10 kg。也可按供需双方协商的包装形式及计量包装。每批纳米复合材料应附有检验报告单，每一包装件应附有合格证。

7.3　运输

纳米复合材料在运输时应注意干燥，避免日晒雨淋，远离污染源，保持清洁。搬运时小心轻放，避免包装袋破裂、损伤。本纳米复合材料属非危险品。

7.4　贮存

纳米复合材料应存放在清洁、干燥、通风的库房内，不得接触热源和有机溶剂，不应受到日光直射。并按型堆放。

纳米复合材料自出厂之日起，贮存期为 4 年。超过贮存期应按本部分规定进行检验，若检验结果符合本部分要求，仍可使用。

ICS 67.200.10
X 14

中华人民共和国国家标准

GB/T 21512—2008

食用植物油中叔丁基对苯二酚(TBHQ)的测定

Determination of tert-butylhydroquinone(TBHQ) in edible vegetable oil

2008-03-18 发布　　2008-08-01 实施

中华人民共和国国家质量监督检验检疫总局
中国国家标准化管理委员会　发布

前　　言

本标准参考美国官方分析化学师协会(AOAC)公定方法 983.15(第十六版)《油脂和奶油中酚类抗氧化剂的测定　液相色谱法》、中国国家标准 GB/T 5009.30—2003《食品中叔丁基羟基茴香醚(BHA)与 2,6-二叔丁基对甲酚(BHT)的测定方法》、轻工行业标准 QB 2395—1998《食品添加剂　特丁基对苯二酚(TBHQ)》中的有关原理和技术内容,在试验的基础上,通过简化操作步骤,提高方法的可操作性和准确性而研究制定。

本标准由国家粮食局提出。

本标准由全国粮油标准化技术委员会归口。

本标准起草单位:北京市粮油食品检验所。

本标准主要起草人:阮玲、尚艳娥、呙琴、王郑平、夏天文。

食用植物油中叔丁基对苯二酚(TBHQ)的测定

1 范围

本标准规定了采用气相色谱、液相色谱测定叔丁基对苯二酚(TBHQ)的原理、试剂、仪器和设备、分析步骤、结果计算及精密度。

本标准适用于较低熔点的食用植物油中 TBHQ 含量的测定。

本标准不适用于熔点高于 35℃以上的食用植物油中 TBHQ 含量的测定。

本标准定量限:气相色谱法为 0.001 g/kg,液相色谱法为 0.006 g/kg。

本标准中气相色谱法为仲裁方法。

2 规范性引用文件

下列文件中的条款通过本标准的引用而成为本标准的条款。凡是注日期的引用文件,其随后所有的修改单(不包括勘误的内容)或修订版均不适用于本标准,然而,鼓励根据本标准达成协议的各方研究是否可使用这些文件的最新版本。凡是不注日期的引用文件,其最新版本适用于本标准。

GB/T 5524　植物油脂检验　扦样、分样法

GB/T 15687　油脂试样制备

3 气相色谱法

3.1 原理

食用植物油中的 TBHQ 经体积分数为 80%乙醇提取、浓缩、定容后,用气相色谱仪测定,外标法定量。

3.2 试剂

除非另有说明,本标准所使用的试剂为分析纯,水为蒸馏水或去离子水或相当纯度的水。

3.2.1　95%乙醇。

3.2.2　无水乙醇。

3.2.3　二硫化碳。

3.2.4　80%乙醇溶液:量取 80 mL 95%乙醇和 15 mL 蒸馏水,将二液混合。

3.2.5　TBHQ 标准储备溶液(1 000 μg/mL):准确称取 TBHQ 基准试剂(相对分子质量 166.22,含量≥98.0%)0.100 0 g,放入小烧杯中,用 1 mL 无水乙醇溶解 TBHQ 晶体后,加入 5 mL 左右二硫化碳,转移到 100 mL 容量瓶中。再用 1 mL 无水乙醇洗涤烧杯后,加入 5 mL 左右二硫化碳,转移到容量瓶中,用二硫化碳至少洗涤 3 次烧杯,定容至 100 mL,配成浓度为 1 000 μg/mL 的 TBHQ 标准储备液,置于棕色瓶中 4℃下保存,可保存 6 个月。

3.3 仪器和设备

3.3.1　气相色谱仪:具有氢火焰离子化检测器(FID)。

3.3.2　混合器:旋涡式混合器。

3.3.3　比色管:25 mL。

3.3.4　瓷蒸发皿:60 mL。

3.3.5 刻度试管：2 mL或5 mL。

3.3.6 微量注射器。

3.4 分析步骤

3.4.1 样品的扦样、分样和制备

按GB/T 5524、GB/T 15687执行。

3.4.2 试样处理

准确称取试样2.00 g于25 mL比色管中，加入6 mL 80%乙醇溶液，置旋涡混合器上混合3 s～5 s（或振摇15 s），静置片刻，放入90℃左右的水浴中加热促其分层，分层后立即将上层提取液用吸管转移到蒸发皿中（用吸管转移时切勿将油滴带入）。再用6 mL 80%乙醇溶液重复提取试样两次，提取液一并加入蒸发皿中。将蒸发皿放在60℃水浴上通风挥发或自然挥发至近干（切勿蒸干）。向蒸发皿中加入二硫化碳，少量多次洗涤蒸发皿中残留物，转移到刻度试管中，用二硫化碳定容至2.0 mL，作为试样测定液。

3.4.3 色谱参考条件

色谱柱：玻璃柱，内径3 mm，长3 m，填装涂布2% OV-1固定液的80目～100目Chromosorb W AW DMCS。

仪器条件：检测器和进样口温度250℃，柱温180℃。氮气压力250 kPa，氢气压力65 kPa，空气压力55 kPa。

3.4.4 测定

3.4.4.1 制作标准曲线

准确移取TBHQ标准储备溶液0.0 mL、2.5 mL、5.0 mL、7.5 mL、10.0 mL、12.5 mL于50 mL容量瓶中，用二硫化碳定容，制备成浓度为0 μg/mL、50 μg/mL、100 μg/mL、150 μg/mL、200 μg/mL、250 μg/mL的标准溶液，用微量注射器由低到高依次准确吸取不同浓度的标准溶液2 μL注入气相色谱仪测定。以TBHQ峰面积为纵坐标，浓度为横坐标，绘制标准曲线。

3.4.4.2 试样测定

用干净的微量注射器准确吸取2 μL测定液，注入气相色谱仪测定，取试样的TBHQ峰面积与标准曲线比较定量。

3.5 结果计算

试样中的叔丁基对苯二酚（TBHQ）含量按式(1)进行计算：

$$X_1 = \frac{c \times V \times 1\,000}{m \times 1\,000 \times 1\,000} \qquad \cdots\cdots(1)$$

式中：

X_1——试样中的叔丁基对苯二酚（TBHQ）含量，单位为克每千克（g/kg）；

c——由标准曲线上查出的试样测定液中相当于TBHQ的浓度，单位为微克每毫升（μg/mL）；

V——试样提取液的体积，单位为毫升（mL）；

m——试样的质量，单位为克（g）。

计算结果保留两位有效数字。

3.6 精密度

在重复性条件下获得的两次独立测定结果的绝对差值不得超过其算术平均值的10%。

4 液相色谱法

4.1 原理

食用植物油中的TBHQ经体积分数为95%乙醇提取、浓缩、定容后，用液相色谱仪测定，外标法定量。

4.2 试剂

4.2.1 甲醇：色谱纯。

4.2.2 乙腈：色谱纯。

4.2.3 36%乙酸：分析纯。

4.2.4 95%乙醇：分析纯。

4.2.5 异丙醇：分析纯，重蒸馏。

4.2.6 异丙醇-乙腈混合液：V(异丙醇)+V(乙腈)=1+1。

4.2.7 TBHQ标准储备溶液(1 000 μg/mL)：准确称取TBHQ基准试剂(相对分子质量166.22，含量≥98.0%)0.050 0 g，放入小烧杯中，用异丙醇-乙腈混合液溶解，转入50 mL容量瓶中，再用少量混合液洗涤烧杯3次，转入容量瓶中，用异丙醇-乙腈混合液定容至50 mL，配成浓度为1 000 μg/mL的TBHQ标准储备液，置于棕色瓶中4℃下保存，可保存6个月。

4.2.8 TBHQ标准稀释液(100 μg/mL)：准确移取TBHQ标准储备液10.00 mL于100 mL容量瓶中，用异丙醇-乙腈混合液定容至100 mL，置于棕色瓶中4℃下保存。

4.3 仪器

4.3.1 高效液相色谱仪：配有二极管阵列或紫外检测器。

4.3.2 蒸发器：真空旋转蒸发器。

4.3.3 混合器：旋涡式混合器。

4.3.4 具塞试管：10 mL、25 mL。

4.3.5 浓缩瓶。

4.3.6 微量注射器。

4.4 分析步骤

4.4.1 样品的扦样、分样和制备

按GB/T 5524、GB/T 15687执行。

4.4.2 试样处理

准确称取试样2.00 g于25 mL比色管中，加入6 mL 95%乙醇溶液，置旋涡混合器上混合3 s～5 s(或振摇15 s)，静置片刻，放入90℃左右水浴中加热促其分层，分层后立即将上层提取液用吸管转移到浓缩瓶中(用吸管转移时切勿将油滴带入)。再用6 mL 95%乙醇溶液重复提取试样两次，合并提取液于浓缩瓶内，该液可放在冰箱中储存约16 h。

乙醇提取液在40℃下，10 min内，用真空旋转蒸发器浓缩至约1 mL，将浓缩液转移至10 mL试管中，用异丙醇-乙腈混合液至少洗涤3次浓缩瓶，定容至10 mL，经0.45 μm滤膜过滤于小瓶中，作为试样测定液。

4.4.3 色谱参考条件

色谱柱：C_{18}柱，250 mm×4.6 mm(内径)。

流动相：(A)甲醇-乙腈混合液[V(甲醇)+V(乙腈)=1+1]；(B)5%乙酸水溶液(100 mL水加5 mL 36%乙酸)。

柱箱温度：40℃。

波长：280 nm。

流速：2 mL/min。

洗脱梯度：0 min～8 min流动相(A)从30%线性增至100%，8 min～14 min流动相(A)100%，14 min～17 min流动相(A)从100%降至30%。

4.4.4 测定

4.4.4.1 制作标准曲线

准确移取 TBHQ 标准使用液 0.0 mL、0.5 mL、1.0 mL、1.5 mL、2.0 mL、5.0 mL、10.0 mL，于 10.0 mL容量瓶中，用异丙醇-乙腈混合液定容至 10 mL，制备成浓度为 0 μg/mL、5 μg/mL、10 μg/mL、20 μg/mL、50 μg/mL、100 μg/mL 的标准溶液，用微量注射器由低到高依次准确吸取不同浓度的标准溶液 20 μL 注入液相色谱仪测定。以 TBHQ 峰面积为纵坐标，浓度为横坐标，绘制标准曲线。

4.4.4.2 试样测定

用干净的微量注射器准确吸取 20 μL 测定液，注入液相色谱仪测定，取试样的 TBHQ 峰面积与标准曲线比较定量。

4.5 结果计算

试样中的 TBHQ 含量按式(2)进行计算：

$$X_2 = \frac{c \times V \times 1\,000}{m \times 1\,000 \times 1\,000} \quad \cdots\cdots (2)$$

式中：

X_2——试样中的 TBHQ 含量，单位为克每千克(g/kg)；

c——由标准曲线上查出的试样测定液中相当于 TBHQ 的浓度，单位为微克每毫升(μg/mL)；

V——试样提取液的体积，单位为毫升(mL)；

m——试样的质量，单位为克(g)。

计算结果保留两位有效数字。

4.6 精密度

在重复性条件下获得的两次独立测定结果的绝对差值不得超过其算术平均值的 10%。

4.7 色谱图

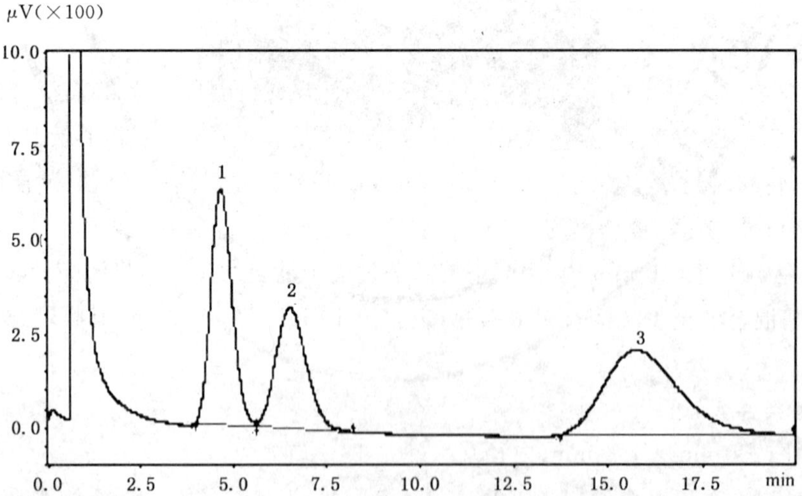

1——BHT；

2——BHA；

3——TBHQ。

图 1 气相色谱图

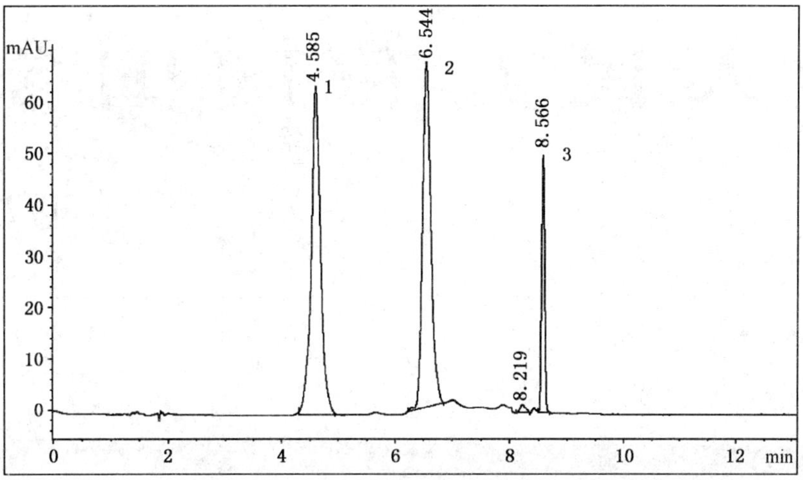

1——TBHQ;

2——BHA;

3——BHT。

图 2　液相色谱图

ICS 65.120
B 46

中华人民共和国国家标准

GB/T 21513—2008

畜牧用盐

Animal feed salt

2008-03-03 发布　　2008-05-01 实施

中华人民共和国国家质量监督检验检疫总局
中国国家标准化管理委员会　发布

前　言

本标准由中国轻工业联合会提出。

本标准由全国海湖盐标准化中心、全国井矿盐标准化中心归口。

本标准起草单位：中国盐业总公司、国家轻工业海湖盐质量监督检测中心、国家轻工业井矿盐质量监督检测中心、中国农业科学院畜牧研究所、中盐制盐工程技术研究院、内蒙古自治区湖盐科学研究所、新疆维吾尔自治区盐业公司。

本标准主要起草人：佟云琨、赵建国、张昆、王加启、赵毅、张国祥、土尔逊。

本标准为首次发布。

畜牧用盐

1 范围

本标准规定了畜牧用盐的技术要求、试验方法、抽样、检验规则以及包装、标志、运输、贮存。

本标准适用于以食盐为载体，通过添加适量添加剂，用于畜禽食用的粒状畜牧用盐和畜牧盐舔块。

2 规范性引用文件

下列文件中的条款通过本标准的引用而成为本标准的条款。凡是注日期的引用文件，其随后所有的修改单(不包括勘误的内容)或修订版均不适用于本标准，然而，鼓励根据本标准达成协议的各方研究是否可使用这些文件的最新版本。凡是不注日期的引用文件，其最新版本适用于本标准。

GB/T 6436 饲料中钙的测定

GB/T 6437 饲料中总磷的测定 分光光度法

GB/T 6682 分析实验室用水规格和试验方法(GB/T 6682—1992,ISO 3696:1987,NEQ)

GB/T 8618—2001 制盐工业主要产品取样方法

GB/T 13025.1 制盐工业通用试验方法 粒度的测定

GB/T 13025.3—1991 制盐工业通用试验方法 水分的测定

GB/T 13025.4 制盐工业通用试验方法 水不溶物的测定

GB/T 13025.5 制盐工业通用试验方法 氯离子的测定

GB/T 13025.7—1999 制盐工业通用试验方法 碘离子的测定

GB/T 13025.13—1994 制盐工业通用试验方法 砷离子的测定

GB 13078—2001 饲料卫生标准

GB/T 13884 饲料中钴的测定 原子吸收光谱法

GB/T 13885 动物饲料中钙、铜、铁、镁、锰、钾、钠和锌含量的测定 原子吸收光谱法(GB/T 13885—2003,ISO 6869:2000,IDT)

GB/T 18962—2003 制盐工业通用试验方法 铅离子的测定(原子吸收分光光度法)

定量包装商品计量监督管理办法 国家质量监督检验检疫总局令[2005]第75号

3 技术要求

3.1 原料

生产畜牧用盐所用的矿物质添加剂、着色剂、不溶性添加物应符合食品级或饲料级添加剂的要求。

3.2 粒状畜牧用盐

3.2.1 外观

粒状畜牧用盐的色泽应与食用盐有明显区别。

3.2.2 技术指标

粒状畜牧用盐的技术指标应符合表1的规定。

有害元素铅的允许量应符合 GB 13078—2001 表1序号2指标栏第1行的规定。

有害元素砷的允许量应符合 GB 13078—2001 表1序号1指标栏第1行的规定。

表 1

项　目		指　标
氯化钠/%	≥	91.0
水分/%	≤	5.00
水不溶物/%	≤	0.40
粒度(2.0 mm 筛上物)/%	≤	15
碘[a](以 I 计)/(mg/kg)		10～100
[a] 高碘地区使用的畜牧用盐可不加碘。		

3.3　畜牧盐舔块

3.3.1　外观

产品颜色均匀、表面光滑、无破损，产品表面不应出现粒径 4 mm 以上盐的晶体。

3.3.2　技术指标

畜牧盐舔块的技术指标应符合表 2 的规定。

有害元素铅的允许量应符合 GB 13078—2001 表 1 序号 2 指标栏第 5 行的规定。

有害元素砷的允许量应符合 GB 13078—2001 表 1 序号 1 指标栏第 3 行的规定。

表 2

项　目		指　标
氯化钠/%	≥	65.0
水分/%	≤	2.00
不溶性添加物/%	≤	20.0
强度/MPa	≥	14.0
碘[a](以 I 计)/(mg/kg)		10～400
[a] 高碘地区使用的畜牧用盐可不加碘。		

3.4　矿物质元素添加要求

畜牧用盐中允许添加铁、锌、锰、铜、钴、硒、钙、镁、磷等矿物质元素，其添加量不得超过动物的最高耐受量。畜牧用盐中矿物质元素的明示含量与测定结果的相对偏差应符合表 3 的规定。

表 3

矿物质元素添加范围/(mg/kg)	明示含量与测定结果允许的相对偏差/%
10 000 以上	≤±10
1 000 以上～10 000	≤±15
100 以上～1 000	≤±25
50 以上～100	≤±30
50 及 50 以下	≤±35

4　试验方法

除特别注明外，检验中所用试剂为分析纯试剂，溶液为水溶液，原子吸收法所用水为 GB/T 6682 规定的二级水，其他方法用水为 GB/T 6682 规定的三级水。

4.1　外观的检验

目视检验。

4.2 氯化钠

按 GB/T 13025.5 规定的方法检验氯离子，样品中氯化钠含量按式(1)计算。

$$w_1 = w_2 \times 1.6485 \qquad (1)$$

式中：

w_1——样品中氯化钠的含量，单位为克每百克(g/100 g)；

w_2——样品中氯离子的含量，单位为克每百克(g/100 g)。

4.3 水分

按 GB/T 13025.3—1991 中第 2 章规定的方法检验。

4.4 水不溶物

按 GB/T 13025.4 规定的方法检验。

4.5 不溶性添加物

称取适量样品(含不溶性物质约 0.05 g～0.2 g)，精确至 0.001 g，按 GB/T 13025.4 规定的方法检验。

4.6 粒度

按 GB/T 13025.1 规定的方法检验。

4.7 强度

4.7.1 仪器、设备

回弹仪：精度为±2 MPa。

4.7.2 检验步骤

将畜牧盐舔块平稳地放置在地面上，在上表面均匀取 3 个点，每个点用回弹仪连续击打 3 次(探头不要离开测试点表面)，记录最后一次击打的回弹值，将 3 个点的测定结果取平均值，按仪器自带换算表换算成强度值。

4.8 铜、镁、锰、锌

按 GB/T 13885 规定的方法检验。

4.9 铁

4.9.1 原子吸收分光光度法(仲裁法)

按 GB/T 13885 规定的方法检验。

4.9.2 分光光度法

4.9.2.1 原理

在酸性条件下，用抗坏血酸将试液中的 Fe^{3+} 还原成 Fe^{2+}，与邻菲啰啉反应形成稳定的橙色络合物，光度法测定铁含量。

4.9.2.2 试剂和溶液

a) 邻菲啰啉溶液：2 g/L(该溶液避光保存，仅能使用无色溶液)；

b) 抗坏血酸溶液：25 g/L(该溶液使用期限为 10 d)；

c) 硫酸溶液：1+3；

d) 乙酸-乙酸钠缓冲溶液(pH=4.5)：称取三水乙酸钠 6.4 g，加 4.6 mL 冰乙酸，加水稀释至 100 mL；

e) 盐酸溶液：6 mol/L；

f) 铁标准储备液(0.1 mg/mL)：称取 0.863 6 g 硫酸铁铵[$NH_4Fe(SO_4)_2 \cdot 12H_2O$]于 200 mL 烧杯中，溶于水，加 10 mL 硫酸溶液(1+3)，溶解后转移至 1 000 mL 容量瓶中，稀释至刻度，摇匀；

g) 铁标准工作液(10.0 μg/mL)：将铁标准储备液[4.9.2.2 f)]准确稀释 10 倍。

4.9.2.3 分析步骤

a) 工作曲线：准确吸取 0.00 mL、3.00 mL、5.00 mL、7.00 mL、9.00 mL 铁标准工作液[4.9.2.2 g)]，分别放入 50 mL 比色管中，加水至 20 mL，以 6 mol/L 盐酸调节 pH 约为 2，加入 2 mL 抗坏血酸溶液[4.9.2.2 b)]，5 mL 邻菲啰啉溶液[4.9.2.2 a)]，10 mL 乙酸-乙酸钠缓冲溶液[4.9.2.2 d)]，混匀后，加水稀释至刻度，摇匀，放置 15 min。在 510 nm 波长处，用 2 cm 比色池以试剂空白作参比，测定吸光度，以铁含量与相应的吸光度绘制标准工作曲线。

b) 试样的测定：称取约 5 g 试样，准确至 0.001 g，加 50 mL 水，加入 5 mL 盐酸[4.9.2.2 e)]并加热溶解试样，冷却后，转入 500 mL 容量瓶中，稀释至刻度，摇匀。吸取一定量过滤后的试液(含铁的质量不超过 90 μg)于 50 mL 比色管中，后续操作与绘制工作曲线[4.9.2.3 a)]相同，从曲线上查出对应的含铁的质量。

4.9.2.4 结果的计算和表示

样品中铁含量按式(2)计算。

$$w = \frac{m_1}{m_2} \qquad \cdots\cdots(2)$$

式中：

w——样品中铁的含量，单位为毫克每千克(mg/kg)；

m_1——在标准曲线上查得的含铁的质量或用线性回归方程计算出的含铁的质量，单位为微克(μg)；

m_2——试样测定液中含样品的质量，单位为克(g)。

4.10 钴

4.10.1 原子吸收分光光度法(仲裁法)

按 GB/T 13884 规定的方法检验。

4.10.2 分光光度法

4.10.2.1 原理

在中性或微碱性介质中，亚硝基红盐与钴离子反应生成稳定的红紫色络合物，光度法测定钴离子的含量。

4.10.2.2 试剂和溶液

a) 钴标准储备液(0.1 mg/mL)：称取 0.263 0 g 于 500℃～550℃灼烧至恒定质量的无水硫酸钴，加 150 mL 水，加热溶解，冷却，移入 1 000 mL 容量瓶中，稀释至刻度，摇匀；

b) 钴标准工作液(5 μg/mL)：将钴标准储备液[4.10.2.2 a)]准确稀释 20 倍；

c) 柠檬酸溶液：40 g/L；

d) 亚硝基红盐(1-亚硝基-2-萘酚-3.6-二磺酸钠)：2 g/L(贮存于棕色瓶中)；

e) 乙酸钠-氢氧化钠混合溶液：称取 160 g 乙酸钠和 3.2 g 氢氧化钠，溶于 400 mL 水中；

f) 硝酸溶液：1+1；

g) 氢氧化钠溶液：2 mol/L。

4.10.2.3 分析步骤

a) 工作曲线：吸取 0.00 mL、1.00 mL、2.00 mL、3.00 mL、4.00 mL、5.00 mL 钴标准工作液[4.10.2.2 b)]，分别于 50 mL 烧杯中，加水至 20 mL，分别加入 2 mL 柠檬酸[4.10.2.2 c)]，5 mL乙酸钠-氢氧化钠混合溶液[4.10. 2.2 e)]，2 mL 亚硝基红盐溶液[4.10.2.2 d)]，搅拌均匀，放置 20 min，加入 4 mL 硝酸[4.10.2.2 f)]，加水至 40 mL，搅拌均匀，将烧杯置于电炉上加热至刚刚沸腾，取下，强制冷却后，转入 100 mL 容量瓶，加水稀释至刻度，摇匀。在 500 nm 波长处，用 3 cm 比色池，以试剂空白作参比，测定吸光度，以钴含量与相应的吸光度绘制标准工作曲线。

b) 试样的测定：称取试样约 10 g，精确至 0.001 g，置于 150 mL 烧杯中，加水溶解，加入 5 mL 硝酸[4.10.2.2 f)]，加热煮沸 2 min～3 min，取下冷却，用氢氧化钠[4.10.2.2 g)]调节 pH=5，转入 250 mL 容量瓶中，加水稀释至刻度，摇匀。吸取一定量过滤后的溶液(含钴的质量不超过 25 μg)于 50 mL 烧杯中，后续操作与绘制工作曲线[4.10.2.3 a)]相同。从曲线上查出对应含钴的质量。

4.10.2.4 结果的计算和表示

样品中钴含量按式(3)计算。

$$w=\frac{m_1}{m_2} \tag{3}$$

式中：

w——样品中钴的含量，单位为毫克每千克(mg/kg)；

m_1——在标准曲线上查得的含钴的质量或用线性回归方程计算出的含钴的质量，单位为微克(μg)；

m_2——试样测定液中含样品的质量，单位为克(g)。

4.11 硒

4.11.1 原子吸收分光光度法

4.11.1.1 原理

试样消化后，在盐酸介质中，将试样中的六价硒还原成四价硒，用硼氢化钠($NaBH_4$)或硼氢化钾(KBH_4)作还原剂，将四价硒在盐酸介质中还原成氢化亚硒(SeH_2)，导入原子吸收分光光度计中，测定硒含量。

4.11.1.2 仪器和试剂

a) 原子吸收分光光度计；

b) 氢化物发生器；

c) 盐酸；

d) 混合酸：以 4 体积硝酸和 1 体积高氯酸混合；

e) 氢氧化钠；

f) 硼氢化钠溶液(10 g/L)：称取 1.0 g 硼氢化钠，用 3 g/L 的氢氧化钠溶液溶解、稀释至 100 mL；

g) 硒标准储备液(100 μg/mL)：称取亚硒酸钠(Na_2SeO_3)0.219 0 g 于 50 mL 烧杯中，加入适量的水溶解，移入 1 000 mL 容量瓶中，稀至刻度，摇匀；

h) 硒标准工作液(1 μg/mL)：将硒标准储备液[4.11.1.2 g)]准确稀释 100 倍。

4.11.1.3 分析步骤

a) 标准曲线：分别吸取 0.0 mL、0.1 mL、0.2 mL、0.3 mL 硒标准工作液[4.11.1.2 h)]于 25 mL 比色管中，加少量水，再加 2.0 mL 盐酸[4.11.1.2 c)]，用水稀释至刻度，混匀，放置 1 h。将上述溶液通过氢化物发生器导入原子吸收分光光度计中，测定吸光度。以吸光度值和硒含量绘制标准曲线或建立线性回归方程。

b) 样品测定：称取适量样品于 150 mL 烧杯内，加 10.0 mL 混合酸[4.11.1.2 d)]，于电热板上加热，当溶液有白烟冒出时，再继续加热至有盐析出，不可蒸干，冷却。加 5 mL 盐酸溶液(1+1)，继续加热至溶液有白烟出现，冷却，用水稀释至 100 mL。吸取 0.2 mL 上述溶液于 25 mL比色管中，加 2 mL 盐酸[4.11.1.2 c)]，用水稀释至刻度，混匀，放置 1 h。将试样溶液通过氢化物发生器导入原子吸收分光光度计中，测定吸光度，由吸光度值在标准曲线上查得硒含量或用线性回归方程计算硒含量。

4.11.1.4 结果的计算和表示

样品中硒含量按式(4)计算。

$$w=\frac{m_1}{m_2} \tag{4}$$

式中：

w——样品中硒的含量，单位为毫克每千克(mg/kg)；

m_1——在标准曲线上查得的含硒的质量或用线性回归方程计算出的含硒的质量，单位为微克(μg)；

m_2——试样测定液中含样品的质量，单位为克(g)。

4.11.2 分光光度法(仲裁法)

4.11.2.1 方法原理

在酸性条件下，Se^{4+}与3.3-二氨基联苯胺生成黄色的化合物，以甲苯萃取，光度法测定硒含量。

4.11.2.2 试剂和溶液

a) 3.3-二氨基联苯胺盐酸盐(简称硒试剂)溶液(5 g/L)：称取0.5 g 3.3-二氨基联苯胺盐酸盐($C_{12}H_{14}N_4 \cdot 4HCl \cdot 2H_2O$)于烧杯中，加100 mL水溶解，过滤(用时新配)；

b) 磷酸溶液[$c(\frac{1}{3}H_3PO_4) = 2$ mol/L]：量取85%磷酸68.5 mL溶解于432 mL水中；

c) 氢氧化钠溶液：100 g/L；

d) 甲酚红溶液(0.2 g/L)：称取20 mg甲酚红，溶于少量水中，加1滴氨水使完全溶解，加水稀至100 mL；

e) 乙二胺四乙酸二钠盐(简称EDTA)；

f) 盐酸羟胺；

g) 混合试剂：称取2.5 g EDTA，5 g盐酸羟氨，加水溶解，加2.5 mL甲酚红溶液[4.11.2.2 d)]，加水稀至500 mL，混匀(用时新配)；

h) 甲苯；

i) 盐酸溶液：6 mol/L；

j) 碘化钾溶液：100 g/L(用时新配)；

k) 淀粉溶液：5 g/L(用时新配)；

l) 硒标准储备液(0.1 mg/mL)：称取亚硒酸钠(Na_2SeO_3)0.219 0 g于50 mL烧杯中，加入适量的水溶解，移入1 000 mL容量瓶中，稀至刻度，摇匀；

m) 硒标准工作液(2 μg/mL)：将硒标准储备液[4.11.2.2 l)]准确稀释50倍。

4.11.2.3 分析步骤

a) 工作曲线：吸取0.0 mL、0.5 mL、1.0 mL、3.0 mL、5.0 mL硒标准工作液[4.11.2.2 m)]于50 mL比色管中，加水至10 mL，依次加入3.5 mL磷酸溶液[4.11.2.2 b)](控制溶液pH1.5～2.0)，20 mL混合试剂[4.11.2.2 g)]，3.0 mL 3.3-二氨基联苯胺溶液[4.11.2.2 a)]，摇匀，在室温下放置30 min，用氢氧化钠[4.11.2.2 c)]溶液调节溶液pH8～9(溶液呈微红色)，加水稀至刻度，加入10.00 mL甲苯[4.11.2.2 h)]，振摇2 min，静置分层，取有机相于1 cm比色皿中，以甲苯作参比，在420 nm波长处测定吸光度，以硒含量与相应的吸光度绘制标准工作曲线。

b) 试样的测定：称取约5 g试样，精确至0.001 g，溶解后移入100 mL容量瓶中，稀至刻度，摇匀，过滤，取10.00 mL滤液于50 mL比色管中，以下操作与工作曲线[4.11.2.3 a)]相同，从曲线上查出对应硒含量。

4.11.2.4 结果的计算和表示

样品中硒含量按式(5)计算。

$$w = \frac{m_1}{m_2} \qquad \cdots\cdots(5)$$

式中：

w——样品中硒的含量，单位为毫克每千克(mg/kg)；

m_1——在标准曲线上查得的含硒的质量或用线性回归方程计算出的含硒的质量，单位为微克(μg)；

m_2——试样测定液中含样品的质量，单位为克(g)。

4.12 钙

按 GB/T 6436 规定的方法检验。

4.13 磷

按 GB/T 6437 规定的方法检验。

4.14 碘

4.14.1 仪器和试剂

a) 一般实验室仪器；

b) 氢氧化钠和碳酸钠混和液：分别称取 40 g 氢氧化钠(NaOH)和 20 g 碳酸钠(Na_2CO_3)，用水溶解后混和，加水至 500 mL。

4.14.2 测定方法

称取适量样品(含碘 0.1 mg～1 mg)，放入 400 mL 烧杯中，加 300 mL 水，使可溶物质充分溶解，加入 5 mL 氢氧化钠和碳酸钠混和液[4.14.1 b)]，转移至 500 mL 容量瓶中，加水至刻度，摇匀，过滤，取 100 mL 滤液放入 250 mL 碘量瓶，按 GB/T 13025.7—1999 中 2.2 规定的方法检验。

4.15 铅

按 GB/T 18962—2003 规定的方法检验。

4.16 砷

样品经消化后，按 GB/T 13025.13—2002 规定的方法检验。

5 抽样

粒状畜牧用盐按 GB/T 8618—2001 表 4 中品质波动小的份样数抽取；畜牧盐舔块的抽样方法为在一批产品中随机抽取 2 块样品，一块用于检验，另一块作为备用样。

6 检验规则

6.1 批的确定

相同生产工艺生产的一次交付的产品为一批。

6.2 检验类型

6.2.1 型式检验

畜牧用盐型式检验包括本标准中所有项目，正常生产时，每半年应不少于一次，有下列情况之一时也应进行型式检验：

a) 当原料、工艺、配方有重大改变可能影响产品质量时；

b) 产品长期停产后恢复生产时；

c) 出厂检验结果与上次型式检验有较大差异时；

d) 质量监督检验检疫部门提出要求时。

6.2.2 出厂检验

每批产品应由生产单位的质检部门或委托有资质的检验机构按本标准规定检验合格后方可出厂产品出厂时，应附有产品检验合格证。出厂检验的必检项目为氯化钠、矿物质添加剂、强度和碘。

6.3 判定规则

产品质量以产品交付时检测质量为准，当供需双方对产品质量发生异议时，由供需双方共同委托仲裁单位，并按本标准规定进行检验和判定。检验结果中如有一项指标不符合本标准的规定，则以同批产品的备用样品对不合格项目进行复验，若复验结果仍达不到本标准的规定，则该批产品判为不合格。

7 包装、标志

产品包装应采用无毒的包装材料，包装上应标明产品名称、生产（或经销）单位的名称和地址、生产日期、净含量、配料表（添加的矿物质应以有效元素单质的形式标注，并明示含量）和本标准的编号。包装中产品的净含量与其标注的质量，应符合《定量包装商品计量监督管理办法》的要求。

8 运输、贮存

畜牧用盐的运输工具要清洁，不得与导致污染的货物混装。

畜牧用盐应贮存于防雨、防潮、通风良好的地点，防止污染。

ICS 65.120
B 46

中华人民共和国国家标准

GB/T 21514—2008/ISO/TS 17764:2002

饲料中脂肪酸含量的测定

Determination of the content of fatty acids in feeds

(ISO /TS 17764:2002, Animal feeding stuff—Determination of the content of fatty acid, IDT)

2008-03-03 发布　　　　2008-05-01 实施

中华人民共和国国家质量监督检验检疫总局
中国国家标准化管理委员会　发布

前　言

本标准等同采用国际标准 ISO/TS 17764:2002《动物饲料成分　脂肪酸含量的测定》(英文版)，技术内容上与之完全相同，仅作如下编辑性修改：

——“本国际标准”一词改为“本标准”；

——将国际标准中的前言换为我国标准的前言；

——原标准由两部分组成，“第 1 部分：脂肪酸甲酯的制备”和“第 2 部分：气相色谱法”，在本标准中将上述两部分进行合并；

——原国际标准的两部分范围进行合并，文字表达进行了简化；

——用“GB/T 6433—2006《饲料中粗脂肪的测定》”代替“ISO 6492:1999《饲料中脂肪含量的测定》”；

——“ISO 3696:1987《分析实验室用水　分析和测定方法》”替换为“GB/T 6682－1992《分析实验室用水规格和试验方法》”；

——原国际标准规范性引用文件中“ISO 661:1989《动物和植物中脂肪和油类　分析样品的制备》”在正文中未引用到，在本标准中将其删除。

本标准的附录 A 为资料性附录。

本标准是由全国饲料工业标准化技术委员会提出并归口。

本标准起草单位：国家饲料质量监督检验中心(北京)。

本标准主要起草人：王培龙、高生、赵根龙、范理、宋荣、王彤、田静、李玉芳。

本标准首次发布。

饲料中脂肪酸含量的测定

1 范围

本标准规定了三氟化硼法和氢氧化钾-氯化氢法两种脂肪酸甲酯制备方法及应用配有毛细管柱和火焰离子化检测器的气相色谱对脂肪中的脂肪酸进行定量分析的方法。

本标准适用于动植物脂肪、配制动物饲料的油类和混合脂肪酸以及配合饲料脂肪的提取物(包括脂肪和含有丁酸的脂肪酸混合物)中脂肪酸的测定。

本标准不适用于聚合脂肪酸。

2 规范性引用文件

下列文件中的条款通过本标准的引用而成为本标准的条款。凡是注日期的引用文件,其随后所有的修改单(不包括勘误的内容)或修订版均不适用于本标准,然而,鼓励根据本标准达成协议的各方研究是否可使用这些文件的最新版本。凡是不注日期的引用文件,其最新版本适用于本标准。

GB/T 6433—2006 饲料中粗脂肪的测定(ISO 6492:1999,IDT)

GB/T 6682—1992 分析实验室用水规格和试验方法(neq ISO 3696:1987)

3 术语和定义

下列术语和定义适用于本标准。

3.1

脂肪酸含量 fatty acid content

在油、脂肪、脂肪提取物、游离脂肪酸或皂类等试料中脂肪酸的质量分数。

注:脂肪酸含量用克每千克(g/kg)表示。

3.2

可流出物含量 content of elutable material

本标准所述的气相色谱柱中流出的所有脂肪酸之和的质量分数。

4 原理

脂肪酸甘油酯用氢氧化钠的甲醇溶液皂化,再让皂化物与 BF_3-甲醇混合溶液反应转化为脂肪酸甲酯。或者在绝对甲醇中甲醇化钾的作用下通过酯基转移反应转化为脂肪酸甲酯,游离脂肪酸则被盐酸的甲醇溶液甲酯化。用毛细管气相色谱分离,色谱图中色谱峰用已知组成的参比样品由标准品进行鉴别,并以内标法定量。

5 脂肪酸甲酯的制备

5.1 脂肪的抽提

5.1.1 通则

为测定动物饲料原料和混合饲料中可皂化脂肪酸含量,需分类按 GB/T 6433—2006 中所述方法和下述改进抽提脂肪。

5.1.2 A 类样品

根据 GB/T 6433—2006 中的 9.5.1 的方法进行脂肪抽提。

在不超过 40℃的水浴中用旋转蒸发仪除去溶剂,然后在 40℃±2℃的真空干燥箱中干燥残留物 2 h。

5.1.3 B类样品

通过两步提取脂肪。第一步，按GB/T 6433—2006的9.5.1进行，试料的处理同GB/T 6433—2006的9.3中处理A类样品一致。

将脂肪提取物收集于干燥的烧瓶中，将盛有残渣的滤纸筒置空气中，蒸发溶剂。

根据GB/T 6433—2006中9.4对残渣进行水解。

水解后，在40℃±2℃的真空干燥箱中干燥60 min。

根据GB/T 6433—2006中9.5.1方法提取残渣中的脂肪。

将脂肪提取物加入到第一次提取物中。

在不超过40℃水浴中用旋转蒸发仪蒸干溶剂，在40℃±2℃的真空干燥箱中干燥残留物2 h。

5.2 脂肪或脂肪提取物试样的制备

如果脂肪或脂肪提取物样品不能完全熔化，则加热样品到不超过其熔点10℃的温度予以熔化。

5.3 六碳或六碳以上的脂肪酸甲酯的制备方法(三氟化硼法)

5.3.1 原理

脂肪酸甘油酯用氢氧化钠的甲醇溶液皂化，再让皂化物与BF_3-甲醇混合溶液反应转化为脂肪酸甲酯。

5.3.2 试剂

试剂和溶剂均为分析纯。

5.3.2.1 水：符合GB/T 6682—1992，至少三级用水标准。

5.3.2.2 十七烷酸(内标物)：纯度≥99%。

5.3.2.3 氢氧化钠的甲醇溶液：c(NaOH)≈0.5 mol/L。

在100 mL甲醇[水的含量不超过0.5%(质量分数)]中溶解2 g氢氧化钠，该溶液储存一段时间后，会有少量的碳酸钠沉淀形成，但它对于甲酯化没有任何的影响。

可以用同浓度的氢氧化钾的甲醇溶液替换。

5.3.2.4 三氟化硼的甲醇溶液：10%～15%(质量分数)。

警告：三氟化硼是有毒物质，因此建议分析人员在配制BF_3-甲醇溶液时不直接使用甲醇和BF_3，直接购买该溶液。

在甲酯的气相色谱(GC)分析过程中，某些试剂可能会产生干扰。特别是BF_3溶液可能会干扰含有20个或22个碳原子的脂肪酸甲酯的分析。因此建议制备油酸甲酯并进行GC分析来检查试剂。试剂应该不致产生干扰脂肪酸甲酯气相色谱分析的杂峰。

5.3.2.5 正己烷或正庚烷。

5.3.2.6 氯化钠：饱和的水溶液。

5.3.2.7 无水硫酸钠。

5.3.3 仪器与设备

配备实验室常用仪器，特别需要具备下述的仪器。

5.3.3.1 圆底烧瓶：50 mL，具磨口，且配有磨口玻璃塞。

5.3.3.2 沸石：不含有脂肪。

5.3.3.3 回流冷凝器：有效长度为20 cm～30 cm，配有磨口接头与烧瓶相接。

5.3.3.4 精密刻度的吸量管：带有吸球，容量为10 mL，或者自动移液装置。

5.3.3.5 带螺旋塞的瓶子。

5.3.4 步骤

5.3.4.1 通则

因为三氟化硼有毒，整个甲基化过程最好在通风橱中进行。用后所有的玻璃仪器需要立即用水冲洗。

如果脂肪酸含有的双键多于两个，推荐使用含氧量少于 5 mg/kg 的氮气，鼓泡除氧几分钟。然后，在随后的皂化过程中于冷凝器的上部维持一定流量的氮气。

在制备用于气液色谱的脂肪酸甲酯时，甲酯溶液中的溶剂不必除去。

5.3.4.2 试料

称取 100 mg～250 mg 制备好的试样于圆底烧瓶中(5.3.3.1)，精确到 0.1 mg，加入约为试料质量20%的十七烷酸(5.3.2.2)作为内标(精确到 0.1 mg)。称取一份近于相同质量的试样于另一圆底烧瓶内，做一个平行。

按下述同样的方法处理两个烧瓶中的试样。

如果试料为油类或脂肪，按 5.3.4.3 方法进行。

如果试样中全部由游离脂肪酸或脂肪酸盐组成，用 5.3.4.5 方法处理。

如果没有足够的试料，称取的试料量可以低于 100 mg，此时使用的试剂和溶剂应按比例减少，容器容量也需调整。

5.3.4.3 皂化

加入 4 mL 氢氧化钠的甲醇溶液(5.3.2.3)和沸石(5.3.3.2)到烧瓶中，装好回流冷凝器(5.3.3.3)，在回流的状态下煮沸到脂肪液滴消失，再持续 30 min。

如果有干扰测定的不可皂化物，皂化后的溶液可以用水稀释，用乙醚、正己烷或石油醚萃取，弃去提取液。将剩余的脂肪酸皂化溶液酸化后，按 5.3.4.5 的方法将脂肪酸分离并甲酯化。

5.3.4.4 脂肪或油样品皂化物的甲酯化

用带有刻度的移液管(5.3.3.4)从冷凝器的顶部加入 5 mL 三氟化硼的甲醇溶液(5.3.2.4)，继续沸腾 3 min。以下按 5.3.4.6 进行。

5.3.4.5 只含游离脂肪酸或皂化物样品的甲酯化

用带有刻度的移液管(5.3.3.4)加 5 mL 三氟化硼甲醇溶液(5.3.2.4)到烧瓶中，装上冷凝器(5.3.3.3)，煮沸 3 min。

5.3.4.6 萃取

将烧瓶从加热装置上取下，通过冷凝器的顶部加入 1 mL～3 mL 的正己烷(5.3.2.5)。

注：加入溶剂的体积无严格要求。

令其冷却到室温，取下冷凝器，加入约 15mL 饱和的氯化钠溶液(5.3.2.6)。

塞好烧瓶，剧烈摇动。加入更多的饱和氯化钠溶液(5.3.2.6)使混合物液面至瓶颈处，两相分离。用移液管将上层溶液转移到小瓶(5.3.3.5)中。用 1 mL～3 mL 的正己烷(5.3.2.5)再萃取溶液三次，将上层溶液合并转移到小瓶中。

加入少量的无水硫酸钠(5.3.2.7)除去溶液中的水分。

如果试料的质量介于 100 mg～250 mg 间，溶液中脂肪酸甲酯的浓度大约为 3%(质量分数)。该溶液可直接进行气相色谱分析。

如果气相色谱分析用冷柱头进样，取 0.25 mL 的溶液于 25 mL 容量瓶中，用正己烷定容，制成稀释溶液。

5.4 含有四碳或四碳原子以上的脂肪酸甲酯的制备方法(氢氧化钾-氯化氢法)

5.4.1 原理

脂肪酸甘油酯在绝对甲醇中甲醇化钾的作用下通过酯基转移反应转化为脂肪酸甲酯，游离脂肪酸则被盐酸的甲醇溶液甲酯化。

5.4.2 溶剂

只能使用分析纯的溶剂和试剂。

5.4.2.1 水：GB/T 6682—1992，至少三级。

5.4.2.2 十七烷酸(内标物)：纯度≥99%。

5.4.2.3 正己烷或正庚烷。

5.4.2.4 正戊烷。

5.4.2.5 甲醇化钾的甲醇溶液：$c(CH_3OK)\approx 2$ mol/L。

将7.8 g的金属钾溶于100 mL的绝对甲醇中，现用现配。也可以使用同浓度的甲醇化钠溶液。

5.4.2.6 无水硫酸钠。

5.4.2.7 无水甲醇：在盛有250 mL甲醇的烧瓶中加入5 g硫酸钠(5.4.2.6)，塞好瓶盖，剧烈摇动。用滤纸过滤到锥形瓶(5.4.3.1)中，塞好瓶盖。

5.4.2.8 氯化氢的甲醇溶液：$w(HCl)\approx 20\%$(质量分数)。

称取80 g的甲醇(5.4.2.7)置于锥形瓶(5.4.3.1)中，精确到0.1 g，在冷却条件下，将氯化氢气体导入到不断搅拌的该溶剂中，直到溶液的质量增加20 g为止。令溶液进一步冷却。

如果锥形瓶密闭良好，且在黑暗处储存，此溶液可以保存3个月。

5.4.3 仪器

除实验室常用设备外，还需具备下述仪器。

5.4.3.1 锥形瓶：250 mL，磨口，配有磨口玻璃塞子。

5.4.3.2 反应瓶：约10 mL，配有隔膜和螺帽。

5.4.3.3 量筒：10 mL。

5.4.3.4 电热块：温度能控制在85℃±3℃，装有磁力搅拌装置。

5.4.4 步骤

于两个反应瓶(5.4.3.2)中，分别称取50 mg～70 mg制备好的试样(5.2)，精确到0.1 mg。在其中一个瓶中加入约为其质量20%的十七烷酸(5.4.2.2)作为内标物，精确到0.1 mg。

用下面同样的方法处理这两个平行样。

加入4 mL正己烷(5.4.2.3)，低于10碳的脂肪酸在进行气相色谱分析时，如应用冷柱头进样，需要以正戊烷代替正己烷。

加入约75 mg的无水硫酸钠(5.4.2.6)，振摇溶解试样。

加入0.20 mL的甲醇化钾(5.4.2.5)，密闭反应瓶，剧烈振摇20 s～50 s。由于有甘油生成，溶液会立即变浑浊，并能快速分层，加入2 mL的盐酸溶液(5.4.2.8)和磁转子。盖好反应瓶，将反应瓶置于升温到85℃的加热块(5.4.3.4)上，在持续搅拌下加热20 min，在此期间需振摇混合物数次。

在冷的自来水冲洗下用力振摇，使反应瓶冷却至室温。

轻轻倒出含有脂肪酸甲酯的上层清液，无需将脂肪酸甲酯中的溶剂移除，如果试料的质量介于50 mg～70 mg之间，溶液中脂肪酸甲酯的浓度大约为2%(质量分数)。溶液可直接进行气相色谱分析。

如果气相色谱分析用冷柱头进样，需用移液管移取0.25 mL的溶液于25 mL容量瓶中，并以正己烷(5.4.2.3)定容，制成稀释溶液。

5.5 储存

制备好的甲酯溶液应当立即进行气相色谱分析。必要时，脂肪酸甲酯溶液在惰性气体和4℃～8℃条件下可以储存数周。

需较长时间储存时，为了防止甲酯的氧化，建议在溶液中加入不影响气相色谱分析的抗氧化剂，例如在每升溶液中加入0.05 g的BHT(丁基羟基甲苯)。

6 气相色谱法

6.1 试剂

只能使用分析纯试剂。

6.1.1 水:GB/T 6682—1992,至少三级。

6.1.2 正己烷或正庚烷。

6.1.3 正戊烷。

6.1.4 参比样品:已知确切脂肪酸组成的油类或脂肪类样品,或是参比脂肪酸甲酯的混合物或者参比脂肪酸的混合物。

注:如果甲酯化用三氟化硼法,碳链长度低于10碳原子参比脂肪酸甲酯的混合物不能用作校准曲线和计算校正因子的物质,因为此类脂肪酸甲酯在水中有一定的溶解度。

6.2 仪器

常用的实验室设备,特别要具备下列设备。

6.2.1 气相色谱仪:包括毛细管柱和与毛细管柱匹配的进样系统。可以是分流、不分流或冷柱头进样器。然而,热的不分流进样器不适合于乳类脂肪酸的分析,因为溶剂峰会与丁酸峰相互重叠产生干扰。

6.2.2 毛细管柱:柱材用惰性材料(熔融硅胶或玻璃),最好是化学键合到柱壁上。柱的尺寸和膜厚度是决定分离效率和柱容量的重要因素。该柱对于C16:0和C16:1,以及C18:0和C18:1的分辨率应至少达到1.25。

注:在多数情况下,宜应用中等极性固定相。在特殊情况下,例如顺反异构和(或)位置异构,或不能确定匹配峰的物质,使用强极性相。欲获得满意的柱效和柱容量,也要选择柱的尺寸和膜厚度。中等极性固定相通常是聚乙烯基乙二醇的酯类物质,极性固定相则用氰基丙基聚硅烷类物质。

6.2.3 进样系统:与进样口匹配的最大容量10 μL手动进样器,分刻度为0.1 μL,或者使用自动进样系统。

注:推荐使用自动进样器,这样可以提高分析的重复性和再现性。

6.2.4 信号记录仪:配有记录仪并能将检测信号转化为色谱图的电子系统(积分仪或数据工作站)。

6.3 步骤

6.3.1 仪器操作条件的优化和选择

根据厂家提供的操作说明书优化仪器条件。

根据色谱柱制造商推荐优化载气流量。

检测器的温度高于柱子程序升温的最高温度约20℃~50℃,至少为150℃。

进样口的温度根据进样器的类型确定,遵循仪器手册说明书的规定。

使用分流进样器时,设定分流比介于1:30~1:100之间。

6.3.2 分析

6.3.2.1 用正己烷(6.1.2)溶解加有内标试料中的脂肪酸甲酯。如果使用分流进样器,内标的含量为1%(质量分数),如果使用不分流进样器或冷柱头柱上进样器,使其含量达0.05%(质量分数)。

用正己烷配制相应浓度的参比样品(6.1.4)脂肪酸甲酯的溶液。

注入0.1 μL~1 μL的试样,加有内标,如果必要注入参比样。

当用冷柱头进样时,需用正戊烷做溶剂,这样可以使链长低于10个碳原子的脂肪酸甲酯能很好地分离。注意以相同的溶剂溶解试样和参比样中的脂肪酸甲酯。

6.3.2.2 根据脂肪酸的组成选择温度程序,参考6.3.1中提到的标准,要求能够在尽可能短的时间内达到很好的分辨率。

如果样品中含有链长低于12碳的脂肪酸,柱温程序从60℃开始。

如果需要,程序升温达到最高温度后,可保持恒温直到所有的成分被洗脱。

当用冷柱头进样口时,开始箱温应不超过当时压力下溶剂沸点10℃(正己烷50℃)。

进样后立即开始升温程序,按制造商的操作说明书进行分析。

6.4 峰的辨认

根据参比样中的已知脂肪酸甲酯的保留时间来判断试样中的脂肪酸甲酯。如果与参比样中的脂肪酸甲酯具有相同的保留时间则认为是相同的脂肪酸。

7 数据计算

7.1 试样中十七烷基酸的修正

用式(1)在试料中加入内标物质来校正试验部分中的十七烷基酸的峰面积：

$$A_{rsr} = A_{sr17:0} - \left[\frac{A_{s17:0}(A_{sr16:0} + A_{sr18:0} + A_{sr18:1})}{(A_{s16:0} + A_{s18:0} + A_{s18:1})}\right] \qquad \cdots\cdots(1)$$

式中：

A_{rsr}——加入内标的试料中内标物峰面积的修正值；

$A_{sr17:0}$——加有内标的试料中十七烷酸峰面积；

$A_{s17:0}$——未加内标的分析样品中十七烷酸峰面积；

$A_{sr16:0}$——加有内标的试料中十六烷酸峰面积；

$A_{sr18:0}$——加有内标的试料中十八烷酸峰面积；

$A_{sr18:1}$——加有内标的试料中油酸的峰面积；

$A_{s16:0}$——未加内标的分析样品中十六烷酸的峰面积；

$A_{s18:0}$——未加内标的分析样品中十八烷酸峰面积；

$A_{s18:1}$——未加内标的分析样品中油酸的峰面积。

如果试样中十七烷酸的相对量不超过总脂肪酸的 0.5%，可以不予修正。

7.2 相对校正因子的测定

碳链长度少于 10 个碳原子的脂肪酸的校正因子的测定。

如果不使用冷柱头进样口，有必要说明脂肪酸甲酯的挥发选择性。在此情况下，要测定整个范围的脂肪酸甲酯的相对校正因子。

校正因子的作用是将峰面积转化为质量分数。测定校正因子需用与试样分析的相同条件参比样分析的色谱图。

通过式(2)计算脂肪酸的校正因子：

$$k_i = \frac{m_i}{A_i} \qquad \cdots\cdots(2)$$

式中：

k_i——脂肪酸 i 的校正因子；

m_i——参比样中脂肪酸 i 的质量；

A_i——参比样中脂肪酸 i 对应的峰面积。

如果因没有参比脂肪酸而不能测定校正因子，可以使用此前有参比脂肪酸时最近一次的接近脂肪酸的校正因子。

校正因子可以用内标物 C17：0 的校正因子的相对值来表达，此相对校正因子 k'_i 的计算见式(3)：

$$k'_i = \frac{k_i}{k_r} \qquad \cdots\cdots(3)$$

式中：

k'_i——脂肪酸 i 的相对校正因子；

k_i——脂肪酸 i 的校正因子；

k_r——内标脂肪酸的校正因子。

7.3 相对校正因子的范围

相对校正因子可能与相对响应系数的倒数值略有不同。响应可以认为是火焰离子检测器对于某种脂肪酸响应信号的大小。

直链饱和脂肪酸甲酯的相对响应因子的理论值可以通过式(4)计算：

$$R_i = \frac{M_r(n_i - 1)}{M_i(n_r - 1)} \qquad \cdots\cdots(4)$$

式中：

R_i——脂肪酸 i 的理论相对响应系数；

M_r——内标脂肪酸(C17：0)的摩尔质量，单位为克每摩尔(g/mol)；

n_i——脂肪酸 i 的碳原子数目；

M_i——脂肪酸 i 的摩尔质量，单位为克每摩尔(g/mol)；

n_r——内标脂肪酸的碳原子数目。

相对校正因子 k'_i 与 R_i^{-1} 的差异应不超过5%，如果有较大的偏差，应检查是不是产生了系统偏差。若分析时正确使用了一个或更多的参比物，较大的偏差也是允许的。

注：最常见的系统误差来自进样器的进样针上组分的选择性挥发，或者在分流进样器中选择性分流。在这些情况下，短链的脂肪酸可以忽略。短链脂肪酸校正因子会比理论值要低一些。系统偏差的另一个原因是在烷烃有机相中短链脂肪酸甲酯的不完全萃取。

7.4 脂肪酸含量的计算

单一脂肪酸的含量可以通过式(5)计算：

$$w_i = \frac{A_{isr} \times m_r}{A_{rsr} \times m_s} \times k'_i \times 1\,000 \qquad \cdots\cdots(5)$$

式中：

w_i——脂肪样品中脂肪酸 i 的质量分数，单位为克每千克(g/kg)；

A_{isr}——加内标的脂肪样品脂肪酸 i 的峰面积；

m_r——脂肪样品中加入内标物质量，单位为克(g)；

A_{rsr}——加内标的试样中内标物的峰面积；

m_s——脂肪样品中试料的质量，单位为克(g)；

k'_i——脂肪酸 i 的相对校正因子。

结果精确到1.0 g/kg。

7.5 可流出物的计算

流出物的计算是通过单一脂肪酸测定值的加和获得。

7.6 含脂肪材料中脂肪酸的计算

单一脂肪酸含量的计算可以将脂肪材料中脂肪的含量乘以脂肪中该脂肪酸的含量。

8 精密度

8.1 概述

在1999年，根据ISO 5725规定，通过进行多实验室试验确立了方法精确度。测试结果的详细内容于附录A中给出。这次在试验中的实验所得数据可能不适应于其他浓度范围和基质的样品。

8.2 重复性

由同一人在相同的实验室用相同的仪器和方法在间隔较短的时间内，对同种材料进行测试所得到的两个独立测试结果的绝对相差超过表1数据的重复性限(r)的几率应不超过5%。

表 1 重复性限(*r*)和再现性限(*R*)

含脂肪酸的样品		r/(g/kg)	R/(g/kg)
B类样品需要水解	C16：0(棕榈酸：十六烷酸)	9	30
	C18：1(油酸：*cis*-9-十八烷酸)(含量<200 g/kg)	3	10
	C18：1(油酸：*cis*-9-十八烷酸)(含量>200 g/kg)	22	38
A类样品不需要水解	C16：0(棕榈酸：十六烷酸)	8	15
	C18：1(油酸：*cis*-9-十八烷酸)(含量<200 g/kg)	4	15
	C18：1(油酸：*cis*-9-十八烷酸)(含量>200 g/kg)	9	40

8.3 再现性

由不同实验室的不同操作者用不同的仪器，但用相同的方法对同种材料进行测试所得到的数据的绝对相差超过表1数据的再现性限(R)的几率应不超过5%。

9 检验报告

检验报告应详细说明：

——对于完全识别样品的所有必要信息；

——如果可能，说明使用的取样方法；

——甲酯化方法(三氟化硼法或氢氧化钾-氯化氢法)，参考本标准；

——所有在本国家标准中未详细说明的或认为可供选择的操作细节，以及可能影响测试结果的任何事件细节。

附 录 A
（资料性附录）
实验室试验的测试结果

方法的精密度是由 NEN（荷兰国家标准）根据 ISO 5725 组织的 2001 年实验室试验确立的。有 11 个实验室参加测试，然而有 4 个实验室没有按照方法进行实验，因此不能按要求传递数据。测试样品有粗制鱼油、用过的压榨油、椰油、椰子压榨物中脂肪提取物和肉骨粉脂肪提取物。

表 A.1、表 A.2、表 A.3 给出了测试的统计结果。

注：文件 ISO/TC 34/SC 10 N 880 中给出了更为详细的信息。

表 A.1 脂肪酸总量的精密性数值[a]

参 数	样 品[b]				
	1	2	3	4	5
实验室数目(剔除坏值后的)	6	6	6	6	6
平均脂肪酸含量/(g/kg)	787	851	868	830	786
重复性标准偏差(s_r)/(g/kg)	6.0	10.1	15.8	13.2	58.1
重复性变异系数/%	0.8	1.2	1.8	1.6	2.6
重复性限(r)($r=2.8\ s_r$)/(g/kg)	16.7	28.3	44.2	36.9	58.1
再现性标准偏差(s_R)/(g/kg)	52.7	42.0	34.4	26.2	34.4
再现性变异系数/%	6.7	4.9	4.0	3.2	4.4
再现性限(R)($R=2.8\ s_R$)/(g/kg)	147.0	118.0	96.2	73.3	96.2

a 色谱图上确认为脂肪酸的所有色谱峰的总和。

b 样品 1：粗制鱼油；
样品 2：用过的压榨油；
样品 3：椰油；
样品 4：椰子压榨物的脂肪提取物；
样品 5：肉或肉骨粉脂肪提取物。

表 A.2 棕榈酸（十六烷酸）的精密性数值[a]

参 数	样 品[b]				
	1	2	3	4	5
实验室数目(剔除坏值后的)	7	7	7	7	7
平均脂肪酸含量/(g/kg)	149	180	82	64	201
重复性标准偏差(s_r)/(g/kg)	1.6	2.8	1.3	3.1	3.2
重复性变异系数/%	1.1	1.6	1.6	3.7	1.6
重复性限(r)($r=2.8\ s_r$)/(g/kg)	4.5	7.9	3.5	8.6	9.0
再现性标准偏差(s_R)/(g/kg)	3.1	5.9	2.9	7.0	10.7

表 A.2（续）

参数	样品[b]				
	1	2	3	4	5
再现性变异系数/%	2.1	3.3	3.6	8.4	5.3
再现性限(R)($R=2.8\ s_R$)/(g/kg)	8.6	16.6	8.2	19.7	29.9

[a] 色谱图上确认为脂肪酸的所有色谱峰的总和。

[b] 样品 1：鱼油；
样品 2：用过的压榨油；
样品 3：椰油；
样品 4：椰子压榨物的脂肪提取物；
样品 5：肉或肉骨粉脂肪提取物。

表 A.3 油酸（*cis*-9-十八烷烯酸）的精密性数值[a]

参数	样品[b]				
	1	2	3	4	5
实验室数目（剔除坏值后的）	6	5	6	5	6
平均脂肪酸含量/(g/kg)	146	329	59	56	282
重复性标准偏差(s_r)/(g/kg)	1.1	3.1	1.2	1.1	7.9
重复性变异系数/%	0.8	0.9	2.0	1.9	2.8
重复性限(r)($r=2.8\ s_r$)/(g/kg)	3.2	8.7	3.3	3.0	22.2
再现性标准偏差(s_R)/(g/kg)	6.2	14.1	3.2	2.2	13.7
再现性变异系数/%	4.3	4.3	5.5	4.0	4.9
再现性限(R)($R=2.8\ s_R$)/(g/kg)	17.4	39.4	9.1	6.3	38.4

[a] 色谱图上确认为脂肪酸的所有色谱峰的总和。

[b] 样品 1：鱼油；
样品 2：用过的压榨油；
样品 3：椰油；
样品 4：椰子压榨物的脂肪提取物；
样品 5：肉或肉骨粉脂肪提取物。

参 考 文 献

[1] ISO 5725:1986, Precision of test methods—Determination of repeatability and reproducibility for a standard test method by inter-laboratory tests

[2] ISO 5725-1:1994, Accuracy (trueness and precision) of measurement methods and results—Part 1: General principles and definitions

[3] ISO 5725-2:1994, Accuracy (trueness and precision) of measurement methods and results—Part 2: Basic method for the determination of repeatability and reproducibility of a standard measurement method

[4] ISO 6492, Animal feeding stuffs—Determination of fat content

[5] ISO 6497, Animal feeding stuffs—Sampling

[6] ISO 6498, Animal feeding stuffs—Preparation of test samples

ICS 65.120
B 46

中华人民共和国国家标准

GB/T 21515—2008

饲料添加剂 天然甜菜碱

Feed additive—Natural betaine

2008-03-03 发布 2008-05-01 实施

中华人民共和国国家质量监督检验检疫总局
中国国家标准化管理委员会 发布

前　　言

本标准由全国饲料工业标准化技术委员会提出并归口。

本标准起草单位：农业部饲料质量监督检验测试中心（济南）。

本标准主要起草人：李俊玲、张兴会、刘华阳、宫玲玲、战余铭、李会荣。

本标准首次发布。

饲料添加剂　天然甜菜碱

1　范围

本标准规定了由甜菜糖蜜经色谱方法分离并加工而成的饲料添加剂天然甜菜碱的要求、试验方法、检验规则及标志、标签、包装、运输、贮存等。

本标准适用于饲料添加剂天然甜菜碱。

分子式：$C_5H_{11}NO_2$

结构式：$(CH_3)_3N^+-CH_2-COO^-$

相对分子质量：117.15（2001年国际相对原子质量）

2　规范性引用文件

下列文件中的条款通过本标准的引用而成为本标准的条款。凡是注日期的引用文件，其随后所有的修改单（不包括勘误的内容）或修订版均不适用于本标准，然而，鼓励根据本标准达成协议的各方研究是否可使用这些文件的最新版本。凡是不注日期的引用文件，其最新版本适用于本标准。

GB/T 601　化学试剂　标准滴定溶液的制备

GB/T 602　化学试剂　杂质测定用标准溶液的制备（GB/T 602—2002，ISO 6353-1：1982，NEQ）

GB/T 603　化学试剂　试验方法中所用制剂及制品的制备（GB/T 603—2002，ISO 6353-1：1982，NEQ）

GB/T 6682　分析实验室用水规格和试验方法（GB/T 6682—1992，neq ISO 3696：1987）

GB 10648　饲料标签

GB/T 13079　饲料中总砷的测定

GB/T 13080　饲料中铅的测定　原子吸收光谱法

GB/T 14699.1　饲料　采样（GB/T 14699.1—2005，ISO 6497：2002，IDT）

3　要求

3.1　感官性状

本品为白色或淡褐色结晶性粉末，可自由流动，味微甜。

3.2　技术指标

技术指标应符合表1的要求。

表1　技术指标

项　　目		指　　标
甜菜碱（以干基计）的质量分数/%	≥	96.0
干燥失重的质量分数/%	≤	1.5
抗结块剂（硬脂酸钙）的质量分数/%	≤	1.5
炽灼残渣的质量分数/%	≤	0.5
重金属（以 Pb 计）的质量分数/%	≤	0.001
砷（以 As 计）的质量分数/%	≤	0.000 2
硫酸盐（以 SO_4^{2-} 计）的质量分数/%	≤	0.1
氯（以 Cl^- 计）的质量分数/%	≤	0.01

4 试验方法

除非另有说明，在分析中仅使用确认为分析纯的试剂和 GB/T 6682 中规定的三级水，色谱用水符合 GB/T 6682 一级水的规定。

分析中所用标准滴定溶液、杂质测定用标准溶液、制剂及制品，在没有注明其他要求时，均按 GB/T 601、GB/T 602、GB/T 603 的规定制备。

4.1 感官性状的测定

采用目测及品尝检验。

4.2 鉴别试验

4.2.1 试剂

4.2.1.1 乙酸。

4.2.1.2 碘化钾。

4.2.1.3 盐酸。

4.2.1.4 盐酸溶液(1+4)。

4.2.1.5 碘化铋钾溶液：取 0.85 g 碱式硝酸铋溶于 10 mL 乙酸和 40 mL 的水中。取 40 g 碘化钾，用水溶解并定容至 100 mL。将上述两种溶液等体积混合(棕色玻璃容器贮存)。

4.2.1.6 改良碘化铋钾溶液：取碘化铋钾溶液(4.2.1.5)1 mL，加盐酸溶液(4.2.1.4)2 mL，加水至 10 mL(现用现配)。

4.2.1.7 硝酸银溶液(17 g/L)：取 17 g 硝酸银，用水溶解并定容至 1 000 mL。

4.2.1.8 硝酸溶液(1+9)。

4.2.2 鉴别方法

4.2.2.1 称取试样 0.5 g，加 1 mL 水溶解，加入 2 mL 改良碘化铋钾溶液(4.2.1.6)。振摇，产生橙红色沉淀。

4.2.2.2 本品的水溶液不显示氯化物的鉴别反应：称取适量试样，加水溶解，过滤。取适量滤液，加硝酸溶液(4.2.1.8)使成酸性后，加硝酸银溶液(4.2.1.7)，不能生成白色凝乳沉淀。

4.2.2.3 取 4.3.1.4.1 项试样溶液，按 4.3.1.4.3.3 上机测定，保留时间与标准溶液一致。

4.3 甜菜碱含量的测定

4.3.1 离子色谱法(仲裁法)

4.3.1.1 方法原理

用水溶解试样，将溶液稀释至合适的浓度，用阳离子交换柱和非抑制型电导检测器分离测定。将样品的色谱峰与甜菜碱标准样品的色谱峰相比较，根据保留时间定性，峰面积定量。

4.3.1.2 试剂

4.3.1.2.1 一水甜菜碱标准样品：甜菜碱的质量分数≥99%。

4.3.1.2.2 甲烷磺酸。

4.3.1.2.3 乙腈：色谱纯。

4.3.1.2.4 甲烷磺酸储备液：取 2.0 mL 甲烷磺酸(4.3.1.2.2)于 100 mL 容量瓶中，用超纯水定容。浓度为 300 mmol/L。

4.3.1.2.5 甲烷磺酸工作液：取 10.0 mL 甲烷磺酸储备液(4.3.1.2.4)于 1 000 mL 容量中，用超纯水定容。浓度为 3.0 mmol/L。

4.3.1.2.6 流动相：甲烷磺酸工作液(4.3.1.2.5)+乙腈(4.3.1.2.3)=90+10，混匀，超声脱气 5 min～10 min。现用现配。

4.3.1.2.7 甜菜碱标准贮备溶液：称取 140℃±2℃烘干 18 h 的一水甜菜碱标准样品 0.10 g，精确至 0.000 2 g，于 100 mL 容量瓶中，用超纯水定容，摇匀。该溶液的浓度为 1 000 μg/mL。

4.3.1.3 仪器

4.3.1.3.1 离子色谱仪:具阳离子交换分离柱或性能相当的其他分析柱和电导检测器。

4.3.1.3.2 淋洗液贮存罐。

4.3.1.3.3 分析天平:感量 0.1 mg。

4.3.1.3.4 电热干燥箱:温度可控制为 105℃±2℃和 140℃±2℃。

4.3.1.4 分析步骤

4.3.1.4.1 提取

称取预先在 105℃烘箱干燥至恒重的试样约 0.1 g,精确至 0.000 2 g,置于 100 mL 容量瓶中,加入约 70 mL 的超纯水,待试样溶解后定容。10 倍稀释后过 0.45 μm 膜,待测。

4.3.1.4.2 系列标准溶液的制备

准确吸取标准贮备溶液(4.3.1.2.7)1.00 mL、2.00 mL、5.00 mL、10.00 mL、20.00 mL 置 100 mL 容量瓶中,用超纯水定容后摇匀,此标准系列的浓度为 10.0 μg/mL、20.0 μg/mL、50.0 μg/mL、100.0 μg/mL、200.0 μg/mL。现用现配。

4.3.1.4.3 测定

4.3.1.4.3.1 离子色谱参考条件

流速:1.0 mL/min;

柱温:40℃;

检测器:电导检测器;

进样量:25 μL;

流动相:甲烷磺酸工作液(4.3.1.2.5)。

4.3.1.4.3.2 标准曲线的绘制

将上述系列标准溶液(4.3.1.4.2)从低浓度到高浓度分别注入离子色谱仪,以甜菜碱的浓度为横坐标,峰面积为纵坐标,绘制工作曲线,并计算回归方程。

4.3.1.4.3.3 试样测定

取试样溶液(4.3.1.4.1)注入离子色谱仪,以峰面积定量。

4.3.1.5 结果计算

甜菜碱的质量分数 w_1,数值以%表示,按式(1)计算:

$$w_1 = \frac{c_1 V_1 \times 10}{m_1} \times 100 \quad \cdots\cdots(1)$$

式中:

c_1——试样色谱峰面积对应的甜菜碱的浓度,单位为微克每毫升(μg/mL);

V_1——定容体积,单位为毫升(mL);

m_1——试料的质量,单位为克(g)。

计算结果保留三位有效数字。

4.3.1.6 允许差

以算术平均值为测定结果,两次平行测定结果的绝对差值不大于这两个测定值的算术平均值的 3%。

4.3.2 高氯酸滴定法

4.3.2.1 方法原理

干燥至恒重的试样用冰乙酸溶解,以高氯酸为标准滴定溶液,结晶紫为指示剂进行滴定,由紫色变为蓝绿色为滴定终点。

4.3.2.2 试剂

4.3.2.2.1 冰乙酸。

4.3.2.2.2　乙酸酐。

4.3.2.2.3　结晶紫指示液：5 g/L。

4.3.2.2.4　高氯酸标准滴定溶液：$c(HClO_4)=0.1$ mol/L。

4.3.2.3　**仪器设备**

4.3.2.3.1　酸式滴定管：25 mL。

4.3.2.3.2　分析天平：感量 0.1 mg。

4.3.2.4　**测定步骤**

称取预先在 105℃烘箱干燥至恒重的试样约 0.2 g，精确至 0.000 2 g，加 20 mL 冰乙酸(4.3.2.2.1)溶解，加 10 mL 乙酸酐(4.3.2.2.2)和 2 滴结晶紫指示液(4.3.2.2.3)，用高氯酸标准滴定溶液(4.3.2.2.4)滴定至溶液呈蓝绿色，同时做空白试验。

4.3.2.5　**结果计算**

甜菜碱的质量分数 w_2，数值以%表示，按式(2)计算：

$$w_2=\frac{c_2(V_2-V_0)M}{m_2\times 1\ 000}\times 100 \qquad \cdots\cdots(2)$$

式中：

c_2——高氯酸标准滴定溶液的浓度，单位为摩尔每升(mol/L)；

V_2——滴定试样时消耗高氯酸标准滴定溶液的体积，单位为毫升(mL)；

V_0——空白试验消耗高氯酸标准滴定溶液的体积，单位为毫升(mL)；

M——甜菜碱的摩尔质量，单位为克每摩尔(g/mol)(M=117.15)；

m_2——试料的质量，单位为克(g)。

计算结果保留三位有效数字。

4.3.2.6　**允许差**

以算术平均值为测定结果，两次平行测定结果绝对差值不大于 0.2%。

4.4　**干燥失重含量的测定**

4.4.1　**仪器设备**

4.4.1.1　电热干燥箱：温度可控制为 105℃±2℃。

4.4.1.2　干燥器：用氯化钙或变色硅胶作干燥剂。

4.4.2　**测定步骤**

称取试样约 1 g，精确至 0.000 2 g，于已恒重的称样皿中，放入 105℃±2℃电热干燥箱中，打开称样皿盖，干燥 3 h。取出后盖好，放入干燥器中，冷却至室温，称重。再重复干燥 1 h，称量至恒重。

4.4.3　**结果计算**

干燥失重的质量分数 w_3，数值以%表示，按式(3)计算：

$$w_3=\frac{m_3-m_4}{m_3}\times 100 \qquad \cdots\cdots(3)$$

式中：

m_3——干燥前试料的质量，单位为克(g)；

m_4——干燥后试料的质量，单位为克(g)。

4.4.4　**允许差**

取平行测定结果的算术平均值为测定结果，两次平行测定结果的绝对差值不大于 0.2%。

4.5　**炽灼残渣含量的测定**

4.5.1　**仪器设备**

4.5.1.1　高温炉：可控温度 550℃±20℃。

4.5.1.2　干燥器：用氯化钙或变色硅胶作干燥剂。

4.5.1.3 坩埚：瓷质，容积 50 mL。

4.5.2 测定步骤

在炽灼至恒重的坩埚中，称取试样约 1 g，精确至 0.000 2 g，在电炉上小心炭化至无黑烟，再移入高温炉于 550℃±20℃灼烧 3 h～4 h，取出后冷却 1 min 再放入干燥器内，冷却至室温，称量残渣及坩埚的重量。再重复炽灼 1 h，并称量至恒重。

4.5.3 结果计算

炽灼残渣的质量分数 w_4，数值以%表示，按式(4)计算：

$$w_4 = \frac{m_7 - m_6}{m_5} \times 100 \qquad \cdots\cdots(4)$$

式中：

m_7——炽灼后坩埚和炽灼残渣的质量，单位为克(g)；

m_6——空坩埚炽灼后的质量，单位为克(g)；

m_5——试料的质量，单位为克(g)。

4.5.4 允许差

取平行测定结果的算术平均值为测定结果，两次平行测定结果的绝对差值不大于 0.1%。

4.6 重金属(以 Pb 计)含量的测定

按 GB/T 13080 规定执行。

4.7 砷含量的测定

按 GB/T 13079 规定执行。

4.8 抗结块剂(硬脂酸钙)含量的测定

4.8.1 仪器设备

4.8.1.1 烘箱：可控温度 105℃±2℃。

4.8.1.2 干燥器：用氯化钙或变色硅胶作干燥剂。

4.8.1.3 玻璃砂坩埚：孔径≤8 μm。

4.8.2 测定步骤

称取试样约 10 g，精确至 0.000 2 g，溶于 100 mL 水中，搅拌使试样充分溶解。用预先在 105℃±2℃烘至恒重的玻璃砂坩埚抽滤，再用水充分洗涤干净，将玻璃砂坩埚放入烘箱于 105℃±2℃烘干 1 h，取出后放入干燥器内，冷却至室温，称量残渣及坩埚的质量。

4.8.3 结果计算

抗结块剂(硬脂酸钙)的质量分数 w_5，数值以%表示，按式(5)计算：

$$w_5 = \frac{m_{10} - m_9}{m_8} \times 100 \qquad \cdots\cdots(5)$$

式中：

m_{10}——玻璃砂坩埚和抗结块剂(硬脂酸钙)干燥后的质量，单位为克(g)；

m_9——空玻璃砂坩埚干燥后的质量，单位为克(g)；

m_8——试料的质量，单位为克(g)。

4.8.4 允许差

取平行测定结果的算术平均值为测定结果，两次平行测定结果的绝对差值不大于 0.1%。

4.9 硫酸盐(以 SO_4^{2-} 计)的测定

4.9.1 方法原理

根据钡离子与硫酸根离子生成硫酸钡沉淀的原理，通过比较试样溶液与标准溶液的混浊程度，来判断硫酸盐的含量。

4.9.2 仪器设备

电子天平：感量 0.01 g。

4.9.3 试剂

4.9.3.1 氯化钡溶液(120 g/L)。

4.9.3.2 硫酸根标准溶液:SO_4^{2-} 浓度为 1 000 mg/L,可直接购买。

4.9.3.3 盐酸溶液(10%)。

4.9.4 操作步骤

称取试样约 10 g ,精确至 0.01 g,于 200 mL 容量瓶中,用水溶解并定容,摇匀。过 0.45 μm 滤膜。准确移取 20 mL 滤液于 50 mL 烧杯中。

另移取 20 mL 的水于另一 50 mL 烧杯中,加入 100 μL 硫酸根标准溶液(4.9.3.2)。可根据试样含硫酸盐(以 SO_4^{2-} 计)量的高低,加入不同体积的硫酸根标准溶液。

在上述两个 50 mL 烧杯中分别加入 1 mL 盐酸溶液(4.9.3.3)和 3 mL 氯化钡溶液(4.9.3.1),混匀后,静置 10 min,比较试样溶液和标准溶液的混浊度。

试样溶液所呈浊度不得大于标准溶液。

4.10 氯(以 Cl^- 计)的测定

4.10.1 仪器设备

分析天平:感量 0.1 mg。

4.10.2 试剂

4.10.2.1 氯化物(1 mL 溶液含有 0.1 mg Cl^-):称取 0.165 g 于 500℃～600℃灼烧至恒重的氯化钠,溶于超纯水,并定容至 1 000 mL。

4.10.2.2 氯化物(1 mL 溶液含有 10 μg Cl^-):准确移取氯化物标准溶液(4.10.2.1)10 mL 于 100 mL 容量瓶中,用超纯水稀释并定容。

4.10.2.3 硝酸银溶液(17 g/L):称取 1.7 g 硝酸银,用超纯水溶解并定容至 100 mL。

4.10.2.4 硝酸溶液(25%):量取 308 mL 硝酸,用超纯水稀释至 1 000 mL。

4.10.3 测定步骤

称取试样 5 g(精确至 0.01 g)于烧杯中,用超纯水溶解并定容至 100 mL。过滤,取滤液 10 mL 于 25 mL 钠氏比色管中。

准确移取 5 mL 氯化物标准溶液(4.10.2.2)于另一支 25 mL 钠氏比色管中。

在上述两支钠氏比色管中,分别加入 1 mL 硝酸(4.10.2.4)和 1 mL 硝酸银溶液(4.10.2.3),加超纯水定容至 25 mL。摇匀,静置 10 min。

试样溶液所呈浊度不得大于标准溶液。

5 检验规则

5.1 组批规则

以每釜一次投料生产的产品量为一批次。

5.2 抽样方法

按 GB/T 14699.1 的规定执行。

5.3 出厂检验

每批产品应进行出厂检验。检验项目为感官性状、干燥失重、甜菜碱含量、硬脂酸钙。检验合格的,签发检验合格证后,方可入库或出厂。

5.4 型式检验

正常情况下,每年至少进行一次型式检验,检验项目为本标准第 3 章规定的所有项目。有下列情况之一时,也应进行型式检验:

a) 更新关键生产工艺;

b) 主要原料有变化;

c) 停产3个月,恢复生产时;

d) 出厂检验与上次型式检验有较大差异时;

e) 合同规定。

5.5 判定规则

检验结果全部符合本标准规定要求的判为合格品。有一项指标不符合标准要求时,应重新取样进行复验,复验结果中有一项不符合标准要求即判定为整批不合格。

6 标志、标签、包装、运输、贮存

6.1 标志、标签

产品标志、标签按GB 10648的规定执行。

6.2 包装

包装材料应采用内衬塑料薄膜的包装袋,缝口牢固无产品漏出。

6.3 运输

应保证运输工具的洁净,防止有毒有害物质的污染;防日晒雨淋、防霉防潮;轻装轻卸。

6.4 贮存

贮存仓库应清洁、干燥、阴凉通风,堆放时应离开墙壁20 cm以上,底面应有垫板与地面隔开。防止受潮、霉变、虫害、鼠害及有毒有害物质的污染。

在上述运输、贮存条件下,自生产之日起常温下保质期为12个月。启封后应尽快使用。

ICS 65.120
B 46

中华人民共和国国家标准

GB/T 21516—2008

饲料添加剂　10%β-阿朴-8′-胡萝卜素酸乙酯(粉剂)

Feed additive—10%β-Apo-8′-carotenoic ethyl ester(powder)

2008-03-03 发布　　2008-05-01 实施

中华人民共和国国家质量监督检验检疫总局
中国国家标准化管理委员会　发布

前　言

本标准由全国饲料工业标准化技术委员会提出并归口。

本标准起草单位:农业部饲料质量监督检验测试中心(济南)。

本标准主要起草人:李俊玲、虞哲高、姚冰、宫玲玲、李桂华、李会荣。

本标准首次发布。

饲料添加剂　10%β-阿朴-8′-胡萝卜素酸乙酯(粉剂)

1　范围

本标准规定了饲料添加剂10%β-阿朴-8′-胡萝卜素酸乙酯(粉剂)产品的要求、试验方法、检验规则及标签、包装、运输、贮存。

本标准适用于饲料添加剂10%β-阿朴-8′-胡萝卜素酸乙酯(粉剂)产品。

化学分子式:$C_{32}H_{44}O_2$

相对分子质量:460.70(以$C_{32}H_{44}O_2$计,按2001年国际相对原子质量表计算)

结构式:

2　规范性引用文件

下列文件中的条款通过本标准的引用而成为本标准的条款。凡是注日期的引用文件,其随后所有的修改单(不包括勘误的内容)或修订版均不适用于本标准,然而,鼓励根据本标准达成协议的各方研究是否可使用这些文件的最新版本。凡是不注日期的引用文件,其最新版本适用于本标准。

GB/T 602　化学试剂　杂质测定用标准溶液的制备(GB/T 602—2002,ISO 6353-1:1982,NEQ)

GB/T 603　化学试剂　试验方法中所用制剂及制品的制备(GB/T 603—2002,ISO 6353-1:1982,NEQ)

GB/T 6435　饲料中水分和其他挥发性物质含量的测定(GB/T 6435—2006,ISO 6496:1999,IDT)

GB/T 6682　分析实验室用水规格和试验方法(GB/T 6682—1992,neq ISO 3696:1987)

GB 10648　饲料标签

GB/T 13079　饲料中总砷的测定

GB/T 13080　饲料中铅的测定　原子吸收光谱法

GB/T 14699.1　饲料　采样(GB/T 14699.1—2005,ISO 6497:2002,IDT)

3　要求

3.1　感官性状

棕红色流动性颗粒。

3.2　技术指标

技术指标按表1规定执行。

表 1 技术指标

项目			指标
β-阿朴-8′-胡萝卜素酸乙酯(以 $C_{32}H_{44}O_2$ 计)的质量分数/%		≥	10
干燥失重的质量分数/%		≤	8
粒度	通过孔径为 0.84 mm 的筛网/%		100
	通过孔径为 0.15 mm 的筛网/%	≤	20
砷(以 As 计)的质量分数/%		≤	0.000 3
重金属(以 Pb 计)的质量分数/%		≤	0.001

4 试验方法

除非另有说明,在分析中仅使用确认为分析纯的试剂和 GB/T 6682 中规定的三级水。

分析中所用杂质测定用标准溶液、制剂及制品,在没有注明其他要求时,均按 GB/T 602 和 GB/T 603的规定制备。

4.1 试剂

4.1.1 无水乙醇。

4.1.2 三氯甲烷。

4.1.3 环己烷。

4.2 仪器和设备

4.2.1 超声波振荡提取器。

4.2.2 离心机:4 000 r/min。

4.2.3 旋转蒸发仪。

4.2.4 可见-紫外分光光度计。

4.3 感官性状检验

采用目测检验。

4.4 鉴别

4.4.1 试液的制备

称取试样约 100 mg,精确至 0.000 2 g,置于 250 mL 棕色容量瓶中,加入 10 mL60℃蒸馏水,在超声波振荡提取器中提取 20 min,使溶液完全变成悬浊液。冷却至室温,加 100 mL 无水乙醇(4.1.1),混匀。再加入 100 mL 三氯甲烷(4.1.2)并超声 5 min,冷却,用三氯甲烷(4.1.2)定容。摇匀后,取出部分内容物置于具塞离心管内 4 000 r/min 离心 5 min,精确移取上层清液 5 mL 置于旋转蒸发仪的圆底烧瓶中,在 45℃真空蒸发至干。残渣用 0.5 mL 无水乙醇(4.1.1)和 0.5 mL 的三氯甲烷(4.1.2)润湿后,加入环己烷(4.1.3)少量多次进行溶解,并转移到 100 mL 的棕色容量瓶中,用环己烷(4.1.3)定容。待测。

4.4.2 测定

在可见-紫外分光光度计上,以环己烷为空白,进行扫描,在 214 nm±1 nm 和 448 nm±1 nm 波长处有吸收峰。

4.5 β-阿朴-8′-胡萝卜素酸乙酯含量的测定

4.5.1 原理

β-阿朴-8′-胡萝卜素酸乙酯为共轭双键化合物,在波长 448 nm±1 nm 处有吸收峰,在该波长测定溶液的吸收值,以百分吸收系数计算样品的含量。

4.5.2 试液的制备

同 4.4.1。

4.5.3 测定

在可见-紫外分光光度计上，用1 cm吸收池，以环己烷为空白，在波长448 nm±1 nm处，立即测定样品的吸收值。

注：由于β-阿朴-8′-胡萝卜素酸乙酯对光十分敏感，所有操作应在避光条件下进行。

4.5.4 结果计算

β-阿朴-8′-胡萝卜素酸乙酯（以 $C_{32}H_{44}O_2$ 计）的质量分数 w_1，数值以%表示，按式(1)计算：

$$w_1 = \frac{A_{max}V}{2\,500mV_1} \quad \cdots\cdots(1)$$

式中：

A_{max}——试料溶液测得的吸收值；

V——定容体积，单位为毫升(mL)；

2 500——β-阿朴-8′-胡萝卜素酸乙酯的标准百分吸收系数($E_{1\,cm}^{1\%}$)；

m——试料的质量，单位为克(g)；

V_1——分取体积，单位为毫升(mL)。

计算结果保留三位有效数字。

4.5.5 允许误差

取平行测定结果的算术平均值为测定结果。两次平行测定结果的绝对差值不大于0.2%。

4.6 砷含量的测定

按GB/T 13079规定执行。

4.7 重金属(以Pb计)含量的测定

按GB/T 13080规定执行。

4.8 粒度的测定

称取试样50.0 g，5 min内全部通过0.84 mm孔径的分析筛，0.15 mm孔径的分析筛的筛下物不大于20%。

4.9 干燥失重含量的测定

按GB/T 6435规定执行。

5 检验规则

5.1 组批规则

相同原料、相同工艺、同一天生产的同一个批号的产品为一个批次。

5.2 抽样方法

按GB/T 14699.1的规定执行。

5.3 检验分类

5.3.1 出厂检验

每批产品出厂时进行出厂检验。检验项目为感官、干燥失重、β-阿朴-8′-胡萝卜素酸乙酯（以 $C_{32}H_{44}O_2$ 计）含量。检验合格的，签发检验合格证后，方可入库或出厂。每批出厂的产品都应带有质量证明书。

5.3.2 型式检验

正常情况下，每年至少进行一次型式检验，检验项目为本标准第3章规定的所有项目。有下列情况之一时，也应进行型式检验：

a) 更新关键生产工艺；

b) 主要原料有变化；

c) 停产3个月，恢复生产时；

d） 出厂检验与上次型式检验有较大差异时；

e） 合同规定。

5.4 判定规则

检验结果全部符合本标准规定要求的判为合格品。有一项指标不符合本标准要求时，应重新取样进行复验，复验结果中有一项不符合本标准要求即判定为整批不合格。

6 标签、包装、运输、贮存

6.1 标签

本产品标签应符合 GB 10648 的有关规定。

6.2 包装

复合铝箔袋或其他相同材质的包装袋。

6.3 运输

产品运输应保证运输工具的洁净，防止有毒物质的污染；防止日晒雨淋、防霉防潮；轻装轻卸，避免重压。

6.4 贮存

贮存仓库应清洁、干燥、阴凉通风，堆放时应离开墙壁 20 cm 以上，底面应有垫板与地面隔开。防止雨淋、受潮、霉变、虫鼠害及有害物质的污染。注意避光保存。

在上述运输、贮存条件下，自生产之日起常温下保质期为 36 个月。启封后应尽快使用。

ICS 65.120
B 46

中华人民共和国国家标准

GB/T 21517—2008

饲料添加剂 叶黄素

Feed additive—Lutein

2008-03-03 发布　　2008-05-01 实施

中华人民共和国国家质量监督检验检疫总局
中国国家标准化管理委员会　发布

前　言

本标准的附录B为规范性附录，附录A为资料性附录。

本标准由全国饲料工业标准化技术委员会提出并归口。

本标准起草单位：中国农业科学院农业质量标准与检测技术研究所、国家饲料质量监督检验中心（北京）、成都枫澜科技有限公司、武汉新华扬生物有限责任公司。

本标准主要起草人：赵小阳、田河山、孙鸣、李巍、詹志春、陶正国、马东霞、王彤、杨文军。

本标准首次发布。

饲料添加剂　叶黄素

1　范围

本标准规定了饲料添加剂叶黄素产品的分类、要求、试验方法、检验规则及标签、包装、贮存、运输。

本标准适用于以植物万寿菊中脂溶性提取物为原料，经皂化后，制成水剂或采用淀粉、玉米芯粉、白炭黑等辅料，有效成分主要是叶黄素和它的同分异构体玉米黄质，也有少量的其他类胡萝卜素和蜡质，在饲料工业中作为着色剂类饲料添加剂。

分子式：$C_{40}H_{56}O_2$

相对分子质量：568.88(2001 年国际相对原子质量)

结构式：

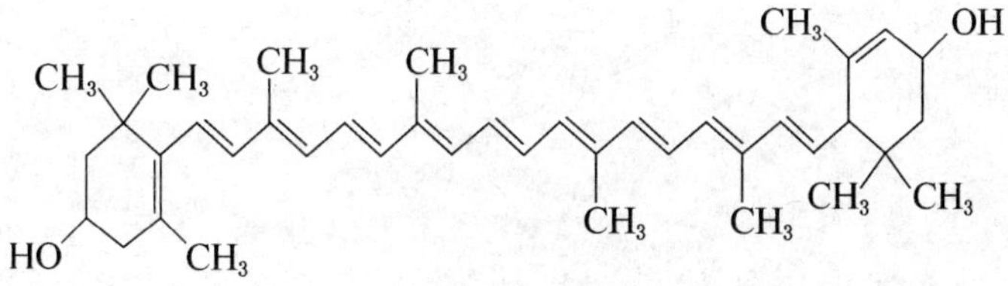

2　规范性引用文件

下列文件中的条款通过本标准的引用而成为本标准的条款。凡是注日期的引用文件，其随后所有的修改单(不包括勘误的内容)或修订版均不适用于本标准，然而，鼓励根据本标准达成协议的各方研究是否可使用这些文件的最新版本。凡是不注日期的引用文件，其最新版本适用于本标准。

GB/T 603　化学试剂　试验方法中所用制剂及制品的制备(GB/T 603—2002,ISO 6353-1:1982,NEQ)

GB/T 606　化学试剂　水分测定通用方法　卡尔·费休法

GB/T 6682　分析实验室用水规格和试验方法(GB/T 6682—1992,neq ISO 3696:1987)

GB 10648　饲料标签

GB/T 13079　饲料中总砷的测定

GB/T 13080　饲料中铅的测定　原子吸收光谱法

3　分类

3.1　产品按标示量的不同可分为：1.5%、1.6%、2.0%三种。

3.2　根据合同要求确定。

4　要求

4.1　性状

本品为自由流动的橘黄色细微粉末或橘黄色液体，易氧化，不溶于水，溶于乙醇。

4.2　技术指标

技术指标应符合表 1 规定。

表 1 技术指标

项目	指标	
	粉状	液体
含量(以 $C_{40}H_{56}O_2$ 计)(占标示量的百分比)/%	≥90	≥90
砷/(mg/kg)	≤3.0	≤3.0
铅/(mg/kg)	≤10.0	≤10.0
水分/%	≤8.0	—
粒度(0.84 mm 孔径标准筛)	100%通过	—
pH 值	—	5.0～8.0

5 试验方法

除特殊说明外，所用试剂均为分析纯，水为蒸馏水，色谱用水符合 GB/T 6682 中一级用水规定，标准溶液的制备应符合 GB/T 603。

5.1 试剂和溶液

5.1.1 正己烷：色谱纯。

5.1.2 乙酸乙酯：色谱纯。

5.1.3 正己烷。

5.1.4 无水乙醇。

5.1.5 丙酮。

5.1.6 甲苯。

5.1.7 亚硝酸钠。

5.1.8 硫酸。

5.1.9 亚硝酸钠溶液(50 g/L)。

5.1.10 硫酸溶液(0.5 mol/L)：吸取硫酸(5.1.8)1.5 mL 缓缓注入 100 mL 水中，冷却，摇匀。

5.1.11 提取剂：正己烷＋乙醇＋丙酮＋甲苯＝10＋6＋7＋7(体积比)。

5.2 仪器和设备

实验室常用设备及以下设备。

5.2.1 超声波水浴。

5.2.2 超纯水装置。

5.2.3 紫外分光光度计。

5.2.4 石英比色皿(1 cm)。

5.2.5 高效液相色谱仪：带紫外可调波长检测器(或二极管矩阵检测器)。

5.2.6 原子吸收分光光度计。

5.3 鉴别试验

5.3.1 方法一

样品的丙酮溶液在连续加入亚硝酸钠溶液(5.1.9)和硫酸溶液(5.1.10)后颜色消失。

5.3.2 方法二

取试样溶液(5.4.2.1)，用分光光度计测定，以 1 cm 石英比色皿在 420 nm～480 nm 波长范围内测定试样溶液的吸收光谱，应在 445 nm±1 nm、473 nm±1 nm 的波长处有最大吸收峰。

5.3.3 方法三(仲裁法)

5.3.3.1 原理

叶黄素含量以总类胡萝卜素含量表示，试样中总类胡萝卜素经混合溶剂提取后，注入正相色谱柱上，用流动相洗脱，分离出叶黄素和玉米黄质，其色谱峰的分离度为 3.06～3.09，叶黄素含量应在 70% 以上，玉米黄质含量在 10% 以上，并通过峰面积比例测知其相对含量。

5.3.3.2 试液的制备

根据产品含量(参见附录 A)，称取试样约 0.15 g～0.2 g(精确至 0.000 2 g)，置于 100 mL 棕色容量瓶中，加提取剂(5.1.11)约 80 mL，在超声波水浴中加热超声提取 20 min，冷却至室温，用提取剂(5.1.11)定容至刻度，混匀，过滤，用移液管准确移取 1 mL 滤液到 10 mL 容量瓶中，用氮气吹干，用流动相稀释至刻度，混匀，溶液过 0.45 μm 滤膜，供高效液相色谱仪分析。

5.3.3.3 色谱条件

固定相：硅胶柱，内径 4.6 mm，长 250 mm，粒度 3 μm。

流动相：正己烷＋乙酸乙脂＝70＋30(体积比)，超声脱气。

流速：1.5 mL/min。

检测器：紫外可调波长检测器(或二极管矩阵检测器)，检测波长 445 nm 或 473 nm。

进样量：20 μL。

5.3.3.4 试样测定

将试样分析液(5.3.3.2)，按上述色谱条件进行进样分析，得到叶黄素和玉米黄质，色谱峰见图 B.1。

5.3.3.5 结果计算

$$叶黄素(\%) = 总类胡萝卜素量 \times 叶黄素的峰面积(\%) \qquad (1)$$

$$玉米黄质(\%) = 总类胡萝卜素量 \times 玉米黄质的峰面积(\%) \qquad (2)$$

5.4 叶黄素(以总类胡萝卜素计)含量的测定

5.4.1 原理

总类胡萝卜素在波长 445 nm±1 nm 处有最大吸收，可根据该波长处测定吸收度和标准百分吸光系数($E_{1\,cm}^{1\%}$)计算其含量。

5.4.2 分析步骤

5.4.2.1 试液的制备

根据产品含量(参见附录 A)，称取试样约 0.15 g～0.2 g(精确至 0.000 2 g)，置于 100 mL 棕色容量瓶中，加约 80 mL 无水乙醇(5.1.4)，在超声波水浴中加热超声提取 20 min，冷却至室温，用无水乙醇(5.1.4)定容至刻度，混匀，过滤，用移液管准确移取 1 mL 滤液到 10 mL 容量瓶中，用无水乙醇(5.1.4)稀释至刻度，混匀。

5.4.2.2 试样测定

将试样分析液(5.4.2.1)置于 1 cm 石英池中，用紫外分光光度计，在波长 445 nm±1 nm 处测定吸收度 A，以无水乙醇(5.1.4)为空白对照。

5.4.2.3 计算和结果的表示

试样中叶黄素($C_{40}H_{56}O_2$)(以总类胡萝卜素计)含量 X 以质量分数(%)表示，按式(3)计算：

$$X = \frac{A \times 1\,000}{m \times 2\,550} \qquad (3)$$

式中：

A——试料(5.4.2.1)吸收度；

1 000——试料(5.4.2.1)稀释倍数；

m——试料质量，单位为克(g)；

2 550——总类胡萝卜素百分吸光系数($E_{1\,cm}^{1\%}$=2 550)。

平行测定结果用算术平均值表示，保留三位有效数字。

5.4.3 允许差

同一分析者对同一试样同时两次平行测定结果绝对值之差应不大于 0.3%。

5.5 砷的测定

按 GB/T 13079 测定。

5.6 铅的测定

按 GB/T 13080 测定。

5.7 水分的测定

按 GB/T 606 测定。

6 检验规则

6.1 出厂检验

饲料添加剂叶黄素应由生产企业的质量监督部门按本标准进行检验，本标准规定的所有指标为出厂检验项目，生产企业应保证所有叶黄素产品均符合本标准规定的要求。每批产品检验合格后方可出厂。

6.2 验收检验

使用单位有权按照本标准对所收到的叶黄素产品进行验收，检验其指标是否符合本标准的要求。

6.3 采样方法

抽样需备有清洁、干燥、具有密闭性和避光性的样品瓶，瓶上贴有标签并注明生产厂家、产品名称、批号、取样日期。

抽样时，用清洁适用的取样工具插入料层深度四分之三处，将所取样品充分混匀，以四分法缩分，每批样品分两份，每份样量应为 20 g～30 g，装入样品瓶中，一瓶供检验用，一瓶密封保存备查。

6.4 判定规则

若检验结果有一项指标不符合本标准要求时，应加倍抽样进行复验，复验结果仍有一项指标不符合本标准要求时，则整批产品判为不合格品。

7 标签、包装、运输、贮存

7.1 标签

标签按 GB 10648 的规定执行。

7.2 包装

本品采用铝薄膜袋或其他避光密闭容器包装。

7.3 运输

本品在运输过程中应防潮、防高温、防止包装破损，严禁与有毒有害物质混运。

7.4 贮存

本品应贮存在通风、干燥、无污染、无有害物质的地方。

本品在规定的贮存条件下，保质期为 24 个月。

附 录 A
（资料性附录）
产品中叶黄素的标示量、称样量及提取液稀释体积示例

表 A.1 标示量、称样量及提取液稀释体积

标示量/%	称样量/g	提取液稀释倍数
1.5	0.200 0	1 000
1.6	0.200 0	1 000
2.0	0.150 0	1 000

附　录　B
（规范性附录）
叶黄素色谱图

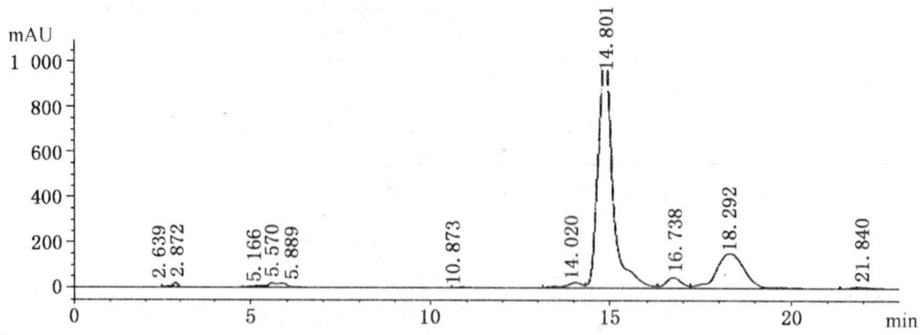

注： 叶黄素保留时间为 14.801 min，玉米黄质保留时间为 18.292 min。

图 B.1　叶黄素色谱图

ICS 01.110,29.130.2
F 01

中华人民共和国国家标准

GB 21518—2008

交流接触器能效限定值及能效等级

Minimum allowable values of energy efficiency and energy efficiency grades for AC contactors

2008-04-01 发布　　　　2008-11-01 实施

中华人民共和国国家质量监督检验检疫总局
中国国家标准化管理委员会　发布

前　言

本标准的4.3是强制性的，其余是推荐性的。

本标准由国家标准化管理委员会提出。

本标准由全国能源基础与管理标准化技术委员会合理用电分委员会归口。

本标准参加起草单位：北京节能环保中心、中国标准化研究院、中国电力科学研究院、机械节能中心、江苏兆龙电气有限公司、河南省松峰电气有限公司。

本标准主要起草人：陶毅、赵跃进、邓宏芬、翟克俊、刘英洲、何兆龙、高松峰。

交流接触器能效限定值及能效等级

1 范围

本标准规定了交流接触器(以下简称接触器)的能效限定值、节能评价值、能效等级和试验方法。

本标准适用于额定频率 50 Hz、额定工作电压不超过 1140 V、额定工作电流 9 A～630 A 的接触器。

本标准不适用于外加节电装置的接触器及半导体接触器(固态接触器)。

2 规范性引用文件

下列文件中的条款通过本标准的引用而成为本标准的条款。凡是注日期的引用文件,其随后所有的修改单(不包括勘误的内容)或修订版均不适用于本标准,然而,鼓励根据本标准达成协议的各方研究是否可使用这些文件的最新版本。凡是不注日期的引用文件,其最新版本适用于本标准。

GB 14048.1 低压开关设备和控制设备 第1部分:总则(GB 14048.1—2006,IEC 60947-1:2001,MOD)

GB 14048.4 低压开关设备和控制设备 机电式接触器和电动机起动器(GB 14048.4—2003,IEC 60947-4-1:2000,IDT)

3 术语和定义

下列术语和定义适用于本标准。

3.1

吸持功率 holding power

接触器维持吸合状态下自身消耗的视在功率,单位为伏安(V·A)。

3.2

交流接触器能效限定值 minimum allowable values of energy efficiency for AC contactors

在标准规定测试条件下,接触器吸持功率的最大允许值。

3.3

交流接触器节能评价值 evaluating values of energy conservation for AC contactors

在标准规定测试条件下,满足节能认证要求的接触器吸持功率的最大允许值。

4 技术要求

4.1 基本要求

接触器的性能和安全要求应符合 GB 14048.1 和 GB 14048.4。

4.2 接触器能效等级

接触器能效等级分为3级,1级吸持功率最低。各等级接触器的吸持功率均应不大于表1的规定。

表1 接触器能效等级

额定工作电流 I_e/A	吸持功率/(V·A)		
	1级	2级	3级
$9 \leqslant I_e \leqslant 12$	0.5	5.0	8.3
$12 < I_e \leqslant 22$	0.5	5.1	8.5

表 1(续)

额定工作电流 I_e/A	吸持功率/(V·A)		
	1 级	2 级	3 级
22<I_e≤32	0.5	8.3	13.9
32<I_e≤40	0.5	11.4	19.0
40<I_e≤63	0.5	34.2	57.0
63<I_e≤100	1.0	36.6	61.0
100<I_e≤160	1.0	51.3	85.5
160<I_e≤250	1.0	91.2	152.0
250<I_e≤400	1.0	150.0	250.0
400<I_e≤630	1.0	150.0	250.0

4.3 **接触器能效限定值**

接触器吸持功率应不大于表 1 中 3 级的规定。

4.4 **接触器节能评价值**

接触器吸持功率应不大于表 1 中 2 级的规定。

5 试验方法

5.1 对接触器线圈加额定工作电压,达到热稳定状态时,测量接触器闭合状态下的吸持功率,接触器试验接线图见图 1。

5.2 测量用电压表、电流表的准确度应为 0.2 级,要求吸持功率实测数据按四舍五入法取小数点后一位。

5.3 电源波形为非正弦时,应采用真有效值或电动式仪表。

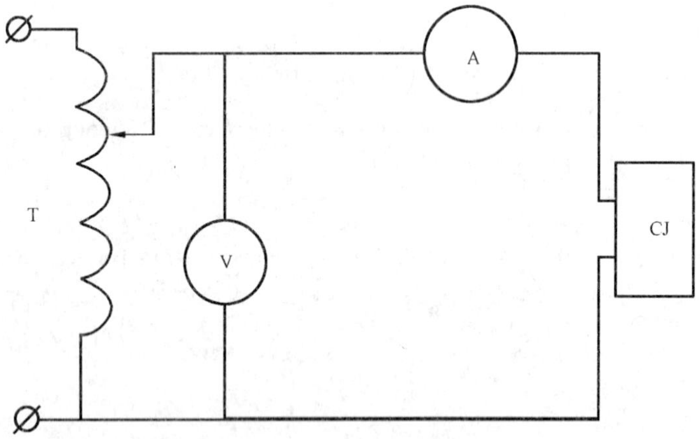

T——调压器;
V——电压表;
A——电流表;
CJ——交流接触器线圈。

图 1 试验接线图

GB 21518—2008《交流接触器能效限定值及能效等级》国家标准第1号修改单

本修改单经国家标准化管理委员会于2008年10月24日批准，自2008年12月1日起实施。

GB 21518—2008《交流接触器能效限定值及能效等级》中修改内容如下：

1. 范围第二自然段

原文中为“额定工作电压不超过1 140 V、额定工作电流9 A～630 A的接触器”更改为“额定工作电压为380 V(400 V)、额定工作电流6 A～630 A的直动式，三极电动式，整体式交流接触器”。

2. 范围第三自然段

原文中为“本标准不适用于外加节电装置的接触器及半导体接触器(固态接触器)”更改为“本标准不适用于外加节电装置、家用和类似用途的接触器及半导体接触器(固态接触器)”。

3. 术语和定义

增加以下2条术语：

3.4

同一壳架等级的接触器　contactors of same shell

外形尺寸和内部结构相同，仅部分尺寸有差异，但额定工作电流不同的接触器。

3.5

整体式接触器　unitary contactor

所有完成接触器功能不可缺少的部件(模块)组装成的接触器。

4. 表1标题

原表1标题“接触器能效等级”更改为“接触器(AC-3)能效等级”。

5. 表1

原表1第一行中的“$9 \leqslant I_e \leqslant 12$”更改为“$6 \leqslant I_e \leqslant 12$”；原3级的“8.3”更改为“9.0”。

原表1第二行3级的“8.5”更改为“9.5”。

原表1第三行3级的“13.9”更改为“14.0”。

6. 表1表注

增加表1的表注“注：同一壳架等级取最大的I_e，例如：40 A～65 A为同一壳架等级的接触器，应按65 A的能效等级进行考核，即应符合本表中$63 < I_e \leqslant 100$一栏中的能效等级指标。”

7. 第5.1条

在原5.1条前增加“在环境温度为20 ℃±5 ℃下，……”。

ICS 27.010
F 01

中华人民共和国国家标准

GB 21519—2008

储水式电热水器能效限定值及能效等级

Minimum allowable values of energy efficiency and energy efficiency grades for electrical storage water heaters

2008-04-01 发布　　　　2008-11-01 实施

中华人民共和国国家质量监督检验检疫总局
中国国家标准化管理委员会　发布

前　　言

本标准4.4和4.6是强制性的，其余是推荐性的。

本标准由国家发展和改革委员会资源节约和环境保护司、国家标准化管理委员会工业标准一部提出。

本标准由全国能源基础与管理标准化技术委员会归口。

本标准主要起草单位：中国标准化研究院、青岛海尔热水器有限公司、艾欧史密斯（中国）热水器有限公司、博西华电器（江苏）有限公司、宁波帅康热水器有限公司、默洛尼卫生洁具（中国）有限公司、广东美的厨卫电器制造有限公司、樱花卫厨（中国）有限公司、国家家用电器质量监督检验中心、国家日用电器质量监督检验中心、广东万和集团有限公司、广东万家乐燃气具有限公司、佛山市顺德区均安镇凌沿长兴电器厂、广东威博电器有限公司。

本标准主要起草人：陈海红、张国钦、王任华、万华新、安荣栓、张慧宝、赵斌、周立国、黄国金、王巧东、凌宏浩、杨楷、张振凡、李平、陈志忠。

储水式电热水器能效限定值及能效等级

1 范围

本标准规定了家用和类似用途的储水式电热水器(以下简称电热水器)的能效限定值、节能评价值、能效等级以及试验方法和检验规则。

本标准仅适用于储水式电热水器。

2 规范性引用文件

下列文件中的条款通过本标准的引用而成为本标准的条款。凡是注日期的引用文件,其随后所有的修改单(不包括勘误的内容)或修订版均不适用于本标准,然而,鼓励根据本标准达成协议的各方研究是否可以使用这些文件的最新版本。凡是不注日期的引用文件,其最新版本适用于本标准。

GB/T 20289—2006 储水式电热水器

3 术语和定义

GB/T 20289—2006 确立的以及下列术语和定义适用于本标准。

3.1

电热水器能效限定值 minimum allowable values of energy efficiency for electrical storage water heaters

按照标准规定的试验条件,电热水器所允许的24h固有能耗系数最大值以及热水输出率的最小值。

3.2

电热水器节能评价值 evaluating values of energy conservation for electrical storage water heaters

按照标准规定的试验条件,节能电热水器所允许的24h固有能耗系数最大值以及热水输出率的最小值。

4 技术要求

4.1 容量

电热水器的容量应符合GB/T 20289—2006中6.1的规定。

4.2 24 h 固有能耗系数

4.2.1 24 h 固有能耗基准值的计算

电热水器的24 h固有能耗基准值按表1中的公式计算。

表1 电热水器24 h固有能耗基准值

额定容量(C_R)/L	24h固有能耗基准值(Q)/(kW·h)
$0<C_R\leqslant30$	$Q=0.024\ C+0.6$
$30<C_R\leqslant100$	$Q=0.015\ C+0.8$
$100<C_R\leqslant200$	$Q=0.008\ C+1.5$
$C_R>200$	$Q=0.006\ C+2.0$
注:C_R 为电热水器的额定容量,C 为电热水器的实测容量。	

4.2.2 24 h 固有能耗系数的计算

电热水器 24h 固有能耗系数 ε 按式(1)计算：

$$\varepsilon = \frac{Q_{pr}}{Q} \quad \cdots\cdots(1)$$

式中：

ε——电热水器 24 h 固有能耗系数；

Q_{pr}——电热水器 24 h 固有能耗，单位为千瓦时(kW·h)；

Q——电热水器 24 h 固有能耗基准值，单位为千瓦时(kW·h)。

4.3 电热水器能效等级

电热水器能效等级分为 5 级，1 级能效最高。各等级电热水器 24 h 固有能耗系数和热水输出率应符合表 2 的规定。

表 2 电热水器能效等级

能效等级	24 h 固有能耗系数(ε)	热水输出率(μ)
1	≤0.6	≥70%
2	≤0.7	≥60%
3	≤0.8	≥55%
4	≤0.9	≥55%
5	≤1.0	≥50%

4.4 电热水器能效限定值

电热水器能效限定值为表 2 中能效等级的 5 级。

4.5 电热水器节能评价值

电热水器节能评价值为表 2 中能效等级的 2 级。

4.6 电热水器目标能效限定值

自本标准实施之日起两年后，电热水器能效限定值为能效等级的 4 级。

5 试验方法

5.1 试验的一般条件

5.1.1 试验条件

测试时应满足下列条件：

a) 实验室空气流速不应大于 0.25 m/s。

b) 环境温度为(20±2)℃。环境温度的测量点应选择在被测电热水器与测试角壁的中间点或距离被测电热水器 1 m 处，两者取较小值，并位于被测电热水器的一半高度。环境温度应在稳定的条件下测量。

c) 相对湿度不超过 85%，并在稳定条件下测定。不应在热水从电热水器中排出的瞬间取得。

d) 在被测电热水器规定的额定输入功率下进行，偏差不能大于±5%。

e) 进水温度保持在 15℃±2℃。

f) 使电热水器处于正常安装使用状态。对于出口敞开式电热水器，关闭电热水器的进水阀门；对于密闭式电热水器，测试期间不排水时的水压应在 0.28 MPa 与电热水器额定压力之间保持稳定，波动在±0.05 MPa 范围内。

5.1.2 试验用的仪器、仪表

a) 电气测量用仪表，其准确度应不低于±0.5%；

b) 测量温度用仪表，其准确度在 0.5 K 以内；

c) 测量时间用仪表,其准确度为±1s/h;

d) 测量湿度用仪表,其准确度为±1%;

e) 测量能耗用仪表,其精度为0.01 kW·h。

5.1.3 电热水器安装

被测电热水器应按照制造商提供的说明书的规定进行安装。如果随机附带附件,安装时应使用随机所带的附件以及安装附件。

挂壁式电热水器应安装在无障碍物的空间或测试角壁的隔墙或隔板上。隔墙或隔板距离墙面至少留有150 mm,上下至少留有250 mm,前面和两侧面至少留有700 mm的空间。

放置在地面上使用的电热水器应安装在地板上,或为测试方便安装在类似的地板上或支架上,并尽可能靠近测试角壁的两边墙。

嵌装式电热水器应按制造厂的使用说明安装就位。

进出水管的安装:按照制造商的说明要求连接必要的附件(如安全阀等),非制造商提供的连接管和阀门应采用非金属件,如采用金属件时,需要增加一定的保温措施(等同非金属管材料)。

5.2 容量的测试方法

被测电热水器应按照正常使用时的方式注满水(对密闭式电热水器,应施加规定的水压),通过测量注满水的电热水器的质量减去无水的电热水器质量,并将结果除以所测量温度下的水的密度,得到电热水器的实测容量C,以L为单位,精确到0.1 L。

5.3 24 h固有能耗的测试

5.3.1 测试点的选择

5.3.1.1 对导热良好容器

a) 单容器测试点的选择

试验前,在容器测试点的位置预先打合适的洞,并清理干净,使其不影响测温效果。将热电偶紧紧地贴在容器外表面上,每个待测电热水器放置5点热电偶,如图1、图2所示的具体位置,布置完成后尽量用等效于原有隔热效果材料进行填充防止散热。

b) 双容器测试点的选择

双容器的两个容器分别按照5.3.1.1a)选择布置测试点,共放置10个热电偶。

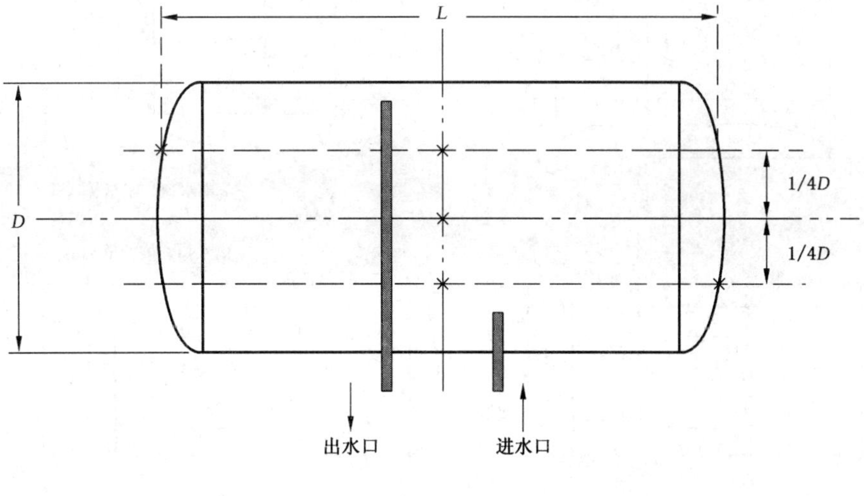

“×”——热电偶的放置位置;

D——容器直径;

L——容器长度。

图1 卧式安装的电热水器的热电偶放置位置

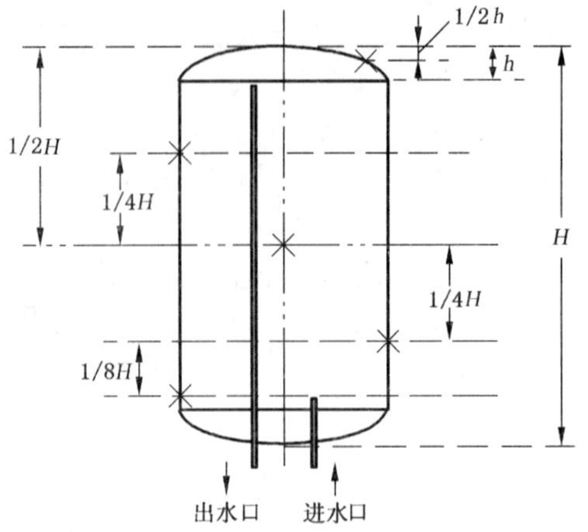

“×”——热电偶的放置位置；

H——容器的高度；

h——容器两端凸底的高度。

图 2 立式安装的电热水器的热电偶放置位置

5.3.1.2 对导热不良容器

a) 单容器测试点的选择

对导热不良容器(塑料、搪塑)可按照图 3 所示布置测试点，在垂直方向间距均布，其中一点在容器垂直方向的中心，布点的位置尽可能远离加热元件。

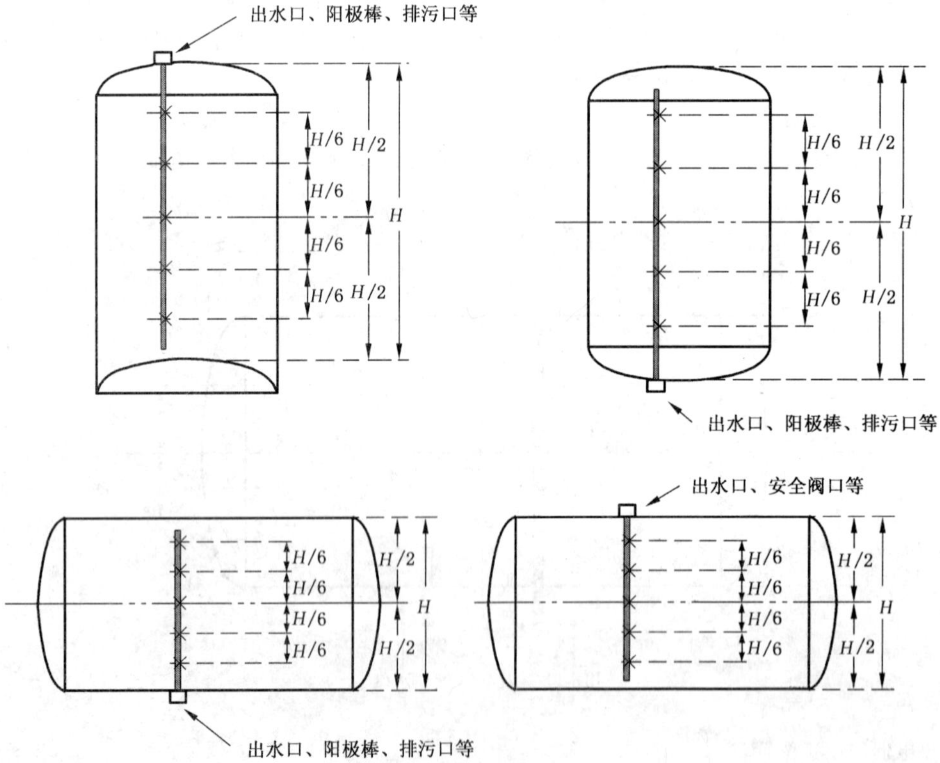

“×”——热电偶的放置位置；

H——容器的高度。

图 3 对导热不良容器的电热水器热电偶放置位置

b) 双容器测试点的选择

双容器的两个容器分别按照5.3.1.2a)选择布置测试点，共放置10个热电偶。

5.3.2 不排水时的储水平均温度 θ_M 的测试方法

5.3.2.1 温控器断开时的平均温度 θ_A 是通过多次温控器断开时测得的温度 θ_{Aij} 的平均值，按式(2)计算：

$$\theta_A = \frac{\sum_{j=1}^{m}\sum_{i=1}^{n}\theta_{Aij}}{mn} \quad (i=1,2,\cdots,n;\ j=1,2,\cdots,m) \qquad \cdots\cdots(2)$$

式中：

θ_A——温控器断开时的平均温度，单位为摄氏度(℃)；

θ_{Aij}——温控器某一测试点某次断开时的储水温度，单位为摄氏度(℃)；

n——测量次数；

m——测试点的个数。

5.3.2.2 温控器接通时的平均温度 θ_E 是通过多次温控器接通时测得的温度 θ_{Eij} 的平均值，按式(3)计算：

$$\theta_E = \frac{\sum_{j=1}^{m}\sum_{i=1}^{n}\theta_{Eij}}{mn} \quad (i=1,2,\cdots,n;\ j=1,2,\cdots,m) \qquad \cdots\cdots(3)$$

式中：

θ_E——温控器接通时的平均温度，单位为摄氏度(℃)；

θ_{Eij}——温控器接通时某一测试点某次接通时的储水温度，单位为摄氏度(℃)；

n——测量次数；

m——测试点的个数。

5.3.2.3 不排水时的储水平均温度 θ_M 按式(4)计算：

$$\theta_M = \frac{(\theta_A + \theta_E)}{2} \qquad \cdots\cdots(4)$$

式中：

θ_M——不排水时的储水平均温度，单位为摄氏度(℃)。

5.3.3 温控器设定

被测电热水器按照正常方式注入温度为(15±2)℃的水，除非说明书中另有规定，对于密闭式电热水器关闭出水阀，进水阀门打开，在额定功率下通电工作。将电热水器的温控器调整到某一温度，使得电热水器在接通、断开、接通的状态下周期地运行，直到稳定状态建立时的不排水储水平均温度 θ_M 在(65±3)℃的范围内。如果一个过程无法满足，则调节温控器，适当地注水，启动工作，重复实验直到满足温度 θ_M 的要求。

对温控器无法调节的电热水器，则外接可调温控器满足电热水器的不排水时的储水平均温度 θ_M 为(65±3)℃。

5.3.4 24 h 固有能耗测试方法

按照5.3.3进行温控器设定，使电热水器的不排水储水平均温度 θ_M 在(65±3)℃范围内，并处于稳定状态。温控器从某次断开电源时开始，直到经过48 h以后，温控器第一次断开电源为止，用电度表测量此期间电能的损耗量 E_1。同时，用计时器测量其相应的测量时间 t_1。在这段测量期间内，按照5.3.2规定的方法，测量并计算出该测量期间内实际的不排水储水时平均温度 θ_M。24 h固有能耗测试方法示意图见图4。

24 h能量损耗 E 按式(5)计算：

$$E = 24 \times \frac{E_1}{t_1} \qquad \cdots\cdots(5)$$

式中：

24——24 h，单位为小时(h)；

E——24 h 的能量损耗，单位为千瓦时(kW·h)；

E_1——温控器某次断开电源时开始，经过 48 h 以后温控器第一次断开时的能量损耗，单位为千瓦时(kW·h)，精确到 0.01 kW·h；

t_1——计量电能损耗量 E_1 时的测量时间，单位为小时(h)。

调整环境温度或温度器设定，以满足 40 ℃$\leqslant(\theta_M-\theta_{amb})\leqslant$50 ℃的条件。在此条件下，24 h 固有能耗 Q_{pr} 按式(6)计算：

$$Q_{pr} = E \times \frac{45}{(\theta_M - \theta_{amb})} \qquad \cdots\cdots(6)$$

式中：

Q_{pr}——24 h 固有能耗，单位为千瓦时(kW·h)；

45——45 ℃，单位为摄氏度(℃)；

θ_{amb}——试验 E_1 期间平均环境温度，单位为摄氏度(℃)。

5.4 热水输出率测试方法

5.4.1 温度设定

调整温控器满足下面要求后立即切断电源进行 5.4.2 的测试：注入电热水器额定的一半容量的冷水使得电热水器重新启动工作；如果没有启动，那么继续注水直到启动加热后停止注水；电热水器工作直到温控器首次断开时的储水平均温度 θ_{A1} 应满足(65±3)℃的要求。

θ_{A1} 按式(7)计算：

$$\theta_{A1} = \frac{\sum_{j=1}^{m}\theta_{A1j}}{m} \quad (j = 1,2,\cdots,m) \qquad \cdots\cdots(7)$$

式中：

θ_{A1}——温控器首次断开时储水平均温度，单位为摄氏度(℃)；

θ_{A1j}——温控器首次断开时某一测试点的温度，单位为摄氏度(℃)；

m——测试点的个数。

5.4.2 热水输出率测试

通过安装在进水口的阀门控制排水流量满足下面要求，如果流量达不到要求，通过增大压力到满足要求：

$C_R<10$ L	按 2L/min；
10 L$\leqslant C_R\leqslant$70 L	按 5 L/min；
70 L$<C_R\leqslant$200 L	按 10L/min；
200 L$<C_R$	按 5%的额定容量/min。

出水温度的测量方法按图 5，在排水期间每间隔 5 s 记录一次，从开始放水 15 s 后记录进水温度 θ_{ci} 和出水温度 θ_{Pi}，记录在排水期间的最高出水温度 θ_{max}，连续排水至出水温度比最高出水温度 θ_{max} 低 20℃为止。此时停止排水，计算平均出水温度 θ_p、平均进水温度 θ_c 和排出水的质量 m_p，并按照式(8)计算热水输出率：

$$\mu = 10^3 m_p \times \frac{\theta_p - \theta_c}{(\theta_{A1} - \theta_c) \times \rho \times c_R} \times 100\% \qquad \cdots\cdots(8)$$

式中：

μ——热水输出率，以百分数表示(%)；

θ_p——平均出水温度，单位为摄氏度(℃)；

θ_c——平均进水温度，单位为摄氏度(℃)；

ρ——在平均出水温度 θ_P 下水的密度，单位为千克每立方厘米(kg/cm^3)；

m_p——排出水的质量，单位为千克(kg)；

θ_{A1}——温控器首次断开时的储水平均温度，单位为摄氏度(℃)。

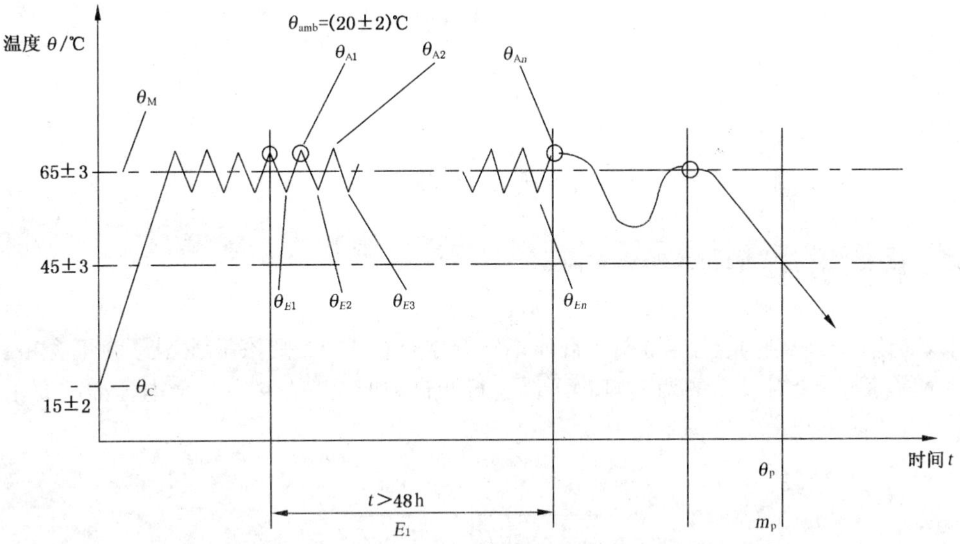

图 4　24 h 固有能耗与热水输出率的测试方法示意图

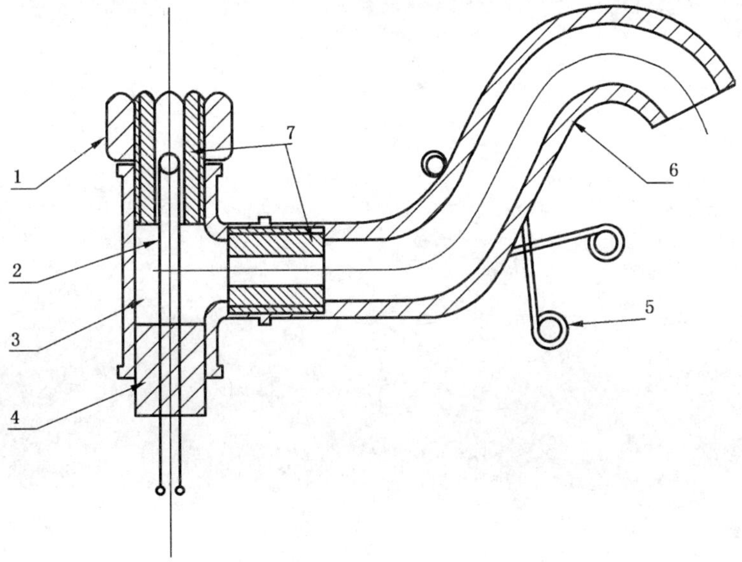

1——热水器出水口；

2——热电偶；

3——T形管；

4——环氧树脂；

5——夹子；

6——橡胶管；

7——螺纹接套。

图 5　出水温度的测试方法

6 检验规则

6.1 出厂检验

6.1.1 电热水器能效限定值应作为电热水器出厂检验项目，其抽样方案和判定准则由企业根据质量控制水平自行决定。

6.1.2 能效限定值不满足4.4和4.6要求的产品不允许销售。

6.2 型式检验

6.2.1 电热水器产品出现下列情况之一时，应进行电热水器能效限定值的型式检验：

a) 新产品；

b) 改变产品设计、工艺或所用材料明显影响其性能时；

c) 产品停产一年以上，恢复生产时；

d) 质量技术监督部门提出检验要求时。

6.2.2 型式检验的抽样，每次抽同批同型号3台产品，其中两台试验，一台备用。试验结果两台均符合本标准要求，则该批该型号为合格；如果两台均不符合本标准要求，则该批该型号为不合格。如果有一台不符合本标准要求，应对备用的两台电热水器进行测试，如测试结果均符合本标准的要求，则判定为合格；如有一台或两台测试结果仍不符合本标准要求，则判定为不合格。

ICS 27.010
F 01

中华人民共和国国家标准

GB 21520—2008

计算机显示器能效限定值及能效等级

Minimum allowable values of energy efficiency and energy efficiency grades for computer monitors

2008-04-01 发布　　2008-11-01 实施

中华人民共和国国家质量监督检验检疫总局
中国国家标准化管理委员会　发布

前　言

本标准4.2和4.4为强制性条款，其余为推荐性条款。

本标准的附录A是规范性附录。

本标准由国家发展和改革委员会资源节约和环境保护司、国家标准化管理委员会工业标准一部组织制定。

本标准由全国能源基础与管理标准化技术委员会提出。

本标准由全国能源基础与管理标准化技术委员会归口。

本标准主要起草单位：中国标准化研究院、国家计算机质量监督检验中心、信息产业部第五研究所、3M(中国)有限公司、中国惠普有限公司、清华同方股份有限公司、飞利浦(中国)投资有限公司。

本标准主要起草人：张国钦、陈海红、周兴华、宋丹玫、堵光磊、张抒洁、孙慧芬、张玉琦、张新。

计算机显示器能效限定值及能效等级

1 范围

本标准规定了普通用途的计算机显示器(以下简称显示器)的能效限定值、节能评价值、目标能效限定值、试验方法和检验规则。

本标准适用于在电网电压下正常工作的计算机使用的阴极射线管显示设备(以下简称 CRT 显示器)和液晶显示设备(以下简称 LCD 显示器),也适用于主要功能为计算机显示器的带有调谐器/接收器的显示设备。

2 规范性引用文件

下列文件中的条款通过本标准的引用而成为本标准的条款。凡是注日期的引用文件,其随后所有的修改单(不包括勘误的内容)或修订版均不适用于本标准,然而,鼓励根据本标准达成协议的各方研究是否可使用这些文件的最新版本。凡是不注日期的引用文件,其最新版本适用于本标准。

GB 20943—2007 单路输出式交流-直流和交流-交流外部电源能效限定值及节能评价值

SJ/T 11292 计算机用液晶显示器通用规范

3 术语和定义

下列术语和定义适用于本标准。

3.1

关闭状态 off mode

显示器连接到电源上,且显示器的电源开关为“断”的状态。

3.2

显示器能源效率 energy efficiency of computer monitors

在本标准规定条件下,显示器屏幕的发光强度与显示器实测输入功率的比值(也称工作效率),单位为坎德拉每瓦(cd/W)。

3.3

关闭状态能耗 energy consumption of off mode

显示器在关闭状态下的有功功率,单位为瓦特(W)。

3.4

显示器能效限定值 minimum allowable values of energy efficiency for computer monitors

在标准规定测试条件下,显示器应该达到的最低能源效率和在关闭状态下的最大有功功率,有功功率的单位为瓦(W)。

3.5

显示器节能评价值 evaluating values of energy conservation for computer monitors

在标准规定测试条件下,节能显示器应达到的最低能源效率和关闭状态下的最大有功功率,有功功率的单位为瓦(W)。

4 技术要求

4.1 显示器能效等级

4.1.1 能效等级

显示器能效等级分为 3 级,其中 1 级能效最高。各等级显示器的能源效率应不低于表 1 的规定,关闭状态能耗应不大于表1的规定。

表1 显示器能效等级

显示器类型	能效等级					
	1级		2级		3级	
	能源效率/(cd/W)	关闭状态能耗/W	能源效率/(cd/W)	关闭状态能耗/W	能源效率/(cd/W)	关闭状态能耗/W
CRT	0.18	1	0.16	3	0.14	5
LCD	1.05	0.5	0.85	1	0.55	2

4.1.1.1 显示器单位时间能耗值的计算

显示器在某种工作状态下的单位时间能耗值 P_i 按式(1)计算：

$$P_i = \frac{E_t}{t} \qquad \cdots\cdots(1)$$

式中：

P_i——显示器单位时间能耗值，单位为瓦(W)；

E_t——实际测量的能耗，单位为瓦时(W·h)；

t——实际测量的持续时间，单位为小时(h)。

4.1.1.2 显示器能源效率的计算

显示器能源效率 Eff 按式(2)计算：

$$Eff = \frac{S \times L}{P_w} \qquad \cdots\cdots(2)$$

式中：

Eff——能源效率，单位为坎德拉每瓦(cd/W)；

P_w——显示器工作状态单位时间能耗值，单位为瓦(W)；

S——显示器屏幕面积，单位为平方米(m^2)；

L——实际测量的显示器屏幕亮度，单位为坎德拉每平方米(cd/m^2)。

4.2 能效限定值

能效限定值为能效等级的3级。

4.3 节能评价值

节能评价值为能效等级的2级。

使用外部电源的显示器，所使用的外部电源应符合GB 20943—2007中3.2的要求。

4.4 目标能效限定值

自本标准实施之日起3年后，目标能效限定值为能效等级的2级。

5 试验方法

按附录A的试验方法对显示器的屏幕面积、亮度、工作状态能耗和关闭状态能耗进行测试。

6 检验规则

6.1 出厂检验

6.1.1 能效限定值应作为显示器出厂检验项目。抽样方案由生产企业质量检验部门自行决定。

6.1.2 经检验认定能效限定值不符合本标准4.2和4.4要求的产品不允许出厂。

6.2 型式检验

6.2.1 显示器产品出现下列情况之一时，应进行能效限定值型式检验：

a） 试制的新产品；

b） 改变产品设计、工艺或所用材料明显影响其性能时；

c） 停产一年以上恢复生产时；

d） 质量技术监督部门提出检验要求时。

6.2.2 型式检验的抽样方案

型式检验的抽样，每批抽 1 台，如发现其能效限定值不符合本标准要求，应从该批产品中另外抽出 2 台重新检验，如全部合格则该批产品为合格；如仍有一台不符合要求，则该批产品为不合格。

附　录　A
（规范性附录）
显示器能源效率和关闭状态能耗测试方法

A.1　试验条件

测试时，环境温度为（15～35）℃，相对湿度为45%～75%，大气压力为（86～106）kPa；测试电源为交流电压（220±5）V，频率为（50±0.5）Hz。

A.2　测试仪器精度

测试电源的总谐波失真不大于3%。线阻小于0.25 Ω。电度表能够在最小20 mW功率的水平上测量能耗，单位为瓦时（W・h）。

功率计在1 W的有功功率读数时应精确到0.1 W，且在电流不大于2 A时的波峰因子不小于5。

A.3　测试方法

A.3.1　试验设置

a）暗室条件：将显示器电源断开，光学测量装置垂直置于屏幕的中心，测量显示器的照度测量值应不大于1.0 lx。

b）色彩控制和外围设备：所有色彩控制（色调，饱和度等）应调节至出厂缺省值。不应连接任何外部设备，包括USB集线器或端口。用户可调的内置扬声器、TV调谐器等应调至它们最小的能耗设置。

c）刷新频率：CRT的像素形式应设置在刷新频率为75 Hz时具有最高分辨率的首选像素形式。对于LCD和其他采用固有像素技术的显示器，像素形式应设置为固有水平。LCD的刷新频率应设为60 Hz，或设为制造商推荐的刷新频率。

d）显示器图像尺寸、亮度、对比度设置：

显示器的亮度不均匀性指标应符合SJ/T 11292的要求，并分别在表A.1设置状态下测试：

表A.1　显示器亮度、对比度测试状态要求

显示器类型	亮度	对比度	测试图案
CRT	符合设置状态1要求	符合设置状态1要求	占画面80%的全白块（图A.1）
LCD	符合设置状态2要求	符合设置状态2要求	占画面80%的全白块（图A.1）

设置状态1：对于CRT显示器，首先将显示器设置为制造商推荐的图像尺寸（此尺寸一般稍小于最大的可视屏幕尺寸），同时将亮度和对比度设置为最大。显示一个从全黑到全白提供8级灰度的测试图案（图A.2）。首先调节“亮度”设置，使得第一排的0%和5%灰度的两个灰阶可以恰好分辨，接下来，将“对比度”从最大值逐渐减小，直到第2排中的100%和95%灰度的两个灰阶可以互相恰好分辨。

设置状态2：对于LCD显示器，显示一个从全黑到全白提供8级灰度的测试图案（图A.2）。在此图案下，当亮度和对比度设置在最大时，应能区分第一排的0%和5%的两个灰阶。如果不能区分，那么调整对比度直到可以区分出来。

e）光学测量规程：在暗室条件下，将光学测量装置在垂直于屏幕中心的位置进行测量。测量的屏幕面积应至少覆盖500像素。但是任何情况下发光面积不应小于测量装置的测量面积。

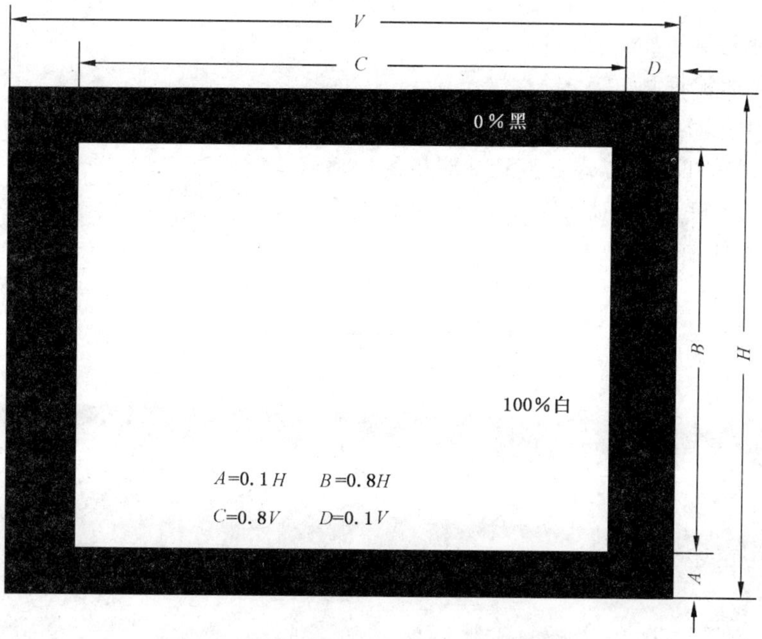

图 A.1 占画面80%的全白块图案

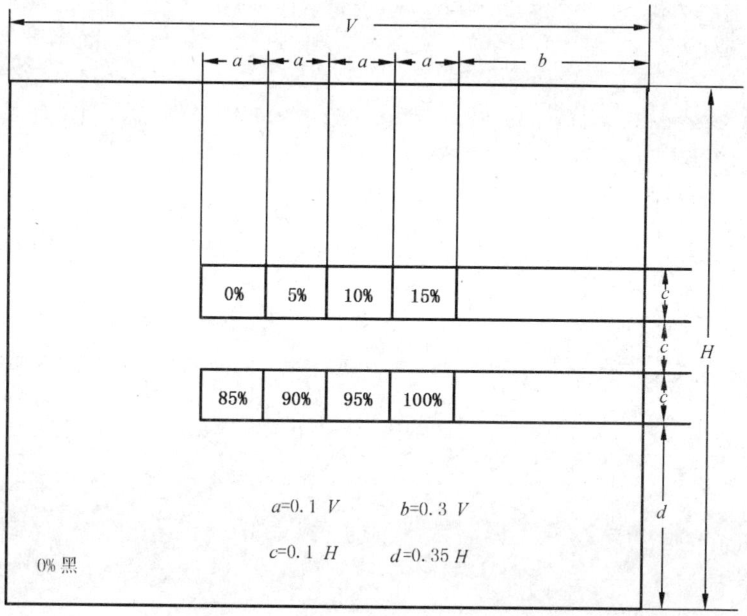

图 A.2 8级灰度的测试图案

A.3.2 能源效率测试方法

a) 把试验样品连接到电源和测试设备上；

b) 给全部试验设备接通电源，并适当调整电源电压和频率；

c) 检查试验样品的工作状态，见 A.3.1b)；

d) 设置适当的刷新频率，见 A.3.1c)；

e) 将试验样品置于工作方式，保持稳定大于 20 min；

f) 确定符合测试要求的尺寸、亮度及对比度。见 A.3.1d)；

g) 测试样品屏幕中心处亮度，同时测试屏幕尺寸；

h） 测试样品的能耗，测试时间应不小于 10 min；

i） 记录试验条件和试验数据。

A.3.3 关闭方式下的能耗测试方法

a） 给全部试验设备接通电源，并适当调整电源电压和频率；

b） 将显示器保持在关闭方式下直到被测量的功率值读数稳定；

c） 测试样品的能耗，测试时间应不小于 10 min；

d） 记录试验条件和试验数据。

ICS 27.010
F 01

中华人民共和国国家标准

GB 21521—2008

复印机能效限定值及能效等级

Minimum allowable values of energy efficiency and energy efficiency grades for copy machines

2008-04-01 发布　　2008-11-01 实施

中华人民共和国国家质量监督检验检疫总局
中国国家标准化管理委员会　发布

前　言

本标准 3.2 和 3.4 为强制性条款，其余为推荐性条款。

本标准的附录 A 是规范性附录。

本标准由国家发展和改革委员会资源节约和环境保护司、国家标准化管理委员会工业标准一部组织制定。

本标准由全国能源基础与管理标准化技术委员会提出。

本标准由全国能源基础与管理标准化技术委员会归口。

本标准主要起草单位：中国标准化研究院、国家复印机质量监督检验中心、国家计算机质量监督检验中心、中国惠普有限公司、信息产业部第五研究所。

本标准主要起草人：张国钦、陈海红、邝亚明、周兴华、张抒洁、宋丹玫。

复印机能效限定值及能效等级

1 范围

本标准规定了普通用途的静电复印机(以下简称复印机)的能效限定值、节能评价值、目标能效限定值、试验方法和检验规则。

本标准适用于在电网电压下正常工作的复印幅面A3及A3以下的静电复印机及以复印为其基本功能的多功能一体机(多功能数码复印机、多功能打印复印一体机、彩色复印机等)。

2 术语和定义

下列术语和定义适用于本标准。

2.1

关闭状态 off mode

复印机连接到电源上,且电源开关为"断"的状态。

2.2

工作状态 active mode

复印机连接到电源上且正在进行工作输出或执行其他的主要功能的状态。

2.3

准备状态 ready mode

复印机已经达到了工作条件但并不进行任何输出,可以在短时间内进入工作状态。

2.4

睡眠状态 sleep mode

复印机停止运行一段时间后,在不关闭的情况下自动进入的能耗较低的状态。

2.5

典型能耗(TEC) typical energy consumption

复印机按照本标准所规定测试方法和计算方法得出的每周能源消耗量,单位为千瓦时(kW·h)。

2.6

自动关机状态 auto-off mode

复印机从完成主要工作功能后自动进入的一种比睡眠状态能耗更低的状态。

2.7

复印机能效限定值 minimum allowable values of energy efficiency for copy machines

在标准规定测试条件下,复印机所允许的最大的典型能源消耗和关闭状态下的最大有功功率。

2.8

复印机节能评价值 evaluating values of energy conservation for copy machines

在标准规定测试条件下,节能型复印机所允许的最大的典型能源消耗和关闭状态下的最大有功功率。

3 技术要求

3.1 复印机能效等级

复印机能效等级分为3级,其中1级能效最高。各等级复印机的典型能源消耗应不大于表1的规定，各等级复印机关闭状态能耗应不大于表1的规定。

表1 典型能源消耗等级

复印机类型	复印速度 p/(页/min)	能效等级					
		1级		2级		3级	
		典型能源消耗/(kW·h)	关闭状态能耗/W	典型能源消耗/(kW·h)	关闭状态能耗/W	典型能源消耗/(kW·h)	关闭状态能耗/W
单色复印机	$p\leqslant 12$	1.2	1	1.5	2	1.8	3
	$12<p\leqslant 50$	0.16 p−0.8	1	0.20 p−1	2	0.25 p−1.25	3
	$p>50$	0.64 p−25	1	0.80 p−31	2	1.00 p−38	3
彩色复印机	$p\leqslant 50$	0.16 p+1.5	1	0.20 p+2	2	0.25 p+2.5	3
	$p>50$	0.64 p−22.5	1	0.80 p−28	2	1.00 p−35	3
单色多功能一体机	$p\leqslant 20$	0.16 p+1.6	1	0.20 p+2	2	0.25 p+2.4	3
	$20<p\leqslant 69$	0.36 p−2.2	1	0.44 p−2.8	2	0.53 p−3.4	3
	$p>69$	0.64 p−22.4	1	0.80 p−28	2	1.00 p−34	3
彩色多功能一体机	$p\leqslant 32$	0.16 p+4.0	1	0.20 p+5	2	0.24 p+6.0	3
	$32<p\leqslant 61$	0.36 p−2.2	1	0.44 p−2.8	2	0.53 p−3.4	3
	$p>61$	0.64 p−20	1	0.80 p−25	2	1.00 p−30	3
注：典型能耗计算时，用复印速度 p 的数值。							

3.2 能效限定值

复印机能效限定值为能效等级的3级。

3.3 节能评价值

复印机节能评价值为能效等级的2级。

3.4 目标能效限定值

自本标准实施之日起3年后，复印机能效限定值为能效等级的2级。

4 试验与计算方法

4.1 试验方法

按附录A的试验方法对典型能源消耗和关闭状态能耗进行测试。

4.2 计算方法

4.2.1 典型能耗(TEC)的计算

复印机典型能耗(TEC)按照式(1)计算：

$$\mathrm{TEC}=[(E_d\times 5)+(P_{ao}\times 48\ \mathrm{h})]/1\,000 \quad\cdots\cdots(1)$$

式中：

E_d——复印机每日能源消耗量，单位为瓦时(W·h)；

P_{ao}——复印机在自动关闭状态的功率，单位为瓦(W)。

复印机每日能源消耗量(E_d)按照式(2)计算：

$$E_d=E_{dj}+2E_f+E_{ao} \quad\cdots\cdots(2)$$

式中：

E_{dj}——复印机每日工作任务能源消耗量，单位为瓦时(W·h)；

E_f——复印机每日从完成工作任务到进入自动关闭状态期间的能源消耗量，单位为瓦时(W·h)；

E_{ao}——复印机每日处于自动关闭状态后的能源消耗量，单位为瓦时(W·h)。

复印机每日工作任务能源消耗量(E_{dj})按照式(3)计算：

$$E_{dj} = E_{j1} \times 2 + [(M_{jd} - 2) \times E_j] \quad \cdots\cdots(3)$$

式中：

E_{j1}——复印机完成测试方法规定的第一次工作任务时的能源消耗量，单位为瓦时(W·h)；

M_{jd}——复印机每日应完成的典型工作次数；

E_j——复印机平均工作能耗，单位为瓦时(W·h)。

复印机处于自动关机状态后的能源消耗量(E_{ao})按照式(4)计算：

$$E_{ao} = \{24\ h - [(M_{jd}/4)h + (T_f \times 2)]\} \times P_{ao} \quad \cdots\cdots(4)$$

式中：

T_f——复印机完成测试方法规定的第四次工作任务后进入自动关机状态的时间，单位为小时(h)。

复印机平均工作能耗(E_j)按照式(5)计算：

$$E_j = (E_{j2} + E_{j3} + E_{j4})/3 \quad \cdots\cdots(5)$$

式中：

E_{j2}——复印机完成测试方法规定的第二次工作任务时的能源消耗量，单位为瓦时(W·h)；

E_{j3}——复印机完成测试方法规定的第三次工作任务时的能源消耗量，单位为瓦时(W·h)；

E_{j4}——复印机完成测试方法规定的第四次工作任务时的能源消耗量，单位为瓦时(W·h)。

复印机每日应完成的典型工作次数(M_{jd})按照表2的要求确定。

表2 复印机每日应完成的典型工作次数

复印速度 p/(页/min)	每日典型工作次数
$0 < p \leq 8$	8
$8 < p \leq 32$	p
$p > 32$	32
注：每日典型工作次数计算时，用 p 的数值。	

4.2.2 关闭状态功率(P_{off})的计算

复印机在关闭状态的有功功率(P_{off})按照式(6)计算：

$$P_{off} = E_{off}/1\,000\ T_{off} \quad \cdots\cdots(6)$$

式中：

E_{off}——实际测量的复印机在关闭状态的能源消耗量，单位为千瓦时(kW·h)；

T_{off}——实际测量的时间，单位为小时(h)。

5 检验规则

5.1 出厂检验

5.1.1 能效限定值应作为复印机出厂检验项目。抽样方案由生产企业质量检验部门自定。

5.1.2 经检验认定能效限定值不符合3.2和3.4要求的复印机不允许出厂。

5.2 型式检验

5.2.1 产品出现下列情况之一时，应进行能效限定值型式检验：

a) 试制的新产品；

b) 改变产品设计、工艺或所用材料明显影响其性能时；

c) 质量技术监督部门提出检验要求时。

5.2.2 型式检验抽样

型式检验的抽样，每批抽1台，如发现其能效限定值不符合本标准要求，则该批产品为不合格。

附 录 A
（规范性附录）
复印机典型能耗和关闭状态能耗测试方法

A.1 试验条件

测试时，环境温度为(23±5)℃，相对湿度为10%～80%，大气压力为(86～106)kPa；测试电源为交流220(1±1%)V，电源频率为(50±0.5)Hz，对于标称功率大于1.5 kW的待测设备。测试电源为交流220(1±4%)V。

测试电源的总谐波失真不大于3%，测试标称功率大于1.5 kW的待测设备时，测试设备的总谐波失真不大于5%。

A.2 测试仪器

功率计在不大于10 W的有功功率测量时，测量结果精确到0.01 W；在大于10 W小于100 W的有功功率测量时，测量结果精确到0.1 W；在大于100 W的有功功率测量时，测量结果精确到1 W。

A.3 测试方法

A.3.1 试验设置

a) 测试用纸张：A4幅面70 g普通复印纸；

b) 测试版：静电复印机显影剂消耗量测试版，A4幅面(图像比率6%)。

注1：通常只对复印机主机进行测试，不包含复印机的外设配置，如分页器、自动输稿器等。但如果在产品规格表中注明外设配置是复印机随机的标准配置，并且其电源基本控制线在复印机内时，应对整机及其附属配件一起进行测试。

注2：测试前，待测设备和测试用复印纸张应在A.1规定的环境条件下放置1 h或更长时间。

A.3.2 测试数量的确定

A.3.2.1 每日典型复印数量的确定

待测产品每日典型复印数量为：$0.50\ p^2$，其中p为复印机速度的数值。

A.3.2.2 每次测试数量的确定

每次测试数量为每日典型复印数量除以每日典型工作次数，并将所得结果进位取整，但应保证每次复印任务至少要完成一张纸。

注：由于受到进稿器等设备的限制，对于高速复印机可以通过增加复印份数的方法来完成复印任务。

A.3.3 典型能耗的测试

a) 待测复印机初始安装完毕，并保证纸盒内有足够的测试用纸张；

b) 连接测试设备和待测复印机，接通测试设备电源并处于标准所规定的试验条件；

c) 启动待测复印机并使其达到准备状态；

d) 根据复印机速度选定复印数量并进行测试，记录输出首张纸的时间。待复印机进入睡眠状态后进行下一步操作；

e) 将测试设备读数清零，使复印机继续处于睡眠状态并记录1 h的能耗，如果复印机在此期间进入自动关机状态，则记录进入睡眠状态的时间和睡眠状态下的能耗，但仍需待时间满足1 h要求后方可进行下一步操作；

f) 将测试设备读数清零，使复印机完成一次复印任务，并记录下完成此次任务的能耗E_{j1}，自本次任务开始累计15 min后进行下一步操作；

g) 重复步骤 f)三次并分别记录下每次的能耗 E_{j2}、E_{j3} 和 E_{j4}；

h) 将测试设备读数清零，等待设备进入自动关闭状态并记录复印机完成最后一次工作任务到进入自动关闭状态期间的能源消耗量 E_f 和所用时间 T_f；

i) 测试并记录设备在自动关闭状态下的功率 P_{ao}。

A.3.4 关闭状态能耗的测试

a) 接通全部试验设备电源，并适当调整电源电压和频率；

b) 将待测复印机保持在关闭状态下直到被测量的功率值读数稳定；

c) 测试待测复印机的能耗，测试时间应不小于 10 min；

d) 记录待测复印机在关闭状态下的能耗 E_{off} 和测试持续的时间 T_{off}。

GB 21521—2008《复印机能效限定值及能效等级》国家标准第 1 号修改单

本修改单经国家标准化管理委员会于 2008 年 9 月 18 日批准，自 2008 年 11 月 1 日起实施。

GB 21521—2008《复印机能效限定值及能效等级》表 1 中复印机类型为“单色多功能一体机”，复印速度 p 为“$20<p\leq69$”，能效等级为“1 级”时，典型能源消耗(kW·h)由“$0.36p-2.2$”修改为“$0.35p-2.2$”；复印机类型为“彩色多功能一体机”，复印速度 p 为“$32<p\leq61$”，能效等级为“1 级”时，典型能源消耗(kW·h)由“$0.36p-2.2$”修改为“$0.35p-2.2$”。

ICS 71.060.10
G 10

中华人民共和国国家标准

GB/T 21524—2008

无机化工产品中粒度的测定 筛分法

Particle size determination of inorganic chemical products —Sieving method

(ISO 2926:1974,NEQ)

2008-04-01 发布 2008-09-01 实施

中华人民共和国国家质量监督检验检疫总局
中国国家标准化管理委员会 发布

前　言

本标准与 ISO 2926:1974《主要用于铝生产的氧化铝粒度分析　筛分法》(英文版）国际标准的一致性程度为非等效。

本标准与国际标准 ISO 2926:1974 主要技术差异为:

——用途不限于"用于铝生产的氧化铝";

——粒径修改为:大于 45 μm;

——增加手筛法、毛刷法和湿筛法。

本标准由中国石油和化学工业协会提出。

本标准由全国化学标准化技术委员会无机化工分会(SAC/TC 63/SC 1)归口。

本标准负责起草单位:天津出入境检验检疫局、天津化工研究设计院。

本标准主要起草人:刘绍从、李光明、吕刚。

本标准为首次发布。

无机化工产品中粒度的测定 筛分法

1 范围

本标准规定了无机化工产品中粒度的测定方法。

本标准适用于粒径大于45 μm、不吸潮或不溶于水的无机化工产品中粒度的测定。

2 规范性引用文件

下列文件中的条款通过本标准的引用而成为本标准的条款。凡是注日期的引用文件，其随后所有的修改单(不包括勘误的内容)或修订版本均不适用于本标准，然而，鼓励根据本标准达成协议的各方研究是否可使用这些文件的最新版本。凡是不注日期的引用文件，其最新版本适用于本标准。

GB/T 6003.1—1997 金属丝编织网试验筛(eqv ISO 3310.1:1990)

3 术语和定义

下列术语和定义适用于本标准。

3.1

手筛法 hand sieving method

用手往复振摇试验筛，一手在振幅距离处轻轻碰撞试验筛，由此产生的振动使小于孔径的颗粒通过筛孔的筛分方法。

3.2

机械法 mechanical sieving method

将试验筛安装在振筛机上，通过振动机振动试验筛而进行的筛分方法。

3.3

毛刷法 brush sieving method

用羊毛刷反复轻刷试验筛的样品，使小于孔径的颗粒通过筛孔的筛分方法(该方法适用于松密度较小的样品)。

3.4

湿筛法 wet sieving method

用一定流速的水冲洗样品、或边冲边用毛刷轻刷、或将盛样品的试验筛浸于水中用毛刷轻刷，而进行的筛分方法(该方法适用于松密度较小且不溶于水的样品)。

4 方法原理

把预先于(105±2)℃下干燥并冷却至室温的无机化工产品样品，在相对湿度不大于50%的环境下，使用手筛法、机械法、毛刷法或湿筛法进行筛分到达筛分终点后，称量不同筛子剩余样品的质量，计算出以筛网孔径为界限样品的粒度分布。

5 仪器

5.1 试验筛：试验筛为金属丝编织筛，技术规格和筛孔径应符合GB/T 6003.1—1997的R40/3系列要求。

5.2 天平：精确度至 0.02 g 和精确度至 0.000 2 g。

5.3 振筛机：振动频率为(100～300)次/min，振幅为 1 mm～4 mm。

5.4 羊毛刷子：毛长约 3 cm，刷子宽 3 cm～5 cm。

5.5 电烘箱：温度能控制在(105±2)℃。

5.6 超声波清洗器。

6 分析步骤

6.1 将指定尺寸的试验筛从底盘到顶部按筛孔增大的顺序组装好。

6.2 用天平称取 20.0 g～50.0 g 试样，精确至 0.02 g。放置在最顶部的试验筛上，盖上顶盖。

6.3 测定

6.3.1 手筛法

用手振动试验，振幅约为 0.1 m，频率约为 120 次/min。筛分时间为 3 min～5 min，静置 3 min 后，称量各筛的筛余物或筛下物，判定方法按 6.4。

6.3.2 机械法

将盛有试样的试验筛安装在振筛机上，振幅为 2 mm，频率为 120 次/min，振动时间为 5 min，静置 3 min 后，称量筛余物。

6.3.3 毛刷法

将试样放在试验筛上，用羊毛刷子反复轻刷，直至在黑色衬纸上没有试料痕迹为止。静置 3 min，称量筛余物，判定方法按 6.4。

6.3.4 湿筛法

将试样放在试验筛上，用水反复冲洗或浸在水中，羊毛刷子反复轻刷，直至冲洗水中不含试料流出为止。静置 3 min，将试验筛置于(105±2)℃电烘箱干燥至质量恒定，称量筛余物，精确至 0.000 2 g。

6.4 筛分过程应连续进行，直至 1 min 内通过剩余粒度级最多的试验筛的试样的质量分数小于0.1%。把留在每个筛子及底盘上的试料用毛刷仔细刷净，分别称量每个粒度级别的试验筛的筛余物质量(m_1)，所有筛余物的量的总和与称样量之差应不大于 1.5%，否则，重新取样测定。

6.5 每次测定结束后，用超声波对整套筛子进行清洗，以保证试验筛堵塞不大于 1.0%。

6.6 定期对试验筛进行计量或校准，若发现筛孔尺寸超过有关标准的要求或筛孔变形、筛网破损，应及时更换试验筛。

7 结果计算

7.1 粒度以筛余物质量分数 w 计，数值以%表示，按式(1)计算：

$$w = \frac{m_1}{m} \times 100 \qquad \cdots\cdots (1)$$

式中：

m_1——试验筛筛余物的质量的数值，单位为克(g)；

m——试料的质量的数值，单位为克(g)。

7.2 粒度以细度或通过率质量分数 w 计，数值以%表示，按式(2)计算：

$$w = \frac{m - m_1}{m} \times 100 \qquad \cdots\cdots (2)$$

式中：

m_1——试验筛筛余物的质量的数值，单位为克(g)；

m——试料的质量的数值，单位为克(g)。

7.3　粒度以细度或通过率质量分数 w 计，数值以%表示，按式(3)计算：

$$w = \frac{m_1}{m} \times 100 \qquad (3)$$

式中：

m_1——试验筛筛下物的质量的数值，单位为克(g)；

m——试料的质量的数值，单位为克(g)。

取平行测定结果的算术平均值为测定结果，两次平行测定结果的绝对差值符合有关产品标准的规定。

ICS 71.060.01
G 10

中华人民共和国国家标准

GB/T 21525—2008

无机化工产品中镁含量测定的通用方法　络合滴定法

Inorganic chemical products for industrial use—General method for determination of magnesium content by complexation titration

2008-04-01 发布　　2008-09-01 实施

中华人民共和国国家质量监督检验检疫总局
中国国家标准化管理委员会　发布

前　　言

请注意本标准的某些内容有可能涉及专利。本标准的发布机构不应承担识别这些专利的责任。

本标准的附录 A 是资料性附录。

本标准由中国石油和化学工业协会提出。

本标准由全国化学标准化技术委员会无机化工分会(SAC/TC 63/SC 1)归口。

本标准主要起草单位:天津出入境检验检疫局、天津化工研究设计院。

本标准主要起草人:刘绍从、孙书军、刘军、陆思伟。

本标准为首次发布。

无机化工产品中镁含量测定的 通用方法 络合滴定法

1 范围

1.1 本标准规定了测定无机化工产品中镁含量的通用方法——络合滴定法。

1.2 本标准适用于乙二胺四乙酸二钠(EDTA)作络合剂,以滴定法测定无机化工产品中镁含量。本标准适用于试验溶液中镁离子含量为 1 mg~200 mg。

2 规范性引用文件

下列文件中的条款通过本标准的引用而成为本标准的条款。凡是注日期的引用文件,其随后所有的修改单(不包括勘误的内容)或修订版本均不适用于本标准,然而,鼓励根据本标准达成协议的各方研究是否可使用这些文件的最新版本。凡是不注日期的引用文件,其最新版本适用于本标准。

GB/T 6682—1992 分析实验室用水规格和试验方法(neq ISO 3696:1987)

HG/T 3696.1 无机化工产品化学分析用标准滴定溶液的制备

HG/T 3696.3 无机化工产品化学分析用制剂及制品的制备

3 试验方法

3.1 安全提示

本试验方法中使用的部分试剂具有毒性或腐蚀性,操作者须小心谨慎!如溅到皮肤上应立即用水冲洗,严重者应立即治疗。

3.2 一般规定

本标准所用试剂和水,在没有注明其他要求时,均指分析纯试剂和 GB/T 6682—1992 规定的三级水。试验中所需标准滴定溶液、制剂和制品,在没有注明其他要求时均按 HG/T 3696.1、HG/T 3696.3 的规定制备。

3.3 原理

乙二胺四乙酸二钠(以下简称 EDTA)具有六个配位电子,在水溶液中能与大多数金属离子形成 1∶1 稳定的可溶性螯合物,在 pH≈10 的条件下,加入适当的掩蔽剂掩蔽干扰离子,EDTA 对钙镁离子的选择性达到定量测定的要求。以酸性铬蓝 K-萘酚绿 B 混合溶液为指示剂,用 EDTA 标准滴定溶液滴定钙镁总量。在试验溶液 pH≈12.5 的条件下,镁离子与氢氧根反应形成沉淀,此时 EDTA 只与钙定量形成螯合物,以钙试剂羧酸钠盐为指示剂,用 EDTA 标准滴定溶液滴定钙。从钙镁总量中减去钙含量,从而计算出镁含量。

3.4 试剂

3.4.1 三乙醇胺溶液:1+1;

3.4.2 三乙醇胺溶液:1+3;

3.4.3 氢氧化钾溶液:200 g/L;

3.4.4 氨-氯化铵缓冲溶液甲:pH≈10;

3.4.5 乙二胺四乙酸二钠(EDTA)标准溶滴定溶液:c(EDTA)≈0.02 mol/L;

3.4.6 酸性铬蓝 K-萘酚绿 B 混合指示液:溶解 0.3 g 酸性铬蓝 K 和 0.75 g 萘酚绿 B 于 100 mL 三乙醇胺溶液(3.4.1)中。

3.4.7 钙羧酸指示剂[1-(2-羟基-4-磺基-1-萘偶氮)-2-羟基-3-萘甲酸]:1%(质量分数)。

将钙羧酸指示剂与氯化钠按 1+99 的比例在研钵中充分研细混匀,贮存于带磨口塞的称量瓶中。

3.5 分析步骤

3.5.1 称样和试液的制备

称取试样的量和制备试液的方法在有关的产品标准中另行规定。

3.5.2 钙镁合量的测定

用移液管移取适量试验溶液(3.5.1),使试验溶液中镁(钙)离子含量为 1 mg~20 mg,置于 250 mL 锥形瓶中。根据产品中存在的干扰离子按照附录 A 加入合适的掩蔽剂及 5 mL 三乙醇胺溶液(3.4.2),10 mL 氨-氯化铵缓冲溶液甲,加水至约 100 mL,再加入 3 滴~5 滴酸性铬蓝 K-萘酚绿 B 混合指示液,用 EDTA 标准滴定溶液滴定至溶液变为纯蓝色,即为终点。

3.5.3 钙含量的测定

用移液管移取与测定钙镁合量相同体积的试验溶液(3.5.1),置于 250 mL 锥形瓶中,加入 5 mL 三乙醇胺溶液(3.4.2)。摇动下滴加氢氧化钾溶液,当溶液刚成浑浊时,加入 0.1 g 钙羧酸指示剂,继续滴加氢氧化钾溶液至试验溶液由蓝色变为酒红色,过量 0.5 mL。用乙二胺四乙酸二钠标准滴定溶液滴定至溶液由酒红色变为纯蓝色。

其他金属离子干扰的消除方法见附录 A。

3.6 结果计算

镁含量以镁(Mg)的质量分数 w 计,数值以%表示,按式(1)计算:

$$w = \frac{(V_1 - V_2)cM}{m \times 1\,000} \times 100 \qquad \cdots\cdots(1)$$

式中:

V_1——3.5.2 中测定钙镁合量所消耗 EDTA 标准滴定溶液的体积的数值,单位为毫升(mL);

V_2——3.5.3 中测定钙含量所消耗 EDTA 标准滴定溶液的体积的数值,单位为毫升(mL);

c——EDTA 标准滴定溶液的浓度的准确数值,单位为摩尔每升(mol/L);

m——试样质量的数值,单位为克(g);

M——镁(Mg)的摩尔质量的数值,单位为克每摩尔(g/mol)(M=24.305)。

3.7 重现性和再现性

重复性和再现性数值见表 1。

表 1 重复性和再现性

项 目	硫酸铝			碳酸钠			硝酸钾		
$\overline{w}$/%	0.12	0.63	1.28	0.14	0.44	1.06	0.11	0.53	1.10
重复性,r	0.030	0.089	0.098	0.025	0.059	0.079	0.015	0.038	0.087
再现性,R	0.043	0.147	0.158	0.040	0.094	0.136	0.041	0.089	0.146

注:重复性=2.8×标准偏差。

附　录　A
（资料性附录）
干扰离子的掩蔽

A.1　在酸性溶液中加入 1 mL 三乙醇胺，存在下列离子不干扰测定（以 mg 计）：Al^{3+}（4）、Sn^{4+}（5）、Fe^{3+}（8）、Ti^{4+}（5）。

A.2　酒石酸钾钠（2 g）可以掩蔽下列离子（以 mg 计）：Ti^{4+}（3.6）、Mn^{2+}（4）。

A.3　在 pH＞8 的碱性溶液中加 1 g 氰化钾可以掩蔽 10 mg 下列离子：Ag^{+}、Cd^{2+}、Co^{2+}、Cu^{2+}、Fe^{2+}、Hg^{2+}、Ni^{2+}、Pb^{2+} 和其他二价铂系金属以及 Zn^{2+}。

A.4　乙二胺掩蔽 Zn^{2+}、Cd^{2+}、Hg^{2+}、Cu^{2+}、Ni^{2+}、Co^{2+}。

A.5　1 mL 硫化钠溶液（20 g/L）掩蔽 10 mg 的 Cu^{2+}、Fe^{3+}。

A.6　1 mL 硫酸钠溶液（50 g/L）可与 10 mg Ba^{2+} 生成沉淀，消除 Ba^{2+} 的干扰。

A.7　无水乙醇和正丁醇混合醇（10＋1）可以消除 Li^{+} 的干扰。当锂镁质量比为 1∶2 至 1∶1 时，加入 5 mL 混合醇。在锂镁质量比 1∶1 至 3.5∶1 时，加入 10 mL 混合醇。在锂镁质量比 3.5∶1 至 7∶1 时，加入 15 mL 混合醇。在锂镁质量比 7∶1 至 10∶1 时，加入 20 mL 混合醇。

A.8　在六次甲基四胺溶液中（pH 值为 6.0～6.5）Al^{3+}、Ti^{4+}、Sn^{4+}、Cr^{3+}、Zr^{4+}、Th^{4+} 生成沉淀。

A.9　pH＞8 时加入 0.5 mL 的丙酮氰醇完全掩蔽 50 mg 的 Ni^{2+}、Cu^{2+}、Zn^{2+}。

A.10　70 mg 的钛铁试剂可消除 6 mg 稀土（以氧化物计）的干扰。

A.11　氨水可定量沉淀 Zr^{4+}，分离沉淀消除干扰。

A.12　加入 5 mL 三乙醇胺溶液（1＋1）、0.3 g 酒石酸钾钠、5 mL DL-半胱氨酸溶液（1＋4），存在下列离子不干扰测定（以 mg 计）：Fe^{3+}（25）、Al^{3+}（25）、Cu^{2+}（20）、Ni^{2+}（20）、Zr^{4+}（20）、Zn^{2+}（20）、Cd^{2+}（20）、Sn^{4+}（20）、Mn^{2+}（5）、Pb^{2+}（10）、Ti^{4+}（4）、Co^{2+}（10）、SiO_3^{2-}（100）。

A.13　根据 SiO_3^{2-} 的含量，按 $m(F)/m(Si)=6$ 的比例，加入一定量 20 g/L 的 NaF 溶液，摇匀放置 2 min，消除 SiO_3^{2-} 的干扰。

A.14　用六次甲基四胺-铜试剂，存在下列离子不干扰测定（250 mL 溶液中，以 mg 计）：Cu^{2+}（50）、Al^{3+}（10）、Fe^{3+}（4）、Ti^{2+}（2）、Cr^{3+}（0.5）、Mn^{2+}（1.5）、Zn^{2+}（10）。

A.15　当 $m(Ca^{2+}):m(Mg^{2+})\geqslant 0.5$ 时，将试验溶液移入容量瓶中并加入适量水，滴加浓氨水至刚有白色沉淀出现，稍分层后，再加入过量的草酸铵溶液（40 g/L），加水至刻度摇匀，静置分层。用中速定量滤纸干过滤，得到含 Mg^{2+} 试验溶液（含微量 Ca^{2+}）。

ICS 83.180
G 38

中华人民共和国国家标准

GB/T 21526—2008/ISO 17212:2004

结构胶黏剂　粘接前金属和塑料表面处理导则

Structural adhesives—Guidelines for the surface preparation of metals and plastics prior to adhesive bonding

(ISO 17212:2004,IDT)

2008-04-01 发布　　2008-09-01 实施

中华人民共和国国家质量监督检验检疫总局
中国国家标准化管理委员会　发布

前　　言

本标准等同采用 ISO 17212:2004《结构胶黏剂　粘接前金属和塑料表面处理导则》。

本标准等同翻译 ISO 17212:2004。

为了便于使用,本标准做了下列编辑性修改:

——“本国际标准”一词改为“本标准”;

——删除国际标准的前言。

本标准由中国石油和化学工业协会提出。

本标准由全国胶黏剂标准化技术委员会归口。

本标准起草单位:上海康达化工有限公司、上海橡胶制品研究所、江苏黑松林粘合剂厂。

本标准主要起草人:侯一斌、陈云传、李易、李宪权、刘鹏凯。

引　言

不同材料的粘接效果不尽相同，有的材料未经特殊处理则不能粘接。表面对粘接的适应性取决于表面处理程度、接头设计、所要实现的功能(粘接、密封等)以及所处的使用环境。

大多数胶黏剂粘接前需要对表面进行一定程度的处理。对于那些容易产生弱化或疏松表层、应力裂纹或受到溶剂侵蚀的材料表面通常需要进行特殊的处理。

经适当的处理后，大多数常见金属的粘接效果令人满意。除非有污染物或残留的脱模剂，热固性塑料(如环氧和聚酯复合材料)通常无需处理就能很好地粘接。相反，大多数热塑性塑料由于表面能低，需要进行特殊的表面处理。

一些涂料可以提供极好的表面性能，尤其是汽车工业使用的水基阳离子电泳底漆。然而，应该检查涂料与基材界面的稳定性。涂层的表面，即使是新鲜表面也需要通过处理来提高自由能使其易于浸润。

一些胶黏剂具有溶解轻质油和某些聚合物材料的能力。因此，对于不涉及“安全性要求”的接头，一些表面在粘接前不需要进行任何处理。

为了使接头具有最佳的环境耐久性，传统的处理方法通常由按以下顺序的三个步骤组成，但并非每个步骤均是必需的：

——清除污染物；

——物理诱导的表面改性；

——化学处理。

然而，立法的压力推动着新方法的建立和引入，将上述各独立的步骤组合使用，并逐步禁止使用一些危害性较大的化学品。

一些常见的处理方法，尽管在细节上会有些差异，均可用于大多数热固性和热塑性塑料的表面处理。与之相比，不同的金属表面通常需要用不同的方法处理。为使金属接头具有最佳的耐久性，通常需要引入更为复杂和特殊的处理方法。

本标准叙述了一些金属和塑料表面处理的基本方法(见第7章)。

结构胶黏剂　粘接前金属和塑料表面处理导则

1　范围

1.1　概述

本标准提供和描述了部件粘接前表面处理的通用方法，用于实验室评价或制造过程。本标准适用于常见的金属和塑料表面。

1.2　表面

本标准涉及的表面包括以下金属和塑料(包括含有填料和有表面涂层的塑料)系列：

金属

铝
铬
铜
镁
镍
钢(低碳钢)
钢(不锈钢)
锡
钛
锌

涂料

水基阳离子电泳漆
醇酸树脂
聚酯
环氧树脂
聚氨酯

塑料

热塑性塑料

丙烯腈-丁二烯-苯乙烯共聚物
缩醛树脂
聚丙烯酸酯
聚酰胺
聚碳酸酯
聚酯
聚醚醚酮
聚乙烯
聚酰亚胺
聚甲基丙烯酸甲酯
聚苯醚

聚丙烯

聚苯乙烯

聚四氟乙烯

聚氯乙烯

聚砜

热固性塑料

醇酸树脂

聚烯丙基邻苯二甲酸酯

氨基树脂

环氧树脂

聚酯

酚醛树脂

聚氨酯

脲基树脂(见上述氨基树脂)

1.3 方法

本标准所述的用于表面清洗和改性的各种方法选自现今沿用的一些最好的方法,这些方法可以通过不同的组合,形成最有效的处理方式,使胶接接头获得所需的环境耐久性。

2 规范性引用文件

下列文件中的条款通过本标准的引用而成为本标准的条款。凡是注日期的引用文件,其随后所有的修改单(不包括勘误的内容)或修订版均不适用于本标准,然而,鼓励根据本标准达成协议的各方研究是否可使用这些文件的最新版本。凡是不注日期的引用文件,其最新版本适用于本标准。

ISO 472 塑料 词汇

EN 923 胶黏剂 术语和定义

BS 5350-C5,胶黏剂的试验方法 刚性粘接物拉伸剪切强度的测定

3 术语和定义

ISO 472、EN 923 以及下列术语和定义适用于本标准。

3.1

塑料

以高聚物为主要成分,可以经流动成型为最终产品的材料。

注:由于本标准的特殊需要,"塑料"也包含涂料。在下文中,应理解仅有一小部分涂料表面可以承受超过额定负载的载荷,但那些用于汽车工业的水基电化学涂料和应用于金属板预涂处理的丙烯酸、环氧和聚酯涂料是典型的例外。

3.2

磨蚀

通过打磨或喷砂使金属和塑料(包括涂料)表面浅层粗化,基本上都能提高最终胶接接头的性能。

4 安全

本标准的使用者应熟悉实验室的常规操作和必要的工业卫生原则。

本标准并未提出所有的安全问题,使用者有责任建立符合相关的国家卫生、安全和环境法规的操作规程。

浓酸、浓碱和氧化剂(如三氧化铬、重铬酸盐和含铬溶液)都是具有高度腐蚀性的化学物质。溅出物能严重损伤皮肤和眼睛及损坏普通的衣物。在使用这些化学物质时,应穿戴保护用品(如外衣、手套和护镜或面罩)。

同样，在使用溶剂时应采取适当的预防措施。至少应使用防护眼镜和手套(或合适的防护油膏)。

尽可能使用异丙醇作为溶剂，也可以使用酮(丙酮或甲乙酮)或那些虽然受到反对，但符合蒙特利尔公约和国家法规要求的含卤素溶剂。醇和酮(尤其酮)是易燃的。所有这些物质在一定浓度下都有麻醉性，应注意操作环境的蒸气密度，进行适当的通风排气。

不要让清洗剂接触皮肤。滥用会导致皮炎。

下列方法涉及一些有危险的操作、材料和专卖的化学品。因此，有必要遵循供应商的使用说明，研究相关的卫生和安全资料，建立相应的操作规程。

废弃物应由法定处理机构根据国家法规的要求进行处理，应征询法定处理机构的建议。

警告——当制备溶液时：

——决不能把水加入酸中。

——一定要把酸缓慢平稳地加入正在搅拌的溶液中。

放热反应会加热所制备的混合物，如果发生会加剧污染危害，**必须特别的注意**。

5 初始处理方法

5.1 概述

当粘接涉及安全性要求的结构时，应采用最佳的处理方法。这就要求使用适当的方法清洗和改性表面，这些表面可能是无机或有机的涂层，甚至也可能是两者的结合。相反，当接头仅仅承受轻微的或额定负荷时，使用能溶解轻质油的胶黏剂可以只进行简单的表面处理，甚至不用进行表面处理。表面处理应征询制造商的建议。

5.2 搬运、清洗和储存

5.2.1 搬运

在处理之前应尽可能少地触摸要粘接的表面，更不能直接触摸处理后的表面。如果搬运是不可避免的，那么应戴清洁的、无绒的棉布或尼龙手套。

5.2.2 清洗

尽可能使用水性清洗剂清除油脂残留物，非离子清洗剂有良好的效果。专用的碱性清洗剂对金属有很好的效果，可以去除碳氢化合物，而强碱性清洗剂还可以去除金属皂和盐类。但是，铝不能用强碱性清洗剂清洗，应确保铝不与含有氢氧化钠的清洗剂接触。一些专用的混合液需加热使用，而另一些则使用阳极或阴极电流。无论使用何种清洗剂，部件应彻底冲洗干净并用60℃的干燥空气干燥10 min左右。

如果需要用溶剂去除标记或涂料时，应尽可能使用异丙醇，也可以使用丙酮、甲乙酮或其他许可的溶剂(见第4章)。溶剂可能因为溶解作用或引起应力裂纹而导致一些热塑性材料的严重损坏。聚碳酸酯、聚甲基丙烯酸甲酯和丙烯腈-丁二烯-苯乙烯共聚物等塑料更易于产生应力裂纹。

超声波清洗适用于小型部件的处理。

通常是不赞同使用蒸气浴的，但推荐用于钛及钛合金的处理，即便如此也不能使用含氯溶剂。

某些工业生产过程可能或确实对在处理过程中和处理后的表面产生损害。使用设备时经常有有害灰尘、烟雾和蒸气排放到空气中，油蒸气、脱模剂喷雾和电镀车间的空气尤其有害。因此，表面处理(和粘接)应在不受污染的隔离区域内进行。

5.2.3 储存

必须清楚实验室储存和在工业生产中的工序间隔之间的差别，前者用于对表面或胶黏剂性能的判定。用于这种目的时，贮存条件应为(23±2)℃的环境温度和(50±5)%的相对湿度。除低碳钢等易于发生不良氧化的材料外，部件的储存时间可以长至8 h。这些表面在处理后应尽可能快地进行粘接，粘接前应储存在干燥空气中。无论在什么情况下，操作时不能触摸处理过的表面。处理过的表面应保存在密闭的容器中或用合适的非污染性的材料覆盖，如未漂白的牛皮纸。

工业产生要求达到其标准中规定的性能。为达到这一目的，应建立操作规程以保证表面处理的完整性在组装前受到的破坏程度是可以接受的。尤其应注意由于氧化、冷凝和污染（特别是脱模剂）造成损害的可能性，决不能在表面处理区内使用脱模剂。处理过的表面应立即粘接，除特殊情况外不要超过4 h。

6 表面改性

6.1 物理方法：机械法（磨蚀）

6.1.1 打磨

打磨可以用水磨砂纸（45 μm 到 106 μm 粒度）或无纺砂布进行湿磨或干磨。

打磨应按以下的步骤依次进行：

a) 先横向打磨，直到表面都有均匀的轻度划痕为止。

b) 然后在垂直方向进行同样地打磨，直到步骤 a）产生的所有划痕都被磨去。

c) 再环向打磨（直径≤100 mm），直到步骤 b）产生的所有划痕都被磨去，表面均匀一致为止。

d) 清除碎屑。若是干磨应尽可能使用真空，或者在合适的通风柜内用清洁、干燥的空气吹洗。若是湿磨，用干净的无绒棉布蘸溶剂擦洗，晾干。

e) 粘接或者进行进一步的表面改性处理。

部件在粘接前应是干燥的，且尽可能快地粘接，最好在 1 min 内完成（见 5.2.3）。可以用不超过65℃的干燥空气加速干燥。

注 1：应小心操作确保磨料不致成为堵塞物，并且污染物在以上处理过程中不会从上一步骤转移到下一步骤。

注 2："水膜"试验是可以指示表面是否清洁的方法（见 6.3.2e））。

6.1.2 喷砂

干法喷砂通常用于金属部件的处理。但是，应小心使用这一方法，避免过度的侵蚀。使用侵蚀作用较小的处理方法对较为坚硬的塑料是有效的。已有一些专用的方法可供选用，如以干冰微粒和坚果壳碎屑作为特殊磨料的方法。一般情况下，金属部件通常用 45 μm 至 106 μm 的磨料进行干法喷砂处理，直至表面均一。铁和钢磨料不能用于铝、铜、不锈钢或钛的部件。

湿法喷砂是将悬浮于水或蒸汽中的小于或等于 16.8 μm 磨料垂直喷射于表面，对于小型金属部件非常有效。专用的湿法喷砂体系通常含有水溶性添加剂，为防止表面受到进一步的污染，应征询制造商的建议。

钛的表面处理不建议使用湿法喷砂。

无论使用干法或湿法喷砂，都应按 6.1.1d）和 6.1.1e）步骤进行。

6.2 物理方法：非机械法

已经建立了许多不使用机械研磨或液体化学品改性表面的方法，主要是通过物理诱导氧化的方法对塑料表面进行有益的化学改性，其中的一些方法还有一定程度的去除污染物的作用。

这些专门方法的两个主要实例是等离子放电和火焰处理。由于需要确定这两种方法的最佳工艺条件，建议与设备供应商和经认可的研究实验室一起建立适当的处理方法。

以下是一些有用的建议：

a) 用氧化性气体火焰诱导表面改性是一种适用于许多塑料的相对简单、快速、有效和经济的方法，这种方法非常适用于形状复杂的部件。

b) 常压等离子放电（通常称为电晕放电）也同样快速、有效且经济。然而，由于这一方法设备调节困难，难以保持性能稳定，不适用于形状复杂的部件，只适用于形状简单且基本上平坦的部件。

c) 低压等离子放电比火焰氧化更加通用，可以处理复杂形状的部件，通过在放电室选用不同的气体组合可以达到最优化的表面处理。但是，由于高昂的设备成本和表面处理的非连续性操作，降低了这种方法的优势。该方法需要在等离子室内分批处理，而气体火焰和电晕方法可以连续处理。

d) 激光可以用于塑料和金属的表面处理。但是，由于该方法还不够成熟，只能在其他替代方法不适用时使用。

e) 上述方法都不包含液体，所以无需干燥处理过的表面。然而，由于处理方法、表面自身特性和周围环境的不同，处理过的表面的退变方式也不同。以一定方式把上述各种方法组合使用可以获得更广泛适用性，但原则上所有表面应在处理后尽快粘接(见 5.2.3)。

6.3 化学方法

6.3.1 背景

化学处理的目的通常是氧化已按照 5.2.2 清洗和 6.1.1 和 6.1.2 磨蚀的表面。由于氧化过程通常要使用及处置强氧化剂，因此开发了一些使用偶联剂的方法，并且一直在不断改进。目前，这些方法趋向于以硅烷化学为基础。这些非常专业化的方法将在 6.4 中分别讨论。见表 1 和表 2。

表 1 金属及其合金表面处理的基本方法

金属及其合金	处理方法	备注
铝及其合金	脱脂(5.2.2)、磨蚀(6.1)，按照 7.2.1.1 的要求浸蚀后粘接。	也可选用偶联剂方法(见 6.4)。
阳极化表面： 常规阳极化表面(用铬酸或硫酸处理)	脱脂(5.2.2)、轻度打磨(6.1.1)，然后粘接。	所有阳极化处理的表面，最好在 4 h 内粘接。
强阳极化表面	喷砂(6.1.2)，按照 7.2.1.2 的要求浸蚀后粘接。	强阳极化表面若未经此处描述的方法处理，不应进行粘接。因此，要求将表面打毛，也可以使用偶联剂(见 6.4)。
磷酸阳极化表面	专用方法	粘接前按照专用方法处理。
铬	脱脂(5.2.2)，在磨蚀(6.1)或按照 7.2.1.3 的要求浸蚀后粘接。	
铜(包括黄铜和青铜)	脱脂(5.2.2)，在磨蚀(6.1)或按照 7.2.1.4 的要求浸蚀后粘接。	所列的三种浸蚀液都可以使用。
镁	脱脂(5.2.2)，在按照 7.2.1.5 的方法处理后粘接。	**任何情况下，此种金属都不可以打磨或喷砂。不要暴露于蒸气浴中。**
镍	脱脂(5.2.2)，在磨蚀(6.1)或按照 7.2.1.6 的要求浸蚀后粘接。	所列的三种浸蚀液都可以使用。
钢(低碳钢)	脱脂(5.2.2)，在磨蚀(6.1)或按照 7.2.1.7 的要求浸蚀后粘接。	也可使用偶联剂而且是优先选用的方法(见 6.4)。
钢(不锈钢)	脱脂(5.2.2)，在磨蚀(6.1)或按照 7.2.1.8 的要求浸蚀后粘接。	也可使用偶联剂而且是优先选用的方法(见 6.4)。
锡	脱脂(5.2.2)，然后在打磨(6.1.1)或干法喷砂(6.1.2)后粘接。	见 7.2.1.9。

表 1（续）

金属及其合金	处理方法	备注
钛	蒸汽脱脂（5.2.2），然后在按7.2.1.10中方法1或方法2所述的特殊方法处理后粘接。	钛通常用于涉及安全性要求的航空领域，应按照7.2.1.10中规定的方法处理。
锌	脱脂（5.2.2），在打磨（6.1）或按照7.2.1.11的要求浸蚀后粘接。	也可使用偶联剂而且是优先选用的方法（见6.4）。

表 2　塑料（包含涂料）表面处理的基本方法

塑料（包含涂料）	处理方法	备注
涂料： 阳离子电泳漆 醇酸树脂 聚酯 环氧树脂 聚氨酯	均采用通常的清洗和磨蚀处理方法（见5.2.2和6.1）。	某些聚酯涂料较难粘接，其中的一些可以通过火焰或等离子方法处理后得到明显改善。
热塑性塑料： 丙烯腈-丁二烯-苯乙烯共聚物 缩醛树脂 聚丙烯酸酯 聚酰胺 聚对苯二甲酸丁二醇酯（BTP） 聚碳酸酯 聚酯 聚醚醚酮 聚乙烯 聚酰亚胺 聚甲基丙烯酸甲酯 聚苯醚 聚丙烯 聚苯乙烯 聚砜 聚四氟乙烯 聚氯乙烯	这一组塑料通常不易溶于常见的溶剂，即使是用丙烯酸类的胶黏剂也难以粘接。通常经过火焰或等离子方法处理后，粘接性能可明显改善（见6.2）。	下列引用的化学处理方法是针对以下热塑性材料建立的，当使用其他方法效果不好时，使用这些方法效果能得以明显改善。 丙烯腈-丁二烯-苯乙烯共聚物　见7.2.2.1 聚缩醛　见7.2.2.2 聚酰胺　见7.2.2.3 聚对苯二甲酸丁二醇酯　见7.2.2.4 聚乙烯　见7.2.2.5 聚丙烯　见7.2.2.6 聚四氟乙烯　见7.2.2.7
热固性塑料： 纤维素酯（见注1） 醇酸树脂 氨基树脂 环氧树脂（见注2） 聚酯（见注3和注4） 酚醛树脂 聚氨酯树脂 脲基树脂（见上述氨基树脂）	均采用通常的清洗和磨蚀处理方法（见7.2.2和6.1）。	使用6.4中一种或几种方法的组合，很可能提高这些材料接头的耐久性。 注： 1）若用环氧胶黏剂粘接，粘接前在93℃下加热1 h，且趁热粘接。要避免热的胶黏剂提前固化。 2）如果在加热下粘接，确保在粘接前已经去除表面水分。 3）使用低模量胶黏剂以改善脆性胶衣表面的负荷分布。

6.3.2 化学试剂和溶液

表面化学改性方法的有效性取决于各个工艺过程完整性的保持程度。特别是在使用浸蚀液时，专业性的建议很有帮助，应遵循以下要求。

要求：

a) 使用蒸馏水或去离子水，固体含量不应超过 50 mg/kg，pH 值应在 6.5 至 8.5 之间，电导小于 20 μS。

b) 溶液配制要准确（工业级或试剂级材料精确到±1%），并通过定期取样、分析和相关文件记录来保持。当配制、使用溶液时，只能使用聚乙烯、聚丙烯或聚四氟乙烯器皿。

c) 废弃的原料、化学品和其他溶液应按照法规要求，由法定的处置机构处置。应征询法定处置机构的建议。

d) 漂洗可采用水喷淋或在有流动水的槽中浸泡的方法（见要求 a)），无论哪种情况都应充分冲洗以保证彻底清除残留物。

e) “水膜”试验可以指示表面是否洁净。将表面浸入水（见要求 a)）中，取出后水膜连续均匀并能保持 30 s，则可以认为表面洁净，达到了适合粘接的最佳条件。虽然表面洁净可提高耐久性，但不能期望增加粘接强度。

6.4 组合方法

6.4.1 概述

已经建立了一些将磨蚀和化学处理相结合的表面处理方法，这些化学处理方法通常使用硅烷偶联剂，但不是必须的。

6.4.2 干法

6.4.2.1 背景

干法适用于金属和塑料表面，已有两种基于专用技术的方法。应征询制造商或供应商的意见，根据所要处理的表面选择特定的处理方法。

6.4.2.2 硅烷化磨料

用硅烷化磨料（通常是金刚砂）喷砂表面，有要求时进行清洗和磨蚀（见 5.2.2 和 6.1）。根据所选用的方法，必要时对处理过的表面在粘接之前用特殊底涂剂进行处理。

6.4.2.3 火焰处理

按照制造商的说明书，将已进行过适当处理的表面（见 5.2.2 和 6.1）置于特定的火焰中进行化学改性。

6.4.3 湿法

6.4.3.1 背景

两种湿态处理方法的原理相似，通常使用的原料也都是硅烷或相关的偶联剂，但使用的原料种类有很大不同。这两种方法适用于金属和塑料，选用哪种方法取决于特定的材料。因此，应向制造商或供应商征询适用于所要处理表面的专用方法。

6.4.3.2 打磨中改性

在对表面进行最初的清洗后（见 5.2.2），按照 6.1.1 中 6.1.1a)至 6.1.1c)的要求进行湿磨。然后，在粘接之前采用专门的方法，按照制造商的说明书要求进行处理。

一些水基的溶液也可以指示表面是否处于适合粘接的状态，这是通过使用与胶黏剂表面张力相匹配的液体来实现的。

6.4.3.3 打磨后改性

在按照 5.2.2 和 6.1 进行表面清洗和磨蚀后，粘接前根据制造商要求，采用专门的方法处理。

7 处理方法

7.1 概论

表1(金属)和表2(塑料)总结了适用于大多数常用材料的处理方法。可以看出,为了使接头获得最佳的耐久性,每种金属都需要进行特殊的处理。相反,不是每种塑料都需要采用特殊的处理方法,相似的方法可以用于几种不同高聚物的表面处理。此外,大多数塑料的处理可以不使用有害的湿化学方法。

大多数热固性塑料的处理,通常从5.2.2、6.1.1,尤其是6.2中选择合适的、简便的方法对表面进行脱脂和磨蚀即可。

大部分低表面能的热塑性材料通常可用6.2中所述的等离子法或火焰法处理。除非表面已被脱模剂或其他污染物所污染,新制出的部件不必进行清洗,因为以上两种处理方法都可以清除轻度的污染。如果必须进行清洗,则应细心操作,不要让塑料受到损坏。如果有可能,则应避免使用溶剂,因为溶剂对塑料会产生应力裂纹和部分溶解等严重损害(见5.2.2)。通常也不需要对表面进行磨蚀。

但是,也建立了一些特殊的化学处理方法,用于特定的热塑性材料。在其他方法难以奏效时,这些方法可能是有效的。

应结合6.3.2的要求阅读以下的内容。

7.2 各论

7.2.1 金属

7.2.1.1 铝及其合金

7.2.1.1.1 概述

以下所述五种方法的复杂性逐渐增加,同时粘接接头的耐久性也依次提高。方法一的处理程度最低,最好是仅用于室内场合。方法二是有效的,可用于气候条件不苛刻的温带地区。方法三是普遍有效的。方法四和方法五通常用于飞行器及相关结构的制造。

7.2.1.1.2 步骤

a) 方法一:
——清除油脂污染物(见5.2.2);
——用氧化铝砂粒打磨或喷砂(见6.1.1和6.1.2);
——干燥后尽快粘接,最好在4 h内完成。另外,也可以咨询胶黏剂制造商,选用胶黏剂能浸润的底涂剂。

b) 方法二:
——清除油脂污染物(见5.2.2);
——用氧化铝砂粒磨蚀后(6.1),根据制造商的使用指导书选择合适的浸蚀液进行处理;
——干燥后尽快粘接,最好在4 h内完成。另外,也可以咨询胶黏剂制造商,选用胶黏剂能浸润的底涂剂。

c) 方法三:
——清除油脂污染物(见5.2.2);
——在用氧化铝砂粒磨蚀时或磨蚀后(见6.1),根据6.4.2,更通常根据6.4.3,选择专用的偶联剂对表面进行处理;
——干燥后尽快粘接,最好在4 h内完成。另外,也可以咨询胶黏剂制造商,选用胶黏剂能浸润的底涂剂。

d) 方法四:
——清除油脂污染物(见5.2.2);
——用氧化铝砂粒打磨或喷砂(见6.1.1和6.1.2);
——将部件浸入(68±3)℃的浸蚀液中10 min(7.2.1.1.3);

——取出部件,先用自来水进行冲洗,再用冷的蒸馏水或去离子水彻底冲洗;

——进行"水膜"试验;

——沥水 15 min;

——用不超过 60℃的干燥空气干燥 10 min;

——干燥后尽快粘接,最好在 4 h 内完成。另外,也可以咨询胶黏剂制造商,选用胶黏剂能浸润的底涂剂。

注:用特殊改进的浸蚀方法处理过的表面,在表面涂油和成型后也能很好地粘接。但是,用常规方法处理的表面很容易受到损害。如果进行高性能和涉及安全性要求的结构粘接,即使是戴手套也不应触摸表面。

7.2.1.1.3 **浸蚀液**

操作前应查阅第 4 章及 6.3.2 的要求 a)至 e)。

浸蚀液的组成见表 3。

表 3 铝及其合金(非阳极化)的浸蚀液的组成

试剂(工业级或试剂级)	质量份数(±1%)
重铬酸钾或重铬酸钠	1.0
浓硫酸(ρ=1.84 g/mL)	10.0
蒸馏水/去离子水	30.0

按如下方法制备溶液:

在不停地搅拌下,小心地将酸加入到占总量 60%的水中。然后加入重铬酸盐,搅拌至完全溶解,最后加入余量的水。

e) 方法五:

——为了使胶接接头具有最佳耐环境性能,按方法四浸蚀的表面在粘接前还需进行阳极化处理。

7.2.1.2 **铝及其合金(阳极化)**

7.2.1.2.1 **概述**

当非密封的经铬酸和硫酸阳极化的表面用于一般用途的粘接时,通常只需进行脱脂及轻度打磨(见 5.2.2 和 6.1.1)处理。在这两种阳极化方法中,铬酸法比较好一些。对于像飞行器和相关结构等涉及安全性要求的部件,应当按照 7.2.1.2.2 中的方法处理。

相反,对于那些强阳极化的表面不应直接进行粘接。这是由于表面氧化物不适宜粘接,必须通过喷砂去除(见 5.2.2 和 6.1.2)。此后,可以使用 7.2.1.1 中所述的 5 种方法之一。

对于一般用途的部件,表面处理通常只需脱脂及轻度打磨(见 5.2.2 和 6.1.1)。但阳极化后的表面应尽快进行粘接,最好在 4 h 内完成。对于涉及安全性要求的结构,应通过喷砂除去表面的氧化膜(见 5.2.2 和 6.1.2)。然后,依照上述的方法对新鲜表面进行浸蚀,或者在粘接前进行浸蚀和重新阳极化。

7.2.1.2.2 **方法**

——清除油脂污染物(见 5.2.2);

——用氧化铝砂粒打磨或喷砂(见 6.1.1 和 6.1.2);

——将部件浸入(62±2)℃的浸蚀液(7.2.1.2.3)中(20±5)min。再将部件浸入(90±2)℃的阳极化电解液中(7.2.1.2.4),以每 10 min 升压不超过 5 V 的速率将电压逐渐升至 40 V,并保持 20 min。然后在 5 min 之内将电压逐步升至 50 V,并保持 5 min;

——取出部件,先用自来水进行清洗,再用冷的蒸馏水或去离子水彻底冲洗;

——进行"水膜"试验;

——沥水 15 min;

——用不超过 60℃的干燥空气干燥 10 min;

——干燥后尽快粘接，最好在 4 h 内完成。另外，也可以咨询胶黏剂制造商，选用胶黏剂能浸润的底涂剂。

7.2.1.2.3 浸蚀液

操作前应查阅第 4 章及 6.3.2 的要求 a)至 e)。

浸蚀液的组成见表 4。

表 4 铝及其合金(阳极化)的浸蚀液的组成

试剂(工业级或试剂级)	质量份数(±1%)
重铬酸钾或重铬酸钠	1.0
浓硫酸(ρ=1.84 g/mL)	5.5
蒸馏水/去离子水	21.5

按如下方法制备溶液：

在不停地搅拌下，小心地将酸加入到 60%的水中。然后加入重铬酸盐，搅拌至完全溶解，最后加入余量的水。

7.2.1.2.4 电解液

操作前应查阅第 4 章及 6.3.2 的要求 a)至 e)。

将 50 g 的三氧化铬溶解到 1 L 的水中配制成初始电解液。在阳极化过程中铬的浓度逐渐减小，应通过不断补加三氧化铬，将每升电解液中三氧化铬的含量保持在 30 g 至 100 g。

7.2.1.3 镀铬(不考虑基材)

7.2.1.3.1 方法

——清除油脂污染物(见 5.2.2)；

——磨蚀(见 6.1)后粘接(见如下)或者将部件浸入(93±2)℃的浸蚀液(7.2.1.3.2)中1 min～5 min；

——取出部件，用冷的蒸馏水或去离子水进行彻底冲洗；

——用不超过 65℃的干燥空气干燥 10 min；

——干燥后尽快粘接，最好在 4 h 内完成。

7.2.1.3.2 浸蚀液

操作前应查阅第 4 章及 6.3.2 的要求 a)至 e)。

浸蚀液的组成见表 5。

表 5 镀铬的浸蚀液的组成

试剂(工业级或试剂级)	质量份数(±1%)
浓盐酸(ρ=1.18 g/mL)	1.0
蒸馏水/去离子水	1.0

按如下方法制备溶液：

在不停地搅拌下，小心地将酸加入到水中。

7.2.1.4 铜及其合金(包括黄铜及青铜)

7.2.1.4.1 方法

——清除油脂污染物(见 5.2.2)；

——用氧化铝磨料(见 6.1)磨蚀后进行粘接(见如下)，或者从 7.2.1.4.2 中所述的 3 种浸蚀液中选择最合适的，在室温下将部件浸蚀适当的时间，必要时对某些合金的浸蚀时间进行调整；

——取出部件，用冷的蒸馏水或去离子水进行彻底冲洗；

——用清洁的、冷的压缩空气干燥。热的空气会使表面褪色；

——干燥后尽快粘接，最好在 4 h 内完成。

7.2.1.4.2 **浸蚀液**

操作前应查阅第4章及6.3.2的要求a)至e)。

a) 过硫酸铵

浸蚀液的组成见表6。

表6 铜及其合金的浸蚀液a)的组成

试剂(工业级或试剂级)	质量份数(±1%)
过硫酸铵	1.0
水	3.0

按如下方法制备溶液：

在不停地搅拌下将过硫酸铵溶解到水中。浸渍部件1 min。

b) 三氯化铁

浸蚀液的组成见表7。

表7 铜及其合金的浸蚀液b)的组成

试剂(工业级或试剂级)	质量份数(±1%)
三氯化铁水溶液(质量分数为42%)	15.0
浓硝酸(ρ=1.42 g/mL)	30.0
蒸馏水/去离子水	195.0

按如下方法制备溶液：

将三氯化铁溶液加入到水中，然后在不停地搅拌下，小心地加入酸。浸渍部件1 min～2 min。

c) 硝酸

浸蚀液的组成见表8。

表8 铜及其合金侵蚀液c)的组成

试剂(工业级或试剂级)	质量份数(±1%)
浓硝酸(ρ=1.42 g/mL)	7.0
蒸馏水/去离子水	15.0

按如下方法制备溶液：

在不停地搅拌下，小心地将酸加入到水中。浸渍部件30 s。

7.2.1.5 **镁及其合金**

——清除油脂污染物(见5.2.2)。

警告：

不要将部件表面暴露于热的蒸气。

不要对镁及其合金进行打磨。

——将部件浸入(70±5)℃的氢氧化钠溶液(见7.2.1.5.2)中10 min，然后用冷的自来水冲洗；

——在室温下将部件浸渍在浸蚀液中10 min；

——用冷的自来水清洗，再用蒸馏水或去离子水清洗。用不超过65℃的干燥空气干燥；

——立即粘接以减小表面的氧化程度。

7.2.1.5.1 **氢氧化钠溶液**

操作前应查阅第4章及6.3.2的要求a)至e)。

氢氧化钠溶液的组成见表9。

表 9 氢氧化钠溶液

试剂(工业级或试剂级)	质量份数(±1%)
氢氧化钠	1.0
蒸馏水/去离子水	12.0

按如下方法制备溶液：

将氢氧化钠加到水中，搅拌至完全溶解。

7.2.1.5.2 浸蚀液

操作前应查阅第4章及6.3.2的要求a)至e)。

浸蚀液的组成见表10。

表 10 镁及其合金的浸蚀液的组成

试剂(工业级或试剂级)	质量份数(±1%)
无水硫酸钠	1.8
硝酸钙	2.2
三氧化铬	24.0
蒸馏水/去离子水	122.0

按照以上顺序将试剂加入水中，搅拌至完全溶解。

7.2.1.6 镍及其合金(包括镀镍)

操作前应查阅第4章及6.3.2的要求a)至e)。

——清除油脂污染物(见5.2.2)；

——磨蚀(6.1)后进行粘接；或者在室温下将部件浸入浓硝酸(ρ=1.42 g/mL)中5 s。必要时对某些合金的浸蚀时间进行调整。另外，也可以用7.2.1.4.2a)或者7.2.1.4.2b)所述的用于铜的处理方法进行浸蚀处理；

——取出部件，用冷的蒸馏水或去离子水进行彻底冲洗；

——用不超过65℃的干燥空气干燥10 min；

——干燥后尽快粘接，最好在4 h完成内。

7.2.1.7 不锈钢以外的钢(低碳钢)和铁

7.2.1.7.1 概述

下面所述4种方法的复杂性逐步增加，但提高胶接接头耐久性的可能性也相应增加。

7.2.1.7.2 方法

a) 方法一：

——清除油脂污染物(见5.2.2)；

——打磨或喷砂(见6.1.1和6.1.2)；

——干燥后尽快粘接，最好在4 h内完成。另外，也可以咨询胶黏剂制造商，选用胶黏剂能浸润的底涂剂。

b) 方法二：

——清除油脂污染物(见5.2.2)；

——磨蚀(6.1)后，根据制造商的使用指导书选择专用的浸蚀液进行处理；

——干燥后尽快粘接，最好在4 h内完成。另外，也可以咨询胶黏剂制造商，选用胶黏剂能浸润的底涂剂。

c) 方法三：

——清除油脂污染物(见5.2.2)；

——在磨蚀时或磨蚀后(见 6.1),根据 6.4.2 选择专用的偶联剂对表面进行处理;

——干燥后尽快粘接,最好在 4 h 内完成。另外,也可以咨询胶黏剂制造商,选用胶黏剂能浸润的底涂剂。

d) 方法四:

——清除油脂污染物(见 5.2.2);

——打磨或喷砂(见 6.1.1 和 6.1.2);

——浸入(60±2)℃的浸蚀液(7.2.1.7.3)中 10 min;

——用硬的尼龙刷在干净、冷的流水中刷除黑色沉积物;

——用清洁的空气吹干;

——用异丙醇擦洗表面,晾干;

——然后在(120±3)℃下加热 1 h;

——干燥后尽快粘接,最好在 4 h 内完成。另外,也可以咨询胶黏剂制造商,选用胶黏剂能浸润的底涂剂。

注:某些胶黏剂对油面(不包括羊毛脂)的钢有很好的粘接效果。但是,对于涉及安全性要求的结构,应当完全按照上述的方法三或方法四进行处理。

7.2.1.7.3 浸蚀液

操作前应查阅第 4 章及 6.3.2 的要求 a)至 e)。

浸蚀液的组成见表 11。

表 11 钢的浸蚀液的组成

试剂(工业级或试剂级)	质量份数(±1%)
工业甲醇变性酒精	1.0
磷酸(ρ=1.7 g/mL)	1.0

按如下方法制备溶液:

在不停地搅拌下将酸加到甲醇变性酒精中。

7.2.1.8 钢(不锈钢)

7.2.1.8.1 概述

下面所述 3 种方法的复杂性逐步增加,但提高胶接接头耐久性的可能性也相应增加。

7.2.1.8.2 方法

a) 方法一:

——清除油脂污染物(见 5.2.2);

——用氧化铝砂粒打磨或喷砂(见 6.1.1 和 6.1.2);

——干燥后尽快粘接,最好在 4 h 内完成。另外,也可以咨询胶黏剂制造商,选用胶黏剂能浸润的底涂剂。

b) 方法二:

——清除油脂污染物(见 5.2.2);

——在用氧化铝磨料打磨时或打磨后(见 6.1),根据 6.4 选择专用的偶联剂对表面进行处理;

——干燥后尽快粘接,最好在 4 h 内完成。另外,也可以咨询胶黏剂制造商,选用胶黏剂能浸润的底涂剂。

c) 方法三:

——清除油脂污染物(见 5.2.2);

——用氧化铝砂粒打磨或喷砂(见 6.1.1 和 6.1.2);

——在(75±5)℃的碱性洗涤剂中(7.2.1.8.3)(见 5.2.2)清洗 10 min;

——用蒸馏水或去离子水冲洗；

——将部件浸入(62±2)℃的草酸浸蚀液(7.2.1.8.4)中5 min至10 min；

——然后按照以下1)或2)进行：

1) 用硬的尼龙刷在冷的蒸馏水或去离子水中刷除在草酸浸蚀过程中产生的黑色沉积物；

2) 在清除第一次草酸浸蚀过程中所形成的沉积物后，再将部件浸入(62±2)℃的铬酸浸蚀液(7.2.1.8.5)中不超过20 min，然后用坚硬的尼龙毛刷在冷的蒸馏水或去离子水中刷洗；

——用热气流、烘箱或红外灯干燥10 min左右，温度不要超过95℃；

——干燥后尽快粘接，最好在4 h内完成。另外，也可以咨询胶黏剂制造商，选用胶黏剂能浸润的底涂剂。

7.2.1.8.3 洗涤液

操作前应查阅第4章及6.3.2的要求a)至e)。

洗涤液的组成见表12。

表12 洗涤液的组成

试剂(工业级或试剂级)	质量份数(±1%)
Nansa S40/S(Albright&Wilson)	0.5
焦磷酸四钠	1.5
氢氧化钠	1.5
硅酸钠	3.0
蒸馏水/去离子水	133.5

按如下方法制备溶液：

按照以上顺序将试剂加入水中，搅拌至完全溶解。

7.2.1.8.4 草酸浸蚀液

操作前应查阅第4章及6.3.2的要求a)至e)。

浸蚀液的组成见表13。

表13 钢(不锈钢)的草酸浸蚀液的组成

试剂(工业级或试剂级)	质量份数(±1%)
草酸	1.0
浓硫酸(ρ=1.84 g/mL)	6.0
蒸馏水/去离子水	7.0

按照如下方法制备溶液：

在不停地搅拌下，将硫酸非常小心地加入水中。继续搅拌，在(62±2)℃的浸蚀温度下加入和溶解草酸。

7.2.1.8.5 铬酸浸蚀液

操作前应查阅第4章及6.3.2的要求a)至e)。

浸蚀液的组成见表14。

表14 钢(不锈钢)的铬酸浸蚀液的组成

试剂(工业级或试剂级)	质量份数(±1%)
重铬酸钾或重铬酸钠	1.0
浓硫酸(ρ=1.84 g/mL)	10.0
蒸馏水/去离子水	30.0

按照如下方法制备溶液：

在不停地搅拌下，小心地将酸加入到占总量60%的水中。然后加入重铬酸盐，搅拌至完全溶解，最后加入余量的水。

7.2.1.9 **锡**

——清除油脂污染物(见5.2.2)；

——打磨或喷砂(见6.1.1和6.1.2)；

——干燥后尽快粘接，最好在4 h内完成。另外，也可以咨询胶黏剂制造商，选用胶黏剂能浸润的底涂剂。

7.2.1.10 **钛**

7.2.1.10.1 **概述**

钛及其合金通常用于涉及安全性要求的航空领域。因此，应牢记以下守则。

为了获得最佳的强度和耐久性，应在金属的表面形成一个粗化而与体相结合牢固的金红石型氧化钛层。氧化层可以通过浸蚀处理来获得，但在浸蚀过程中不同合金相的反应速率有很大的差别。由于所处理的合金不同，浸蚀会产生不同的表面结构。因此，对于任何一种未曾处理过的合金，需要研究其最合适的处理方法。此外，钛合金易于氢脆化，因此建立了将吸氢程度降至最低的处理方法。这里提供了两种可经进一步改进用于处理一些特殊合金的方法，第一种方法避免了使用氢氟酸。

7.2.1.10.2 **方法**

a) 方法一：

——用蒸汽浴清除油脂污染物(见5.2.2)；

——用氧化铝砂粒打磨或喷砂(见6.1.1和6.1.2)，但只能使用氧化铝，并且不建议使用湿法喷砂；

——用洗涤液清洗(7.2.1.10.3)；

——将部件浸入(65±2)℃的浸蚀液(7.2.1.10.4)中，直到表面均匀发暗黑色，大约需要10 min～20 min；

——用(23±2)℃的冷蒸馏水或去离子水清洗10 min；

——用(70±2)℃的热空气干燥30 min；

——干燥后尽快粘接，最好在4 h内完成。另外，也可以咨询胶黏剂制造商，选用胶黏剂能浸润的底涂剂。

b) 方法二：

——用蒸汽浴清除油脂污染物(见5.2.2)；

——用氧化铝砂粒打磨或喷砂(见6.1.1和6.1.2)，不能使用其他磨料氧化铝，并且不建议使用湿法喷砂；

——用洗涤液清洗(7.2.1.10.3)；

——用(23±2)℃的蒸馏水或去离子水清洗10 min；

——用(70±2)℃的热空气干燥30 min；

——在(25±2)℃的氢氟酸(7.2.1.10.5)中浸蚀(45±10)s；

——用(23±2)℃的蒸馏水或去离子水清洗10 min；

——用(70±2)℃的热空气干燥30 min；

——干燥后尽快粘接，最好在4 h内完成。另外，也可以咨询胶黏剂制造商，选用胶黏剂能浸润的底涂剂。

7.2.1.10.3 **洗涤液**

操作前应查阅第4章及6.3.2的要求a)至e)。

洗涤液的组成见表15。

表 15 钛的洗涤液的组成

试剂(工业级或试剂级)	质量份数(±1%)
Nansa S40/S(Albright&Wilson)	0.5
焦磷酸四钠	1.5
氢氧化钠	1.5
硅酸钠	3.0
蒸馏水/去离子水	133.5

按如下方法制备溶液：

按照以上顺序将试剂加入水中，搅拌至完全溶解。

7.2.1.10.4 碱性浸蚀液

操作前应查阅第 4 章及 6.3.2 的要求 a)至 e)。

浸蚀液的组分见表 16。

表 16 钛的碱性浸蚀液的组分

试剂(工业级或试剂级)	质量份数(±1%)
氢氧化钠	20.0
过氧化氢(体积分数为 30%)	20.0
蒸馏水/去离子水	960.0

按如下方法制备溶液：

不断搅拌使氢氧化钠溶解在水中。溶解完毕，升温到 65℃，在搅拌下小心加入双氧水后立即进行浸蚀。

7.2.1.10.5 氢氟酸浸蚀液

操作前应查阅第 4 章及 6.3.2 的要求 a)至 e)。

浸蚀液的组分见表 17。

表 17 钛的氢氟酸侵蚀液的组成

试剂(工业级或试剂级)	质量份数(±1%)
硝酸(质量分数为 70%)	180.0
氢氟酸(质量分数为 50%)	35.0
蒸馏水/去离子水	1 000.0

按如下方法制备溶液：

警告——以下的操作仅能由受过培训的人员，穿戴合适的防护用品(至少穿戴面罩、工作服和手套)，在合适的通风处进行。

在搅拌下，小心地把氢氟酸添加入硝酸中。然后，在进一步持续搅拌下加水。在使用前确保混合液温度为 25℃。

7.2.1.11 锌及其合金，包括热浸镀锌钢、电解镀锌钢和铁/镀锌合金的钢

7.2.1.11.1 概述

下面所述的 4 种方法的复杂性逐步增加，但提高胶接接头耐久性的可能性也相应增加。

通过以下方法处理的所有表面的载荷能力几乎都可以通过使用最低模量的胶黏剂得以提高，因为低模量的胶黏剂可以降低施加在可能成为弱表面层上的应力。

7.2.1.11.2 **方法**

a) 方法一：

——标准的防腐和预涂钝化工艺可以提供能满足大多数非结构用途的粘接面。然而，应小心操作以确保钝化层不至于太厚(正常钝化层的外观为暗黄色或绿色)，否则会导致弱化和易碎。同样，应确保不会由于不良的后钝化清洗工艺而使表面残留物形成疏松的表层。如果表面有问题，可考虑采用以下3种方法。

b) 方法二：

——清除油脂污染物(见5.2.2)；

——打磨或喷砂(见6.1.1和6.1.2)；

——干燥后尽快粘接，最好在4 h内完成。另外，也可以咨询胶黏剂制造商，选用胶黏剂能浸润的底涂剂。

c) 方法三：

——清除油脂污染物(见5.2.2)；

——磨蚀后(6.1)，根据制造商的使用指导书选择合适的浸蚀液进行处理；

——干燥后尽快粘接，最好在4 h内完成。另外，也可以咨询胶黏剂制造商，选用胶黏剂能浸润的底涂剂。

d) 方法四：

——清除油脂污染物(见5.2.2)；

——在磨蚀时或磨蚀后(见6.1)，根据6.4选择特定的偶联剂对表面进行处理；

——干燥后尽快粘接，最好在4 h内完成。另外，也可以咨询胶黏剂制造商，选用胶黏剂能浸润的底涂剂。

7.2.2 **塑料**

7.2.2.1 **丙烯腈-丁二烯-苯乙烯共聚物**

7.2.2.1.1 **概述**

丙烯酸和溶剂型的胶黏剂通常无须处理就可以粘接这种塑料。然而，应小心操作以确保不会产生应力裂纹。建议在使用7.2.2.1.2方法之前用等离子和火焰法处理(见6.2)。

7.2.2.1.2 **方法**

——清除油脂污染物，应小心操作避免产生应力裂纹(见5.2.2)；

——在室温下将部件浸入浸蚀液(7.2.2.1.3)中15 min；

——取出部件用冷水彻底冲洗；

——再用热水冲洗；

——用不超过60℃的干燥空气干燥；

——干燥后尽快粘接，最好在4 h内完成。

7.2.2.1.3 **浸蚀液**

操作前应查阅第4章及6.3.2的要求a)至e)。

浸蚀液的组分见表18。

表18 丙烯腈-丁二烯-苯乙烯共聚物的浸蚀液的组成

试剂(工业级或试剂级)	质量份数(±1%)
重铬酸钾或重铬酸钠	1.0
浓硫酸(ρ=1.84 g/mL)	10.0
蒸馏水/去离子水	30.0

按如下方法制备溶液：

在不停地搅拌下，小心地将酸加入到占总量60%的水中。然后加入重铬酸盐，搅拌至完全溶解，最后加入余量的水。

7.2.2.2 缩醛树脂

7.2.2.2.1 概述

部件在进一步处理前应该是没有应力的。建议在使用上述铬酸或7.2.2.2.2中所述的硫酸对丙烯腈-丁二烯-苯乙烯共聚物进行浸蚀前，先用等离子或火焰法处理。

7.2.2.2.2 方法

——清除油脂污染物，应小心操作避免产生应力裂纹（见5.2.2）；

——将部件浸入(94±5)℃的浸蚀液(7.2.2.2.3)中(8±2)s；

——在(110±10)℃的烘箱中加热(45±15)s；

——取出部件，用(55±5)℃的水彻底冲洗；

——用不超过60℃的干燥空气干燥；

——干燥后尽快粘接，最好在4 h内完成。

7.2.2.2.3 浸蚀液

操作前应查阅第4章及6.3.2的要求a)至e)。

浸蚀液的组分见表19。

表19 聚缩醛的浸蚀液的组成

试剂（工业级或试剂级）	质量份数（±1%）
四氯乙烯	96.0
二噁烷	3.7
对甲基苯磺酸	0.3

按如下方法制备溶液：

混合四氯乙烯和二噁烷，加入对甲基苯磺酸，搅拌直至完全溶解。

7.2.2.3 聚酰胺

7.2.2.3.1 概述

建议在用7.2.2.3.2的方法前，先用等离子和火焰法处理。应确保在粘接前除去吸收的水，必要时可以加热。

7.2.2.3.2 方法

——清除油脂污染物，应小心操作避免产生应力裂纹（见5.2.2）；

——在室温下把部件浸入浸蚀液(7.2.2.2.3)中(8±2)s；

——在(23±2)℃下，在通风良好的环境中干燥不超过30 min；

——干燥后尽快粘接，最好在4 h内完成。

7.2.2.3.3 浸蚀液

操作前应查阅第4章及6.3.2的要求a)至e)。

浸蚀液的组分见表20。

表20 聚酰胺的浸蚀液的组成

试剂（工业级或试剂级）	质量份数（±1%）
乙酸乙酯	91.0
间苯二酚	9.0

按如下方法制备溶液：

在搅拌下加间苯二酚到乙酸乙酯中，搅拌至完全溶解。

7.2.2.4 **聚对苯二甲酸丁二醇酯**

建议在使用以下方法前，先用等离子和火焰法处理(见 6.2)；

——清除油脂污染物，应小心操作避免产生应力裂纹(见 5.2.2)；

——使用特定的硅烷化磨料，按照制造商的操作指导书对表面进行改性(见 6.4.2.2)；

——按照规定进行粘接。

7.2.2.5 **聚乙烯**

7.2.2.5.1 **概述**

建议在使用 7.2.2.5.2 的方法前，先用等离子和火焰法处理(见 6.2)。

7.2.2.5.2 **步骤**

a) 方法一：

——清除油脂污染物，应小心操作避免产生应力裂纹(见 5.2.2)；

——使用专用的硅烷化的磨料，按照制造商的操作指导书对表面进行改性(见 6.4.2.2)；

——按照规定进行粘接。

b) 方法二：

——按 7.2.2.1 用铬酸进行氧化处理。

c) 方法三：

——清除油脂污染物(见 5.2.2)；

——把部件浸入特定的萘-钠溶液中 5 s～10 s；

——依次用水、丙酮和水冲洗，有特殊声明除外；

——用不超过 60℃的干燥空气干燥；

——干燥后尽快粘接，最好在 4 h 内完成。

7.2.2.5.3 **浸蚀液**

操作前应查阅第 4 章及 6.3.2 的要求 a)至 e)。根据制造商的说明书配制溶液。

7.2.2.6 **聚丙烯**

处理方法同聚乙烯(见 7.2.2.5)。

7.2.2.7 **PTFE(聚四氟乙烯)**

建议在使用萘-钠溶液(7.2.2.5.2c))前，先用等离子和火焰法处理(见 6.2)。如果认为等离子或火焰法是适用的并且使用时，应确保妥善处置处理时所产生的可能有高腐蚀性的烟雾。

8 耐久性的评价

表面处理的目的是提高粘接接头的可靠性和长期耐用性，特别是当其处于恶劣环境中。

虽然用加速老化的方法可以成功地对各种处理技术的改善效果进行评价，但通常认为实验室评价不等同于实际应用，后者通常是不太苛刻的。然而，对于涉及安全性要求的结构，可以用 BS 5350-C5 的要求作为确定所需获得的性能水平的指南。

ICS 83.140.99
G 47

中华人民共和国国家标准

GB/T 21527—2008

轨道交通扣件系统弹性垫板

Elastic pads for rail transit fasten system

2008-04-01 发布　　2008-10-01 实施

中华人民共和国国家质量监督检验检疫总局
中国国家标准化管理委员会　发布

前　言

本标准对应于国际铁路联盟标准 UIC 864-5《轨下弹性垫板供货技术条件》，与其一致性程度为非等效。

本标准的附录 A、附录 B、附录 C 为规范性附录。

本标准由中国石油和化学工业协会提出。

本标准由全国橡胶与橡胶制品标准化技术委员会橡胶杂品分会(SAC/TC 35/SC 7)归口。

本标准负责起草单位：铁道科学研究院金属及化学研究所、北京市化工产品质量监督检验站。

本标准参加起草单位：江阴海达橡塑集团有限公司、铁科院金化所淄博易丰材料厂、北京市光明福利橡胶厂、浙江省天台祥和实业有限公司、衡水宝力工程橡胶有限公司、海盐县秦山橡胶工程有限公司、河北翼辰实业集团有限公司、河北辛集腾跃实业有限公司、浙江岳丰科技有限公司、青海青铁铁路配件有限公司、宝鸡宝成铁路工务器材厂。

本标准主要起草人：毛昆朋、吴智强、宋宝清、钱振宇、石振、李维东、王典炉、张郡、袁关生、张海军、范凯民、陈世宗、史江山、郑必雪。

本标准为首次制定。

轨道交通扣件系统弹性垫板

1 范围

本标准规定了轨道交通扣件系统弹性垫板(以下简称垫板)的分类、产品标记、技术要求、试验方法、检验规则、标志、包装、运输与贮存。

本标准适用于铁路线路、城市轨道(轻轨、地铁)、矿山用轨道交通扣件系统弹性垫板。

2 规范性引用文件

下列文件中的条款,通过本标准的引用而成为本标准的条款。凡是注日期的引用文件,其随后所有的修改单(不包括勘误的内容)或修订版均不适用于本标准,然而,鼓励根据本标准达成协议的各方研究是否可使用这些文件的最新版本。凡是不注日期的引用文件,其最新版本适用于本标准。

GB/T 528—1998 硫化橡胶或热塑性橡胶拉伸应力应变性能的测定(eqv ISO 37:1994)

GB/T 531—1999 橡胶袖珍硬度计压入硬度试验方法(idt ISO 7619:1986)

GB/T 1690—2006 硫化橡胶或热塑性橡胶耐液体试验方法(ISO 1817:2005,MOD)

GB/T 2828.1 计数抽样检验程序 第1部分:按接收质量限(AQL)检索的逐批检验抽样计划(GB/T 2828.1—2003,ISO 2859-1:1999,IDT)

GB/T 2941 橡胶物理试验方法试样制备和调节通用程序(GB/T 2941—2006,ISO 23529:2004,IDT)

GB/T 3512—2001 硫化橡胶或热塑性橡胶 热空气加速老化和耐热试验(eqv ISO 188:1998)

GB/T 7760—2003 硫化橡胶或热塑性橡胶与硬质板材粘合强度的测定 90°剥离法(ISO 813:1997,MOD)

GB/T 7762—2003 硫化橡胶或热塑性橡胶 耐臭氧龟裂 静态拉伸试验(ISO 1431-1:1989,MOD)

GB/T 9258.1 涂附模具用磨料 粒度分析 第1部分:粒度组成(GB/T 9258.1—2000,idt ISO 6344-1:1998)

GB/T 10653—2001 高聚物多孔弹性材料 压缩永久变形的测定(idt ISO 1856:1980)

GB/T 10654—2001 高聚物多孔弹性材料 拉伸强度和拉断伸长率的测定(idt ISO 1798:1997)

GB/T 15256—1994 硫化橡胶低温脆性的测定(多试样法)(eqv ISO 812:1991)

3 分类和标记

3.1 分类

垫板按照材料成型结构分为2类:

a) 普通垫板(包括复合垫板),用S表示;

b) 微孔垫板,用F表示。

3.2 产品标记

3.2.1 标记方法

产品应按下列顺序标记,并可根据需要增加标记内容:

名称,本标准号,类型代号,规格(长度×宽度×厚度)。

3.2.2 标记示例

长度为185 mm,宽度为149 mm,公称厚度为10 mm的微孔垫板标记为:

垫板 GB/T 21527-F-185×149×10

4 技术要求

4.1 尺寸公差

垫板尺寸公差如表1所示。

表1 尺寸公差

单位为毫米

项目	长度及宽度		厚度
	≤200	>200	
极限偏差	0～+1.0	0～+2.0	0～+0.50

4.2 外观质量

4.2.1 垫板表面应光滑平整、修边整齐，不允许有任何开裂和分层现象，复合垫板不允许有剥落和剥离现象。垫板颜色必须均匀且无明显色差。

4.2.2 垫板两个工作面上因杂质、气泡、水纹和闷气造成的缺胶总面积不得大于 9 mm^2，深度不得大于 0.5 mm，缺胶缺陷每块不得超过两处。

4.2.3 微孔结构垫板的一个或两个侧面可以切修、磨平或保留脱模后的外表。

4.3 物理性能

4.3.1 普通垫板的物理性能应符合表2的规定。

表2 普通垫板的物理性能

序号	项目				技术要求
1	硬度(邵尔 A)/度			≥	65
2	拉伸强度/MPa			≥	12.5
3	200%定伸应力/MPa			≥	9.5
4	拉断伸长率/%			≥	250
5	压缩永久变形/%	≤	100℃×24 h		30
			70℃×24 h		30
6	工作电阻/Ω			≥	10^6
7	热空气老化	70℃×96 h	拉伸强度/MPa	≥	10
			拉断伸长率/%	≥	150
		100℃×72 h	拉伸强度/MPa	≥	10
			拉断伸长率/%	≥	150
8[a]	耐油	46#机油，常温，24 h	体积变化率/%	≤	25
9[b]	脆性温度/℃			≤	−50
10[c]	粘合强度/(kN/m)			≥	8
11[d]	臭氧老化 50×10^{-8}，伸长率 20%，48 h，40℃				无裂纹

注：天然橡胶压缩永久变形和老化温度采用70℃，合成橡胶采用100℃。

a 该检测项目一般情况下不进行测试，地铁用垫板需要检测耐油指标。

b 该检测项目一般情况下不进行测试，高寒地区需要检测低温脆性指标。

c 复合垫板需要检测金属与橡胶的粘合强度指标。

d 该检测项目一般情况下不进行测试，高原地区用的垫板需进行臭氧老化检测。

4.3.2 微孔垫板的物理性能应符合表 3 规定。

表 3 微孔垫板的物理性能

序号	项目				技术要求
1	拉伸强度/MPa			≥	2.5
2	拉断伸长率/%			≥	150
3	压缩永久变形(70℃×24h,压缩 30%)/%			≤	25
4	工作电阻/Ω			≥	10^8
5	热空气老化,70℃×72 h		拉伸强度/MPa	≥	2
			拉断伸长率/%	≥	120
6	耐水	70℃×24 h	体积变化率/%	≤	5
7[a]	耐油	46#机油,常温,24 h	体积变化率/%	≤	25

a 该项目一般情况下不进行测试,地铁用垫板需要检测耐油指标。

4.4 垫板的静刚度

垫板的静刚度应符合扣件系统的设计要求。

4.5 垫板的疲劳性能

垫板经 300 万次疲劳试验后,不得出现裂纹,永久变形不得大于 1.5 mm,静刚度变化率不得大于 20%。

5 试验方法

5.1 试验条件

试样试验前必须在温度(23±2)℃,相对湿度(50±10)%的标准条件下至少放置 24 h,并在此条件下进行试验。

5.2 尺寸测量

产品尺寸用量具测量,厚度量具精确到 0.02 mm,长度与宽度量具精确到 0.1 mm;其中厚度测量在产品上设计工作面的对称部位取四点及中心线两点进行测量,取其平均值。

5.3 外观质量

用目测及量具检查。

5.4 垫板物理性能的测定

5.4.1 试样制备

从尺寸检验合格的产品上,按 GB/T 2941 的规定制备试样,并在标准状态下静置 24 h 后按表 2 或表 3 的要求进行试验。

5.4.2 硬度试验

普通垫板进行硬度试验,随机抽取三块完整的供货垫板,采用邵尔 A 型硬度计进行测定,硬度的测量点应选择在垫板的平面上,离垫板边缘不小于 10 mm ,每块垫板测试五个不同的部位。测量时,垫板要平放在完全平整的玻璃面上,测得的最低读数为垫板的硬度值。垫板硬度测试具体试验方法按照 GB/T 531—1999 的规定执行。

5.4.3 拉伸强度与拉断伸长率试验

5.4.3.1 普通垫板

垫板的拉伸强度和拉断伸长率试验按 GB/T 528—1998 的规定进行,采用 1 型试样。每块垫板取 10 个试样,其中五个试样进行老化前性能测试,另外五个试样进行老化后性能测试。老化试验按照 GB/T 3512—2001 的规定进行,老化条件为:合成橡胶(100±2)℃,72 h;天然橡胶(70±2)℃,96 h。老化完毕后试样需在(23±2)℃条件下停放16 h以上，再进行测试。

5.4.3.2 微孔垫板

垫板的拉伸强度和拉断伸长率试验按GB/T 10654—2001的规定进行。

5.4.4 200%定伸应力试验

普通垫板进行200%定伸应力试验，按GB/T 528—1998的规定进行，采用1型试样，每块垫板取五个试样。

5.4.5 压缩永久变形试验

5.4.5.1 普通垫板

在垫板上，切出三个直径为30 mm的圆形对称试样，测量试样的厚度h_0，然后放入压缩夹具，压缩到原厚度的50%。将其放在恒温箱里[合成橡胶(100±2)℃，天然橡胶和聚氨酯橡胶(70±2)℃]保持24 h，然后取出，在(23±2)℃条件下冷却30 min，卸掉夹具，试样在(23±2)℃条件下自由放置24 h，测量试样的厚度h_1，压缩永久变形C(%)按式(1)计算；计算三个试样的算术平均值即为压缩永久变形值。

$$C=\frac{h_0-h_1}{h_0}\times 100 \qquad \cdots\cdots(1)$$

式中：

h_0——压缩前试样厚度，单位为毫米(mm)；

h_1——压缩后试样厚度，单位为毫米(mm)。

5.4.5.2 微孔垫板

按GB/T 10653—2001的规定进行。试验条件为(70±2)℃×24 h，压缩率为30%。

5.4.6 工作电阻试验

按照附录A规定的方法进行。

5.4.7 热空气老化试验

按GB/T 3512—2001的规定进行。

5.4.8 耐水试验

按GB/T 1690—2006的规定进行。试验介质为蒸馏水，试验条件为(70±2)℃，浸泡24 h。

5.4.9 耐油性能试验

按GB/T 1690—2006的规定进行。试验介质为46#机油，试验条件为(23±2)℃，在机油中浸泡24 h。

5.4.10 脆性温度试验

按照GB/T 15256—1994的规定执行。

5.4.11 橡胶与金属粘合试验

按照GB/T 7760—2003的规定进行。制取样条时，金属片宽度为25 mm，由于垫板沟槽存在，橡胶与金属实际宽度可能小于25 mm，计算时按实际粘接宽度计算。

5.4.12 臭氧老化试验

臭氧老化试验按GB/T 7762—2003的规定进行。

5.5 静刚度试验

垫板的静刚度试验按附录B的规定进行。

5.6 疲劳性能试验

垫板的疲劳性能试验按附录C的规定进行。

6 检验规则

6.1 检验分类

垫板检验分出厂检验和型式检验。

6.1.1 出厂检验

出厂检验应逐批进行，每一检验批不得大于5万件，检验项目：普通垫板：外观、尺寸、硬度、拉伸强度、200%定伸应力、拉断伸长率、压缩永久变形、工作电阻、热空气老化和静刚度；微孔垫板：外观、尺寸、拉伸强度、拉断伸长率、压缩永久变形、工作电阻、热空气老化和静刚度。其中表2和表3中带脚注的项目根据不同需要进行出厂检验。

6.1.2 型式检验

本标准所列全部技术要求为型式检验项目。通常在下列情况之一时应进行型式检验。

a) 新产品或老产品转产生产的试制定型鉴定；

b) 正式生产后，如产品的结构、设计、工艺、材料、生产设备、管理等方面有较大改变，可能影响产品性能时；

c) 产品正常生产时，每三年一次；

d) 产品停产六个月以上，恢复生产时；

e) 出厂检验结果与上次型式检验有较大差异时；

f) 国家质量监督机构提出进行型式检验要求时。

6.2 判定规则

6.2.1 尺寸公差

垫板的尺寸公差应满足4.1的要求，检验规则按GB/T 2828.1，一次抽样，检验水平Ⅰ，各分项接收质量限(AQL)均为2.5。

6.2.2 外观质量

垫板的外观质量应满足4.2的要求，检验规则按GB/T 2828.1，一次抽样，检验水平Ⅰ，接收质量限(AQL)为4.0。

6.2.3 物理性能

垫板的物理性能应满足4.3规定。检验规则按GB/T 2828.1，一次抽样，检验水平S-1，接收质量限(AQL)为2.5。

6.2.4 静刚度

垫板的静刚度应满足4.4的要求，检验规则按GB/T 2828.1，一次抽样，检验水平S-1，接收质量限(AQL)为2.5。

6.2.5 疲劳性能

随机抽取两件垫板进行试验，试验结果均应符合4.5的要求。如有一件不符合要求，则判定为该批产品不合格。

7 标记和包装

7.1 垫板应有明显的永久性厂标、产品标记和制造年份标记。

7.2 垫板应用袋(箱)包装牢固，重量不大于35 kg。包装物在正常运输过程中不得损坏。每袋(箱)产品应附有出厂产品合格证。

7.3 垫板的包装物上应有包装标志，包装标志应包括以下内容：

a) 产品名称；

b) 规格型号；

c) 数量；

d) 重量；

e) 制造商名称，地址；

f) 制造批号；

g) 制造日期。

8 储存和运输

8.1 垫板应在清洁、通风、不被日光直射、远离热源及化学试剂污染处储存。

8.2 垫板在运输过程中严禁与油类、有机溶剂等有害于橡胶的化学药品接触，并应防止曝晒。

8.3 在符合8.1和8.2规定的条件下，自制造之日起，在不超过一年的贮存期内，垫板各项性能指标不得低于本标准的规定。

附　录　A
（规范性附录）
垫板工作电阻试验方法

A.1　试样

应从垫板成品上取样，尺寸为 150 mm×120 mm，垫板尺寸不足该尺寸的，以实际垫板作为试样。

A.2　试验仪器

高值绝缘电阻仪。

A.3　试验要求和装置

垫板的测试电压为 500 V，电极 A、B 的材料为金属铜，尺寸为 200 mm×150 mm，电极 A 的质量不低于 5 kg。试验装置见图 A.1。

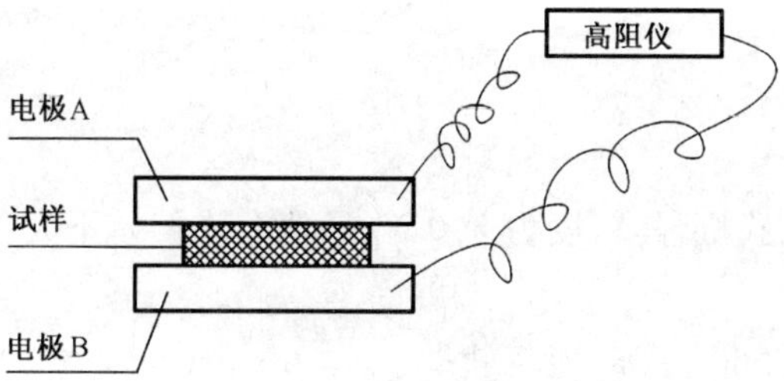

图 A.1　工作电阻试验装置图

A.4　试验步骤

将待测垫板放在 A、B 两块电极之间，接通电源，指示灯亮后进行预热，调整仪器并按仪器规定步骤进行测试。

A.5　试验结果

抽样所取的每一块试样都要进行测试，并记录试验结果。

附　录　B
（规范性附录）
垫板静刚度试验方法

B.1　符号和定义

F_1——向被测垫板施加的最小荷载，单位为千牛(kN)；

F_2——向被测垫板施加的最大荷载，单位为千牛(kN)；

D_1——被测垫板在加载至 F_1 时的位移，单位为毫米(mm)；

D_2——被测垫板在加载至 F_2 时的位移，单位为毫米(mm)；

K_{STA}——静刚度，单位为千牛每毫米(kN/mm)。

B.2　原理

通过试验机向垫板施加垂向荷载，测定垫板在荷载作用下产生的位移。

B.3　设备

B.3.1　试验机

能施加 200 kN 荷载的试验机，其精度为 500 N，示值允许偏差不大于 1 %。

B.3.2　短钢轨

长度大于被测垫板长度的 60 kg/m 短钢轨。

B.3.3　支承钢板

长度和宽度均应大于垫板的长度和宽度，厚度不小于 20 mm 的平钢板。当试验机工作台的长度或宽度小于支承钢板的长度或宽度时，支承钢板的厚度不小于 40 mm。

B.3.4　砂布

粒度为 P 120(GB/T 9258.1)的砂布。

B.3.5　位移测试仪

能测定被测垫板垂向位移、测量精度 0.01 mm 的百分表或其他位移计。

B.4　试验步骤

B.4.1　试验环境温度为(23±2) ℃。

B.4.2　开始试验前，试验用所有部件和设备在(23±2)℃的环境中至少静置 24 h。

B.4.3　把试验装置安放在试验机上，安放顺序为：支承钢板、砂布(有砂粒面朝上)、被测垫板、砂布(有砂粒面朝下)、短钢轨(确保短钢轨放置在被测轨下垫板起作用的区域)。

在短钢轨对角处布置两位移测试仪测定短钢轨的位移。

B.4.4　加载到预压静载，卸载，停留 1 min，再一次加载到预压载荷，卸载，停留 1 min，而后正式进行试验。

正式试验开始时，将两位移测试仪调零，而后以 2 kN/s～3 kN/s 的速度均匀加载。当荷载加至 F_1 和 F_2 时各停留 1 min，并分别记录短钢轨的位移 D_{1i}、D_{2i}。如此反复试验三次，计算三次 D_{1i}、D_{2i}的平均值，记为 D_1、D_2。用式(B.1)计算静刚度：

$$K_{STA}=\frac{F_2-F_1}{D_2-D_1} \qquad \cdots\cdots(B.1)$$

B.5 试验报告

试验报告至少应包括以下内容：

a) 被测垫板的名称、型号和描述；

b) 试件来源；

c) 试验室名称和地址；

d) 试验方法；

e) 试验完成日期；

f) 试验结果；

g) 试验人员和技术负责人。

附　录　C
（规范性附录）
垫板疲劳试验方法

C.1　符号和定义

H_0——被测垫板疲劳前的厚度，单位为毫米(mm)；

H_1——被测垫板疲劳后的厚度，单位为毫米(mm)；

Δ——疲劳永久变形，单位为毫米(mm)；

K_{S0}——被测垫板疲劳前的静刚度，单位为千牛每毫米(kN/mm)；

K_{S1}——被测垫板疲劳后的静刚度，单位为千牛每毫米(kN/mm)；

ε——垫板静刚度的变化率，%。

C.2　原理

通过试验机以恒定频率向垫板施加周期垂向荷载，经过300万次荷载循环后，测定垫板产生的永久变形和静刚度的变化。

C.3　设备

C.3.1　试验机

能在(4±1) Hz频率下产生达150 kN荷载的试验机。

C.3.2　加载钢轨

长度大于被测垫板长度的60 kg/m短钢轨。

C.3.3　支承钢板

长度和宽度均大于垫板的长度和宽度，厚度不小于20 mm的平钢板。当试验机工作台的长度或宽度小于支承钢板的长度或宽度时，支承钢板的厚度不小于40 mm。

C.3.4　百分表

精度为0.01 mm的百分表。

C.4　试验步骤

开始试验前，用百分表测量垫板的原始厚度，每块垫板至少测六个点(在钢轨作用区垫板中间二个点，四周四个点)，并做好标记，取平均值作为疲劳前垫板的原始厚度 H_0，按照附录B的试验方法进行静刚度测试，测得的静刚度记为疲劳前静刚度 K_{S0}。

把试验装置安放在试验机上，安放顺序为：支承钢板、被测垫板、短钢轨(确保短钢轨放置在被测垫板起作用的区域上)。

施加周期荷载 $F_1 \sim F_2$，加载频率(4±1) Hz，荷载循环300万次。

300万次荷载循环后，将垫板在自由状态下停放24 h，按疲劳前相同的测量位置测量垫板的厚度，取平均值作为疲劳后垫板的厚度 H_1，疲劳永久变形 Δ 按式(C.1)计算：

$$\Delta = H_1 - H_0 \qquad \cdots\cdots\cdots\cdots (C.1)$$

按照附录B的试验方法进行静刚度测试，测得的静刚度记为疲劳后静刚度 K_{S1}。疲劳后垫板的静刚度变化率 ε 按式(C.2)计算：

$$\varepsilon = (K_{S1} - K_{S0})/K_{S0} \times 100 \qquad \cdots\cdots (C.2)$$

C.5 试验报告

试验报告至少应包括以下内容：

a) 被测垫板的名称、型号和描述；

b) 试件来源；

c) 试验室名称和地址；

d) 试验方法；

e) 试验完成日期；

f) 试验结果；

g) 试验人员和技术负责人。

ICS 65.140
B 47

中华人民共和国国家标准

GB/T 21528—2008

蜜蜂产品生产管理规范

Bee products production management regulation

2008-04-09 发布

2008-08-01 实施

中华人民共和国国家质量监督检验检疫总局
中国国家标准化管理委员会 发布

前　言

本标准的附录A为资料性附录。

本标准由中华全国供销合作总社提出并归口。

本标准起草单位:南京老山药业股份有限公司、南京英瀚企业管理服务有限公司。

本标准主要起草人:管春华、林文、陈明虎、何腾飞、黄浩明。

本标准为首次发布。

蜜蜂产品生产管理规范

1 范围

本标准规定了保证蜜蜂产品的质量、安全并实现蜂产品的可追溯性的管理规范。

本标准适用于蜂农、蜂场、养蜂合作社、蜂业合作联社等各种类型、不同规模和提供不同蜜蜂产品生产的组织。

2 规范性引用文件

下列文件中的条款通过本标准的引用而成为本标准的条款。凡是注日期的引用文件,其随后所有的修改单(不包括勘误的内容)或修订版均不适用于本标准,然而,鼓励根据本标准达成协议的各方研究是否可使用这些文件的最新版本。凡是不注日期的引用文件,其最新版本适用于本标准。

GB/T 191　包装储运图示标志

GB 3095—1996　环境空气质量标准

GB 7718　预包装食品标签通则

GB/T 19168　蜜蜂病虫害综合防治规范

GH/T 1015　蜂蜜包装钢桶

NY/T 5139　无公害食品　蜜蜂饲养管理准则

3 术语和定义

下列术语和定义适用于本标准。

3.1

组织　organization

职责、权限和相互关系得到安排的一组人员及设施。

注:根据蜂产品生产组织的运作模式,包括蜂农、蜂场、养蜂合作社、蜂业合作联社等。

3.2

蜜源　nectar source

能给蜂群提供花蜜或花粉或树胶(树脂)的植物以及蜜露。

3.3

蜜蜂产品　bee products

直接来源于蜂群的产品。主要有蜂蜜、蜂王浆、蜂花粉、蜂胶、蜂蜡、蜂毒、蜂蛹、蜂幼虫等。

3.4

蜜蜂产品生产　production of bee products

饲养蜜蜂,获取蜜蜂产品的活动。

4 要求

4.1 体系

组织应根据本标准的要求建立、实施和保持蜜蜂产品的生产管理体系,确定如何实现这些要求,并形成文件。

4.2 组织建立与职责权限

4.2.1 组织的最高管理者应确定从事管理、执行和验证活动人员的职责权限,建立沟通渠道,以确保蜜蜂产品生产管理体系的有效运行。

4.2.2 组织的最高管理者应指派专职管理人员，承担保证蜜蜂产品生产管理体系运行、检查的职责。

4.2.3 组织应提供实施、控制和检查蜜蜂产品生产管理体系所需要的资源。资源可包括人力、技术、信息和财力等。

4.2.4 养蜂合作社及蜂业合作联社，应配备养蜂技术员，负责解决蜜蜂产品生产过程中的技术问题以及蜂病治疗。

4.3 人员能力和培训

4.3.1 蜜蜂产品生产从业人员应具备的资质能力如下：

a) 培训师：经省级(含省级)以上的蜂业行业组织或有关部门认可的具有从事蜂产品生产相关教育培训资格，能及时掌握国内外的蜂业动态和相关的政策法规；

b) 养蜂技术员：经省级(含省级)以上蜂业行业组织或有关部门的认可，全面掌握养蜂的专业技术、蜂病治疗等基本原则和法规要求，具备养蜂生产实践的能力；

c) 蜂农：具有养蜂生产、安全用药、蜂箱及器具消毒与蜂病防治等基本知识和养蜂生产基本技能；

d) 场长：具有全面的养蜂生产技术和养蜂生产经验，具备蜂场组织管理能力；

e) 社长：具有养蜂生产及蜂产品流通管理能力，熟悉生产情况，理解掌握相关的法律法规要求和本标准的有关规定。

4.3.2 培训的内容与要求如下：

a) 从事养蜂生产活动的人员应接受养蜂生产技术和法规、制度的培训；

b) 组织应根据人员能力和管理体系的要求确定培训需求并提供培训。培训内容应包括：养蜂知识以及蜜蜂产品的安全与标准化生产技术、蜂病防治及用药知识、蜂箱消毒程序、养蜂日志的填写、蜂业市场信息、相关的政策法规和蜜蜂产品质量要求等；

c) 由培训组织者选择经认可的培训师进行培训；

d) 培训的结果应予以记录。

4.4 设施和机具

4.4.1 组织应确保所需的设施与机具能够使其蜜蜂产品满足顾客需求和适用的法律法规要求。

4.4.2 机具应选用符合蜂产品安全卫生要求的材料制成。

4.5 工作环境

4.5.1 放蜂场地的选址应达到蜂产品生产企业需求和适用的法律法规要求。

4.5.2 养蜂场周围空气质量应符合 GB 3095—1996 中环境空气质量功能区二类区要求。

4.5.3 地势高燥、背风向阳、排水良好、小气候适宜的场所。

4.5.4 应有便于蜜蜂采集的良好水源。

4.5.5 养蜂场周围 3 km 内无大型蜂场，无以蜜、糖为生产原料的食品厂、化工厂、农药厂及经常喷洒农药的果园。

4.6 生产过程控制

4.6.1 组织应根据以下原则和条件选择放蜂场地：

a) 拟转入场地的环境现状符合 4.5 的要求；

b) 当年各地区蜜源、气候变化情况及历年资料，确定转地放蜂的时间、地点；

c) 转场使用的运输工具；

d) 组织应及时跟踪蜜源变化，必要时变更放蜂场地。

4.6.2 组织在生产蜜蜂产品前应确认：

a) 用于蜜蜂产品生产的蜂群无病；

b) 严格执行休药期；

c) 蜜源植物未施药或已过安全间隔期；

d) 所使用设备及器具无毒无害，且已消毒。

4.6.3 蜜蜂饲养活动管理应按 NY/T 5139 的规定执行。

4.6.4 蜜蜂病敌害防治以加强饲养管理、综合防治为主。并符合：

a) GB/T 19168 的规定；

b) 国家相关法律、法规、规章及有关标准要求。

4.6.5 当蜂群发病时，应由技术人员出诊检查后开具处方，发放蜂药并指导蜂农正确使用。蜂药的购置应由组织出具购药证明，并指定专人至兽药店或蜂药生产企业统一购置；组织应指定专人保管蜂药，建立蜂药购买和发放台账，实行蜂药验收核销制度。

4.6.6 组织应按照规定的要求加强蜂群检查，一旦发现患病蜂群，应：

a) 及时隔离病群，控制疾病传播；

b) 进行症状诊断，确定传染途径以及发病程度和危害情况；

c) 采取综合防治技术措施，并跟踪措施实施的有效性。

4.6.7 养蜂生产从业人员应每年至少进行一次健康检查。从事健康检查的医疗机构应具备相应的资格。传染病患者不能从事养蜂生产活动。

4.6.8 蜜蜂产品的采收应参照国家有关要求，确保其产品符合国家或行业标准及顾客相关要求。

4.7 记录和档案管理

4.7.1 组织应建立并保持记录。

4.7.1.1 蜂农应建立养蜂日志。养蜂日志格式参见表 A.1，记录内容包括：养蜂生产情况、蜜蜂产品流向、蜜蜂病敌害防治、用药记录。

4.7.1.2 养蜂合作社或蜂业合作联社应保持收购记录。收购记录格式参见表 A.2，记录内容包括：日期、时间、蜂农编号（或姓名）、品种、生产期间防治病敌害和用药情况、交货数（重）量等。

4.7.1.3 交货单。交货单格式参见表 A.3，内容包括：交货单位、总的数（重）量、收购日期、品种、采收时间、检验人及生产期间防病、治病和用药情况等。

4.7.2 蜂农档案应包括：蜂农编号、蜂农姓名、联系方式、养蜂历史、蜂种及蜂群数、常年放蜂场地、蜂机具材质、参加培训情况等。

4.7.3 组织应确保三年内记录的可追溯性，使组织能够以此实施体系评价，使潜在不安全蜜蜂产品能够处置或召回。

4.7.4 记录和档案应真实、保持清晰、易于识别和检索。

4.8 标识和可追溯性

4.8.1 组织应建立可追溯性系统，确保能够从交付的蜜蜂产品追溯到蜂产品生产源头。

4.8.2 产品包装上应贴有明显的标识。标识格式参见表 A.4。

4.8.3 标识内容包括：蜂农编号（或姓名）、品种、采收日期、产地、净含量、总重等。

4.8.4 养蜂合作社或蜂业合作联社在交付蜂产品的同时应提交交货单，以提供可追溯证据。

4.8.5 在蜜蜂产品生产、交付的全过程做好标识防护和管理，确保实现可追溯性。

4.9 蜜蜂产品包装、贮存、运输和交付

4.9.1 包装

4.9.1.1 蜂蜜包装钢桶应符合 GH/T 1015 的要求，其他包装容器应符合安全卫生、无毒的要求。

4.9.1.2 运输包装上的贮运标志应符合 GB/T 191 及 GB 7718 的规定。

4.9.2 贮存

4.9.2.1 应注意密封贮存，其场所应保持干燥、通风、阴凉、无阳光直射。

4.9.2.2 蜜蜂产品不应与有异味、有毒、有腐蚀性、放射性、挥发性和可能产生污染的物品同库存放。

4.9.2.3 养蜂合作社和蜂业合作联社应对不同蜂场的产品分批、分区码放，填写货位卡、标识到位，同时建立收购台账。

4.9.2.4 收购点应配备冷冻设施保存蜂王浆，确保在-18℃下贮存。

4.9.3 运输

4.9.3.1 运输工具应清洁卫生。

4.9.3.2 不应与有异味、有毒、有腐蚀性、放射性、挥发性和可能产生污染的物品同装混运。

4.9.3.3 发运前对包装进行检查，转运过程中应避免高温、日晒和雨淋。

4.9.3.4 蜂王浆应在低温状态运输。

4.9.4 交付

交付产品的同时应按合同要求提供相关记录资料，提交交货单、检验报告单等。无4.8.2规定标识的产品不得交付。

5 检查

5.1 蜂场自查

检查内容包括：

a) 生产人员的能力、资格和健康状况；

b) 生产记录、标识的真实性、完整性和准确性；

c) 用药、停药和采收等生产活动是否按有关规定操作。

5.2 场长、技术人员抽查

抽查内容包括：

a) 生产人员的能力、资格和健康状况；

b) 生产记录、标识的真实性、完整性和准确性；

c) 用药、停药和采收等生产活动是否按有关规定操作；

d) 放蜂场地、蜜源、蜂群饲养管理、蜜蜂病敌害防治等是否符合规定要求。

5.3 养蜂合作社、蜂业合作联社管理人员巡查

巡查内容包括：

a) 生产人员的能力、资格和健康状况；

b) 生产记录、标识的真实性、完整性和准确性；

c) 用药、停药和采收等生产活动是否按有关规定操作；

d) 放蜂场地、蜜源、蜂群饲养管理、蜜蜂病敌害防治等是否符合规定要求；

e) 对于不合格品的处置是否符合规定；

f) 场长、技术员是否按规定实施了抽查并记录。

5.4 蜜蜂产品验收

5.4.1 在交付前，组织应核对蜜蜂产品标签和数量、检查外观质量。养蜂合作社、蜂业合作联社应对收购的蜜蜂产品每单位包装逐件检查，及时封样实施检验，合格后分组划批、编号。

5.4.2 特殊情况按供需双方合同规定，否则在完成蜜蜂产品验收之前，不能放行产品。

6 不合格品处置

6.1 发现不合格品时，组织应立即对其进行隔离、标识、记录并处理。

6.2 对已交付的不合格品，组织应及时、安全地召回、隔离，并进行产品危害性评估，根据评估结果作出相应处理。召回、隔离、销毁、改变预期用途等任何措施都应在监督下实施，并保持记录。

6.3 发现使用禁用兽药情况，应通报当地政府主管部门和行业组织。

附　录　A
（资料性附录）
记录和表格

A.1　养蜂日志

养蜂日志格式见表A.1。

表 A.1

________年____月____日　　　　　　　　　　　　蜂农编号(或姓名)______________

天气			放蜂地点		花种			
蜂群			王种		蜜源			
养蜂生产情况:(清洁消毒、病敌害等)								
用(休)药情况	药名		当日用量		累计用量			
	药名		当日用量		累计用量			
	药名		当日用量		累计用量			
蜂病诊断								
治疗效果								
交付	产品名称		数(重)量		地点		接受人	
			数(重)量		地点		接受人	

A.2　收购记录

收购记录格式见表A.2。

表 A.2

________年____月____日　　　　　　　　　　　　　　　　接受人______________

时间		蜂农编号(或姓名)		品种		数(重)量		用药情况	
时间		蜂农编号(或姓名)		品种		数(重)量		用药情况	
时间		蜂农编号(或姓名)		品种		数(重)量		用药情况	

A.3　交货单

交货单格式见表A.3。

表 A.3

交货单位		品种		数(重)量	
收购日期		采收时间		最终编号	
生产期间防病、治病和用药情况等:					
检验人		检验结果			

此单一式三联,分别提交交货人、接受者、检验人。

A.4 产品标识

产品标识格式见表A.4。

表A.4

蜂农编号(或姓名)		品种	
采收日期		产地	
净含量		总重	
用药情况			

ICS 55.020
A 80

中华人民共和国国家标准

GB/T 21529—2008

塑料薄膜和薄片水蒸气透过率的测定 电解传感器法

Determination of water vapour transmission rate for plastic film and sheeting—Electrolytic detection sensor method

(ISO 15106-3:2003, Plastics—Film and sheeting—Determination of water vapour transmission rate—Part 3: Electrolytic detection sensor method, MOD)

2008-04-01 发布 2008-10-01 实施

中华人民共和国国家质量监督检验检疫总局
中国国家标准化管理委员会 发布

前　言

本标准修改采用 ISO 15106-3:2003《塑料　薄膜和薄片　水蒸气透过率试验方法　第3部分:电解传感器检测法》(英文版)。

本标准根据 ISO 15106-3:2003 重新起草。在附录 D 中列出了本标准章条编号与 ISO 15106-3:2003章条编号的对照一览表。

考虑到我国国情,在采用 ISO 15106-3:2003 时,本标准做了一些修改。有关技术性差异已编入正文中并在它所涉及的条款的页边空白处用垂直单线标识。在附录 E 中给出了这些技术性差异及其原因的一览表以供参考。

本标准与 ISO 15106-3:2003 标准相比,主要差异如下:

——增加了 7.2.4～7.2.7 条款,分别对多孔盘、控温装置、电解池、换向阀几个元件做了说明;

——增加了 7.3 条采用标准膜来校准设备的规定,为了使本标准的试验数据与其他试验方法标准的数据具有可比性;

——在试验步骤 9.7 中,规定了电流达到恒定值,即水蒸气渗透达到稳定状态的判定条件;

——在第 11 章试验结果中,规定了每个试样测试值与试样算术平均值的偏差;

——删除了 ISO 15106-3:2003 第 12 章;

——增加了附录 B。附录 B 采用 ASTM E 104:2002《使用水溶液保持恒定相对湿度的标准方法》和 DIN 53122.2:1982《测试塑料薄膜、橡胶、纸张、纸板以及其他片材　水蒸气透过率的测定　电解法》中提供的不同盐的饱和水溶液所能实现的相对湿度的数据;

——增加了附录 C。附录 C 参照 DIN　53122.2:1982 中仪器常数(8.067)的推导过程,对仪器常数进行了推导。

本标准的附录 A、附录 B 是规范性附录,附录 C、附录 D、附录 E 是资料性附录。

本标准由全国包装标准化技术委员会提出并归口。

本标准起草单位:中国包装科研测试中心、国家包装产品质量监督检验中心(济南)、济南兰光机电技术有限公司。

本标准主要起草人:王兴东、周加彦、牛淑梅、韩雪山、从林、赵江、张目清、姜允中。

塑料薄膜和薄片水蒸气透过率的测定 电解传感器法

1 范围

本标准规定了采用电解传感器测定水蒸气透过率的试验方法。

本标准适用于快速测定塑料薄膜、薄片以及含有塑料的多层结构材料的水蒸气透过率。

2 规范性引用文件

下列文件中的条款通过本标准的引用而成为本标准的条款。凡是注日期的引用文件，其随后所有的修改单(不包括勘误的内容)或修订版均不适用于本标准，然而，鼓励根据本标准达成协议的各方研究是否可使用这些文件的最新版本。凡是不注日期的引用文件，其最新版本适用于本标准。

GB/T 1037—1988 塑料薄膜和片材透水蒸气性试验方法 杯式法

GB/T 6672 塑料薄膜和薄片厚度测定 机械测量法(GB/T 6672—2001,idt ISO 4593:1993)

3 术语和定义

下列术语和定义适用于本标准。

3.1

水蒸气透过率 water vapour transmission rate，WVTR

在特定条件下，单位时间透过单位面积试样的水蒸气量。

注：本标准中水蒸气透过率定义与 GB/T 1037—1988 中的水蒸气透过量定义的含义是一致的，水蒸气透过率(量)的单位为克每平方米每 24 小时[$g/(m^2 \cdot 24\ h)$]。

4 原理

将试样装夹到渗透腔内后，试样将渗透腔分成干腔和湿腔(湿度可调)。在干腔中有干燥的载气流通过，从湿腔透过试样的水蒸气由载气携带到电解池内。电解池的结构通常为：内有两个螺旋形金属电极，电极安装在玻璃毛细管的内壁上，电极表面涂有一薄层五氧化二磷。载气通过玻璃毛细管，由载气所携带的水蒸气被五氧化二磷定量地吸收。通过给电极施加一定的直流电压，将水蒸气电解成氢气和氧气。根据电解电流的数值，计算单位时间内透过单位面积试样的水蒸气量。

5 试样

5.1 试样应有代表性，厚度均匀，无折痕、褶皱、针孔。试样的面积应大于渗透腔的透过面积，试样应密封装夹好。

5.2 水蒸气透过率至少测试三个试样。

5.3 应按照 GB/T 6672 的规定测量厚度，每个试样至少等间距测量 3 个点。

6 试样状态调节

在温度 23℃±2℃，相对湿度 50%±10%条件下对试样进行状态调节，调节时间至少 4 h。

7 仪器

7.1 仪器结构

仪器由渗透腔、电解池、流量调节阀、干燥管、换向阀等构成。在渗透腔的两腔之间装夹试样，电解池用来测水蒸气透过率，干燥管内盛装干燥剂，如分子筛材料。仪器结构见图1。

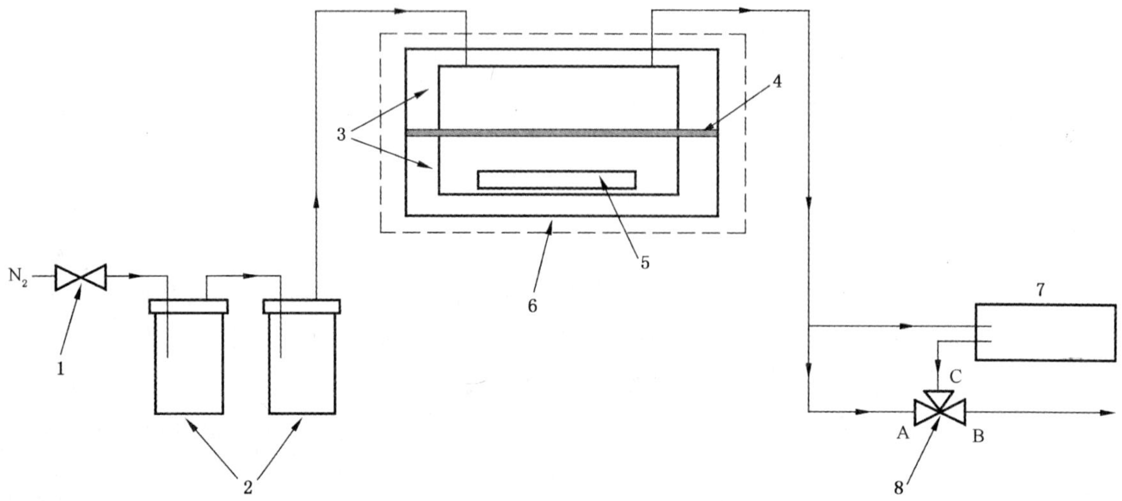

1—流量调节阀；
2—干燥管；
3—渗透腔；
4—试样；
5—多孔盘；
6—控温装置；
7—电解池；
8—换向阀。

图1 电解传感器法水蒸气透过率测试仪器结构示意图

7.2 元件

7.2.1 流量调节阀

通过流量调节阀，可调节载气（氮气）气流的流量，流量由流量计读出。流量计的流速测量范围是5 mL/min～200 mL/min。

7.2.2 干燥管

干燥管内盛装干燥剂，如分子筛材料。能够将载气干燥到电解池的检测限，或者干燥到低于电解池的检测限。

7.2.3 渗透腔

渗透腔由干腔和湿腔构成，在两腔之间装夹试样，渗透面积应在5 cm^2～100 cm^2之间。干腔中水蒸气浓度低，由载气流持续吹扫；湿腔中水蒸气浓度高。渗透腔的温度由控温装置调节。

7.2.4 多孔盘

由玻璃纤维或者多孔陶瓷等制成，用于盛放硫酸溶液或蒸馏水或饱和盐溶液等介质，用来形成恒定的湿度环境。多孔盘不能与所盛放的介质发生任何反应。

7.2.5 控温装置

用于对渗透腔进行温度调节，渗透腔的温度应控制在测试温度±0.5℃的范围内。

7.2.6 电解池

根据电解原理制成，可定量测量载气中所携带的水蒸气，也称为电解法水蒸气传感器。

7.2.7 换向阀

调节换向阀可以调节气体的流向。

7.3 标准膜

采用标准膜来校准设备，标准膜可以是已知水蒸气透过率的薄膜，或是由重量法测试得到水蒸气透过率的薄膜。

8 试验条件

应优先从表1中选择试验条件。其他试验条件由相关各方协商一致。

表1 试验条件

编号	温度/℃	相对湿度/%
1	25±0.5	90±2
2	38±0.5	90±2
3	40±0.5	90±2
4	23±0.5	85±2
5	25±0.5	75±2

9 试验步骤

9.1 将盛有合适浓度的硫酸溶液或蒸馏水或饱和盐溶液等介质的多孔盘放到渗透腔的湿腔中，用来形成恒定的湿度环境。

9.2 相对湿度与硫酸溶液浓度之间的关系见附录A。相对湿度与饱和盐溶液之间的关系见附录B。用蒸馏水可产生100%的相对湿度环境。

9.3 将试样放置到渗透腔的干、湿腔之间(见图1)，关闭且密封好渗透腔。

9.4 将换向阀调节到合适的位置，使载气经过干燥管到干腔，绕过电解池(经过图1中A—B路径)直接通向大气。这样可以避免在装夹试样的过程中进入干腔的湿气被带入电解池，从而使电解池受潮，使试验结果无效。

9.5 向电解池施加一定的直流电压。将电解池一直保持在工作通电的状态，除非长时间不使用它。

9.6 大约30 min后，将换向阀调节到试验位置，使载气(经过图1中C—B路径)通过电解池。

9.7 按一定的时间间隔定时测量电解电流的变化量，当相邻3次电流采样值波动幅度不大于5%时，可视为电流已保持恒定，水蒸气渗透达到稳定状态，记录下电流值。

10 计算

按照式(1)计算每个试样的水蒸气透过率。

$$WVTR = 8.067 \times \frac{I}{A} \qquad \cdots\cdots(1)$$

式中：

$WVTR$——试样的水蒸气透过率，单位为克每平方米每24小时[g/(m^2·24 h)]；

A——试样的透过面积，单位为平方米(m^2)；

I——电解电流，单位为安培(A)；

8.067——仪器常数，单位为克每安培每24小时[g/(A·24 h)](推导过程参见附录C)。

11 试验结果

试验结果以三个或三个以上试样的算术平均值表示，当数值小于1时，结果保留小数点后2位，当数值大于1时，结果保留小数点后1位。每一个试样的测试值与算术平均值的偏差不得超过10%。

12 试验报告

试验报告应包括下列信息：

a） 试验依据；

b） 试验仪器名称；

c） 试验条件；

d） 识别试验样品所必需的详细说明；

e） 试样的准备；

f） 面向水蒸气的试样表面；

g） 试样的透过面积；

h） 试样的平均厚度；

i） 测试的试样数量；

j） 试样状态调节的详细说明；

k） 试验结果；

l） 试验日期。

附 录 A
（规范性附录）
相对湿度与硫酸溶液浓度之间的关系

表 A.1 相对湿度与硫酸溶液浓度之间的关系

温度/℃	相对湿度/%														
	80	75	70	65	60	55	50	45	40	35	30	25	20	10	0
	硫酸溶液浓度（以质量计）/%														
0	0.31	1.20	3.36	8.23	15.0	23.6	33.9	45.2	55.7	66.8	74.9	81.2	87.8	95.7	100.0
5	0.35	1.33	3.59	8.53	15.7	24.5	34.5	45.7	56.4	67.2	75.5	81.5	89.7	96.3	100.0
10	0.39	1.39	3.71	8.69	15.9	22.3	34.6	45.5	56.7	67.7	75.0	81.0	87.4	95.6	100.0
15	0.43	1.52	3.96	8.99	16.0	24.9	35.2	45.7	56.8	67.6	75.5	82.1	88.4	96.2	100.0
20	0.48	1.62	4.12	9.18	16.4	25.3	35.4	46.2	56.7	67.3	75.3	81.6	87.8	94.7	100.0
25	0.52	1.72	4.34	9.43	16.7	25.9	35.6	45.9	56.8	66.5	74.9	81.7	87.6	94.3	100.0
30	0.58	1.82	4.52	9.71	17.0	26.0	35.5	46.2	56.6	66.6	74.8	81.7	87.4	94.3	100.0
35	0.63	1.95	4.74	10.03	17.5	26.6	36.5	46.7	57.6	67.8	75.6	83.0	88.2	95.1	100.0
40	0.69	2.06	4.97	10.2	17.8	26.8	36.7	47.0	57.5	67.4	75.4	82.4	87.8	95.6	100.0
45	0.75	2.18	5.19	10.6	18.1	27.1	37.1	45.9	57.0	67.6	76.1	82.1	88.1	94.7	100.0
50	0.83	2.38	5.59	11.0	18.9	28.1	38.1	48.3	53.3	68.1	77.1	82.9	88.9	95.7	100.0
55	0.90	2.50	5.84	11.4	19.2	28.5	38.5	48.7	58.5	67.9	77.1	83.2	89.8	95.7	100.0
60	0.98	2.66	6.11	12.5	19.6	28.8	38.8	48.9	58.4	68.3	77.7	83.0	89.0	95.7	100.0

附 录 B
（规范性附录）
饱和盐水溶液的相对湿度

B.1 不同饱和盐水溶液的相对湿度（5℃～80℃）

表 B.1 给出了 5℃～80℃不同饱和盐水溶液的相对湿度关系。

表 B.1 不同饱和盐水溶液的相对湿度（5℃～80℃）

温度/℃	饱和盐水溶液的相对湿度/%										
	氟化铯	溴化锂	氯化锂	乙酸钾	氯化镁	碳酸钾	溴化钠	碘化钾	氯化钠	氯化钾	硫酸钾
5	—	7.4±0.8	13(11.2—14.0)	—	33.6±0.3	43.1±0.5	63.5±0.8	73.3±0.4	75.7±0.3	87.7±0.5	98.5±1.0
10	—	7.1±0.7	13(11.3—14.3)	23.4±0.6	33.5±0.3	43.1±0.4	62.2±0.6	72.1±0.4	75.7±0.3	86.8±0.4	98.2±0.8
15	4.3±1.4	6.9±0.7	12(11.3—13.8)	23.4±0.4	33.3±0.3	43.2±0.4	60.7±0.6	71.0±0.3	75.6±0.2	85.9±0.4	97.9±0.7
20	3.8±1.1	6.6±0.6	12(11.1—12.6)	23.1±0.3	33.1±0.2	43.2±0.4	59.1±0.5	69.9±0.3	75.5±0.2	85.1±0.3	97.6±0.6
25	3.4±1.1	6.4±0.6	11.3±0.3	22.5±0.4	32.8±0.2	43.2±0.4	57.6±0.4	68.9±0.3	75.3±0.2	84.2±0.3	97.3±0.5
30	3.0±0.8	6.2±0.5	11.3±0.3	21.6±0.6	32.4±0.2	43.2±0.5	56.0±0.4	67.9±0.3	75.1±0.2	83.6±0.3	97.0±0.4
35	2.7±0.7	6.0±0.5	11.3±0.3	—	32.1±0.2	—	54.6±0.4	67.0±0.3	74.9±0.2	83.0±0.3	96.7±0.4
40	2.4±0.6	5.8±0.4	11.2±0.3	—	31.6±0.2	—	53.2±0.5	66.1±0.3	74.7±0.2	82.3±0.3	96.4±0.4
45	2.2±0.5	5.7±0.4	11.2±0.3	—	31.1±0.2	—	52.0±0.5	65.3±0.3	74.5±0.2	81.7±0.3	96.1±0.4
50	2.1±0.4	5.5±0.4	11.1±0.3	—	30.5±0.2	—	50.9±0.6	64.5±0.3	74.5±0.9	81.2±0.4	95.8±0.5
55	2.0±0.4	5.4±0.3	11.0±0.3	—	29.9±0.2	—	50.2±0.7	63.8±0.3	74.5±0.9	80.7±0.4	—
60	2.0±0.4	5.3±0.3	11.0±0.3	—	29.3±0.2	—	49.7±0.8	63.1±0.4	74.4±0.9	80.3±0.5	—
65	2.1±0.5	5.3±0.3	10.9±0.3	—	28.5±0.3	—	49.5±1.0	62.5±0.4	74.2±0.9	79.9±0.5	—
70	2.2±0.6	5.2±0.3	10.8±0.4	—	27.8±0.3	—	49.7±1.1	61.9±0.3	74.1±0.9	79.5±0.6	—
75	2.4±0.7	5.2±0.3	10.6±0.4	—	26.9±0.3	—	50.3±1.3	61.4±0.5	74.0±0.9	79.2±0.7	—
80	2.6±0.8	5.2±0.3	10.5±0.5	—	26.1±0.4	—	51.4±1.5	61.0±0.5	73.9±0.9	78.9±0.8	—

B.2 不同饱和盐水溶液的相对湿度(20℃～40℃)

表 B.2 给出了 20℃～40℃不同的饱和盐水溶液的相对湿度关系。

表 B.2 不同饱和盐水溶液的相对湿度(20℃～40℃)

饱和盐水溶液	相对湿度/%				
	20℃	25℃	30℃	35℃	40℃
硫酸钾 (K_2SO_4)	97.5	97.2	97.0	96.7	96.0
七水合硫酸锌 ($ZnSO_4 \cdot 7H_2O$)	90.0	88.3	86.5	85.5	84.8
氯化钾 (KCl)	86.0	85.2	84.2	83.6	82.8
氯化钠 (NaCl)	76.0	75.8	75.6	75.1	74.8
硝酸钠 ($NaNO_3$)	75.0	74.0	72.8	71.8	70.3
亚硝酸钠 ($NaNO_2$)	66.0	64.7	63.5	62.0	61.3
二水合重铬酸钠 ($Na_2Cr_2O_7 \cdot 2H_2O$)	52.0	52.7	53.2	53.8	54.0
二水合溴化钠 ($NaBr \cdot 2H_2O$)	58.0	56.7	55.6	54.0	52.8
六水合氯化镁 ($MgCl_2 \cdot 6H_2O$)	33.8	33.3	32.9	32.2	32.0

附 录 C
（资料性附录）
仪器常数的推导

C.1 水蒸气透过率计算见式(C.1)：

$$WVTR = \frac{m}{A \times T} \qquad \cdots\cdots\cdots\cdots (C.1)$$

式中：

WVTR——试样的水蒸气透过率，单位为克每平方米每 24 小时[$g/(m^2 \cdot 24\ h)$]；

m——T 时间内透过试样的水蒸气量，单位为克(g)；

A——试样的透过面积，单位为平方米(m^2)；

T——透过时间为 24 h。

C.2 渗透过试样的水蒸气质量计算见式(C.2)：

$$根据法拉第电解定律 \frac{m}{M_{(\frac{1}{2}H_2O)}} = \frac{I \times t}{F}$$

$$则\ m = \frac{I \times t}{F} \times M_{(\frac{1}{2}H_2O)} \qquad \cdots\cdots\cdots\cdots (C.2)$$

式中：

m——渗透通过试样的水蒸气质量，单位为克(g)；

$M_{(\frac{1}{2}H_2O)}$——水蒸气克当量，9.01 g/mol；

I——电解电流，单位为安培(A)；

t——电解电流持续时间，单位为秒(s)；

F——法拉第常数(96 500)，单位为安培秒每摩尔[(A·s)/mol]。

根据水蒸气透过率的时间单位为 24 h，即 $T=1$；则计算在相同的时间单位内水蒸气透过率，法拉第电解定律中的 $t=24\ h=86\ 400\ s$。因此：

$$WVTR = \frac{m}{A \times T} = \frac{I \times t}{F} \times M_{(\frac{1}{2}H_2O)} \times \frac{1}{A \times T} = \frac{M_{(\frac{1}{2}H_2O)}}{F} \times \frac{t}{T} \times \frac{I}{A}$$

$$= \frac{9.01 \times 86\ 400}{96\ 500} \times \frac{I}{A} = 8.067 \times \frac{I}{A}$$

C.3 仪器常数：

公式中的 8.067 即为仪器常数，单位是[g/(A·24 h)]。

注：参照 DIN 53122.2:1982 标准进行推导。

附　录　D
（资料性附录）
本标准章条编号与 ISO 15106-3:2003 章条编号对照

表 D.1　本标准章条与 ISO 15106-3:2003(E)章条编号对照

本标准章条编号	对应的国际标准章条编号
前言	—
—	前言
1～6	1～6
7	7
7.1	7.1
7.2	—
7.2.1	7.3
7.2.2	7.4
7.2.3	7.2
7.2.4～7.3	—
8	8
9	9
—	9.1
9.1	9.2
9.2	9.2 中注
9.3～9.7	9.3～9.7
10～11	10～11
—	12
12	13
附录 A	附录 A
附录 B	—
附录 C	—
附录 D	—
附录 E	—

附　录　E
（资料性附录）
本标准与ISO 15106-3:2003技术性差异及其原因

表E.1　本标准与ISO 15106-3:2003技术性差异及其原因一览表

本标准的章条编号	技术性差异	原　　因
1	将原国际标准中备注纳入正文。	按GB/T 1.1的规定规范了标准用语。
2	引用了采用国际标准的我国标准，而非国际标准。	以适合我国国情。
3.1	注的内容增加了与GB/T 1037—1988的说明。	说明与国标定义的含义的一致性。
4	将施加约70 V的直流电压改为施加一定的直流电压。	70 V的限定有局限性。
6	具体规定了调节时间至少4 h。	对应国家标准规定了具体时间。
7.2.1	流量计的范围5 mL/min～100 mL/min，调整到5 mL/min～200 mL/min。	更符合实际的使用情况。
7.2.3	渗透面积2 cm^2～100 cm^2，调整为5 cm^2～100 cm^2。	更符合实际的使用情况，不影响测试结果。
7.2.4～7.2.7	增加4个条款，分别对多孔盘、控温装置、电解池、换向阀几个元件做了说明。	对图1中涉及到的元件进行全部说明，更加清晰完整。
7.3	增加了采用标准膜来校准设备的要求。	其他试验方法标准的数据具有可比性。
9.1	删除了国际标准9.1，将国际标准9.2变为9.1。	9.1条款没有实际内容。
9.2	将国际标准9.2中注列为9.2条，并引出了附录B。	内容衔接更好。
9.7	增加了相邻3次电流采样值波动幅度不大于5%时，可视为电流已保持恒定。	更具有操作性。
11	增加了测试偏差不得超过±10%的规定。	
—	删除了国际标准中12精确度条款。	不确定的叙述不适合国标的写法。
附录B	增加规范性附录B不同盐的饱和水溶液所能实现的相对湿度的数据。	提供了通过不同途径实现相对湿度的方法，使标准更具有操作性。
附录C	增加资料性附录C仪器常数的推导。	对仪器常数的来历更清楚了。

ICS 65.060.99
B 93

中华人民共和国国家标准

GB/T 21530—2008

棉花打包用镀锌钢丝

Galvanized steel wire for cotton packing

STANDARDS PRESS OF CHINA

2008-04-09 发布 2008-05-01 实施

中华人民共和国国家质量监督检验检疫总局
中国国家标准化管理委员会 发布

前　言

本标准由中华全国供销合作总社提出。

本标准由中华全国供销合作总社棉花加工工业标准化技术委员会归口。

本标准起草单位：山东天鹅棉业机械股份有限公司、郑州棉麻工程技术设计研究所、中棉工业总公司、邯郸永年中棉工业线材有限公司。

本标准主要起草人：杨丙生、胡春雷、魏华、王韶斌、李久喜、孙福岭、王瑞霞。

本标准为首次发布。

棉花打包用镀锌钢丝

1 范围

本标准规定了棉花打包用镀锌钢丝(以下简称为镀锌钢丝)的分类、形状、几何尺寸、重量、技术要求、试验方法、检验规则及包装、标志、运输和贮存。

本标准适用于棉花打包用镀锌钢丝。

2 规范性引用文件

下列文件中的条款通过本标准的引用而成为本标准的条款。凡是注日期的引用文件,其随后所有的修改单(不包括勘误的内容)或修订版均不适用于本标准,然而,鼓励根据本标准达成协议的各方研究是否可使用这些文件的最新版本。凡是不注日期的引用文件,其最新版本适用于本标准。

GB/T 228 金属材料 室温拉伸试验方法

GB/T 238 金属材料 线材 反复弯曲试验方法

GB/T 701 低碳钢热轧圆盘条

GB/T 2972 镀锌钢丝锌层硫酸铜试验方法

GB/T 2973 镀锌钢丝锌层质量试验方法

GB/T 2976 金属材料 线材 缠绕试验方法

GB/T 4354 优质碳素钢热轧盘条

3 分类

3.1 钢丝按抗拉强度分为两个类别:

A 类(低碳)符合 GB/T 701 的规定,抗拉强度为 400 MPa~510 MPa。

B 类(高碳)符合 GB/T 4354 的规定,抗拉强度为 1 400 MPa~1 650 MPa。

3.2 产品型号

镀锌钢丝按镀锌方式分为两种:一种为热镀锌钢丝,一种为电镀锌钢丝。

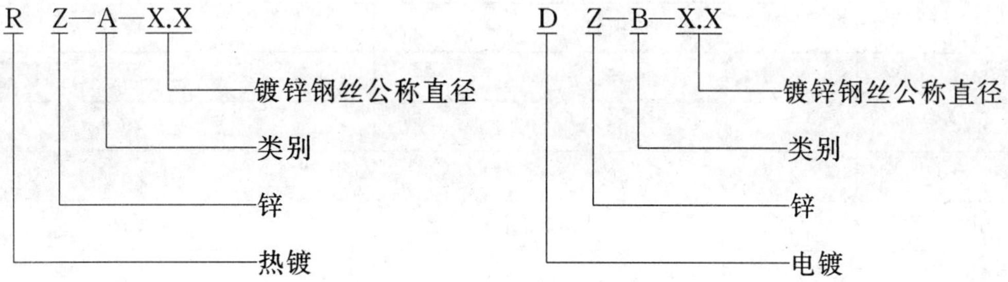

示例 1:

直径为 2.8 mm,抗拉强度为 A 类的热镀锌钢丝,其标记为:棉包用钢丝 RZ—A—2.8。

示例 2:

直径为 3.4 mm,抗拉强度为 B 类的电镀锌钢丝,其标记为:棉包用钢丝 DZ—B—3.4。

4 形状、几何尺寸、重量

4.1 形状

镀锌钢丝横截面的形状为圆形。

4.2 几何尺寸及允许偏差

镀锌钢丝的直径及允许偏差应符合表1的规定。

表1 镀锌钢丝的直径及允许偏差

单位为毫米

公称直径	2.50	2.80	3.20	3.40[a]	3.75[a]	4.00
允许偏差	±0.05		±0.06		±0.07	
圆度公差	0.05		0.06		0.07	
[a] 为优先选用。						

4.3 重量

4.3.1 单捆钢丝的重量为50 kg,A类根数不大于2根,B类根数为1根。

4.3.2 单捆钢丝每捆重量允许有不超过0.2%的负偏差,但每批净重不允许有负偏差。

5 技术要求

5.1 镀锌钢丝的机械性能

镀锌钢丝的机械性能应符合表2的规定。

表2 镀锌钢丝的机械性能

A类	抗拉强度/MPa	400～510
	延伸率(试样长度为100 mm)/%	≥15
	反复弯曲180°的次数	≥15
B类	抗拉强度/MPa	1 400～1 650
	延伸率(试样长度为100 mm)/%	≥4
	反复弯曲180°的次数	≥8

5.2 镀层质量

5.2.1 按GB/T 2973检测其重量,应符合表3的规定。

表3 镀锌钢丝锌层单位面积的重量

公称直径 D/mm	锌层单位面积重量/(g/m^2)≥	
	热镀锌	电镀锌
2.50	55	25
2.80	65	25
3.20	80	25
3.40	85	25
3.75	85	25
4.00	90	30

5.2.2 用直径为钢丝直径5倍的试棒,将钢丝缠绕20圈后,锌层不应有裂纹、脱落现象。

5.3 表面质量

5.3.1 电镀锌钢丝的镀锌层应均匀,不得有漏镀、针孔、麻点等现象。

5.3.2 电镀锌钢丝表面应光滑,不得有裂纹及明显的纵向拉痕、气流条纹等现象。

5.3.3 热镀锌钢丝的表面允许有不影响使用的局部斑点、闪点和不连续的锌层堆积,但堆积的局部凸起截面最大尺寸不得超过镀锌钢丝直径正偏差的0.8倍。

5.3.4　镀锌钢丝不允许出现锌层脱落现象。

6　试验方法

6.1　表面质量

镀锌钢丝的表面质量用感官检验。

6.2　尺寸测定

镀锌钢丝直径用精度 0.01 mm 的千分尺，在每捆镀锌钢丝的任意截面从互相垂直的两个方向测量最大值和最小值，取其平均值。

6.3　镀锌钢丝的其他检验项目、取样部位、试验方法

6.3.1　镀锌钢丝的拉伸试验，取钢丝任一部位，按 GB/T 228 的试验方法验证。

6.3.2　镀锌钢丝的反复弯曲试验，取钢丝任一部位，按 GB/T 238 的试验方法验证。

6.3.3　镀锌钢丝的锌层重量试验，取钢丝任一部位，按 GB/T 2972 的试验方法验证。

6.3.4　镀锌钢丝的缠绕试验，取钢丝任一部位，按 GB/T 2976 的试验方法验证。

6.3.5　镀锌钢丝的硫酸铜浸置试验，取钢丝任一部位，按 GB/T 2972 的试验方法验证。时间、次数应符合表 4 的规定。

表 4　镀锌钢丝的硫酸铜浸置试验

公称直径 D/mm	硫酸铜浸置试验的次数 ≥		
	热镀锌		电镀锌
	60 s	30 s	30 s
2.50	—	2	2
2.80	—	2	2
3.20	1	1	2
3.40	1	1	2
3.75	1	1	2
4.00	1	1	2

7　检验规则

7.1　组批规格

同一牌号、同一尺寸、同一强度、同一镀锌方式为一批，每批不大于 60 t。

7.2　出厂检验

7.2.1　镀锌钢丝的表面质量、直径公差、机械性能及镀锌钢丝捆重应逐捆检验。

7.2.2　镀锌钢丝的锌层质量、缠绕试验、锌层硫酸铜试验应按批检验。

7.3　判定规则

7.3.1　可从每批镀锌钢丝中每 20 捆抽取 1 捆(不足 20 捆按 20 捆计)，进行直径、锌层质量及机械性能检验。

7.3.2　检验结果如不符合 5.1、5.2、5.3 要求中的任一项，则该批镀锌钢丝判为不合格。

8　包装、标志、运输及贮存

8.1　包装

8.1.1　每捆镀锌钢丝捆扎牢固、不得滑动。

8.1.2 每捆镀锌钢丝的外包装应内衬不影响产品质量的防潮纸，外用编织物包装。缠绕包装的叠压部位宽度不少于 3 cm。应进行封口、紧固。

8.2 标志

每捆镀锌钢丝的捆内、外各固定一个标牌，其上注明：

a) 商品名称和商标；

b) 执行标准编号；

c) 镀锌钢丝的型号；

d) 净重；

e) 生产厂家名称、厂址、联系方式；

f) 生产日期。

8.3 每批镀锌钢丝应附有合格证书。

8.4 运输、贮存

8.4.1 镀锌钢丝在贮运过程中应保持清洁、干燥，且应用防潮材料垫底，保证通风，并有必要的防潮、防雨措施，不应污染、损坏镀锌钢丝。

8.4.2 镀锌钢丝应用机械平稳装卸或人工堆码整齐，不应在 2 m 以上高度抛落。

ICS 65.060.99
B 93

中华人民共和国国家标准

GB/T 21531—2008

MFBD 型钢丝打扣机

MFBD type steel wire knotter

2008-04-09 发布

2008-05-01 实施

中华人民共和国国家质量监督检验检疫总局
中国国家标准化管理委员会 发布

前　言

本标准由中华全国供销合作总社提出。

本标准由中华全国供销合作总社棉花加工工业标准化技术委员会归口。

本标准起草单位:南通龙腾机械有限公司、中国棉花协会棉花加工分会、中华全国供销合作总社郑州棉麻工程技术设计研究所、荆州市三力机电科技有限公司。

本标准主要起草人:刘建、胡春雷、李久喜、王瑞霞、华林。

MFBD 型钢丝打扣机

1 范围

本标准规定了 MFBD 型钢丝打扣机的型号及适用范围、技术要求、试验方法、检验规则以及标志、包装、运输和储存。

本标准适用于打制符合 GB/T 21530 的棉花打包用镀锌钢丝且制成总长度为 1 750 mm～2 350 mm 扣丝的 MFBD 型钢丝打扣机。

2 规范性引用文件

下列文件中的条款通过本标准的引用而成为本标准的条款。凡是注日期的引用文件，其随后所有的修改单(不包括勘误的内容)或修订版均不适用于本标准，然而，鼓励根据本标准达成协议的各方研究是否可使用这些文件的最新版本。凡是不注日期的引用文件，其最新版本适用于本标准。

GB/T 191　包装储运图示标志

GB/T 6388　运输包装收发货标志

GB/T 13384　机电产品包装通用技术条件

GB/T 21530　棉花打包用镀锌钢丝

3 型号

M F B D－XX X 型钢丝打扣机

- X —— 改型序号
- XX —— 主参数：打制钢丝最大公称直径(mm)的 10 倍
- D —— 特征代号：打扣机
- B —— 组别代号：棉包钢丝
- F —— 类别代号：辅助设备
- M —— 棉花加工机械代号

4 技术要求

4.1 钢丝打扣机应符合本标准的要求，并按经规定程序批准的图样和技术文件制造。

4.2 传动、调直、送丝、切断、成形、卸料各部分动作应准确无误、协调一致，使钢丝两端扣环同时成形，并能顺利打扣和自动出丝。

4.3 钢丝打扣机正常运转后，每加工 50 kg 钢丝停机调整次数不超过三次。

4.4 生产率

a) 扣丝总长度为 2 150 mm～2 350 mm 时，钢丝打扣机每分钟制成扣丝不少于 8 根；

b) 扣丝总长度为 1 950 mm～2 149 mm 时，钢丝打扣机每分钟制成扣丝不少于 9 根；

c) 扣丝总长度为 1 750 mm～1 949 mm 时，钢丝打扣机每分钟制成扣丝不少于 10 根。

4.5 制成扣丝质量

4.5.1 同一种长度规格的扣丝，其长度相对误差不大于 0.3%。

4.5.2 表面无明显伤痕。

4.5.3 扣环平面与开口平面夹角为 30°～50°，同一台钢丝打扣机所制扣丝扣环平面与开口平面夹角允许偏差为±1°。扣环开口处的钢丝间隙不大于 0.8 倍的钢丝直径，扣环端至短脚的长度为 34 mm～50 mm，钢丝如经制扁则扣丝中间扁平部分的扁平面应处于开口平面内。

4.5.4 扣丝应平直，无明显扭曲，两端扣环相互对称。

4.5.5 打扣后钢丝强度降低量不大于原强度的 15%。

4.6 打制棉花打包用低碳镀锌钢丝时耗电量不大于 0.3 kW·h/100 根，打制其他钢丝时耗电量不大于 0.4 kW·h/100 根。

4.7 正常工况下噪音不大于 80 dB(A)，切断瞬间噪音不大于 90 dB(A)。

4.8 安全防护

4.8.1 外露传动部位应有防护罩壳，并有转向标志。

4.8.2 配电箱外应有电危标志。

4.8.3 整机绝缘电阻不小于 1 MΩ。

4.9 外观质量

4.9.1 表面涂层应平滑无起泡、划伤、发白及明显桔皮状和流痕等缺陷。

4.9.2 外露加工面应有防锈处理，无锈蚀。

5 试验方法

5.1 空载试验

5.1.1 打扣机总装后，手动一个循环，检验各连接部位有无不正常现象。

5.1.2 空载运转 10 min～15 min，检验各部分运转是否正常。

5.2 负载试验

5.2.1 用符合 GB/T 21530 的棉花打包用镀锌钢丝试车，检验钢丝打扣机是否符合 4.2、4.3 要求。

5.2.2 用秒表检验生产率是否符合 4.4 要求。

5.3 扣丝质量检验(100 根中任意取 10 根)

5.3.1 用精度为 1 mm 的钢卷尺检验扣丝的总长度是否符合 4.5.1 要求。

5.3.2 通过目测检验扣丝是否符合 4.5.2、4.5.4 要求。

5.3.3 用精度为 0.02 mm 的游标卡尺和专用样板并通过目测检验扣丝是否符合 4.5.3 要求。

5.4 用材料试验机对钢丝制扣前后分别进行拉力试验，检验扣丝是否符合 4.5.5 要求。

5.5 用三相电度表检验耗电量是否符合 4.6 要求。

5.6 用声级计测量打扣机工作噪音，测点设在距机 1 m 处，离地 1 m 高，前后各取一点，取其最大值，检验工作噪音是否符合 4.7 要求。

5.7 用 500 V 兆欧表检验整机绝缘电阻是否符合 4.8.3 要求。

5.8 通过目测检验产品安全防护是否符合 4.8.1、4.8.2 要求。

5.9 通过目测检验产品外观质量是否符合 4.9 要求。

6 检验规则

6.1 出厂检验

6.1.1 产品须经制造厂质量检验部门按本标准逐台检验，合格后方可出厂，并附有合格证。

6.1.2 出厂检验项目为本标准的 4.2、4.4、4.5.1、4.5.2、4.5.3、4.5.4、4.8、4.9 要求的内容。

6.2 型式检验

6.2.1 有下列情况之一时，须进行型式检验：

a) 新产品鉴定时；

b) 正式生产产品，如结构、材料、工艺有较大改变，可能影响产品性能时；

c) 产品停产两年以上，恢复生产时；

d) 批量生产的产品，为了了解产品质量稳定性，周期性检验时；

e) 国家质量技术监督机构提出型式检验要求时。

6.2.2 型式检验项目为本标准的全部要求。

6.2.3 型式检验应从出厂检验合格的10台产品中随机抽取1台进行检验。若不合格，应加倍抽样对不合格项目进行复检，复检仍不合格则判为不合格。

7 标志、包装、运输和储存

7.1 标志应符合GB/T 191、GB/T 6388规定。

7.2 产品应有标牌，其主要内容如下：

a) 制造厂名、商标；

b) 名称及型号；

c) 出厂编号；

d) 出厂日期。

7.3 包装应符合GB/T 13384规定，同时随带下列技术文件：

a) 装箱单；

b) 备件明细表；

c) 合格证；

d) 使用说明书。

7.4 包装箱外壁应标注：

a) 制造厂名；

b) 名称及型号；

c) 毛重(kg)；

d) 包装箱尺寸(长×宽×高)(mm×mm×mm)；

e) 出厂日期；

f) 到站及收货单位；

g) 发货站及发货单位；

h) 标明“向上”、“小心轻放”、“系索位置”、“防潮”等字样或标志。

7.5 产品在运输过程中应避免剧烈震动及碰撞，产品应存放在平整、干燥、通风的地方，并应有防潮和防蚀措施。

ICS 65.140
B 47

中华人民共和国国家标准

GB/T 21532—2008

蜂王浆冻干粉

Lyophilized royal jelly powder

2008-04-09 发布 2008-09-01 实施

中华人民共和国国家质量监督检验检疫总局
中国国家标准化管理委员会 发布

前　　言

本标准由中华全国供销合作总社提出并归口。

本标准起草单位：国家蜂产品质量监督检验中心、广州市宝生园有限公司、中华全国供销合作总社、广州蜂产品质量监督检验测试中心。

本标准主要起草人：潘建国、郑尧隆、李立群、李子健。

本标准为首次发布。

蜂王浆冻干粉

1 范围

本标准规定了蜂王浆冻干粉的等级、要求、试验方法、包装、标志、贮存与运输要求。

本标准适用于蜂王浆冻干粉的加工与销售。

2 规范性引用文件

下列文件中的条款通过本标准的引用而成为本标准的条款。凡是注日期的引用文件，其随后所有的修改单(不包括勘误的内容)或修订版均不适用于本标准，然而，鼓励根据本标准达成协议的各方研究是否可使用这些文件的最新版本。凡是不注日期的引用文件，其最新版本适用于本标准。

GB/T 191 包装储运图示标志

GB/T 5048 防潮包装

GB 7718 预包装食品标签通则

GB/T 9697 蜂王浆

GB/T 12339 防护用内包装材料

GB/T 15171 软包装件密封性能试验方法

GB/T 17344 包装 包装容器 气密试验方法

3 术语和定义

下列术语和定义适用于本标准。

3.1

蜂工浆冻干粉 lyophilized royal jelly powder

蜂皇浆冻干粉

通过真空冷冻干燥方法加工制成的脱水蜂王浆粉末。

4 要求

4.1 原料要求

应符合 GB/T 9697 的规定。

4.2 感官要求

感官要求见表 1。

表 1 感官要求

项 目	要 求
色泽	乳白色或淡黄色
状态	粉末状，无肉眼可见黑点
气味	有蜂王浆香气，气味纯正，不得有发酵、发臭等异味
滋味	有明显的酸、涩、辛辣味，回味略甜

4.3 等级和理化要求

等级和理化要求见表 2。

表 2 等级和理化要求

项目		一级品	二级品
10-羟基-2-癸烯酸/%	≥	5.0	4.0
水分/%	≤	3.0	5.0
蛋白质/%	≥	33	
酸度(1 mol/L NaOH)/(mL/100 g)		90～159	
灰分/%	≤	4.0	
总糖(以葡萄糖计)/%	≤	45	
淀粉		不得检出	

4.4 安全卫生要求

应符合国家法律、法规和政府规章要求，符合国家有关标准规定的安全卫生要求。

5 试验方法

5.1 抽样

在同一批次产品中抽取不少于 150 g 样品，均分为三份，每份不少于 50 g，置于铝塑复合薄膜袋中密封保存。供检验、复检与备查用。

5.2 试样保存

试样宜及时检验，在不能及时检验的情况下应将试样置于冰箱冷冻保存。

5.3 感官试验

5.3.1 颜色与状态

用 0.2 mm 厚 15 cm×9 cm 的密实透明塑料袋装约 5 g 的蜂王浆冻干粉，立即密封，在自然光充足处，观察其颜色和状态以及有无结块。然后，打开透明塑料袋，把蜂王浆冻干粉倒入一洁净器皿中，在白色背景下观察有无黑点。

5.3.2 气味

打开盛蜂王浆冻干粉的包装，距离试样约 20 cm 嗅其气味。

5.3.3 滋味

取出少量蜂王浆冻干粉，用口品尝其滋味。

5.4 理化试验

5.4.1 水分

按 GB/T 9697 规定的方法试验。

本项试验宜在其他试验之前进行。应在室温≤20℃条件下打开试样，且在 2 min 内称量完毕。

5.4.2 10-羟基-2-癸烯酸

按 GB/T 9697 规定的方法试验。

5.4.3 蛋白质

按 GB/T 9697 规定的方法试验。

5.4.4 酸度

按 GB/T 9697 规定的方法试验。

5.4.5 灰分

按 GB/T 9697 规定的方法试验。

5.4.6 总糖

按 GB/T 9697 规定的方法试验。

5.4.7 淀粉

按 GB/T 9697 规定的方法试验。

6 包装

6.1 包装的防潮等级不得低于 GB/T 5048 规定的 2 级，包装材料亦应符合 GB/T 5048 要求和相应的食品安全卫生要求。

6.2 防护用内包装材料应符合 GB/T 12339 要求，并符合相应的食品安全卫生要求。

6.3 包装容器内若放有干燥剂，应符合相应的食品安全卫生要求。

6.4 包装要牢固、密封、防潮、避光、整洁，便于贮存和运输。

6.5 应根据 GB/T 17344 验证包装的气密性能。对于防护性软包装，则应根据 GB/T 15171 验证包装的密封性能。

7 标志

食品标签应符合 GB 7718 的要求。

宜标示贮存和运输的温、湿度条件，或根据 GB/T 191 的规定标示怕晒、怕雨和温度极限标志。

其他图示标志亦应符合 GB/T 191 的规定。

若包装容器内放有干燥剂，应在标志中作出如下提示："内有干燥剂。干燥剂不可食用。"

8 运输

8.1 运输工具应清洁卫生、干燥、无异味、无污染，严禁与有毒、有害、有异味、易污染的物品混装混运。

8.2 运输途中严防日晒、雨淋，装卸时应轻装轻卸。

9 贮存

9.1 应按产品批次、等级、规格分别堆放。

9.2 应在阴凉(≤20℃)、干燥处保存。

9.3 不得与有毒、有害、有异味的物品同处贮存。

ICS 67.180.10
X 31

中华人民共和国国家标准

GB/T 21533—2008

蜂蜜中淀粉糖浆的测定　离子色谱法

Determination of starch srupy in honey—Ion chromatography

2008-04-09 发布　　2008-09-01 实施

中华人民共和国国家质量监督检验检疫总局
中国国家标准化管理委员会　发布

前　　言

本标准的附录A为资料性附录。

本标准由中华人民共和国国家质量监督检验检疫总局提出。

本标准由中华全国供销合作总社归口。

本标准起草单位:大连市产品质量监督检验所。

本标准主要起草人：潘炜、王春燕、郑顺利、于利军、牟世芬、张明、李鹏、董广彬、李海燕、姜俊。

本标准为首次发布。

蜂蜜中淀粉糖浆的测定 离子色谱法

1 范围

本标准规定了蜂蜜中果葡糖浆、麦芽糖浆、异麦芽糖浆、饴糖浆等淀粉糖浆的测定方法。

本标准适用于蜂蜜中淀粉糖浆的测定。

本标准检出限:5%淀粉糖浆。

2 原理

蜂蜜中不含五糖(DP5)以上的寡糖,而各种淀粉糖浆中均含五糖(DP5)以上的寡糖,使用凝胶体积排阻法去除样品中果糖、葡萄糖,将寡糖富集后直接经阴离子交换色谱-电化学检测器检测,将五糖(DP5)以上寡糖的存在作为蜂蜜中淀粉糖浆的判定指标。

3 试剂和材料

除非另有说明,所用试剂为分析纯,所用水为18.2 MΩ/cm 的高纯水。

3.1 聚丙烯酰胺凝胶微球,粒径45 μm~90 μm,分级分离的相对分子质量范围100~1 800,按使用说明书进行水化和脱气。

注:可使用 Bio-Gel® P-2 Gel 型聚丙烯酰胺凝胶或同等性能的凝胶材料。

3.2 凝胶层析柱:将聚丙烯酰胺凝胶(3.1)湿法装入1.5 cm×15 cm 空柱管中,装入的凝胶高度为10 cm,上端保持1 cm 以上的水层,避免干涸。

3.3 层析柱架。

3.4 麦芽糖标准储备液:分别称取色谱纯麦芽糖、麦芽三糖、麦芽四糖、麦芽五糖、麦芽六糖、麦芽七糖标准物质各10.0 mg,用水分别溶解定容至10 mL,配制成浓度为1 mg/mL 的储备液,于棕色瓶中4℃下储存。

3.5 麦芽糖标准混合使用液:吸取一定量的麦芽糖标准储备液(3.4),按表1用水配制麦芽糖标准混合使用液,在4℃下保存不超过30 d。该溶液用于样品色谱图中寡糖保留时间的定位。

表1 麦芽糖标准混合使用液的配制

标准物质	麦芽糖	麦芽三糖	麦芽四糖	麦芽五糖	麦芽六糖	麦芽七糖
储备液吸取量/mL	0.10	0.20	0.30	0.40	0.50	1.00
定容体积/mL	10					
混合使用液浓度/(μg/mL)	10	20	30	40	50	100

3.6 50%氢氧化钠储备液:符合离子色谱使用纯度。

3.7 无水乙酸钠:符合离子色谱使用纯度。

3.8 0.45 μm 样品滤膜:水性。

4 仪器

4.1 离子色谱仪:配电化学检测器。

4.2 分析天平:感量0.1 mg 。

5 试样制备

5.1 称取混匀的蜂蜜2.0 g 作为试样,用水溶解后定容至20 mL,用0.45 μm 水性滤膜过滤,滤液备用。

5.2 将准备好的聚丙烯酰胺凝胶层析柱(3.2)中的水放尽,至下端无水珠滴下时,将样品滤液(5.1)2.0 mL沿柱壁慢慢加入层析柱中,恰好流至凝胶上方无液时,加入3.0 mL水冲洗柱壁,又至凝胶上方无液时,再加入5.0 mL水冲洗凝胶柱。注意每次在层析柱上方加液(或水)的时机,应是前次加液(或水)的层析柱体上端液体恰好流尽、下端恰好无液体滴出。弃去上述三次共10.0 mL流出液后,于层析柱下方接上一支2 mL具塞塑料离心管,从柱上方加入2 mL水,收集这2 mL流出液至离心管中,盖紧离心管塞,摇匀后作为待测样品溶液,24 h之内测定。层析柱中加入50 mL水冲洗,至全部流出后,该柱直接用于处理下一个样品。

5.3 将纯蜂蜜作为阴性对照品,蜂蜜中掺入5%市售果葡糖浆、蜂蜜中掺入5%市售麦芽糖浆的样品作为阳性对照品,按照5.1和5.2进行操作。

6 测定

6.1 离子色谱条件

6.1.1 色谱柱:CarboPac™PA200 3 mm×250 mm (带CarboPac™PA200 3 mm×50 mm 保护柱)或相当性能的分离柱,柱温30℃。

6.1.2 流动相:A:100%水;B:200 mmol/L 氢氧化钠,200 mmol/L 乙酸钠。梯度洗脱条件见表2。

表2 梯度洗脱条件

时间/min	流速/(mL/min)	流动相/%		曲 线
		A	B	
0	0.4	90	10	线性
5	0.4	90	10	线性
20	0.4	70	30	线性
30	0.4	70	30	线性
40	0.4	90	10	线性
60	0.4	90	10	线性

6.1.3 检测器:电化学检测器;Au工作电极;Ag/AgCl参比电极。检测池温度30℃。糖检测波形参见表3。

表3 糖检测波形

时间/s	电位/V	积分	时间/s	电位/V	积分
0.00	+0.10	—	0.42	−2.00	—
0.20	+0.10	开始	0.43	+0.60	—
0.40	+0.10	结束	0.44	−0.10	—
0.41	−2.00	—	0.50	−0.10	—

6.1.4 进样量:20 μL。

6.2 样品测定

依次将麦芽糖标准混合使用液(3.5)、纯蜂蜜阴性对照品(5.3)、含5%果葡糖浆的蜂蜜(5.3)和含5%麦芽糖浆的蜂蜜等阳性对照品(5.3)的寡糖收集液注入离子色谱仪中,观察离子色谱图,当谱图与附录A中参考谱图基本吻合时,方可进行实测样品的测试。

7 结果判定

分析比较纯蜂蜜阴性对照样品和含5%糖浆的蜂蜜阳性对照样品的寡糖谱图,找到两者之间有明显差异的“指纹区”，并以此作为纯蜜中掺入淀粉糖浆的判定指标。任一掺入果葡糖浆的蜂蜜样品，在麦芽五糖至麦芽六糖之间和麦芽六糖至麦芽七糖之间有两个典型的“指纹峰”P1 和 P2，根据这两个峰的出现可判断蜂蜜中掺入果葡糖浆。任一掺入麦芽糖浆的蜂蜜样品，在麦芽五糖至麦芽六糖之间、麦芽六糖至麦芽七糖之间以及麦芽七糖之后，有三个典型的“指纹峰簇”P1、P2 和 P3，根据这三个峰簇的出现可判断蜂蜜中掺入麦芽糖浆(包括高麦芽糖浆、异麦芽糖浆和饴糖糖浆)。除了描述出的基本特点外，不同工艺条件下生产的糖浆还可见到其他出峰位置有其他峰形特征的微量寡糖峰，但不影响“指纹区”的基本特征和判定。

麦芽糖标准混合使用液、纯蜂蜜、含 5%果葡糖浆的蜂蜜、含 5%麦芽糖浆的蜂蜜的寡糖离子色谱图参见图 A.1、图 A.2、图 A.3、图 A.4。

附　录　A
（资料性附录）
蜂蜜中淀粉糖浆测定的相关色谱图

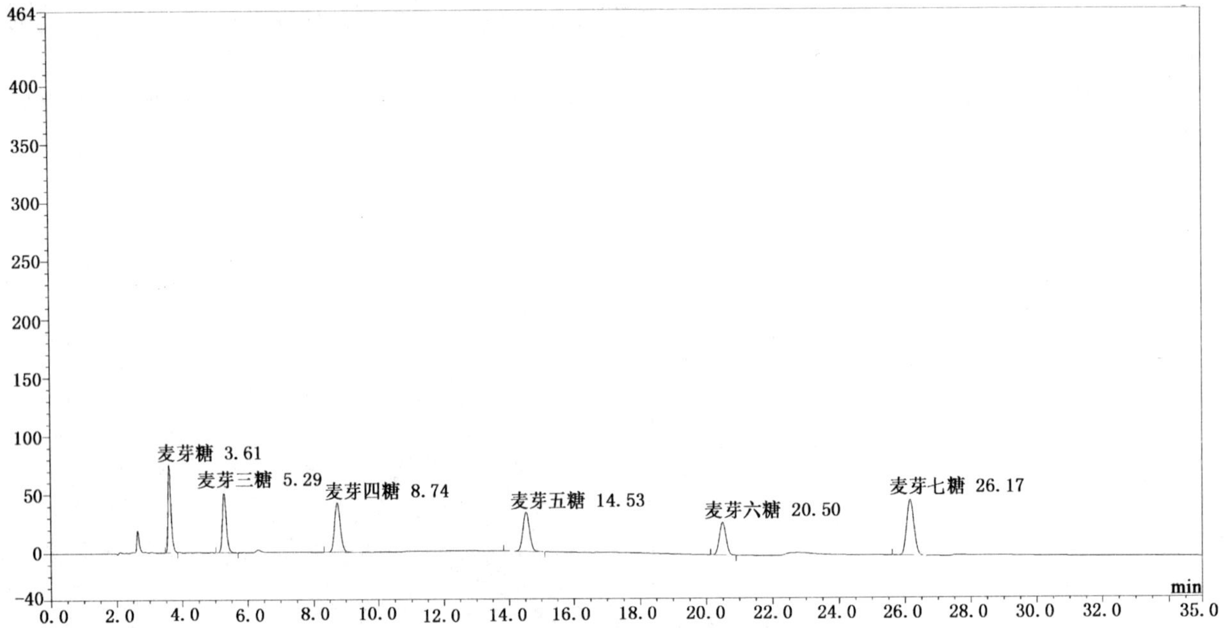

图 A.1　麦芽糖标准混合使用液定位谱图

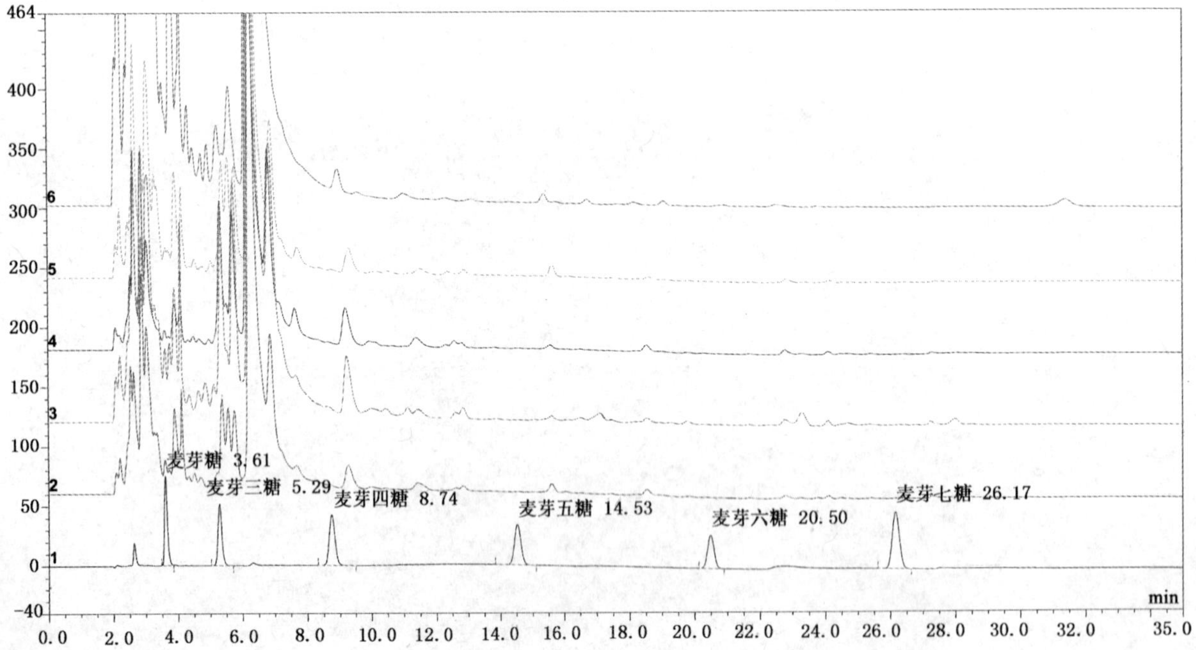

1——2-7 麦芽糖标；
2——槐花纯蜜；
3——枣花纯蜜；
4——荆条纯蜜；
5——油菜纯蜜；
6——椴树纯蜜。

图 A.2　麦芽糖定位图与纯洋槐、枣花、椴树、荆条、油菜蜜的寡糖谱图

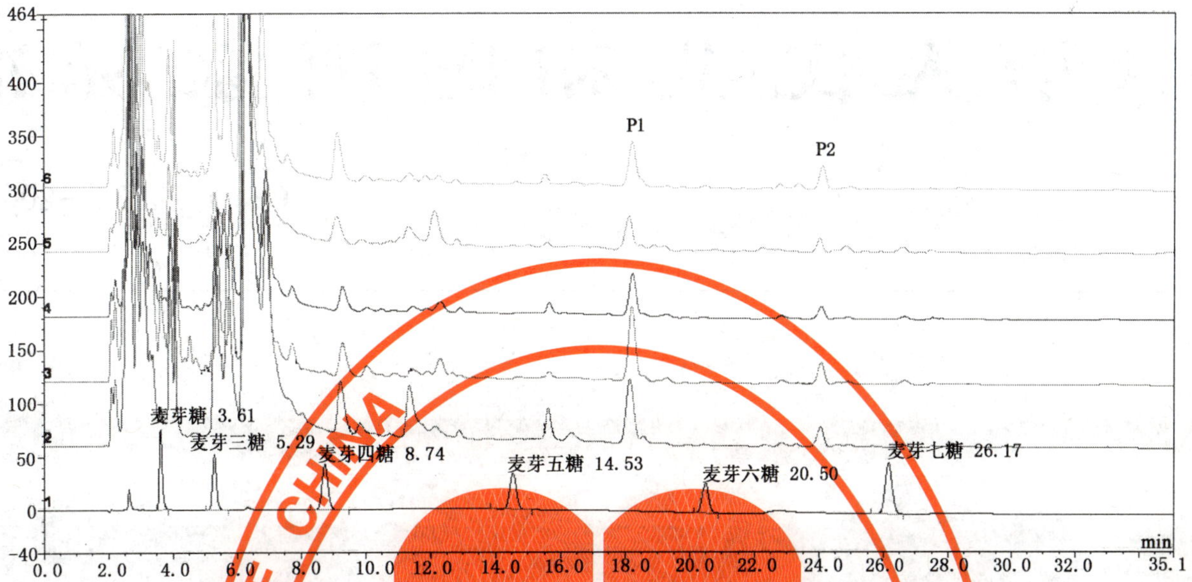

1——2-7 麦芽糖标；
2——椴树纯蜜＋果葡 1＃5％；
3——荆条纯蜜＋果葡 2＃5％；
4——油菜纯蜜＋果葡 3＃5％；
5——洋槐纯蜜＋果葡 4＃5％；
6——枣花纯蜜＋果葡 5＃5％。

图 A.3　麦芽糖定位图与含 5％果葡糖浆的洋槐、枣花、椴树、荆条、油菜蜜的寡糖谱图

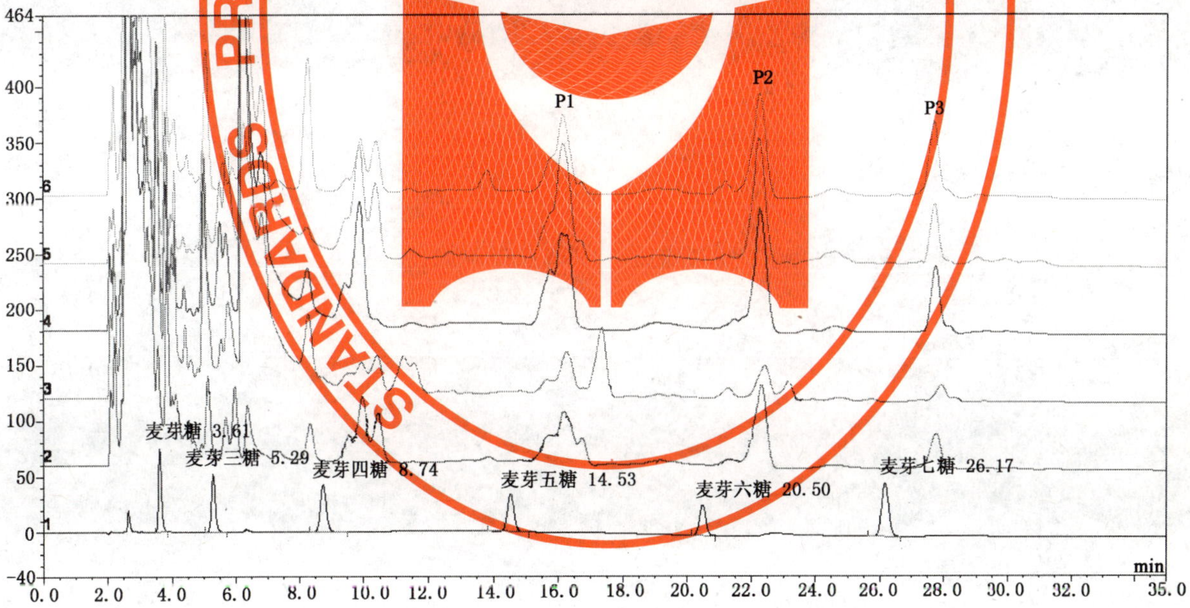

1——2-7 麦芽糖标；
2——椴树纯蜜＋麦芽糖浆 1＃5％；
3——荆条纯蜜＋麦芽糖浆 2＃5％；
4——油菜纯蜜＋麦芽糖浆 3＃5％；
5——洋槐纯蜜＋麦芽糖浆 4＃5％；
6——枣花纯蜜＋麦芽糖浆 5＃5％。

图 A.4　麦芽糖定位图与含 5％麦芽糖浆的洋槐、枣花、椴树、荆条、油菜蜜的寡糖谱图

ICS 13.060.25
F 04

中华人民共和国国家标准

GB/T 21534—2008

工业用水节水　术语

Industrial water usage and conservation—Terminology

2008-04-01 发布　　2008-10-01 实施

中华人民共和国国家质量监督检验检疫总局
中国国家标准化管理委员会　发布

前　言

本标准由国家发展和改革委员会资源节约和环境保护司、全国节约用水办公室提出。

本标准由中国标准化研究院归口。

本标准负责起草单位：中国标准化研究院、全国节约用水办公室、北京市节约用水管理中心、国家排灌及节水设备产品质量监督检验中心、中国石化工程建设公司、北京钢铁设计研究总院、中国城市规划设计研究院、中国水利学会。

本标准主要起草人：金明红、李爱仙、孙静、祁鲁梁、邢献军、宋兰合、靳广春、潘时提、李贵宝、刘红、秦福兴、杨丽坤、彭妍妍、赵跃进。

工业用水节水 术语

1 范围

本标准规定了工业用水和节水的术语。

本标准适用于工业用水和节水的宏观管理、计量统计、企业的生产活动、技术研究等工作，其他相关领域的用水节水工作也可参考使用。

2 水源

2.1

水资源 water resources

地球上一切可以得到和利用的水。

2.2

常规水资源 conventional water resources

陆地上能够得到且能自然水循环不断得到更新的淡水，包括陆地上的地表水和地下水。

2.3

非常规水资源 unconventional water resources

地表水和地下水之外的其他水资源，包括海水、苦咸水和再生水等。

2.4

地表水 surface water

陆地表面形成的径流及地表贮存的水，如江、河、湖、水库等水。

2.5

地下水 underground water

地下径流或埋藏于地下的，经过提取可被利用的水。

2.6

再生水 reclaimed water

以污废水为水源，经再生工艺净化处理后水质达到再利用标准的水。

2.7

苦咸水 bitter and salt water

存在于地表或地下，含盐量大于 1 000 mg/L 的水。

2.8

矿井水 mine water

在采矿过程中，矿床开采破坏了地下水原始赋存状态而产生导水裂隙，使周围水沿着原有的和新的裂隙渗入井下采掘空间而形成的矿井涌水。

3 用水类别

3.1

原水 raw water

未经任何处理的从水源地取得的水。

3.2

软化水　soft water

去除钙、镁等具有结垢性质离子至一定程度的水。

3.3

除盐水　desalted water

去除水中阴、阳离子至一定程度的水。

3.4

蒸汽　steam

在工业锅炉或余热锅炉等设备中水汽化所产生的气体。

3.5

蒸汽冷凝水　condensate water

水蒸气经冷却后凝结而成的水。

3.6

工艺用水　process water

工业生产中，用于制造、加工产品以及与制造、加工工艺过程有关的用水。

3.7

产品用水　water used in product

生产过程中，直接进入产品的水。

3.8

洗涤用水　washing water

生产过程中，对原材料、半成品、成品、设备等进行洗涤的水。

3.9

除尘水　dust removing water

生产过程中，对产生含尘的烟气、空气进行净化的用水。

3.10

冲渣(灰)水　flush water for carrying ash and dregs

生产过程中，以水为输送动力和介质，用以输送生产设备或产品生产线所产生的细小颗粒固体物所用的水。

3.11

冷却水　cooling water

作为冷却介质的水。

3.12

直流冷却水　once through cooling water

经一次使用后，直接排放的冷却水。

3.13

循环冷却水　recirculating cooling water

循环用于同一过程的冷却水。

3.14

直接冷却水　direct cooling water

与被冷却物料直接接触的冷却水。

3.15

间接冷却水　indirect cooling water

通过热交换设备与被冷却物料隔开的冷却水。

3.16

循环冷却水补充水　make up water for recirculating cooling water

用于补充循环冷却水系统在运行过程中所损失的水。

3.17

循环冷却水排污水　sewage from recirculating cooling system

在确定的浓缩倍数条件下，从敞开式循环冷却水系统排放的水。

3.18

锅炉用水　water for boiler

锅炉产蒸汽或产水所需要的用水及锅炉水处理自用水。

3.19

锅炉补给水　make up water for boiler

补充锅炉汽、水损失的水。

3.20

锅炉排污水　boiler drainage

锅炉排出的含有水渣或含高浓度盐分的水。

3.21

回用水　industrial reused water

企业产生的排水，直接或经处理后再利用于某一用水单元或系统的水。

3.22

串联水　series water

在确定的用水单元或系统，生产过程中产生的或使用后的，且再用于另一单元或系统的水。

3.23

工业污水　industrial sewage

生产过程和生产活动中使用过、且被污染的水的总称。

3.24

工业废水　industrial wastewater

生产过程中使用过，在质量上已不符合生产工艺要求，对该过程无进一步利用价值的水。

3.25

工业排水　industrial drainage

完成生产过程和生产活动之后排出生产系统或企业之外的水。

4　水量

4.1

常规水资源取水量　quantity of conventional water intake

工业企业取自地表水和地下水的水量。

4.2

非常规水资源取水量　quantity of unconventional water intake

工业企业取自海水、苦咸水、矿井水和城镇污水再生水等非常规水源的水的总量。

4.3

取水量　quantity of water intake

工业企业直接取自地表水、地下水和城镇供水工程以及企业从市场购得的其他水或水的产品的总量。

4.4

用水量　quantity of water usage

在确定的用水单元或系统内，使用的各种水量的总和，即新水量和重复利用水量之和。

4.5

主要生产用水量　water quantity in primary production

直接用于主要生产过程的水量，包括工艺用水量、锅炉用水量等。

4.6

辅助生产用水量　water quantity in assistant production

为企业主要生产装置服务的辅助生产装置的用水量，包括机修、运输、空压站等用水和水处理单元的自用水量。

4.7

附属生产用水量　water quantity in subsidiary production

在厂区内为生产服务的各种生活用水和杂用水的总用水量，但不包括基建用水量和消防用水量以及企业生活区的用水量。

4.8

居民生活用水量　water quantity of resident usage

企业内居民居住区及职工生活区的用水量。

4.9

耗水量　quantity of water consumption

在确定的用水单元或系统内，生产过程中进入产品、蒸发、飞溅、携带及生活饮用等所消耗的水量。

4.10

排水量　quantity of water drainage

对于确定的用水单元，完成生产过程和生产活动之后排出企业之外以及排出该单元进入污水系统的水量。

4.11

外排水量　quantity of wastewater out-discharged

完成生产过程和生产活动之后排出企业之外的水量。

4.12

漏失水量　quantity of water leakage

企业供水及用水管网和用水设备漏失的水量。

4.13

外购水量　quantity of bought water

从企业以外的单位购得的水或水的产品（如软化水、除盐水、蒸汽等）的水量。

4.14

外供水量　quantity of water for sale

企业外供给其他单位的水或水的产品（如软化水、除盐水、蒸汽等）的水量。

4.15

新水量　quantity of first used water

企业内用水单元或系统取自任何水源被该企业第一次利用的水量。

4.16

重复利用水量　quantity of water recycle

在确定的用水单元或系统内，使用的所有未经处理和处理后重复使用的水量的总和，即循环水量和串联水量的总和。

4.17

循环水量　quantity of recirculating water

在确定的用水单元或系统内，生产过程中已用过的水，再循环用于同一过程的水量。

4.18

循环冷却水补充水量　quantity of make up water in recirculating cooling water

用于补充循环冷却水系统在运行过程中所损失的水量。

4.19

循环冷却水排污水量　quantity of sewage from recirculating cooling water

在确定的浓缩倍数条件下，从敞开式循环冷却水系统中排放的水量。

4.20

串联水量　quantity of series water

在确定的用水单元或系统，生产过程中产生的或使用后的水，再用于另一单元或系统的水量。

4.21

回用水量　quantity of reused water

企业产生的排水，直接或经处理后再利用于某一用水单元或系统的水量。

4.22

冷凝水回用量　quantity of reused condensate water usage

蒸汽经使用(例如用于汽轮机等设备作功、加热、供热、汽提分离等)冷凝后，直接或经处理后回用于锅炉和其他系统的冷凝水量。

4.23

冷凝水回收量　quantity of recovered condensate water

蒸汽经使用(例如用于汽轮机等设备作功、加热、供热、汽提分离等)冷凝后，回用于锅炉的冷凝水量。

4.24

锅炉排污水量　quantity of boiler sewage

锅炉排出的含有水渣或含高浓度盐分的水量。

4.25

工艺用水量　quantity of process water

工业生产中，用于制造、加工产品以及与制造、加工工艺过程有关的用水量。

4.26

自用水量　quantity of water consumption in water works

在水处理过程中，反冲洗、再生以及其他用途所需用的水量。

5　评价指标

5.1

取(用)水定额　water intake norm

在一定的生产条件和管理条件下，对生产单位产品或创造单位产值所规定的取水量。

5.2

单位产品取水量　quantity of water intake for unit product

在一定计量时间内，生产单位产品的取水量。

5.3

万元产值取水量　water intake of output of ten thousand yuan

在一定计量时间内,生产一万元工业产值的产品的取水量。

5.4

万元工业增加值取水量　water intake of industrial output increase of ten thousand yuan

在一定的计量时间内,实现一万元工业增加值的取水量。

5.5

重复利用率　recycle ratio

在一定的计量时间内,生产过程中使用的重复利用水量与用水量的百分比。

5.6

循环利用率　recirculating ratio

在一定的计量时间内,一个单元生产过程中使用的循环水量与用水量的百分比。

5.7

蒸汽冷凝水回用率　steam condensate reused ratio

在一定的计量时间内,蒸汽冷凝水回用量占锅炉蒸汽发汽量的百分比。

5.8

蒸汽冷凝水回收率　steam condensate recovery ratio

在一定的计量时间内,蒸汽冷凝水回收量占锅炉蒸汽发汽量的百分比。

5.9

漏失率　leakage ratio

漏失水量与新水量的百分比。

5.10

浓缩倍数　concentration factor

在敞开式循环冷却水系统中,由于蒸发使循环水中的盐类不断累积浓缩,循环水的含盐量与补充水的含盐量的比值。

5.11

排水率　discharged water ratio

在一定的计量时间内,企业外排水量与新水量的百分比。

5.12

污水处理回用率　reuse ratio of treated sewage

在一定的计量时间内,企业内生产的生活和生产污水,经处理再利用的水量与排水量的百分比。

5.13

达标排放率　qualified discharge ratio

废水达标率

在一定的计量时间内,达到排放水质标准的外排水量与外排水量的百分比。

5.14

水表计量率　water metering ratio

在一定的计量时间内,企业或企业内各层次用水单元的水表计量的用水量与企业或企业内各层次用水单元用水量的百分比。

5.15

水计量器具配备率　equipping ratio of water measuring instrument

水计量器具实际的安装配备数量与测量全部水量所需配备的水计量器具数量的百分比。

6 工艺和设备

6.1

给水系统　water supply system

取水、输水、水质处理和配水等设施以一定的方式组合成的总体。

6.2

给水处理系统　treatment system for water supply

给水处理工艺中各个处理的单元操作和单元过程组成的系统。

6.3

直流式用水系统　once through water using system

在生产过程中，水经一次使用后，直接排放的一种用水系统。

6.4

回用水系统　water reuse system

企业产生的排水，直接或经处理后再利用于某一用水单元或系统的一种用水系统。

6.5

串联水系统　series water using system

在确定的用水单元或系统，生产过程中产生的或使用后的水，再用于另一单元或系统的一种用水系统。

6.6

直流冷却水系统　once through cooling water system

冷却水经一次使用后，直接排放的用水系统。

6.7

循环冷却水系统　recirculating cooling water system

冷却水循环用于同一过程的用水系统。

6.8

直接冷却循环水系统　direct cooling recirculating water system

冷却水与被冷却的物料直接接触的循环冷却水系统。

6.9

间接冷却循环水系统　indirect cooling recirculating water system

冷却水通过热交换设备与被冷却物料隔开的循环冷却水系统。

6.10

敞开式循环冷却水系统　open recirculating cooling water system

冷却水与空气直接接触冷却的循环冷却水系统。

6.11

密闭式循环冷却水系统　closed recirculating cooling water system

冷却水不与空气直接接触冷却的循环冷却水系统。

6.12

干式空气冷却　dry air cooling

在密闭式循环冷却水系统中，利用大气气流通过换热装置间接强制循环冷却水降温的冷却方式。

6.13

湿式空气冷却　wet air cooling

在密闭式循环冷却水系统中，利用置于冷却塔中的喷淋水换热装置间接强制循环冷却水降温的冷却方式。

6.14

空气冷却　air cooling

工业生产中用空气来冷却(直接或间接)工艺介质或设备的冷却方式。

6.15

汽化冷却　boil off cooling

利用水的汽化吸热，带走被冷却对象热量的一种冷却方式。

6.16

排水系统　drainage system

排放的水的收集、输送、水质的处理和排放等设施以一定方式组合成的总体。

6.17

污水处理回用系统　sewage treatment and reuse system

污水回收、处理、再生和利用等设施以一定方式组合成的总体。

6.18

污水再生利用　sewage reclamation and reuse

污水回收、再生和利用的统称，包括污水净化再用、实现水重复利用的全过程。

6.19

循环水系统　circulation water system

某一用水系统循环用于同一过程的用水系统。

6.20

无水生产　production without water usage

采用不用水的生产方法、工艺或设备进行生产的过程。

6.21

零排放　zero emission

企业或主体单元的生产用水系统达到无工业废水外排。

6.22

分质供水　preferred water supply

原水经过不同的处理工艺，达到不同的水质标准，通过独立的管网系统向不同的用户分别供水。

6.23

干排渣技术　removing dry dregs technology

气力除灰　aerodynamic ash removing technology

以空气作为输送介质和动力，将锅炉尾部受热面、烟道和除尘器集灰斗等处积聚的细灰，通过管道或其他密封装置输送到储存地点。

6.24

海水利用　seawater utilization

海水淡化、海水直接利用和海水资源利用的统称。

6.25

污水处理　sewage treatment

为使污水达到排入某一水体或再次使用的水质要求，对其进行净化的过程。

6.26

污水一级处理　primary treatment

用以去除污水(或废水)中的漂浮物和部分悬浮物，调节污水(或废水)的 pH 值，减少后续处理工艺负荷的处理阶段或步骤。

6.27

污水二级处理　secondary treatment

是在污水一级处理后，为进一步去除水中悬浮细微颗粒和溶解性污染物，而采用的生物处理或其他措施。

6.28

污水三级处理　tertiary treatment

常规污水处理的最后一级，为达到一定的再生水标准，对水中的磷、氮以及难以生物降解的有机物和极细微的悬浮物，采用的进一步净化处理工艺。

6.29

深度处理　advanced treatment

去除常规净化处理所不能完全去除的污水中的杂质的净化过程。如膜法、活性炭法及紫外线等。

6.30

给水处理　supply water treatment

对原水净化处理的过程。

6.31

雨水积蓄利用　rainwater saving for use

通过集雨工程积蓄处理后的雨水被工业利用的过程。

7　综合与管理

7.1

工业节水　industrial water saving

通过加强管理，采取技术上可行，经济上合理的节水措施，减少工业取水量和用水量，降低工业排水量，提高用水效率和效益，合理利用水资源的过程和方法。

7.2

用水效率　water-use efficiency

在特定的范围内，水资源有效投入和初始总的水资源投入量之比。

7.3

用水效益　water-use benefit

单位水资源投入所带来的产出。

注：产出包括经济效益、社会效益和环境效益。经济效益用单位水量(m^3)生产出的产品量或经济量指标衡量。社会效益和环境效益通常是进行定性评价。

7.4

节水潜力　water saving potential

在技术成熟、经济合理的情况下，预计在一定时间内可实现的水资源节约量。

7.5

节水技术　water saving techniques

可以提高水利用效率和效益，减少用水损失，能替代常规水资源和无水生产等技术，包括直接节水技术和间接节水技术。

7.6

节水(型)企业　water saving enterprises

采用先进适用的管理措施和节水技术，经评价用水效率达到国内同行业先进水平的，并经相关部门或机构认定的企业。

7.7

节水(型)产品　water saving product

在使用中与同类产品或完成相同功能的产品相比，具备可提高水的利用效率、或防止水漏失、或能替代常规水资源等特性的，并经相关部门或机构认定的产品。

7.8

取水许可　water intake permit

依法对直接从江河、湖泊或者地下取水的单位和个人发放取水许可证，使其获得合法的取水权的过程。

7.9

污水资源化　utilization of sewage

污水经过净化处理后，达到一定的水质标准，作为水资源加以利用。

7.10

水网络集成　water network integration

将整个用水系统作为一个有机的整体，按照各用水过程的水量和水质，系统和综合地合理分配用水，使全系统的水重复利用率达到最大最优，同时使废水的排放量达到最小最优的技术。

7.11

企业水平衡　enterprise water balance

以企业为考察对象的输入水量的平衡，即该企业各用水系统的输入水量之和应等于输出水量之和。

7.12

节水产品认证　water saving product certification

依据相关的标准或技术规范，经相关机构审核通过并发布相关节水产品认证标志，证明某一认证产品为节水产品的活动。

汉语拼音索引

英文字母索引

A

B

C

D

E

F

I

W

Z

ICS 01.40;71.100.30
A 80

中华人民共和国国家标准

GB/T 21535—2008

危险化学品 爆炸品名词术语

Dangerous chemicals—Terms of explosives

2008-04-01 发布　　2008-09-01 实施

中华人民共和国国家质量监督检验检疫总局
中国国家标准化管理委员会　发布

前　言

本标准由全国危险化学品管理标准化技术委员会(SAC/TC 251)提出并归口。

本标准负责起草单位:江西出入境检验检疫局。

本标准参加起草单位:中化化工标准化研究所。

本标准主要起草人:刘捷光、王晓兵、桂家祥、祝建新、梅建、吴劲松、吕中、卜延刚、占春瑞、黄丽莉。

本标准为首次制定。

危险化学品　爆炸品名词术语

1　范围

本标准规定了危险化学品中爆炸品的有关名词术语。

本标准适用于编写标准、技术文件、出版书刊以及学术交流及业务往来中参照使用。

2　术语和定义

2.1

A 型爆破炸药　type A rendrock

含有液态有机硝酸盐的物质。液态有机硝酸盐的物质系指硝化甘油或硝化甘油与一种或几种下列成分的混合物:硝化纤维素;硝酸铵或其他无机硝酸盐;芳香族硝基衍生物或可燃物(如木粉填料和铝粉)。这类炸药应是粉状、凝胶状或弹性体。

2.2

安全导火索　safe fusil

这种物品由柔软的纺织品包着细粒黑火药芯体和一层或几层保护外套组成。点燃时,按预定的速度燃烧而不会发生任何外部爆炸效果。

2.3

安全引线　safe fuse

一种引线,由线网裹着火药且表面涂有防水材料。

2.4

铵梯脲炸药　aminotoluene and trinitrotoluene explosive

铵梯脲炸药指以硝酸铵为主要成分,以梯恩梯、木粉、硝酸脲混合而成的粉状炸药。

2.5

铵梯炸药　ammonium nitrate and trinitrotoluene explosive

铵梯炸药指以硝酸铵为氧化剂、梯恩梯为敏化剂、木粉为可燃剂和疏松剂的工业粉状炸药。

2.6

铵油炸药　ammonium nitrate oil

矿山炸药的一种。由硝酸铵和燃料油为主要成分制得的爆炸混合物。

2.7

BE 号　BE number

由美国爆炸品管理局指定给新的烟火产品的号码,以示此新产品经过测试,其火药含量符合规定。

2.8

B 型爆破炸药　type B rendrock

这种物质是(a)硝酸铵或其他无机硝酸盐与爆炸品(如三硝基甲苯)的混合物,含有或不含其他物质,例如木粉填料和铝粉;或(b)硝酸铵或其他无机硝酸盐与其他非爆炸性可燃物质的混合物。

2.9

白药　white powder

高氯酸钾、硫磺及铝的混合粉末,主要用以产生爆炸声。爆炸时产生亮光及响声。

2.10

爆燃　deflagrate

燃放时,烟火药剂以接近爆炸性反应速率进行猛烈燃烧的现象。

2.11

爆燃炸药　deflagrate powder

这种炸药按一般方式点燃和使用时,起爆燃作用而不是起爆炸作用,如推进剂便是这种物质。

2.12

包头包脚　tube over-wrapped

筒标纸粘贴不整齐或尺寸过长而超出筒体一端或两端的现象。

2.13

爆响率　sound percentage

爆竹产品燃放后,统计有爆炸效果的数量占燃放总数的百分数。

2.14

爆炸　explosion

在极短时间内,释放出大量能量,产生高温,并放出大量气体,在周围造成高压的化学反应或状态变化的现象。

2.15

爆炸品　explosive

固体或液体物质,在外界作用下(如受热、受压、撞击等)能发生剧烈的化学反应,瞬时产生大量的气体和热量,使周围压力急剧上升发生爆炸,对周围环境造成破坏的物品,也包括无整体爆炸危险,具有燃烧、抛射及较小爆炸危险的物品。

2.16

爆炸式声测装置　explosive sounding device

这种物品装有一定量的起爆炸药,用于从船上投到海里,当达到预定的深度或海床便起爆。

2.17

爆炸式释放装置　explosive release device

装有带引发装置的少量炸药,用于割断杆或链,以便迅速使装置松脱。

2.18

爆炸式压裂装置　explosive fracturing device

这种装置在外壳中装有一定量的起爆炸药,不带引发装置,用于压裂钻井周围的岩石,使石油从岩石缝里流出来。

2.19

爆炸性起爆装置　explosive blast

这种物品含有少量爆炸装药,用来打开射弹或其他弹药,使其内装物散开。

2.20

爆炸性物品　explosive articles

含有一种或多种爆炸性物质的物品。

2.21

爆炸性物质　explosive substance

能够通过其自身化学反应生产气体,反应时在温度、压力和速度下能对周围环境造成破坏的某一种固态或液态物质(或这些物质的混合物)。烟火物质,即使不放出气体时,也包括在内。

2.22

爆炸药　blast powder

受到高热、摩擦、冲击等外力作用或受其他因素激发，能在很短时间内发生剧烈化学反应，放出大量气体和热量，同时伴有巨大声响而爆炸的烟火药剂。

2.23

爆炸装药　demolition charges

这种物品含有一定量的起爆炸药，如黑克索利特炸药、奥克托利特炸药或塑料胶结炸药，用于产生爆炸或碎裂效果。

2.24

爆竹　firecracker

燃放时主体爆炸并能产生爆音、闪光等效果，以听觉效果为主的产品。

2.25

柄　handle

指在玩具烟花中，用纸或塑料等制造的筒管或木、竹和铁丝等制成的，支撑主体的部分。

2.26

C型爆破炸药　type C rendrock

这种炸药是氯酸钾或氯酸钠或是高氯酸钾、高氯酸钠或高氯酸铵与有机硝基衍生物或可燃物(例如木粉填料、铝粉或碳氢化合物)的混合物。

2.27

残渣　leavings

烟花产品在燃放后所剩的部分。

2.28

冲底　bottom emission

燃放时，产生不应有的将产品底塞或底座冲开的现象。

2.29

冲射　emission

产品在燃放过程中产生发射状燃烧，瞬间将烟火药剂烧完的现象。

2.30

冲筒　tube overlap

燃放时，产生不应有的将产品冲离燃放点或使底座冲开的现象。

2.31

冲头　head emission

燃放时，主体内的烟火药剂产生不应有的将喷射口冲掉或将爆竹的头部冲开的现象。

2.32

穿孔　tube perforation

燃放时，烟花产品筒体产生不应有的孔洞，并伴有火苗、火星喷出的现象。

2.33

垂直滴落　distortion length

线香类产品燃烧完后，其顶部与水平面偏离的距离与药物长度的比例，用百分比表示。

2.34

D型爆破炸药　type D rendrock

这种炸药是硝酸盐化合物和可燃物(例如碳氢化合物、铝粉)的混合物，不应含有硝化甘油或类似的液态有机酸盐、氯酸盐或硝酸铵。

2.35

导爆管雷管　detonator with shock-conducting tube

导爆管雷管是塑料导爆管雷管的简称，它是由导爆管的冲击波冲能激发的工业雷管，由导爆管和火雷管装配组成，用于无沼气、煤尘等爆炸危险的爆破工程。

2.36

导爆索　detonating cords

由黑索金等猛性炸药为主制成索芯，再以棉织品、金属或塑料作外包层制成，其外形与导火索相似，但略粗。导爆索用雷管起爆，其爆速约为 7 000 m/s。

2.37

导带　guide paper

一卷纸火帽的一部分，位于纸火帽的最外端，不含任何炸药。

2.38

导火索　fusil

传递燃烧的索类火工品。用于引燃火焰雷管或火药。常以黑火药为芯，外缠数层棉、麻和纸。

2.39

导火索点火器　fusil lighter

这种物质有不同设计，可由摩擦、撞击或电激发，用来点燃安全导火索。

2.40

倒筒　overlap

立于地面燃放的产品，在燃烧过程中突然倒在地面，且仍有色火向外喷射的现象。

2.41

地面礼花类　ground firework type

燃放时放置在地面，从主体内发射并在空中爆发出珠花、响炮、笛音或飘动等效果的烟花产品。

2.42

地面旋转烟花　spin firework

燃放在地面旋转的同时，产生一圈彩色的火花的烟花产品。

2.43

地老鼠　ground mouse

设计中能在地面上不规则地移动，带有哨音的各式烟花产品。

2.44

地雷炮　mine

在地面点火的烟花产品，其中含有单个的发射药以及烟火药，点燃后在一声爆炸声中，发出所有的烟火效果，同时产生大范围的视听效果。

2.45

底塞　bottom stuff

为防止烟火药剂燃烧、发射、速燃时，火焰、气体等从底部喷出而设计筑填在底部（或中间）的泥土、纸板、塑料（包括水泥、木粉）等。

2.46

笛音　whistle

指将炸药或火药紧塞进筒管内，燃烧时产生的啸声。

2.47

低炸　low blast

燃放时升空烟花产品距离地面 3 m 内高度发生爆炸的现象。

2.48

电光花 sparkler

金属条或其他棒状产品,外表覆以火药成分,在点燃后可产生火花等效果的烟花产品。

2.49

点火管 igniting tube

装有爆燃炸药芯的金属管。

2.50

点火器 lighter

含有一种或几种爆炸性物质,用于启动火药系的爆燃。可用化学、电的或机械方式激发。

2.51

点火香 igniting incense

纤维状物质,燃烧时并非显出火焰,而是呈余烬状冒烟,用以点燃引线。

2.52

点火装置 igniting device

用于点火的,含有缓慢燃烧的药物,并且放出小火花的手持装置。

2.53

点燃导火索 igniting fusil

由黑火药或其他速燃烟火成分覆盖的纱线和柔性保护外套组成;或由柔性纺织品包着一个黑火药芯组成。它点燃时有外部火焰渐渐地沿着引线燃烧,用来将点燃从一个装置传到装药或起爆器上。

2.54

钉挂类 pin type

产品设计为以其中心与柱子或吊绳相连,并由驱动装置产生旋转效果,当点燃后,会产生动作及视觉和听觉效果。

2.55

EX 号码 EX number

美国运输部使用的识别号码,用以在运输系统及紧急反应中追踪爆炸物质。

2.56

E 型爆破炸药 type E rendrock

这种炸药的主要成分是水,还有高比例的硝酸铵或其他氧化剂,其中有些或全部是在溶液中。其他成分可包括硝基衍生物,例如三硝基甲苯、碳氢化合物或铝粉。

2.57

二级花炮 category 2 fireworks

〈英国〉适应于室外相对封闭的空间燃放的花炮称二级花炮,又称花园花炮。当使用者按照说明燃放时,站在离花炮 5 m 或 5 m 以外的人或财产将不会受到伤害。对于手持类二级花炮,落下的热渣及喷射的火花不能伤害手持者。

2.58

二级炸药 second stage dynamite

这种炸药与一般炸药相比不敏感,通常是在有或没有用助爆器或辅助炸药的情况下由一级炸药引发。这种炸药可以像爆燃炸药或像起爆炸药一样起反应。

2.59

发射剂 launch reagent

这种物品是用于将有效载负从母体物品上射出而没有破坏作用的爆燃炸药装药。

2.60

发射偏斜角 launch declining angle

升空产品发射时,偏离水平面垂线的角度。

2.61

发射筒 launch tube

用以控制烟花升空方向的装置,如管筒和底座。

2.62

发射药 propellant

属一种爆炸药物,能产生气体用以推进整个烟花产品,或发射一产品或发射一个或多个烟花亮珠而不自行爆炸于烟花筒内。

2.63

飞弹 missile

用尾翼稳定方式飞行的一种升空烟花产品。

2.64

非起爆瞬时导火索 quick burn fusil

是浸透细黑火药的棉纱线。它燃烧时有外部火焰,用于烟火的引燃导火索等。

2.65

非手持线香 non-handed sparkler

线上部分涂有药物,设计成插在地上或固定在底座上,点燃后发出火花等效果的烟花产品。

2.66

粉状铵松蜡炸药 rosin paraffin AN explosive powder

粉状铵松蜡炸药指以粉状硝酸铵为主要成分,与松香、木粉、石蜡等制成的混合炸药。

2.67

高氯酸盐炮类 permanganate firecracker type

以高氯酸盐为氧化剂的爆响药制成的爆竹产品。

2.68

工业电雷管 industrial electric-detonator

由电能作用而发生爆炸变化的一种雷管。

2.69

工业火雷管 industrial fire-detonator

在火焰冲能作用下产生爆炸的一种雷管,简称火雷管。

2.70

固态退敏爆炸品 solid desensitized explosives

用水或乙醇湿润或用其他物质稀释形成一种均匀的固体混合物,以抑制其爆炸性质的爆炸性物质。

2.71

管状起爆器 priming tube

这种物品包括点燃用的起爆器和诸如黑火药一类的爆燃性辅助装药,用来点燃火炮弹药筒壳内的推进剂等。

2.72

含火药工业炸药 industrial explosive with powder

含火药工业炸药指在工业炸药中加入一定量经粉碎处理的退役火药形成的炸药。

2.73

黑火药　black powder

木炭或其他碳和硝酸钾或硝酸钠的均匀混合物，含硫或不含硫。

2.74

黑药炮　black powder firecracker

含有黑火药的单管，燃放后产生爆炸声。

2.75

黑引　black powder fuse

由黑药粉末制成的引线。

2.76

花炮护引纸　fuse protection paper

为保护引火线等作用而设计粘牢在筒体上的保护纸。

2.77

花炮筒　firework tube

用于填充除点火线外，所有花炮爆炸药物的容器。

2.78

花筒　fountain

由含有药物的单管组成的烟花产品，点燃后发出火花和火焰，伴随着声响效果，而不是爆炸声，或者没有任何声响效果。

2.79

彗尾　tail

点燃后从发射筒内喷出火焰形成火花的尾巴。

2.80

火箭　rocket

自推进的烟花产品，带有稳定飞行的稳定杆，点燃后升空，伴随有爆炸声和(或)烟火效果，并产生声响效果。

2.81

火炬　torch

由含有火药成分的圆柱形筒子组成，点燃时产生彩色火焰的烟花产品。

2.82

火帽　cap

非金属物包含着撞击感度较高的药物组分所形成的小圆包，燃放后产生响声。

2.83

火险　fire risk

燃放时，升空爆发的色火或带火残体下落到离地面 3 m 以下尚未熄灭的现象。

2.84

急炸　quick blast

指升空产品在点燃引火线时，产品未飞离地面而发生爆炸的现象。

2.85

架子烟花　rack firework

架子烟花是通过框架固定烟花位置、方向、燃放的产品。

2.86

净药量 net powder charge

烟花爆竹中烟火药剂的重量。

2.87

警句 warnings

产品包装上的警告性安全用语。

2.88

空筒 hollow tube

筒体内没装入烟火药剂的现象。

2.89

快乐烟花 happy firework

小型塑料或纸的烟花产品,会有少量的对摩擦敏感的化学成分。拉动从装置上引出的绳子去点燃这个装置,产生一个小的炸子声和喷出纸花等饰品。

2.90

快燃引线 quick fuse

燃烧特快的引线,由装在未密封的套管里的黑色引线构成,可增进热的传导率,因而加快燃烧速度。

2.91

拉炮 pull bomb

两块涂有摩擦感度较高的药物组分的纸块或卡片,通过粗糙表面滑动而爆炸,拉开时,发出爆炸声的烟花产品。

2.92

雷管 detonator

装有如叠氮铅、季戊炸药等炸药混合物的小型金属管或塑料管,用于引发起爆系统。可以是瞬时起爆的,也可以装有定时器。

2.93

礼花弹 display shell

设计为从发射管中发射,包含有发射药、延时引线、绽放药、烟火效果件,点燃后升空,爆炸,抛射烟火效果件,产生视听效果的烟花产品。

2.94

礼花弹类 display shell type

弹体从专用发射工具发射到高空后能爆发出各种光色、花型图案或其他效果,弹体直径大于或等于76 mm的烟花产品。

2.95

粒状粘性炸药 stick explosive grain

粒状粘性炸药指在多孔粒状铵油炸药中加入爆炸黏稠剂混合而成的铵油炸药。

2.96

连锁起爆 chain blast

同一包或同一盒中的烟花意外地引爆另一个(或一个以上)烟花,而引起周围产品爆炸。

2.97

连锁起燃 chain combustion

同一包或同一条中的烟花意外地点燃另一个(或一个以上)烟花。

2.98

亮珠　flower ball

通过机械或手工制作而能产生色光效应的颗粒状烟火药剂。

2.99

亮珠着火率　fired percentage

烟花产品燃放后，统计着火的亮珠数总数量的百分数。

2.100

漏药　powder leakage

烟火药剂漏出产品的现象。

2.101

露白　tube out

烟花产品筒标纸尺寸过窄或粘贴不严而露出筒体的现象。

2.102

露头露脚　tube over

烟花产品筒标纸粘贴不整齐或尺寸过短而使筒体露出一端或两端的现象。

2.103

罗马蜡烛　romancandle

〈国外〉单管中交替装有烟火药和发射药，点燃后连续地发射出烟火球，产生视听和（或）听觉效果，或远离花炮产品产生一系列类似效果的烟花产品。

2.104

氯酸盐炮类　chlorate firecracker type

含有氯酸盐为氧化剂的爆响药制成的爆竹产品。

2.105

帽型起爆器　priming cap

这种物品是装有少量一级炸药混合物的金属或塑料火帽，这种混合物很容易由冲击点燃。这种起爆器用作轻武器弹药筒的点燃部件，或推进剂的撞击起爆器。

2.106

民用爆炸品　explosive for civil use

指用于矿山、工程爆破、娱乐等的各种非军用火药、炸药及其制品和点火、起爆器材。民用爆炸品包括：

（一）爆破器材，包括各类炸药、雷管、导火索、导爆索、非电导爆系统、起爆药的爆破药；

（二）黑火药、烟火药、民用信号弹和烟花爆竹；

（三）公安部认为需要管理的其他爆炸物品。

2.107

摩擦类　frictional type

用撞击、摩擦等方式引燃或引爆主体的烟花产品。

2.108

内引燃烧　inner fuse combustion

在花炮点燃后所不能看到的内部引线的燃烧过程。

2.109

旁燃　side ignition

一种引线安全性检验方法，指将引线除端部外的任一侧面，放在燃烧的香烟上引燃。

2.110

配装组 compatibility group

在爆炸品中，如果两种或两种以上物质或物品在一起能安全积载或运输，而不会明显地增加事故率或在一定量的情况下不会明显地提高事故危害程度的，可视其为同一配装组。

2.111

喷花类 fountain type

燃放时以喷射火苗、火花为主的产品。

2.112

喷火口 crater

烟花产品上的一个节流孔，用以控制烟火效果的速度、广度及方向。

2.113

喷射 spray

指装在旋转、行走、飞翔等玩具烟花的火药筒以喷出其燃烧气体为动力进行旋转、行走和飞翔时的燃烧状态。

2.114

膨化硝铵炸药 expanded ammonium nitrate explosive

指用表面活性剂将硝酸铵膨化后加入复合油相和木粉混合后制成的炸药。

2.115

平飞 parallel fly

升空产品发射时，几乎平行于水平地面飞行的现象。

2.116

普通烟火 common firework

〈美国〉适合大众使用的烟花产品，在结构、性能、火药成分和燃放说明方面，符合美国联邦法规汇编第16条所列美国消费者产品委员会之规定以及美国运输部BOE—6000—G.173.100条例之规定。普通烟火的设计上能产生视觉及(或)听觉效果。

2.117

起爆具 primer

起爆具又称传爆药柱，是用于引爆钝感炸药的爆破器材。

2.118

起爆炸药 priming powder

这种炸药按一般方式引发和使用时，是起爆炸作用而非爆燃作用。

2.119

熔渣 slag

烟花产品燃放后，火药材料产生的融熔颗粒。

2.120

乳化炸药 emulsion explosive

乳化炸药指以含氧无机盐水溶液为水相，以矿物油和其他可燃剂为油相，经乳化、敏化制成的乳胶状含水炸药，又称乳胶炸药。

2.121

三级花炮 category 3 fireworks

〈英国〉适应于室外大的开放空间燃放的花炮称三级花炮，又称表演花炮。当使用者按照说明燃放时，站在离花炮 25 m 或 25 m 以外的人或财产将不会受到伤害。三级花炮的燃放者要求穿防护衣。

2.122

散筒　tube dispersion

燃放时单筒或多筒组成的烟花产品产生筒体开裂或筒体间分离的现象。

2.123

色火　flower

指各种色彩的火焰、火星、燃烧的亮珠或带火残渣等。

2.124

砂炮　snap

一种含有少量附在砂子上的化学成分并裹在纸中，摔到地面后产生爆炸效果的烟花产品。

2.125

上升药　ascending powder

由黑火药或等效黑火药组成的化学成分，其作用是推动一个或多个视觉或听觉效果的装置升空。

2.126

烧成　function

产品在燃放时达到设计效果的现象。

2.127

烧成率　function percentage

产品燃放后，统计烧成数占燃放总数的百分数。

2.128

烧穿　burn into

由于火焰、热度和可能的压力，使烟火产品外壳受损，造成产品功能不良或危及使用者的现象。

2.129

烧筒　tube burn

烟花产品燃放时，产生不应有的火焰从药筒的壁上喷出，并引起药筒燃烧的现象。

2.130

哨音　chirp

燃放时，由火药成分产生的高音调的听觉效果。

2.131

蛇　snake

含预先设计成形的烟火药剂或含烟火药剂的完整容器，燃烧时产生膨胀的残渣。

2.132

射弹　projectile

用火炮或其他大炮、步枪或其他轻武器发射的物品，如炮弹或子弹。射弹可能是惰性的、带有或不带曳光剂，也可能装有起爆装置或发射剂或爆炸装药。

2.133

圣诞炮　party popper

由拉线点火的手持烟花产品，拉响后发射出飘带或伴随响声。

2.134

升空类　blastoff type

燃放时，主体上升至空中产生效果的烟花产品。

2.135

手柄　handle

指手持类烟花中，为保证燃放时人员的安全而设计安装的手握部件。

2.136

手持线香　hand sparkler

沿着线的一端涂有药物，设计成握在手中、点燃后发出火花等效果的烟花产品。

2.137

摔炮　throwdown

包含有撞击感度较高的药物组分，扔地时，发出响声的烟花产品。

2.138

甩炮　snap bomb

小型烟花产品，其总火药量在 1 mg 以下，涂抹在砂上。把甩炮丢到地面时，会因撞击地面而爆炸，并产生轻微爆炸声。

2.139

水封爆破　water-sealed explosive

爆破作业方法之一。用软塑料袋装水或直接用水充填到装有炸药的炮眼中，以代替炮泥，可减少煤矿中因爆破高温、火花引起瓦斯、煤尘爆炸的危险。

2.140

水胶炸药　water gel explosive

以硝酸盐为氧化剂，以硝酸钾为主要敏化剂，加入可燃剂、胶凝剂、交联剂等制成的凝胶状含水炸药。

2.141

塑料杯式火帽　plastic cup cap

将炸药放在塑料杯中用圆盘将其密封形成的火帽。

2.142

塑料导爆管　plastic detonating tube

塑料导爆管指内壁沾附有猛炸药，以低速传播轰波的挠性塑料细管。

2.143

塑料胶囊火帽　plastic capsule cap

将炸药完全密封在塑料材料中形成的火帽。

2.144

速燃　quick burn

烟火药剂不按照设计要求进行稳定的燃烧，而反常地快速燃烧的现象。

2.145

提示语　hint words

产品包装上的有关燃放方法的安全用语。

2.146

筒标　tube label

粘贴在产品筒体上的图案或文字标签。

2.147

吐珠类　romancandle type

燃放时从同一筒体有规律地发射出多颗彩珠、彩花、响炮等的烟花产品。

2.148

吐珠筒　romancandle

〈中国〉冲天式烟花产品，可连续发射最多十个火球至上空。

2.149

玩具火柴　toy match

通过摩擦点火的手持烟花产品，擦燃后发出声响和(或)视觉效果。

2.150

玩具烟花　toy firework

小型烟花产品，通常具有似玩具、动物等的形状。

2.151

未烧成　unfinished burn

产品燃放过程中，出现熄引、冲头、冲底、效果不全、炸筒(爆竹除外)、倒筒、低炸和火险等现象者的通称。

2.152

尾翼　empennage

指为稳定产品在运动中的方向而设计安装在尾部的翼片。

2.153

稳定杆　stable pole

指为稳定产品在空中运动的方向而设计安装的竹杆、木杆、塑料杆等。

2.154

无烟火药　cordite

这种物质以硝化纤维为基料，用作推进剂。包括单一基料(硝化纤维素)、两种基料(例如硝化纤维素、硝化甘油)和三种基料(例如硝化纤维素、硝化甘油、硝基胍)的推进剂。

2.155

熄引　fuse extinguish

引火线被点燃后，中途熄火或没有点燃主体内烟火药剂的现象。

2.156

线香类　sparkler type

用装饰纸或薄纸筒裹装烟火药，或在铁丝、竹杆、木杆或纸片上涂敷烟火药形成的线状烟花产品。

2.157

响声药　sound powder

烟火产品中能产生听觉效果的化学药粉或混合物。

2.158

响子　sound ball

颗粒状烟火药剂，燃烧炸裂时产生火花伴随着哔啪的响声。

2.159

硝铵炸药　ammonium nitrate explosive

矿山炸药的一种。由硝酸铵和少量猛性炸药(如硝化甘油、黑索金或梯恩梯)或某些易燃物质(如松脂、木炭等)混合而成。

2.160

效果不全　unfinished function

产品燃放时未达到全部设计效果。

2.161

小礼花弹类 small shell type

弹体从发射筒中发射到空中后，能爆发出各种花型图案或其他效果，弹体直径不大于 76 mm 的烟花产品。

2.162

小青蛇 black snake

火药成分压缩成一小弹丸，燃烧时会产生大片长蛇状造型的烟花产品。

2.163

硝酸盐炮类 nitrate firecracker type

以硝酸盐为氧化剂的爆响药制成的爆竹产品。

2.164

旋翼 spin wing

指旋转升空类产品，为旋转平稳或产生升力而设计安装的翼片。

2.165

旋转类 spin type

燃放时，自身旋转但不升空的烟花产品。

2.166

旋转升空类 aerial spin type

燃放时，自身旋转升至空中的烟花产品。

2.167

殉爆 co-blast

爆炸性物质的一种特殊的性质，就是当一个炸药包爆炸时，能引起另一个位于一定距离处的炸药包也发生爆炸。

2.168

烟花 firework

燃放时能形成色彩、图案、产生音响效果，以视觉效果为主的产品。

2.169

烟花爆竹 firework and firecracker

以烟火药为原料，经过工艺制作形成的，燃放时能产生声、光、色、烟、雾等效果之一或其组合的娱乐产品。

2.170

烟火物质 pyrotechnic substance

用来产生热、光、声、气或烟的效果或这些效果加在一起的一种物质或物质混合物。这些效果是由不起爆的自持放热化学反应产生的。

2.171

烟火效应 pyrotechnic effect

是指当烟花爆竹燃烧（爆炸）时，伴随产生光、声、色、气、烟等效果及构成各种花色图案的现象。

2.172

烟火药 pyrotechnic powder

由氧化剂与还原剂等组成的混合物，燃烧（爆炸）时能产生声、气、光、色、烟等效果。

2.173

烟火药剂 pyrotechnic composition

由氧化剂和可燃剂等组成的混合物，并在燃烧或爆炸时能产生烟火效应。

2.174

烟雾类　smoke type

燃放时以产生烟雾效果为主的产品。

2.175

药筒　powder tube

含有烟火药剂的筒子，在运输、保管、搬动及使用的情况下，都能防止火药漏出。

2.176

药物长度　composition length

线香类产品覆盖有药物的长度。

2.177

液态退敏爆炸品　liquid desensitized explosives

溶解或悬浮在水中或其他液态物质中形成一种均匀的液体混合物，以抑制其爆炸性质的爆炸性物质。

2.178

1.1 项物品　division 1.1 articile

有整体爆炸危险的物质和物品。

2.179

1.2 项物品　division 1.2 articile

有迸射危险，但无整体爆炸危险的物质或物品。

2.180

1.3 项物品　division 1.3 articile

有燃烧危险并兼有局部爆炸危险或局部迸射危险之一或兼有这两种危险，但无整体爆炸危险的物质和物品。本项包括：(1) 产生相当大辐射热的物质和物品；或(2) 相继燃烧，产生局部爆炸或迸射效应或两种效应兼而有之的物质和物品。

2.181

1.4 项物品　division 1.4 articile

无重大危险的物质和物品。本项包括运输中万一发生点燃或激发时仅有很小危险的物质和物品。其影响主要限于包件本身，估计不会产生较大的碎片，射程也不远。外部火烧不会引起全部包装内容物的整体爆炸。

2.182

1.5 项物品　division 1.5 articile

有整体爆炸危险的非常不敏感物质。本项包括有整体爆炸危险、但在正常运输条件下引发或由燃烧转为爆炸的可能性都很小的物质。

2.183

1.6 项物品　division 1.6 articile

没有整体爆炸危险的极不敏感物品。本项包括仅含有极不敏感引爆物质，并且其意外引发或传播的概率可忽略不计的物品。

2.184

一级花炮　category 1 fireworks

〈英国〉适应于室内燃放的花炮称一级花炮或室内花炮。当使用者按照说明燃放时，站在离花炮 1 m 或 1 m 以外的人或财产将不会受到伤害。对于手持类一级花炮，手持者不应受到伤害。

2.185

引火时间　fuse delay time

指记录从点燃引火线至引燃主体的时间间隔。

2.186

引线　fuse

是花炮产品的组成部分，用于引燃主体，或用于从烟花的一个部分向另一个部分传火。

2.187

引线燃烧时间　fuse delay time

从点燃引线顶端到烟火产品初次效果的时间。

2.188

引信　fuze

这种物品用于启动炸药或爆燃。它们装有机械的、电的、化学的或液压的部件，一般有保护装置。

2.189

樱桃炮　cherry bomb

一种非法爆竹的俗称，美国从1966年起禁用。这类非法爆竹含有超量火药成分，造成多起严重受伤事件。

2.190

油井用弹药筒　cartridge for oil well use

这种物品有一个薄纤维、金属或其他材料制成的外壳，其中只装有投射一个淬硬射弹的发射药。

2.191

原始包装　original package

将花炮组合在一起，用于零售的包装。

2.192

造型玩具类　toy firework type

产品外壳制成各种形状，燃放时或燃放后能模仿所造成形象或动作；或产品外表无造形，但燃放时或燃放后能产生某种形象的产品。

2.193

炸裂　blast rupture

烟火产品因受压而破裂，造成产品功能不良，或危及使用者。

2.194

炸筒　tube blast

燃放时，烟花产品筒体炸裂的现象。

2.195

招标　product label

粘贴在产品内包装上的图案、文字标签，或印在包装盒上的图案、文字。

2.196

震源药柱　seismic explosive columns

震源药柱是通过炸药爆炸作为震源激发地震波的爆破器材。

2.197

整体爆炸　mass explosion

几乎瞬时地影响到差不多整个载荷的爆炸。

2.198

纸火帽　paper cap

用纸包含炸药的小圆包，并将其卷成圈的烟花产品。

2.199

直升机　helicopter

装有烟火药剂的筒子，带有螺旋桨或桨叶，点燃后，迅速地旋转并升上空中的烟花产品。

2.200

中断　discontinuity

指产品在燃放时，主体中途熄灭或留有未被点燃烟火药剂的现象。

2.201

助爆管　booster

这种物品含有一定量的起爆炸药，带或不带引发装置，用来增强雷管或导爆索的引发能力。

2.202

主体　main body

装有烟火药或涂敷有烟火药的筒体、芯杆或粘贴标纸的整体。

2.203

主引　main fuse

鞭炮引线的一部分，为一串鞭炮的初始引燃点。

2.204

主引燃烧　main fuse combustion

指前端引线在着火后能迅速燃烧，而在引火线尚未燃尽之际，花炮的其他化学反应不应发生。

2.205

桌弹　table bomb

由引火线点火的烟花产品，点燃之后发射出飘带和(或)玩具，并伴随响声。

2.206

组合烟花　combination firework

由燃放时产生多种欣赏效果的半成品组成一个整体的烟花产品。

中 文 索 引

英 文 索 引

A

B

C

D

S

T

ICS 61.060
Y 78

GB

中华人民共和国国家标准

GB 21536—2008

田径运动鞋

Athletic shoes

2008-04-01 发布　　　　2008-10-01 实施

中华人民共和国国家质量监督检验检疫总局
中国国家标准化管理委员会　发布

前　言

本标准中的5.2为强制性条款，其余为推荐性条款。

本标准的附录A为规范性附录。

本标准由中国石油和化学工业协会提出。

本标准由全国橡胶与橡胶制品标准化技术委员会胶鞋分技术委员会归口。

本标准起草单位：中华人民共和国昆山出入境检验检疫局、昆山多威体育用品有限公司、国家鞋类测试中心、中国体育用品联合会。

本标准主要起草人：陈芹、孙凤英、唐明生、林伟、沈健、唐振华、郑泽云、张小晶、徐洪刚。

田径运动鞋

1 范围

本标准规定了田径运动鞋的术语、要求、试验方法、检验规则、标志、包装、运输和贮存。

本标准适用于田径运动包括跑、跳、投、走等项目穿着的钉鞋和非钉鞋。

2 规范性引用文件

下列文件中的条款通过本标准的引用而成为本标准的条款。凡是注日期的引用文件，其随后所有的修改单(不包括勘误的内容)或修订版均不适用于本标准，然而，鼓励根据本标准达成协议的各方研究是否可使用这些文件的最新版本。凡是不注日期的引用文件，其最新版本适用于本标准。

GB/T 191—2000 包装储运图示标志

GB/T 2912.1—1998 纺织品 甲醛的测定 第1部分:游离水解的甲醛(水萃取法)

GB/T 3293.1—1998 鞋号

GB/T 3903.1—1994 鞋类通用检验方法 耐折试验方法

GB/T 3920—1997 纺织品 色牢度试验 耐摩擦色牢度

GB/T 3922—1995 纺织品耐汗渍色牢度试验方法

GB/T 5713—1997 纺织品 色牢度试验 耐水色牢度

GB/T 7573—2002 纺织品 水萃取液pH值的测定

GB/T 9867—1988 硫化橡胶耐磨性能的测定(旋转辊筒式磨耗机法)

GB/T 17592—2006 纺织品 禁用偶氮染料的测定

GB 18401—2003 国家纺织产品基本安全技术规范

GB/T 21396—2008 鞋类 成鞋试验方法 帮底粘合强度(ISO 17708:2003,IDT)

HG/T 2489 鞋用微孔材料硬度试验方法

HG/T 2872—1997 橡塑鞋微孔材料视密度试验方法

HG/T 2876—1997 橡塑鞋微孔材料压缩变形试验方法

HG/T 3780—2005 鞋类静态防滑性能试验方法

SN 1309.2—2003 鞋类检验规程 皮鞋检验规程

3 术语和定义

下列术语和定义适用于本标准。

3.1

钉座 spike-nide

在鞋外底上用于固定鞋钉的基座。

3.2

头掌 front plate

用于固定钉座、连接鞋钉的鞋外底前部。

3.3

鞋钉侧向承受力 bending strength of spike

鞋钉所承受的与其轴向垂直的力。

4 分类

4.1 田径运动鞋按照产品结构分为：田径钉鞋和田径非钉鞋。

4.2 田径钉鞋包括跑钉鞋、跳高鞋、跳远鞋、三级跳鞋、跨栏鞋、标枪鞋等。

4.3 田径非钉鞋包括马拉松鞋、竞走鞋、投掷鞋等。

5 要求

5.1 鞋号

按 GB/T 3293.1—1998 执行。

5.2 安全性能

安全性能项目和指标见表1。

表1 安全性能项目和指标

项目		测试材料	指标
甲醛含量		帮面、帮里和内底的纺织材料	≤300 mg/kg
pH 值		帮面、帮里和内底的纺织材料	4.0～9.0
色牢度	耐水(变色、沾色)	帮面、帮里和内底的纺织材料	≥3 级
	耐汗渍(变色、沾色)	帮面、帮里和内底的纺织材料	≥3 级
	耐干摩擦	帮面、帮里和内底的纺织材料	≥3 级
可分解芳香胺染料[a]		帮面、帮里和内底的纺织材料	禁用
异味		帮面、帮里和内底的纺织材料	无
鞋钉侧向承受力		鞋钉,钉长< 7.5 mm	400 N,钉无异常或滑脱,钉座无翘裂
		鞋钉,钉长≥7.5 mm	500 N,钉无异常或滑脱,钉座无翘裂

[a] 在还原条件下染料中不允许分解出的致癌芳香胺清单,在 GB 18401—2003 附录 C 列出。

5.3 物理性能

物理性能项目和指标见表2。

表2 物理性能项目和指标

检验项目	指标	
	田径钉鞋	田径非钉鞋
成鞋耐折性能[a]	5 万次,无裂纹,无开胶,无裂面	8 万次,无裂纹,无开胶,无裂面
外底耐磨性能	—	≤130 mm^3
外底防滑性能	—	马拉松鞋、竞走鞋 ≥0.70; 投掷鞋 0.55～0.75
帮底粘合强度	≥3.0 N/mm	≥2.5 N/mm
外底与外中底粘合强度	≥2.0 N/mm,微孔底撕裂而胶层不开时≥1.5 N/mm	
微孔材料硬度	50 度～75 度	40 度～55 度
微孔材料视密度	≤0.50 Mg/m^3	≤0.40 Mg/m^3
微孔材料压缩变形	≤15%	≤20%
成鞋耐寒性能[a]	3 万次,无裂纹,无开胶,无裂面	

[a] 成鞋耐折性能、成鞋耐寒性能对一次性比赛用鞋不作要求。

6 试验方法

6.1 甲醛含量试验按 GB/T 2912.1—1998 规定的方法。

6.2 pH 值试验按 GB/T 7573—2002 规定的方法。

6.3 耐水(变色、沾色)色牢度试验按 GB/T 5713—1997 规定的方法。

6.4 耐汗渍(变色、沾色)色牢度试验按 GB/T 3922—1995 规定的方法。

6.5 耐干摩擦色牢度试验按 GB/T 3920—1997 规定的方法。

6.6 可分解芳香胺染料试验按 GB/T 17592—2006 规定的方法。

6.7 异味试验按 GB 18401—2003 中 6.7 规定的方法。

6.8 鞋钉侧向承受力试验

6.8.1 钉长<7.5 mm 的按本标准中附录 A 中 A.6.1 规定的方法。

6.8.2 钉长≥7.5 mm 的按本标准中附录 A 中 A.6.2 规定的方法。

6.9 成鞋耐折性能试验

除屈挠角度改为 60°±2°外,其余均按 GB/T 3903.1—1994 规定的方法。

6.10 外底耐磨性能试验按 GB/T 9867—1988 规定的方法。试样形状为圆柱状,其直径为 16 mm±0.2 mm,最低高度为 6 mm。如果试样的厚度不符合要求,可将外底试片粘合到一个硬度不低于 80 IRHD的基片上,以得到必须的厚度。所用外底试片的厚度不小于 2 mm。至少需要三个试样。

6.11 外底防滑性能试验按 HG/T 3780—2005 中 8.2.1 规定的方法。

6.12 帮底粘合强度试验按 GB/T 21396—2008 规定的方法。

6.13 外底与外中底粘合强度试验按 GB/T 21396—2008 规定的方法。

6.14 微孔材料硬度试验按 HG/T 2489 规定的方法。

6.15 微孔材料视密度试验按 HG/T 2872—1997 规定的方法。

6.16 微孔材料压缩变形试验按 HG/T 2876—1997 规定的方法。

6.17 成鞋耐寒性能试验

除环境温度取−20℃±2℃、屈挠角度改为 60°±2°外,其余均按 SN 1309.2—2003 中附录 B 规定的方法。

7 检验规则

7.1 出厂检验

7.1.1 组批规则:以同品种、生产条件基本相同、1 d～15 d 产量为一检验批,最大批量不超过 20 000双。

7.1.2 出厂检验项目为物理性能。

7.1.3 在每检验批中,任意抽取满足检验所需的最低数量样品作物理性能试验。第一次试验结果若不符合本标准规定时,应在该批产品中加倍抽样,对其不符合规定的项目进行复验。复验仍有以上项目不合格,则判定该批鞋不合格。

7.2 型式检验

7.2.1 有下列情况之一时,应进行型式检验:

a) 新产品或老产品转厂生产的试制定型鉴定;

b) 正式生产后,如结构、材料、工艺等有较大改变,可能影响产品性能时;

c) 正常生产后,每半年进行一次;

d) 产品长期停产后,恢复生产时;

e) 出厂检验结果与上次型式检验有较大差异时;

f) 合同中有条款规定时;

g) 国家质量监督机构提出要求时。

7.2.2 型式检验项目:安全性能和物理性能。

7.2.3 任意抽取满足检验所需的最低样品数量 6 双成鞋(或其原辅料)作安全性能试验,如有一项指标不符合本标准规定,则判该批鞋不合格。物理性能第一次试验结果若不符合本标准规定时,应在该批产品中加倍抽样，对其不符合规定的项目进行复验。复验仍有以上项目不合格，则判定该批鞋不合格。

8 标志

8.1 产品标志

每只鞋应标有下列标志：

a) 生产者名称；

b) 鞋号；

c) 商标。

8.2 包装标志

8.2.1 内包装应有下列标志：

a) 品名；

b) 鞋号；

c) 主要材质标识；

d) 商标；

e) 色别(透明包装物除外)；

f) 生产者名称、地址和邮政编码；

g) 执行标准编号及名称。

8.2.2 外包装应有下列标志：

a) 怕热、怕湿标志，按 GB 191—2000 中规定执行；

b) 品名、色别或货号；

c) 鞋号；

d) 数量；

e) 总质量；

f) 体积；

g) 生产日期；

h) 生产者名称和地址。

9 包装

9.1 内包装

每双鞋用纸盒、纸袋或塑料袋包装。

9.2 外包装

外包装使用双层瓦楞纸板箱。

9.3 封口捆扎

根据纸箱结构、体积、重量采取有效封口、箱盖粘合和捆扎措施。

10 运输和贮存

10.1 运输中应防止重压、避免雨淋受潮，严禁与油、酸、碱类物质、挥发性溶剂或其他腐蚀性物品同时装运。

10.2 贮存于干燥通风的库房内，严禁露天存放、阳光直射，并远离热源 1 m 以外。贮存时离地距离保持 200 mm 以上，离墙距离保持 200 mm 以上。严禁与油、酸、碱类物质、挥发性溶剂或其他腐蚀性物品同库贮存。

10.3 贮存保管期不得超过二年，平均每半年抽查检验一次，以检查产品、包装是否有异常。

附 录 A
（规范性附录）
鞋钉侧向承受力的试验方法

A.1 范围

本方法适用于田径钉鞋的鞋钉侧向承受力的试验方法。

A.2 原理

将成鞋系牢在相应鞋楦上（或头掌），再固定在鞋钉侧向推力试验仪上，通过传感装置以一定的速度施推力于鞋钉上，观察鞋钉和钉座的变化。

A.3 试样准备

A.3.1 每组试样为 3 双鞋（或三双头掌）。

A.3.2 每只鞋外底（或头掌）按图 1 所示标出钉座所在的 1、2、3、4、5、6、7 点，测试 1、2、4、6 点。如鞋外底钉座排列不同于图 A.1，参考相应位置找出 4 个测试点。后跟部位的钉不作此项测试。

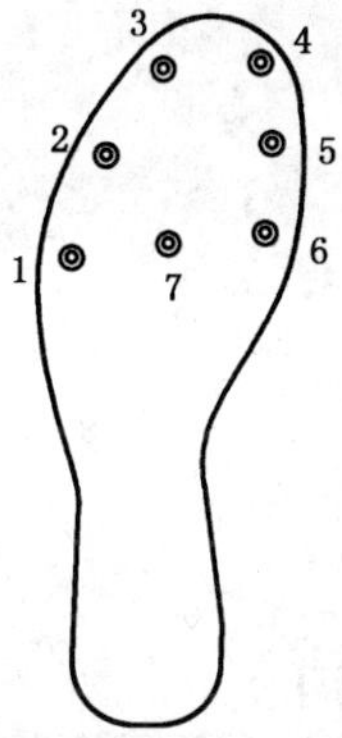

图 A.1 鞋钉测试位置

A.4 试验环境

温度 23℃±2℃。试样在此条件下放置 4 h 后进行试验。

A.5 试验装置

鞋钉侧向推力试验仪：配有数显记录仪、测头，量程：1 000 N，分度值：1 N，精度：≤±1%。

A.6 试验步骤

A.6.1 钉长＜7.5 mm 的试验步骤

A.6.1.1 将试样头部朝下近似垂直地系牢在相应鞋楦上。

A.6.1.2 再将其固定在鞋钉侧向推力试验仪的固定装置上，调节夹持装置使鞋钉轴向与测头的运动方向垂直。

A.6.1.3 调节压爪使其上下卡点在钉座外直径 1 mm 处并压住鞋外底。

A.6.1.4 调节活动块使测头置于被测的鞋钉正下方 10 mm 处，测头的端部外边缘与鞋钉端部在水平线上相距 2 mm(见图 A.2 的推进长度),测头以上推速度 5 mm/min±1 mm/min 运行。

A.6.1.5 记录仪显示值等于技术指标,停止活动块运行并移去动力,观察鞋钉和钉座状况。

A.6.1.6 记录仪显示值不足 400 N 而鞋钉或钉座出现较明显的异常或鞋钉滑脱,则停止本试验。

A.6.2 钉长≥7.5 mm 的试验步骤

A.6.2.1 将试样头部朝下近似垂直地系牢在相应鞋楦上。

A.6.2.2 再将其固定在鞋钉侧向推力试验仪的固定装置上,调节夹持装置使鞋钉轴向与测头的运动方向垂直。

A.6.2.3 调节压爪使其上下卡点在钉座外直径 1 mm 处并压住鞋外底。

A.6.2.4 调节活动块使测头置于被测的鞋钉正下方 10 mm 处,测头的端部外边缘与鞋钉端部在水平线上相距 4 mm(见图 A.2 的推进长度),测头以上推速度 5 mm/min±1 mm/min 运行。

A.6.2.5 记录仪显示值等于技术指标,则活动块停止运行并移去动力,观察鞋钉和钉座状况。

A.6.2.6 记录仪显示值不足 500 N 而鞋钉或钉座出现较明显的异常或鞋钉滑脱,则停止本试验。

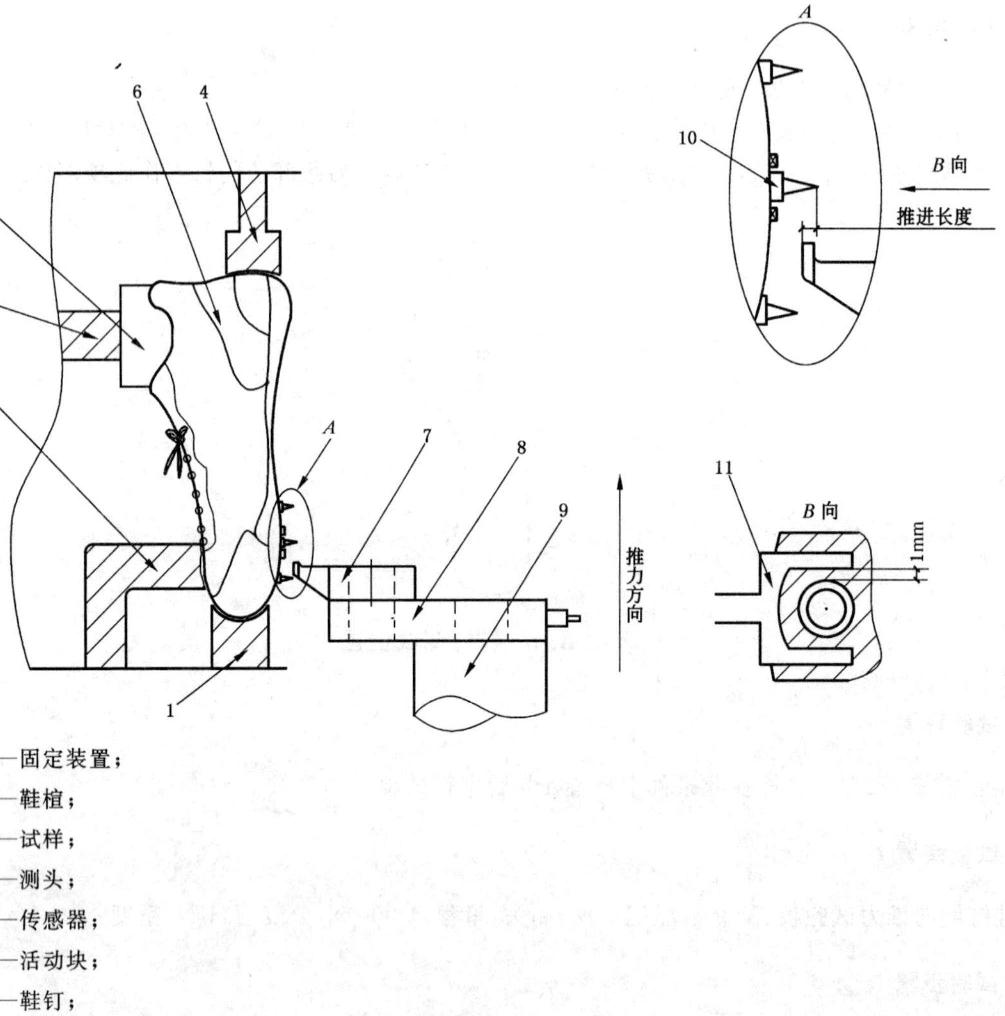

1～4——固定装置;
5——鞋楦;
6——试样;
7——测头;
8——传感器;
9——活动块;
10——鞋钉;
11——压爪。

图 A.2 鞋钉侧向承受力试验示意图

A.7 结果表示

A.7.1 鞋钉侧向承受力的单位:牛顿(N),有效数字至个位。

A.7.2 试验结果显示鞋钉和钉座的变化情况及鞋钉是否滑脱,每个钉位分别表示。

A.7.3 取1、2、4、6点的鞋钉侧向承受力的最小值为最终结果。

A.8 试验报告

试验报告包括如下内容：

a) 采用的标准名称及代号；

b) 试样名称、规格和生产厂家；

c) 试验方法；

d) 试验温度；

e) 试验结果；

f) 试验日期；

g) 试验者及其他。

ICS 83.140.99
G 47

中华人民共和国国家标准

GB/T 21537—2008

锥型橡胶护舷

Cone rubber fender

2008-04-07 发布 2008-10-01 实施

中华人民共和国国家质量监督检验检疫总局
中国国家标准化管理委员会 发布

前　言

本标准对应于国际航运协会(PIANC)《橡胶护舷设计指南》(2002版),与其中锥型橡胶护舷的相关内容一致性程度为非等效。

本标准的附录A为规范性附录。

本标准由中国石油和化学工业协会提出。

本标准由全国橡胶与橡胶制品标准化技术委员会橡胶杂品分技术委员会归口。

本标准起草单位:沈阳普利司通有限公司、烟台泰鸿橡胶有限公司、广州海宁橡胶有限公司、大连巅峰橡胶机带有限公司、青岛吉尔工程橡胶有限公司。

本标准主要起草人:张国锋、陈士颉、张秋成、姜冰、曹铁旺。

本标准为首次制定。

锥型橡胶护舷

1 范围

本标准规定了锥型橡胶护舷的产品标记、构造、尺寸公差及标准力学性能等级、要求、试验方法、检验规则以及标志、包装、运输与贮存。

本标准适用于港口码头船舶靠泊减震用，以橡胶及金属材料为主体的锥型橡胶护舷(Cone rubber fender，简称 CF 型)。

2 规范性引用文件

下列文件中的条款通过本标准的引用而成为本标准的条款。凡是注日期的引用文件，其随后所有的修改单(不包括勘误的内容)或修订版均不适用于本标准，然而，鼓励根据本标准达成协议的各方研究是否可使用这些文件的最新版本。凡是不注日期的引用文件，其最新版本适用于本标准。

GB/T 528—1998 硫化橡胶或热塑性橡胶 拉伸应力应变性能的测定(eqv ISO 37:1994)

GB/T 531—1999 橡胶袖珍硬度计压入硬度试验方法(idt ISO 7619:1986)

GB/T 3512—2001 硫化橡胶或热塑性橡胶 热空气加速老化和耐热试验(eqv ISO 188:1998)

GB/T 7759—1996 硫化橡胶、热塑性橡胶 常温、高温和低温下压缩永久变形测定(eqv ISO 815:1991)

GB/T 7762—2003 硫化橡胶或热塑性橡胶 耐臭氧龟裂 静态拉伸试验(ISO 1431-1:1989，MOD)

GB/T 16825.1 静力单轴试验机的检验 第1部分：拉力和(或)压力试验机测力系统的检验与校准(GB/T 16825.1—2002，ISO 7500-1:1999，IDT)

3 术语和定义

下列术语和定义适用于本标准。

3.1

反力 *R* reaction force

锥型橡胶护舷受到轴向压缩作用力时的反作用力。

3.2

吸能量 *E* energy absorption

锥型橡胶护舷受到轴向压缩产生变形所吸收的能量。

3.3

设计变形量 design deflection

设计上锥型橡胶护舷所达到的最大结构变形时的变形量。

3.4

设计反力 design reaction force

设计上锥型橡胶护舷达到设计变形量前(含)的最大反力。

3.5

设计吸能量 design energy absorption

设计上锥型橡胶护舷达到设计变形量时的吸能量。

4 产品标记

4.1 产品按下列顺序标记

产品名称,本标准号,规格,力学性能等级。

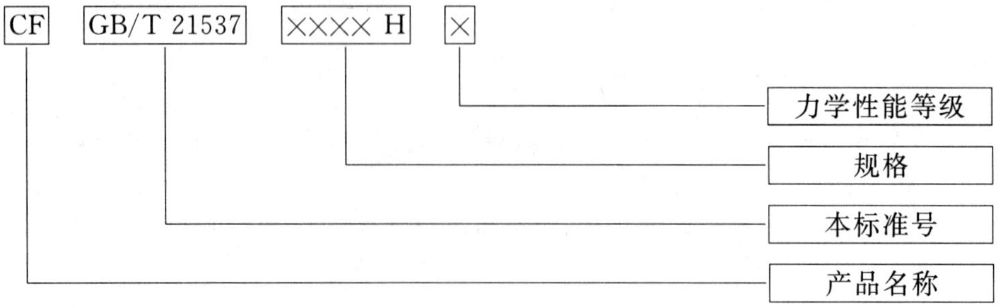

4.2 标记示例

高度为 1 000 mm,R4 标准力学性能等级的锥型橡胶护舷,其标记为:

CF GB/T 21537 -1000H-R4

5 构造

产品构造如图 1 所示。

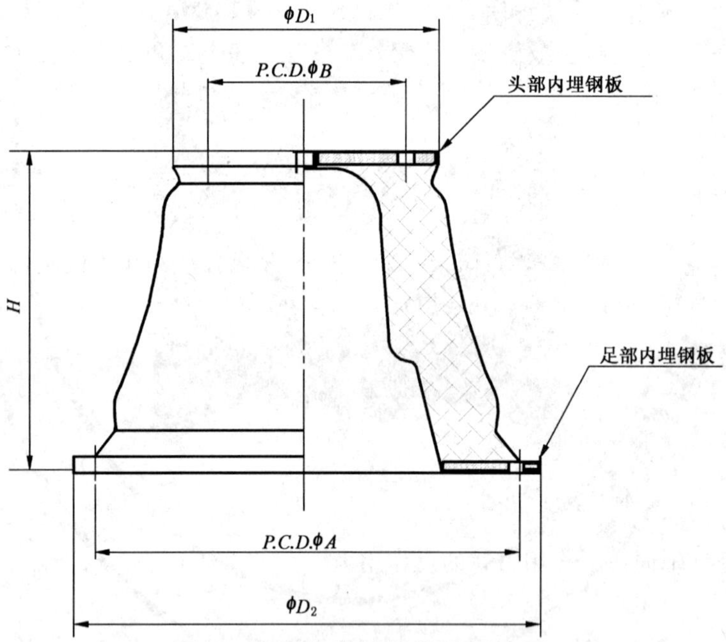

图 1 锥型橡胶护舷构造示意图

6 规格尺寸、公差和标准力学性能等级

6.1 规格尺寸见表 1。

表 1 规格尺寸

单位为毫米

规格	尺寸				
	H	A	D_2	B	D_1
HC500H	500	675	750	325	425
HC600H	600	810	900	390	510
HC700H	700	945	1 050	455	595

表 1（续） 单位为毫米

规格	尺寸				
	H	A	D_2	B	D_1
HC800H	800	1 080	1 200	520	680
HC900H	900	1 215	1 350	585	765
HC1000H	1 000	1 350	1 500	650	850
HC1100H	1 100	1 485	1 650	715	935
HC1150H	1 150	1 550	1 725	750	977.5
HC1200H	1 200	1 620	1 800	780	1 020
HC1250H	1 250	1 700	1 875	815	1 062.5
HC1300H	1 300	1 755	1 950	845	1 105
HC1350H	1 350	1 850	2 025	880	1 147.5
HC1400H	1 400	1 890	2 100	910	1 190
HC1450H	1 450	1 960	2 175	945	1 232.5
HC1500H	1 500	2 025	2 250	975	1 275
HC1550H	1 550	2 095	2 325	1 010	1 317.5
HC1600H	1 600	2 160	2 400	1 030	1 360
注：表 1 所列均为标准规格尺寸，其他特殊规格尺寸由供需双方协商确定。					

6.2 尺寸公差见表 2。

表 2 尺寸公差

形状尺寸	D_1、D_2、H	A、B
公 差	+4% −2%	±4 mm

6.3 标准力学性能等级为：$R4$、$R3$、$R2$、$R1$ 四种。

7 要求

7.1 力学性能符合表 3 的规定。

表 3 力学性能

规格	$R4$		$R3$		$R2$		$R1$	
	反力 R/kN	吸能量 E/kJ	反力 R/kN	吸能量 E/kJ	反力 R/kN	吸能量 E/kJ	反力 R/kN	吸能量 E/kJ
500H	306	81.3	245	65.1	196	54.7	157	43.8
600H	441	141	353	112	283	94.5	226	75.6
700H	601	223	481	179	385	150	308	120
800H	785	333	628	266	502	224	402	179
900H	993	474	795	379	636	319	509	255
1000H	1 230	651	981	520	785	438	628	350
1100H	1 480	866	1 190	693	949	583	759	466

表 3（续）

规格	R4		R3		R2		R1	
	反力 R/kN	吸能量 E/kJ	反力 R/kN	吸能量 E/kJ	反力 R/kN	吸能量 E/kJ	反力 R/kN	吸能量 E/kJ
1150H	1 620	989	1 300	792	1 040	665	830	532
1200H	1 770	1 130	1 410	900	1 130	757	904	605
1250H	1 920	1 270	1 530	1 020	1 230	855	981	684
1300H	2 070	1 430	1 660	1 140	1 330	962	1 060	770
1350H	2 230	1 600	1 790	1 280	1 430	1 080	1 140	862
1400H	2 400	1 790	1 920	1 430	1 540	1 200	1 230	961
1450H	2 580	1 990	2 060	1 590	1 650	1 340	1 320	1 070
1500H	2 760	2 200	2 210	1 760	1 770	1 480	1 410	1 180
1550H	2 950	2 430	2 360	1 940	1 890	1 630	1 510	1 300
1600H	3 140	2 670	2 510	2 130	2 010	1 790	1 610	1 440
注：表 3 为标准规格的力学性能，其他规格的力学性能由供需双方协商确定。								

7.2 设计变形量应符合表 4 的规定。

表 4 设计变形量

标准力学性能等级	设计变形量
R4、R3	67.5%
R2、R1	70.0%

7.3 力学性能公差应符合表 5 的规定。

表 5 力学性能公差

反力公差	设计反力的＋10%以下
吸能量公差	设计吸能量的－10%以上

7.4 胶料物理机械性能应符合表 6 的规定。

表 6 胶料物理机械性能

项目			指标
拉伸强度 / MPa		≥	15.7
拉断伸长率 / %		≥	300
硬度（邵尔 A）/ 度		≤	84
压缩永久变形（70℃，22 h，25%）/ %		≤	30
耐臭氧老化（40℃×48 h，20%，50×10^{-8}）			不龟裂
热空气老化（70℃×96 h）	拉伸强度变化率 / %	≤	20
	拉断伸长率变化率 / %	≤	20
	硬度（邵尔 A）/ 度		最大允许增加 8 度

7.5 外观质量应符合下列规定

——锥型橡胶护舷表面质地均匀，不得有混入异物、气泡、龟裂等影响性能的缺陷。

——锥型橡胶护舷表面不得有影响使用性能的明疤和缺胶等缺陷，不允许钢板外露。

8 试验方法

8.1 锥型橡胶护舷的规格尺寸用卷尺、钢板尺、游标卡尺进行测量。

8.2 锥型橡胶护舷力学性能试验方法见附录 A。

8.3 锥型橡胶护舷胶料物理机械性能测定。

8.3.1 拉伸强度、拉断伸长率的测定按 GB/T 528—1998 规定执行，采用Ⅰ型试样。

8.3.2 硬度测定按 GB/T 531—1999 的规定执行。

8.3.3 压缩永久变形测定按 GB/T 7759—1996 的规定执行，采用 A 型试样。

8.3.4 耐臭氧老化试验按 GB/T 7762—2003 的规定执行，试验条件：(40±2)℃×48 h，20%，$(50\pm5)\times10^{-8}$。

8.3.5 热空气老化试验按 GB/T 3512—2001 的规定执行，试验条件：(70±1)℃×96 h。

8.4 锥型橡胶护舷的外观质量用目测检验。

9 检验规则

9.1 出厂检验

9.1.1 检验项目：外观质量、规格尺寸和力学性能。

9.1.2 外观质量和规格尺寸，应百分之百进行检验。

9.1.3 锥型橡胶护舷的力学性能检验

锥型橡胶护舷以每个泊位的需用量每 50 个为一批，不足 50 个时以实际数量为一批，按规格及力学性能等级各任取一个进行力学性能试验。如不符合要求，则于同批产品中取双倍试样进行复检，如仍有不合格，则该批产品逐个进行力学性能检验。

9.2 型式检验

本标准所列全部技术要求为型式检验项目，通常在下列情况之一时进行型式检验：

a) 新产品或老产品转产生产的试制定型鉴定；

b) 正式生产后，如结构、材料、工艺有较大改变，可能影响产品性能时；

c) 正常生产时，定期或积累一定产量后，半年进行一次检验；

d) 产品长期停产后，恢复生产时；

e) 出厂检验结果与上次型式检验有较大差异时；

f) 国家质量监督机构提出进行型式检验要求时。

9.3 胶料物理机械性能检验

在正常生产情况下，同类型锥型橡胶护舷用胶料以半个月用量为一批，硬度、拉伸强度、拉断伸长率按批检验；压缩永久变形、热空气老化性能每月检验一次；耐臭氧老化试验每半年检验一次。如有一项不合格，应另取双倍试样进行不合格项目复试，如仍有不合格，则该批胶料不合格，应对再生产的该种胶料逐批检验全项，恢复稳定后，再按正常生产检验频次进行检验。

10 标志、包装、运输与贮存

10.1 每个锥型橡胶护舷应有下列标志：

a) 制造单位；

b) 商标；

c) 标记；

d) 制造日期；

e) 制品号；

f) 检查合格印章。

10.2 锥型橡胶护舷包装由供需双方协商确定。

10.3 锥型橡胶护舷贮存时，应避免阳光直射，雨雪浸淋，不得与酸、碱、油类及有机溶剂等物质相接触，并距热源 1 m 以外，贮存温度宜保持在－10℃～＋30℃。

10.4 锥型橡胶护舷在装运过程中，应保持清洁，不得摔、撞、拖、滚，不得以坚硬物勾、吊、刺、划，不得与酸、碱、油类及有机溶剂等物质相接触，并距热源 1 m 以外。

10.5 在符合 10.3、10.4 条规定的条件下，锥型橡胶护舷自生产之日起，在不超过一年贮存期内，产品性能应符合本标准规定。

附　录　A
（规范性附录）
锥型橡胶护舷力学性能的测定

A.1　试验机

A.1.1　试验机上设有压力数字显示功能。

A.1.2　试验机压力应符合 GB/T 16825.1 的规定，压力精度应达到±1%。

A.1.3　加压速度为 20 mm/min～80 mm/min。

A.2　试验样品的停放温度及停放时间

A.2.1　停放温度：23℃±5℃。

A.2.2　样品停放时间应符合表 A.1 的规定

表 A.1　样品停放时间

样品规格	停放时间
500H	22 h 以上
600H	29 h 以上
700H	37 h 以上
800H	43 h 以上
900H	53 h 以上
1000H	62 h 以上
1100H	72 h 以上
1150H	77 h 以上
1200H	82 h 以上
1250H	87 h 以上
1300H	92 h 以上
1350H	97 h 以上
1400H	103 h 以上
1450H	108 h 以上
1500H	114 h 以上
1550H	120 h 以上
1600H	126 h 以上
注：其他规格的样品停放时间由供需双方协商确定。	

A.3　试验步骤

A.3.1　将锥型橡胶护舷按使用时的压缩方向固定在试验机平台上。

A.3.2　测量锥型橡胶护舷的高度。

A.3.3　开动试验机，按 A.1.3 规定的速度压缩锥型橡胶护舷至高于设计变形量 2.5%，并记录对应的反力及吸能量值。

A.3.4　按 A.3.3 规定再重复压缩两次，每次间隔 5 min～20 min，取后两次数据的算术平均值，绘制的反力变形曲线和吸能量变形曲线见图 A.1。

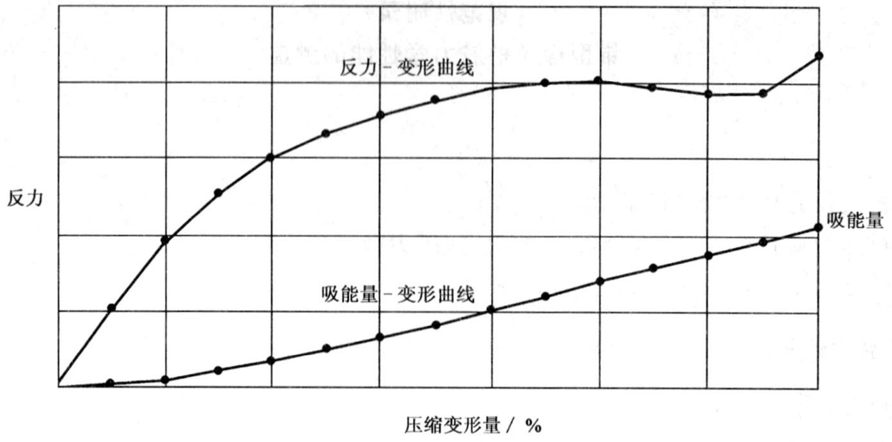

图 A.1 反力、吸能量变形曲线图

A.4 吸能量计算方法

吸能量是以反力变形曲线为基础进行计算,公式如下:

$$E=\int_0^x f(x)\mathrm{d}x \quad\cdots\cdots(A.1)$$

式中:

E ——锥型橡胶护舷吸能量,单位为千焦(kJ);

$f(x)$——锥型橡胶护舷反力,单位为千牛(kN);

x ——锥型橡胶护舷变形,单位为米(m)。

ICS 83.140.99
G 47

中华人民共和国国家标准

GB/T 21538—2008

金属薄板用涂覆胶辊

Rubber roller for metal foil-purpose coating

2008-04-07 发布 2008-10-01 实施

中华人民共和国国家质量监督检验检疫总局
中国国家标准化管理委员会 发布

前　　言

本标准的附录A为规范性附录、附录B为资料性附录。

本标准由中国石油和化学工业协会提出。

本标准由全国橡胶与橡胶制品标准化技术委员会橡胶杂品分会(SAC/TC 35/SC 7)归口。

本标准负责起草单位:南京金三力橡塑有限公司。

本标准参加起草单位:苏州市宝苏矿冶设备有限公司、浙江省德清县胶辊实业公司、鞍山市宏图防腐工程有限公司。

本标准主要起草人:林洪云、李文佐、焦健、袁俭、徐璟、张立钢。

本标准为首次制定。

金属薄板用涂覆胶辊

1 范围

本标准规定了金属薄板表面涂覆涂料或化学涂层用涂覆胶辊(以下简称涂覆辊)的产品结构、标记、要求、试验方法、检验规则和标志、包装、运输、贮存。

本标准适用于冶金行业和其他行业金属薄板——家电、建材彩色钢板;耐指纹钢板;硅钢板;铝板;镀锌、锡板等金属薄板涂覆生产线用涂覆胶辊。

2 规范性引用文件

下列文件中的条款通过本标准的引用而成为本标准的条款。凡是注日期的引用文件,其随后所有的修改单(不包括勘误的内容)或修订版均不适用于本标准,然而,鼓励根据本标准达成协议的各方研究是否可使用这些文件的最新版本。凡是不注日期的引用文件,其最新版本适用于本标准。

GB/T 528—1998 硫化橡胶或热塑性橡胶 拉伸应力应变性能的测定(eqv ISO 37:1994)

GB/T 529—1999 硫化橡胶或热塑性橡胶撕裂强度的测定(裤型、直角形和新月形试样)(eqv ISO 34-1:1994)

GB/T 531—1999 橡胶袖珍硬度计压入硬度试验方法(idt ISO 7619:1986)

GB/T 1184 形状和位置公差 未注公差值(GB/T 1184—1996,eqv ISO 2768-2:1989)

GB/T 1690—2006 硫化橡胶(或热塑性橡胶)耐液体试验方法(ISO 1817:2005,MOD)

GB/T 4459.5—1999 机械制图 中心孔表示法(eqv ISO 6411:1982)

GB/T 9239.1 机械振动 恒态(刚性)转子平衡品质要求 第1部分:规范与平衡允差的检验(GB/T 9239.1—2006,ISO 1940-1:2003,IDT)

HG/T 2413.2—1992 胶辊表观硬度的测定 邵尔硬度计法(idt ISO 7267-2:1986)

HG/T 2450—1999 胶辊表观硬度的测定 橡胶国际硬度计法(idt ISO 7267-1:1997)

HG/T 3079 橡胶、塑料辊尺寸公差(HG/T 3079—1999,idt ISO 6123-3:1985)

3 产品结构

产品应符合图样设计要求,其基本结构由包覆胶层、金属芯、粘合层构成(如图1)。

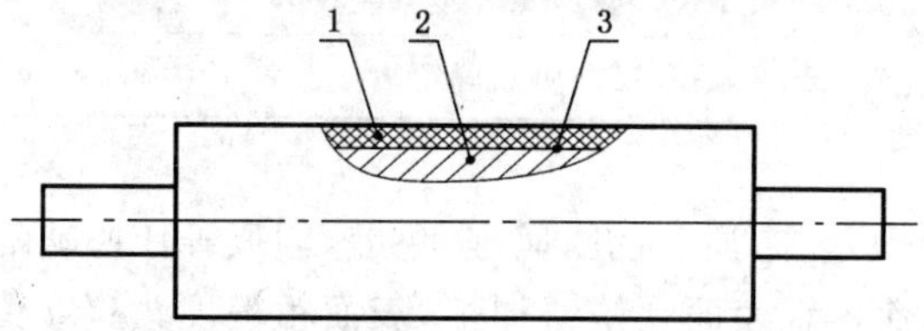

1——包覆胶层;

2——金属芯;

3——粘合层。

图1 结构示意图

4 产品标记

4.1 标记方法

涂覆辊按下列顺序标记：

胶辊名称，本标准号，规格(直径×长度)，硬度。

4.2 标记示例

a) 直径为 260 mm、长度为 1 600 mm、硬度为邵尔 A60 度的涂覆辊；其标记为：
涂覆辊 GB/T 21538－260×1 600-60A

b) 直径为 260 mm、长度为 1 600 mm、橡胶国际硬度 60 的涂覆辊；其标记为：
涂覆辊 GB/T 21538－260×1 600-60IRHD

5 要求

5.1 涂覆辊公称硬度偏差及同根硬度差

涂覆辊公称硬度偏差为±2 度；同根硬度差不大于 1 度。

5.2 涂覆辊尺寸公差

涂覆辊尺寸公差按 HG/T 3079 选定。

5.3 涂覆辊形位公差

涂覆辊圆柱度按 GB/T 1184 公差等级 8～12 级选用；同轴度、跳动度按 GB/T 1184 公差等级 6～9 级选用。如有特殊要求，由供需双方商定。

5.4 涂覆辊用胶料物理性能

涂覆辊用胶料物理性能应符合表 1 规定。

表 1 胶料物理性能表

<table>
<tr><th>序号</th><th colspan="3">项 目</th><th colspan="3">指 标</th></tr>
<tr><td>1</td><td colspan="2">硬度(邵尔 A)/度</td><td></td><td>35～44</td><td>45～54</td><td>55～65</td></tr>
<tr><td>2</td><td colspan="2">拉伸强度/MPa</td><td>≥</td><td>6</td><td>10</td><td>10</td></tr>
<tr><td>3</td><td colspan="2">拉断伸长率/%</td><td>≥</td><td>300</td><td>350</td><td>400</td></tr>
<tr><td>4</td><td colspan="2">拉断永久变形/%</td><td>≤</td><td>10</td><td>10</td><td>15</td></tr>
<tr><td>5</td><td colspan="2">撕裂强度(直角型)/(kN/m)</td><td>≥</td><td>10</td><td>10</td><td>12</td></tr>
<tr><td rowspan="4">6</td><td rowspan="4">耐液体：
(23±2)℃×48 h 体积变化率△V/% ≤</td><td colspan="2">二甲苯：环己酮混合液体积比(1：1)</td><td colspan="3">120</td></tr>
<tr><td colspan="2">醋酸乙酯</td><td colspan="3">100</td></tr>
<tr><td colspan="2">H_2SO_4(质量分数为 5%)</td><td colspan="3" rowspan="2">10</td></tr>
<tr><td colspan="2">NaOH(质量分数为 5%)</td></tr>
<tr><td colspan="7">注：本表项目以外的物理性能指标，由供需双方协商确定。</td></tr>
</table>

5.5 涂覆辊表面特性

5.5.1 涂覆辊表面不允许有气泡、杂质、气孔、暗泡、色差、印痕等任何缺陷，表面不允许修补。

5.5.2 涂覆辊表面粗糙度：涂覆辊表面须精磨加工，表面粗糙度为：*Ra* 值 0.4 μm～1.6 μm。特殊需要，由供需双方协商确定。

5.6 涂覆辊胶层厚度

涂覆辊胶层厚度应不大于 30 mm。

5.7 涂覆辊包覆胶层与金属芯的粘接质量要求

涂覆辊包覆胶层应为一整体。胶层与金属芯应粘接牢固，不应有脱层和裂口现象。

5.8 **涂覆辊辊芯技术条件**

涂覆辊辊芯的技术条件见附录A。

5.9 **涂覆辊平衡度**

涂覆辊应按GB/T 9239.1作平衡试验。当工作转速不小于200 r/min时，应做动平衡检测；平衡精度等级不低于G6.3。

5.10 **涂覆辊使用要求见附录B**

6 试验方法

6.1 涂覆辊用胶料物理性能的测定

6.1.1 胶料硬度试验按GB/T 531—1999规定进行。

6.1.2 胶料拉伸强度、拉断伸长率和拉断永久变形的测定，按GB/T 528—1998规定进行，采用Ⅰ型试样。

6.1.3 胶料撕裂强度(直角型)测定，按GB/T 529—1999规定进行。

6.1.4 胶料耐液体性能试验，按GB/T 1690—2006规定进行。

6.2 涂覆辊硬度的测定

6.2.1 邵尔A硬度的测定按HG/T 2413.2—1992规定进行。

6.2.2 橡胶国际硬度的测定按HG/T 2450—1999规定进行。

6.3 涂覆辊尺寸公差的测定

6.3.1 涂覆辊直径和长度，用千分尺、游标卡尺、钢卷尺测量。

6.3.2 涂覆辊形位公差，用跳动检查仪或千分表测量。

6.4 涂覆辊表面特性的测定

6.4.1 表面质量用目测和手感方法进行测定。

6.4.2 表面粗糙度 *Ra* 值用表面粗糙度仪进行测量。

6.5 涂覆辊尺寸公差、形位公差、表面粗糙度的检测，按(覆胶面)轴向：1个测点/400 mm(不足4个测点按4点计)；径向：圆周均布3个测点进行测量。

6.6 涂覆辊包胶层与金属辊芯粘合程度的检查，用敲击的方法进行检查。

6.7 涂覆辊不平衡值，用动平衡机或静平衡装置进行测量。

7 检验规则

7.1 组批

同一配方的涂覆辊用胶料以500 kg为一批(不足500 kg以一个月用量为一批)，每批抽取足够试样进行物理性能检验。

7.2 检验分类

7.2.1 **出厂检验**

涂覆辊硬度公差及同根硬度差、直径和长度尺寸公差、形位公差、表面特性、胶层与金属芯的粘合程度及不平衡量应依次按5.1、5.2、5.3、5.5、5.7、5.9规定进行出厂检验，如有一项不合格则视该条胶辊为不合格品。

7.2.2 **型式检验**

本标准所列全部技术要求为型式检验项目，通常在下列情况之一时应进行型式检验：

a) 新产品或老产品转产生产的试制定型鉴定；

b) 正式生产后，如结构、材料、工艺有较大改变，可能影响产品性能时；

c) 正常生产时，定期或积累一定产量后，每半年进行一次检验；

d) 产品长期停产后，恢复生产时；

e) 出厂检验结果与上次型式检验有较大差异时；

f) 国家质量监督机构提出进行型式检验要求时。

7.3 正常情况下，胶料的硬度、拉伸强度、拉断伸长率、拉断永久变形、耐液体性能按批进行检验；撕裂强度每季度进行一次检验。胶料物理性能如有一项不合格时，应另取双倍试样对不合格项进行复试，复试结果仍不合格，则判该批胶料不合格。

8 标志、包装、运输、贮存

8.1 每根涂覆辊应附有检验报告、合格证。合格证的内容包括：产品标记、制造厂名、规格尺寸、商标、生产日期、检验合格印章。

8.2 每根涂覆辊应用软质保护层包装，包装物上应标有备件号和委托单号。包装后的胶辊利用两端轴颈将产品固定于钢制（或木箱内）辊架上。胶辊之间间距不少于 10 mm；箱内壁与胶辊间距不少于 30 mm。

8.3 包装箱外应标明发往单位、产品名称、制造厂名、厂址及包装储运标记。

8.4 涂覆辊在运输及贮存过程中，应对辊轴作保护性处理。不应多辊叠放或平放在地面；辊面不允许受力、受压；禁止与酸、碱、油脂及有机溶剂接触；避免曝晒、雨雪浸淋；并应距热源 2 m 之外。

8.5 产品在满足 8.4 的贮存条件下，自生产之日起，在不超过 1 年的保存期内产品性能应符合本标准的规定。

附 录 A
(规范性附录)
金属辊芯技术要求

A.1 金属辊芯为中空或实芯的圆柱体，当为中空时，壁厚应均匀一致。

A.2 金属辊芯的结构尺寸和表面加工应符合生产与使用双方协议的规定。

A.3 金属辊芯由钢板、无缝钢管等金属材料制成。辊芯壁厚应符合表A.1规定。

表A.1 辊芯壁厚表

单位为毫米

辊芯公称直径(ϕ)	壁 厚
$\phi \leqslant 100$	>5
$100<\phi \leqslant 250$	>8
$250<\phi \leqslant 500$	>12
$\phi>500$	>15

A.4 涂覆辊的辊芯，其一端必须有通入内壁的通气孔。包胶或修磨后，应将此孔封堵。

A.5 辊芯表面如有砂眼、气孔时，其深度不超过3 mm、面积不大于25 mm^2；每平方米表面不超过三处，则可进行修补。修补后如有一处不合格，则按报废处理。

A.6 金属辊芯的轴两端必须有中心孔。中心孔规格按GB/T 4459.5—1999标准中B型或C型进行选取。

A.7 金属辊芯应依据图样要求，进行加工制作。其中用钢板卷制的辊筒，其焊缝应做探伤检测。

A.8 当辊子转速不小于200 r/min时，应作动平衡检测；当辊子转速小于200 r/min时，应作静平衡检测，平衡等级不低于G6.3。

A.9 修复辊芯应按图样要求，对其形位公差、轴承档尺寸、不平衡量进行检验或修复；对无法修复的辊芯，壁厚不符合表A.1规定的，按报废处理。

A.10 修复辊辊芯表面不允许留有残胶，应为完全裸露的的金属体。

附　录　B
（资料性附录）
涂覆胶辊使用要求

B.1　胶辊应存放在阴凉通风的室内（最佳存放温度－10℃～40℃），不允许接近热源或暴露在寒冷的空气中。

B.2　橡胶部位应用软质保护层包装，切勿裸放，避免光照。

B.3　应用隔架支撑辊子轴颈，切勿支撑橡胶部分。

B.4　存放期间，为防止橡胶结构变形，应定时旋转辊体（半月旋转一次为宜）。

B.5　切勿使用从寒冷处直接取来的橡胶辊，因为橡胶会有破裂的危险。

B.6　长期保存的胶辊，使用前最好略微研磨一下。

B.7　在使用中如胶辊表面出现皱褶、龟裂等现象，应及时卸下作报废处理。

B.8　胶辊停止运转时，不得承受压力。不得浸泡在溶剂或涂料中。

B.9　使用单位应详细填写涂覆胶辊使用记录卡，见表B.1。

表B.1　涂覆胶辊使用记录卡

<table>
<tr><td>制造单位</td><td colspan="2"></td><td>胶辊编号</td><td colspan="2"></td></tr>
<tr><td rowspan="4">胶辊
情况</td><td colspan="2">规　格</td><td colspan="3"></td></tr>
<tr><td colspan="2">胶　料</td><td colspan="3"></td></tr>
<tr><td colspan="2">硬　度</td><td colspan="3"></td></tr>
<tr><td colspan="2">胶辊类型</td><td colspan="3"></td></tr>
<tr><td rowspan="6">现场使用情况</td><td colspan="2">安装部位</td><td colspan="3"></td></tr>
<tr><td colspan="2">介质条件</td><td colspan="3"></td></tr>
<tr><td colspan="2">使用温度</td><td colspan="3"></td></tr>
<tr><td colspan="2">线 速 度</td><td colspan="3"></td></tr>
<tr><td colspan="2">上机时间</td><td colspan="3"></td></tr>
<tr><td colspan="2">下机时间</td><td colspan="3"></td></tr>
<tr><td colspan="6">胶辊故障原因及处理</td></tr>
<tr><td>使用现场
负责人</td><td></td><td>填表人</td><td></td><td>日期</td><td></td></tr>
</table>

ICS 83.140.99
G 47

中华人民共和国国家标准

GB/T 21539—2008

混凝土泵用聚氨酯活塞

Cement-purpose PU piston

2008-04-07 发布　　2008-10-01 实施

中华人民共和国国家质量监督检验检疫总局
中国国家标准化管理委员会　发布

前　言

本标准由中国石油和化学工业协会提出。

本标准由全国橡胶与橡胶制品标准化技术委员会橡胶杂品分会(SAC/TC 35/SC 7)归口。

本标准起草单位:南京金三力橡塑有限公司。

本标准主要起草人:林洪云、李文佐、葛卫东。

本标准为首次制定。

混凝土泵用聚氨酯活塞

1 范围

本标准规定了混凝土泵用聚氨酯活塞(以下简称活塞)的要求、试验方法、检验规则和标志、包装、运输、贮存。

本标准适用于各类型混凝土输送泵车用聚氨酯活塞。

2 规范性引用文件

下列文件中的条款通过本标准的引用而成为本标准的条款。凡是注日期的引用文件,其随后所有的修改单(不包括勘误的内容)或修订版均不适用于本标准,然而,鼓励根据本标准达成协议的各方研究是否可使用这些文件的最新版本。凡是不注日期的引用文件,其最新版本适用于本标准。

GB/T 528—1998 硫化橡胶或热塑性橡胶 拉伸应力应变性能的测定(eqv ISO 37:1994)

GB/T 529—1999 硫化橡胶或热塑性橡胶撕裂强度的测定(裤形、直角形和新月形试样)(eqv ISO 34-1:1994)

GB/T 531—1999 橡胶袖珍硬度计压入硬度试验方法(idt ISO 7619:1986)

GB/T 1689—1998 硫化橡胶耐磨性能的测定(用阿克隆磨耗机)

GB/T 3672.1 橡胶制品的公差 第1部分:尺寸公差(GB/T 3672.1—2002, ISO 3302-1:1996, IDT)

GB/T 5721 橡胶密封制品标志、包装、运输、贮存的一般规定

3 要求

3.1 外观

活塞表面不允许有任何气泡、杂质、裂纹等缺陷。

3.2 尺寸和公差

活塞尺寸如图1所示,示意图中 A、B、C、H 为主要尺寸。尺寸及公差应符合需方提供的图纸要求。当图纸无公差要求时,按 GB/T 3672.1 规定的等级,由供需双方协商选定。

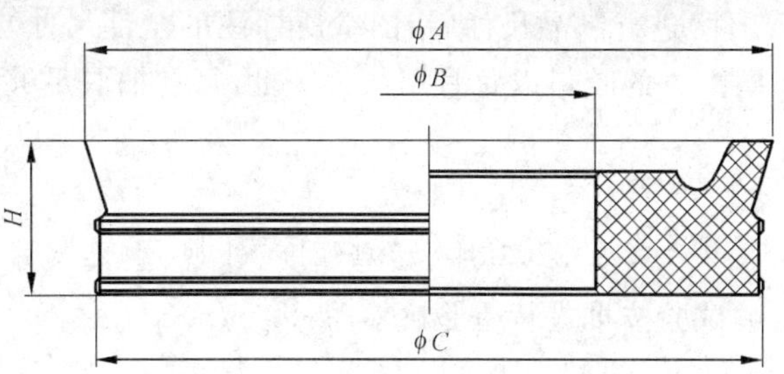

图1 活塞示意图

3.3 胶料性能

活塞用胶料的物理性能应符合表1规定。

表 1 胶料物理性能表

序号	项　目		指　标
1	硬度(邵尔 A)/度		92±2
2	拉伸强度/MPa	≥	35
3	拉断伸长率/%	≥	350
4	拉断永久变形/%	≤	15
5	撕裂强度(直角型)/(kN/m)	≥	70
6	阿克隆磨耗/(cm^3/1.61 km)	≤	0.03

3.4 活塞硬度

活塞硬度为邵尔 A(92±2)度。

3.5 耐水解性能

活塞在(90±2)℃水中浸泡不少于 200 h。无开裂及掉块。

4 试验方法

4.1 外观,采用目测方法进行检查。

4.2 尺寸公差应按 GB/T 3672.1 规定的方法测定。游标卡尺精度为 0.02 mm。

4.3 硬度试验应按 GB/T 531—1999 的规定进行。

4.4 拉伸强度、拉断伸长率、拉断永久变形试验应按 GB/T 528—1998 的规定进行,采用Ⅰ型试样。

4.5 撕裂强度试验应按 GB/T 529—1999 规定进行。

4.6 阿克隆磨耗试验应按 GB/T 1689—1998 规定进行。

4.7 耐水解试验

4.7.1 试验仪器:恒温水浴锅。

4.7.2 试验介质:常温自来水。

4.7.3 试验方法:将活塞悬置于(用托架)浴锅内,并应全部浸入水中。水温加热至 90℃时,恒温控制,水温误差±2℃。活塞在此水温中浸泡时间不得少于 200 h,其间每 24 h(将活塞从锅里取出)查看一次,观察制品是否有开裂及掉块现象。

5 检验规则

5.1 组批与抽样

一般情况下,相同配方、相同加工方法制造的同品种、同规格的活塞,以不超过 1 000 件为一批次。每批抽取 1%(最少不少于 5 件)进行制品尺寸(指图纸所标注的全部尺寸)验检;抽取 0.5%(最少不少于 2 件)进行耐水解试验。同配方的胶料以每月用量为一批,每批抽取足够试样进行物理性能试验。

5.2 检验分类

5.2.1 出厂检验

检验项目:本标准 3.1、3.2、3.4、3.5。其中,活塞硬度、外观、主要尺寸 *A*、*B*、*C*、*H*(见活塞示意图)逐件检验;其他尺寸和耐水解试验按批进行检验。

5.2.2 型式检验

本标准所列全部技术要求为型式检验项目。有下列情况之一时,应进行型式检验:

a) 新产品或老产品转产生产的试制定型鉴定;

b) 正常生产后如结构、原材料、工艺有较大改变,可能影响产品性能时;

c) 正常生产时,每隔 6 个月;

d) 产品长期停产后，恢复生产时；

e) 出厂检验结果与上次型式检验有较大差异时；

f) 国家质量监督机构提出进行型式检验要求时。

5.2.3 正常情况下，硬度、拉伸强度、拉断伸长率、拉断永久变形和撕裂强度按批进行检验；阿克隆磨耗每半年检验一次。

5.3 判定规则

5.3.1 活塞的尺寸、外观质量全部符合技术要求，则为合格品。尺寸检验如有不合格并有修正余地时，允许返工修正，修正后仍不符合要求，则判为不合格品。外观质量如有一项不合格，则判该活塞为不合格品。

5.3.2 耐水解试验如有一个试样不符合要求，应按5.1规定另取同等数量的试样进行复试，复试后如仍不合格，则该批活塞为不合格品。

5.3.3 胶料物理性能检验结果如有一项不合格，则应另取双倍试样进行该项复试，复试结果如仍不合格，则该批胶料不合格。

6 标志、包装、运输、贮存

6.1 标志、包装、运输、贮存按GB/T 5721执行。包装数量及包装方式，由供需双方协商确定。

6.2 在满足6.1的贮存条件下，自生产之日起在不超过1年的贮存期内产品性能应符合本标准的规定。

ICS 23.100.60
J 20

中华人民共和国国家标准

GB/T 21540—2008/ISO 11943:1999

液压传动　液体在线自动颗粒计数系统校准和验证方法

Hydraulic fluid power—On-line automatic particle-counting systems for liquids—Methods of calibration and validation

(ISO 11943:1999,IDT)

2008-03-31 发布　　2008-09-01 实施

中华人民共和国国家质量监督检验检疫总局
中国国家标准化管理委员会　发布

前　言

本标准等同采用 ISO 11943:1999《液压传动　液体在线自动颗粒计数系统　校准和验证方法》(英文版)。

本标准等同翻译 ISO 11943:1999。为便于使用,本标准做如下编辑性修改:

——删除国际标准 6.3 的注和 6.5 的注 1;

——增加 9.9 的注 2;

——删除国际标准的附录 B 和附录 C。

本标准的附录 A 为资料性附录。

本标准由中国机械工业联合会提出。

本标准由全国液压气动标准化技术委员会(SAC/TC 3)归口。

本标准负责起草单位:航空工业过滤与分离机械产品质量监督检测中心。

本标准参加起草单位:北京化工大学、新乡市平菲滤清器有限公司。

本标准主要起草人:马书根、郝新友、金涛、李方俊、吕寄中、王绍青。

引　言

液压传动系统中，能量的传递与控制是通过封闭回路中的受压液体来实现的。液体既是润滑介质又是能量传递介质。

为得到可靠的系统性能，需要对液体介质进行控制。对于液体介质中颗粒污染物的定性和定量的测定，要求在取样及确定颗粒污染物的尺寸和分布时保证其精确性。

采用自动颗粒计数器是测定液体中颗粒污染物的尺寸和分布的可行方法。仪器本身的精度是通过校准确定的。

自动颗粒计数器的在线使用消除了对取样容器的需要，提高了检测精度，并可更快地获得颗粒计数的信息。本标准为在线自动颗粒计数器的校准和验证建立了指南。

液压传动 液体在线自动颗粒计数系统 校准和验证方法

1 范围

本标准为液体中悬浮颗粒的在线自动计数系统制定了校准和验证规程。主要用于按 GB/T 18853 进行的过滤器多次通过试验。

2 规范性引用文件

下列文件中的条款通过本标准的引用而成为本标准的条款。凡是注日期的引用文件，其随后所有的修改单(不包括勘误的内容)或修订版均不适用于本标准，然而，鼓励根据本标准达成协议的各方研究是否可使用这些文件的最新版本。凡是不注日期的引用文件，其最新版本适用于本标准。

GB 3100 国际单位制及其应用(GB 3100—1993,eqv ISO 1000:1992)

GB/T 17446 流体传动系统及元件 术语(GB/T 17446—1998,idt ISO 5598:1985)

GB/T 17489 液压颗粒污染分析 从工作系统管路中提取液样(GB/T 17489—1998,idt ISO 4021:1992)

GB/T 18853 液压传动过滤器 评定滤芯过滤性能的多次通过方法(GB/T 18853—2002,ISO 16889:1999,MOD)

GB/T 18854 液压传动 液体自动颗粒计数器的校准(GB/T 18854—2002,ISO 11171:1999,MOD)

ISO 12103-1:1997 道路车辆 用于过滤器评定的试验粉末 第1部分:亚利桑纳州试验粉末

3 术语和定义

GB/T 17446 确立的术语和定义适用于本标准。

4 测量单位

本标准采用符合 GB 3100 的国际单位制。

本标准采用 μm(c)作为颗粒尺寸的单位，表示颗粒尺寸的测量是使用按 GB/T 18854 校准的自动颗粒计数器进行的。

5 要求

操作者应具有操作颗粒计数器和过滤器试验设备的特定技能，并在校准和验证过程中采用正确的样液处理方法。

6 试验设备

6.1 具有两个独立传感器的液体自动颗粒计数器或液体颗粒计数器。

6.2 校准用品应符合 GB/T 18854 的规定。

6.3 ISO 中级试验粉末(ISO MTD)应符合 ISO 12103-1:1997 规定的类型 A3，在 110℃～150℃的条件下烘干至少 1 h。试验粉末在加入试验系统前，先与试验液体混合并充分搅拌，然后用 3 000 W/m^2

至 10 000 W/m^2 功率密度的超声波设备进行超声分散。

6.4 试验液体应符合 GB/T 18853 的规定。

6.5 在线样液配制设备，用于混合和提供二次校准和验证的液体，设备包括：

a) 油箱、泵、液体调节元件和仪器仪表，能够满足第 9 章的验证要求；

b) 净化过滤器应保证液体初始颗粒浓度达到每毫升液体中大于 5 μm(c)的颗粒数少于 5 个；

c) 在预期的试验时间内不会改变颗粒分布的系统(见 GB/T 18853)；

d) 液体取样装置，应符合 GB/T 17489；

e) 为颗粒计数器提供恒流和恒温污染液体的系统，其流量和温度的变化应在表 1 限定的范围内。

注：附录 A 给出了较满意的典型结构，可供选择。

6.6 液压回路，适于在线颗粒计数器与多次通过试验台的连接。如果需要，应包括稀释设备。

7 测量设备的精度和试验条件

7.1 所使用测量设备的精度应在表 1 限定的范围内。

表 1 测量设备精度和试验条件

试验条件	SI 单位	仪器读数精度(±)	允许的试验条件变化范围
流量	L/min	0.5%	2%
运动黏度	mm^2/s	1%	2%
压力	Pa(bar)	1%	2%
温度	℃	0.5℃	1℃
时间	s	0.05 s	0.1s
体积	L	0.5%	1%
质量	g	0.1 mg	1%

警告：保证试验条件在表 1 限定的范围之内，并不意味着就可以满足验证要求。已经证明，满足验证要求的最有效方法是既保证表 1 给定的试验条件，又采用正确的颗粒计数程序等。

8 离线校准程序

8.1 按照颗粒计数器制造商的建议或 GB/T 18854 的规定，对新的或大修后的颗粒计数器进行尺寸校准。

8.2 根据 GB/T 18854 指定的程序确定每个颗粒计数器和传感器的颗粒浓度极限；或者使用制造商采用同样方法得到的推荐值。

9 在线样液配制设备的验证和二次校准标准的确定(见图 1)

9.1 当使用两个计数器(传感器)时，执行本章描述的程序只需要一个计数器和传感器。

9.2 使用一个按 8.1 校准的颗粒计数器和传感器，设置为累积计数模式，并且在颗粒尺寸范围内有针对性的设置至少 6 个不同的阈值。

9.3 调整并测量样液配制设备中的液体总体积(单位为 L)达到预定值，误差为±1%，保持液体黏度为 $(15±0.3)mm^2/s$。

9.4 使用净化过滤器，使液体初始颗粒浓度达到每毫升液体中大于 5 μm(c)的颗粒数少于 5 个。

9.5 确定用于校准和验证的液体颗粒污染浓度。液体颗粒污染浓度应保证最小计数颗粒尺寸的最高浓度为8.2规定的颗粒计数器浓度极限的50%左右。

9.6 将根据6.3准备好的ISO MTD按需要量加入油箱，循环大约15 min。记录ISO MTD的批号。

9.7 启动在线自动颗粒计数器开始试验(推荐样液体积为25 mL)，试验时间为1 h，计数间隔为2 min；试验时间超过1 h，则采用30个平均分配的计数间隔。

9.8 按照表2要求，填写每一个观察到的原始颗粒数值。对每一个设定阈值的颗粒尺寸，计算其所有数据的平均值$\overline{x}$，并用下列公式计算标准偏差σ：

$$\sigma = \sqrt{\frac{n\sum_{i=1}^{n}(x_i^2) - (\sum_{i=1}^{n}x_i)^2}{n(n-1)}}$$

式中：

x_i——各设定阈值所对应的第i次颗粒计数的颗粒数；

n——颗粒计数的总次数。

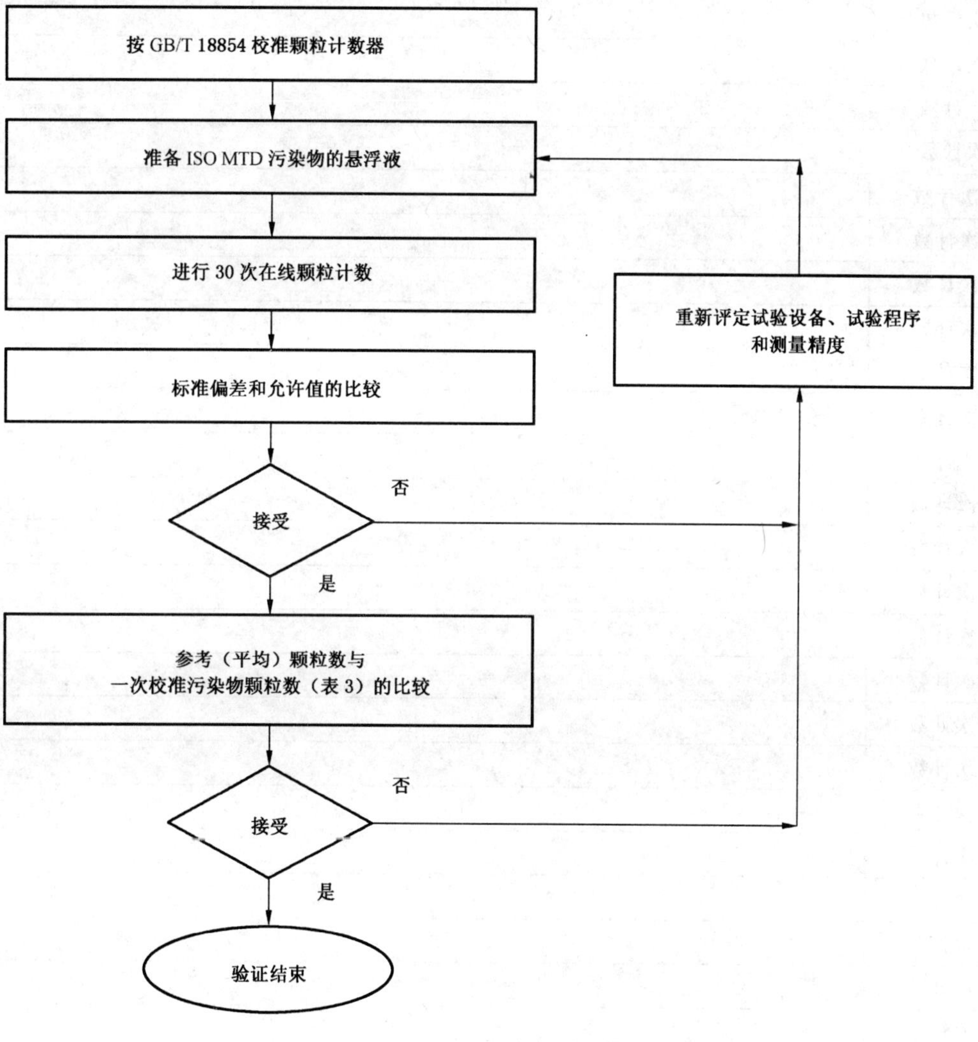

图1 在线样液配制设备和二次校准标准测定的验证程序流程图

表 2　二次校准粉末数据表

ISO MTD 批号：______________　浓度：______________ mg/L　颗粒计数体积：______________ mL

操作者：______________　日期：______________　颗粒计数器型号：______________

颗粒计数器序列号：______________　传感器型号：______________

传感器序列号：______________　GB/T 18854 一次校准日期：______________

项　　目	颗　粒　数
尺寸/μm(c) >	
第 1 次计数	
第 2 次计数	
第 3 次计数	
第 4 次计数	
第 5 次计数	
第 6 次计数	
第 7 次计数	
第 8 次计数	
第 9 次计数	
第 10 次计数	
第 11 次计数	
第 12 次计数	
第 13 次计数	
第 14 次计数	
第 15 次计数	
第 16 次计数	
第 17 次计数	
第 18 次计数	
第 19 次计数	
第 20 次计数	
第 21 次计数	
第 22 次计数	
第 23 次计数	
第 24 次计数	
第 25 次计数	
第 26 次计数	
第 27 次计数	
第 28 次计数	
第 29 次计数	
第 30 次计数	
平均值	
σ	
σ_a	

表 3　ISO MTD 颗粒数

[所有颗粒数都是累积值，并以 1 μg(对于 1 mg/L 的浓度，每 mL 的颗粒数)的 ISO MTD 为基础]

颗粒尺寸/μm(c)	一次校准污染物的颗粒数（见 9.14）	ISO MTD(批号：　　)的参考颗粒数（见 9.13）	±校准极限（见 9.15）	传感器之间的允许偏差（见 9.17）
>1				
>2				
>3				
>4				
>5				
>6				
>7				
>10				
>12				
>14				
>15				
>20				
>30				

注 1：上述协定的校准极限基于颗粒尺寸偏差为 5%，此时颗粒数偏差在 1σ(泊松分布)范围内，σ 是由国际联合研究得出的。

注 2：计数器之间的偏差基于 2.5σ(泊松分布)，σ 是由国际联合研究确定的。此时两计数器间的最大允许颗粒数之差在平均颗粒数的±10%之间。

9.9　计算各颗粒尺寸的允许标准偏差 σ_a，公式如下：

$$\sigma_a = 2\sqrt{\bar{x} + 0.0004\,\bar{x}^2}$$

注 1：该允许标准偏差 σ_a 是国际联合研究中得到的平均标准偏差的 2 倍。

注 2：国际联合研究是指在 ISO 11943:1999 制定前期，由 ISO/TC 131/SC 8/WG 9 组织的一次对液体在线颗粒计数器在线校准和验证的国际性联合试验。本次国际联合研究共有 8 个国家的 21 个实验室参加。

9.10　如果各颗粒尺寸的标准偏差都小于或等于其允许标准偏差，则验证通过，继续进行 9.12。

9.11　如果某颗粒尺寸的标准偏差超过其允许标准偏差，则需要重新评估样液配制设备和程序、在线颗粒计数设备的流量和颗粒计数体积，并采取恰当的方法重复程序 9.3～9.10。

9.12　对应于每个设定阈值的颗粒尺寸，计算每毫升的颗粒浓度：平均颗粒数除以颗粒计数的液体体积。

9.13　把 9.12 中得到的颗粒浓度除以样液浓度(mg/L)转换为每微克的颗粒数(对于 1 mg/L 的浓度，每毫升的颗粒数)。将这些参考颗粒数记录于表 3 中。

9.14　将 8.1 中使用的一次校准污染物的颗粒数(每微克的颗粒数)记录于表 3 中。

9.15　使用以下公式计算每个颗粒尺寸允许的校准极限，并记录在表 3 中：

$$校准极限 = 0.37 \times (表\ 3\ 中的一次校准污染物的颗粒数)^{0.85}$$

注：这些商定的校准极限基于颗粒尺寸偏差为 5%，此时颗粒数偏差在 1σ(泊松分布)范围内，σ 是由国际联合研究得出的。

9.16　如果参考颗粒数与表 3 中给出的一次校准污染物颗粒数之间的误差小于表 3 中校准极限的 1.3

倍,则设备验证和参考颗粒数被接受。

注:这些参考颗粒数确定了二次校准污染物(9.5 中使用的特定批号)的颗粒尺寸分布,这些颗粒数将在第 10 章和第 11 章的二次校准和检验中使用。

9.17 当使用多个计数器或传感器时,用以下公式计算传感器或计数器之间对于每个颗粒尺寸的允许偏差,并填入表 3 中。

允许偏差=0.6+0.05×(表 3 中的一次校准污染物的颗粒数)

注:计数器之间的偏差基于 2.5σ(泊松分布),σ 是由国际联合研究确定的。

10 在线二次校准和检验程序(见图 2)

10.1 在每次一次校准后和最长间隔 6 个月或颗粒计数差值可疑或明显时,均要进行在线校准检验。

注:当使用两个颗粒计数器(传感器)时,应采用 10.1～10.10 的程序对一个计数器(传感器)进行校准和检验,第二个计数器(传感器)应根据 10.11 进行调整,与第一个相匹配。

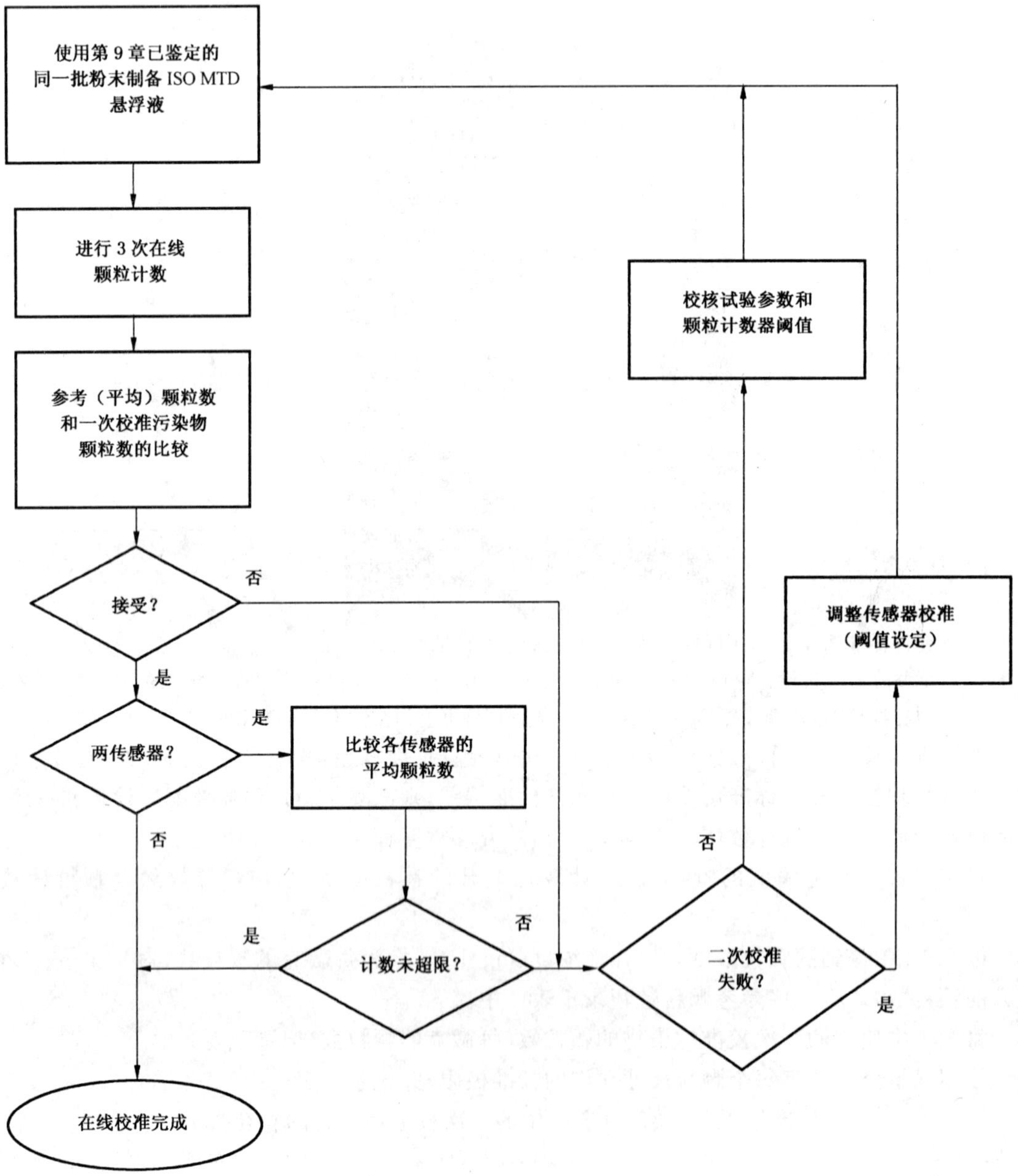

图 2 在线校准检验程序流程图

10.2　使用最近 24 个月内按第 9 章验证的在线样液配制设备。

10.3　只能使用与第 9 章二次校准鉴定合格的同一批号的 ISO MTD(见表 3)。

10.4　根据 9.3～9.6 描述的程序准备校准检验悬浮液。

10.5　按希望的颗粒尺寸设置颗粒计数器的阈值，但仅限于按照第 9 章确定的参考颗粒数所对应的颗粒尺寸(见表 3)。

10.6　使允许校准检验悬浮液以一次校准的流量通过颗粒计数传感器。

10.7　对几个设置的颗粒尺寸进行实际检验，所设置的颗粒尺寸应覆盖计数器将要检测的颗粒尺寸范围。

注：在检验点之间内插阈值是允许的，但是不允许外插阈值。

10.8　获得至少三个连续的在线颗粒计数值(颗粒计数稳定以后)。

10.9　计算每个颗粒尺寸阈值设定所对应的每微克平均颗粒数(对于 1 mg/L 的浓度，每毫升的颗粒数)，该数是用平均颗粒数除以样液计数体积(mL)和样液浓度(mg/L)得到的，把求得的值记录在表 4 中。

表 4　校准检验数据表

ISO MTD 批号：＿＿＿＿＿＿　浓度：＿＿＿＿＿＿ mg/L　颗粒计数体积：＿＿＿＿＿＿＿＿ mL

操作者：＿＿＿＿＿＿＿＿　日期：＿＿＿＿＿＿＿＿　颗粒计数器型号：＿＿＿＿＿＿＿＿

颗粒计数器序列号：＿＿＿＿＿＿＿＿＿＿＿＿＿＿＿＿　GB/T 18854 一次校准日期：＿＿＿＿＿

尺寸/μm(c) >	颗粒数					
上游传感器： 型号和序列号： ＿＿＿＿＿＿ ＿＿＿＿＿＿						
颗粒数 1						
颗粒数 2						
颗粒数 3						
平均值						
平均值/μg(10.9)						
下游传感器： 型号和序列号： ＿＿＿＿＿＿ ＿＿＿＿＿＿						
颗粒数 1						
颗粒数 2						
颗粒数 3						
平均值						
平均值/μg(10.9)						

10.10 对于每个计数的颗粒尺寸，在10.9中求得的所有颗粒数应等于表3中的参考颗粒数加上或减去表3中的校准极限。

注：上述协定的校准极限基于颗粒尺寸偏差为5%，此时颗粒数偏差在1σ(泊松分布)范围内，σ是由国际联合研究得出的。

10.11 当同时使用上游和下游计数器(传感器)时，第二个传感器校准应使用和第一个传感器相同的校准检验悬浮液，通过调节第二个计数器(传感器)的阈值，使每个计数颗粒尺寸所对应的每微克平均颗粒数(也记录在表4中)与第一个计数器(传感器)的平均颗粒数相匹配，二者间的偏差在表3所给出的允许偏差内。

注：当上游和下游传感器对换时，建议重做第10章的内容。

10.12 如果10.9得到的颗粒数在规定的极限内，则检验完成并进行第11章。

10.13 如果10.9得到的颗粒数超出规定的极限，则在采取纠正措施后，重新准备二次校准悬浮液，并重复10.4～10.12的检验过程。确保：

a) 正确的传感器流量；

b) 正确的颗粒尺寸阈值；

c) 液体完全除气；

d) 正确的样液重量和体积等。

10.14 如果10.13检验得到的颗粒数仍超出规定的极限，则需要按照GB/T 18854规定的程序校准颗粒计数器，而不使用为在线校准提供的二次校准液体和表3中规定的参考颗粒数。

10.15 重复10.4～10.12所描述的程序进行校准检验。

11 在线稀释系统的验证(见图3)

11.1 以在线二次校准检验同样的频率对在线稀释系统进行验证。

11.2 所使用的稀释液应过滤，达到的污染度为每毫升中大于5 μm(c)的颗粒数少于5个，除非稀释液更高的污染度不会对颗粒计数结果产生大于1%的误差。

11.3 首先在最小稀释比的条件下进行验证。

11.4 根据9.3～9.6准备ISO MTD二次校准悬浮液，但浓度为8.2中得到的浓度极限的(50±10)%乘以所选择的稀释比。

注：例如，若稀释比为2(1份稀释液比1份悬浮液)，则使用的样液浓度等于2乘以计数器浓度极限的50%。

11.5 在颗粒尺寸范围内有针对性地为颗粒计数器设置至少6个阈值。

11.6 使用所选的稀释比，每个传感器至少获得3个连续的1 min测得的颗粒数(颗粒计数稳定以后)，并计算每个颗粒尺寸的稀释样液的平均颗粒数。

11.7 对于每个设定阈值的颗粒尺寸，用平均颗粒数除以计数液体体积(mL)计算每毫升的平均颗粒数。

11.8 由11.7得到的颗粒数除以样液浓度(mg/L)并乘以稀释比，转换为每微克的颗粒数，并记录在表5中。上游和下游传感器使用不同的数据表分别记录。

11.9 对于每个计数的颗粒尺寸，11.8得到的所有颗粒数应等于表3中的参考颗粒数加上或减去表3中的校准极限。另外，当使用上游和下游计数器时，对于每个计数的颗粒尺寸，从两个计数器(传感器)得到的平均颗粒数应在表3所给出的允许偏差之内。

11.10 在最大稀释比和至少两个中间稀释比的条件下，重复11.4～11.9的验证过程。

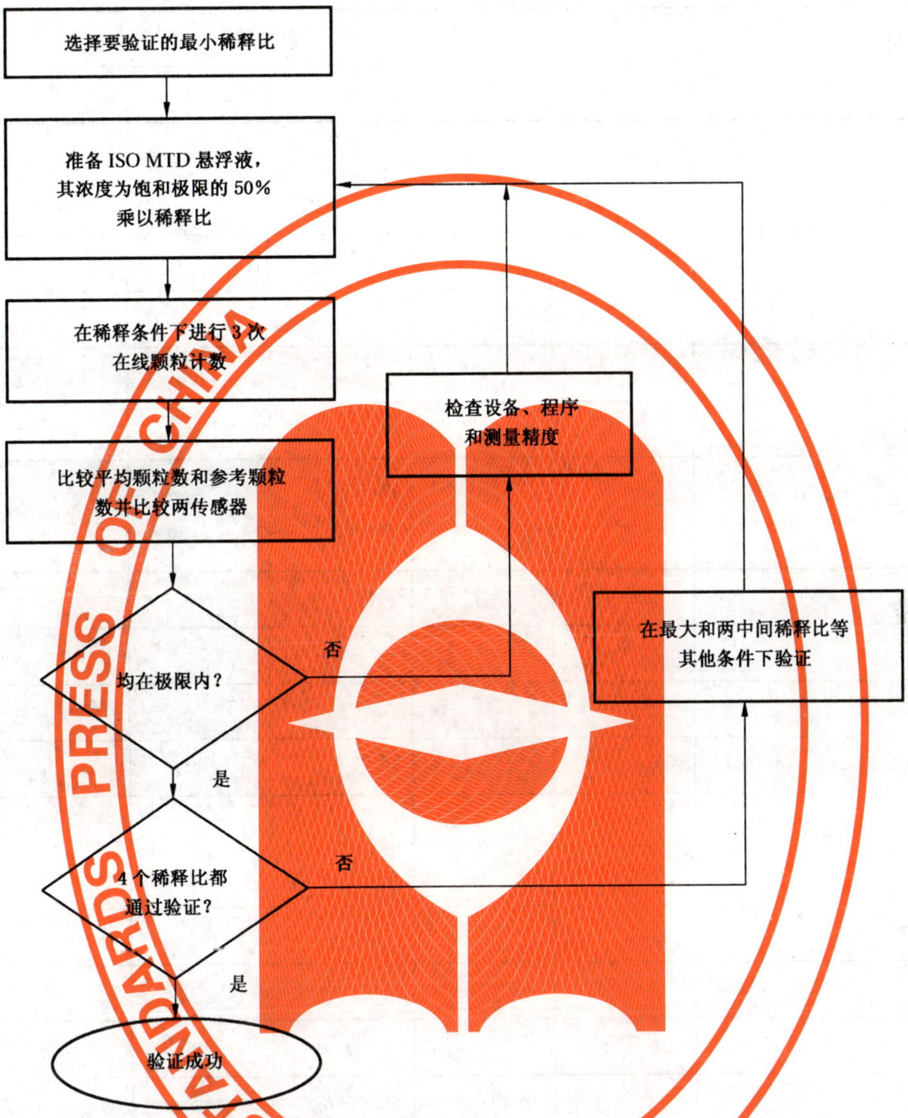

图 3　在线稀释系统验证程序流程图

表 5 在线稀释设备验证数据表

ISO MTD 批号：__________ 颗粒计数体积：__________ mL 日期：__________

传感器安装在被试过滤器的上游/下游：__________

尺寸/μm(c) >	颗粒数					
浓度：________ mg/L 稀释比：________						
颗粒数 1						
颗粒数 2						
颗粒数 3						
平均值/μg(11.8)						
浓度：________ mg/L 稀释比：________						
颗粒数 1						
颗粒数 2						
颗粒数 3						
平均值/μg(11.8)						
浓度：________ mg/L 稀释比：________						
颗粒数 1						
颗粒数 2						
颗粒数 3						
平均值/μg(11.8)						
浓度：________ mg/L 稀释比：________						
颗粒数 1						
颗粒数 2						
颗粒数 3						
平均值/μg(11.8)						

12 注意事项

12.1 对于 ISO MTD 中尺寸大于 40 μm(c)的颗粒，在线颗粒计数时需要采取措施，以保证颗粒没有沉淀。应对最大颗粒尺寸的校准进行在线检验(见第 10 章)。

12.2 用在线颗粒计数器测试粗过滤器需要较高的稀释比，这需要使用高精度的流量测试方法。

12.3 当颗粒计数器的浓度超过极限时需要进行稀释。颗粒浓度很高可能会影响被测颗粒尺寸的颗粒数,在这种情况下应使用较高的稀释比。

12.4 当需要进行在线稀释时,稀释液体应与被计数的试验液体相同。

12.5 试验液体中游离水或空气的存在将会对结果产生不利影响,应该采取一定的预防措施来消除这些影响。

12.6 颗粒计数传感器应与机械振动隔离开,以防振动产生的误差。

12.7 把颗粒计数器和其他大型设备进行电隔离,以防止电干扰的影响。

12.8 泵的流量脉动可能影响颗粒计数结果。验证系统中配置蓄能器,可抑制泵的流量脉动影响。

12.9 使所有的管路长度最小并使流量最大,以得到较短的滞后时间(样液从多次通过试验台流出到被颗粒计数器检测的时间),计数滞后时间应少于 30 s,上游和下游传感器的滞后时间差应在 10 s 以内。

12.10 在操作过程中,应尽量减少阀的调节,以减少由此产生的颗粒计数误差。

12.11 系统地反冲各传感器,以防止其部分或全部堵塞。传感器的部分或全部堵塞将产生颗粒计数误差,并非所有的颗粒计数设备都有内置或可靠的指示器来显示传感器的堵塞情况。

13 标注说明

当选择完全遵守本标准时,可在试验报告、产品目录和销售文件中采用以下说明:液体在线自动颗粒计数系统的校准和验证方法,符合 GB/T 21540—2008/ISO 11943:1999《液压传动 液体在线自动颗粒计数系统 校准和验证方法》。

附 录 A
（资料性附录）
典型在线校准和验证系统的设计指南

A.1 总则

A.1.1 在线校准和验证需要一个验证程序来确定设备在执行要求的功能时是否合格。

A.1.2 本附录旨在为制造符合本标准验证要求的设备提供基本指导。

A.1.3 本附录仅提供结构方面的准则，并不保证设备成功地通过验证。

A.2 在线样液配制设备

图 A.1 为一典型装置的原理图。

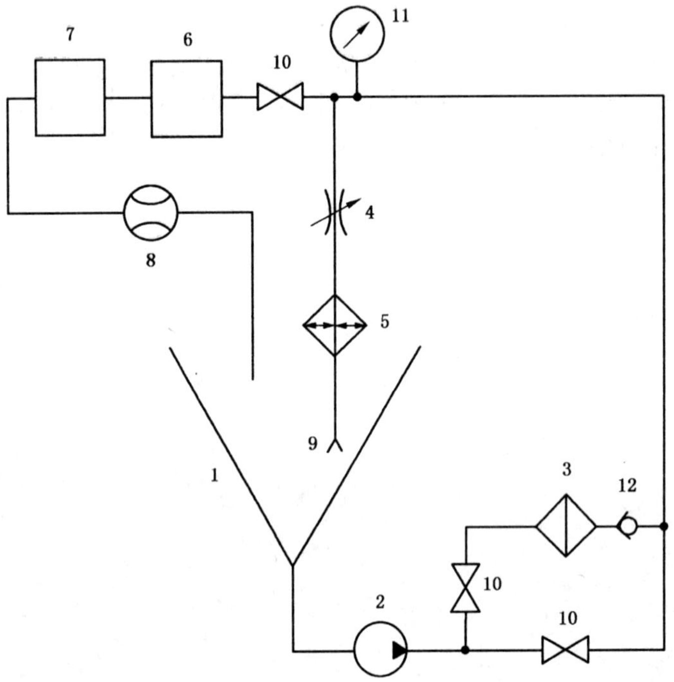

1——容积精确控制的锥形油箱（60°～90°的锥角）；
2——离心泵；
3——净化过滤器；
4——背压阀；
5——加热器/热交换器；
6——自动颗粒计数传感器；
7——自动颗粒计数传感器；
8——流量计；
9——扩散器；
10——球阀（不用于流量调节）；
11——压力表；
12——单向阀。

注：校准台可以做成移动式（在脚轮上），以便根据需要移动到在线颗粒计数器旁边进行校准或检验。

警告：如果第一个传感器的压降太大，串联的两个传感器可能会由于空穴现象而产生问题。

图 A.1 在线校准和验证系统示例

A.2.1 管道

所有管道尺寸应能使液体处于紊流状态，应避免采用长直管道。

A.2.2 管接头

管接头内部不宜有可能存留污染物的暴露螺纹或唇口。

A.2.3 管道和管接头

管道和管接头布置时应消除流动死区，并尽可能优先选择垂直管道。

A.2.4 阀

球阀优于其他类型的阀，因为球阀不易存留污染物且有自清洁功能。阀只能用于全开或全关位置，不能用于流量控制。

A.2.5 油箱

油箱的结构为一个锥角 60°～90°的锥底形状，回油在液面以下扩散。应注意小油箱（如容积小于 10 L）可能带来试验粉末的需要量在称重时的精度问题。

A.2.6 净化过滤器

系统净化过滤器应能够满足系统初始污染度的要求。推荐使用 $\beta_{4.5(c)} \geqslant 75$ 的过滤器。

A.2.7 热交换器/加热器

根据系统设计不同，系统液体可能需要冷却或加热。为了减小颗粒沉积的可能性，建议采用具有两层外壳（温控流体循环于两层外壳之间）的油箱对试验流体进行冷却或加热。

ICS 71.080.20
G 16

中华人民共和国国家标准

GB/T 21541—2008

工业用氯代甲烷类产品纯度的测定 气相色谱法

Chlorinated methanes for industrial use—Determination of purity—Gas chromatography

2008-04-01 发布　　2008-09-01 实施

中华人民共和国国家质量监督检验检疫总局
中国国家标准化管理委员会　发布

前言

本标准的附录A为规范性附录。

本标准的附录B为资料性附录。

本标准由中国石油和化学工业协会提出。

本标准由全国化学标准化技术委员会有机分会(SAC/TC 63/SC 2)归口。

本标准起草单位:浙江衢化氟化学有限公司、国家氟材料工程技术研究中心。

本标准主要起草人:刘红秀、陈科峰、汤月明、张学良、吴周安、钟军、宓宏、陈彩琴、谭显文。

本标准为首次发布。

工业用氯代甲烷类产品纯度的测定 气相色谱法

1 范围

本标准规定了工业用二氯甲烷(CH_2Cl_2)、三氯甲烷($CHCl_3$)、四氯化碳(CCl_4)组分测定的试验方法。

本标准适用于不以环戊烯为稳定剂的工业用二氯甲烷(CH_2Cl_2)、三氯甲烷($CHCl_3$)、四氯化碳(CCl_4)及其杂质含量的测定。

2 规范性引用文件

下列文件中的条款通过本标准的引用而成为本标准的条款。凡是注日期的引用文件,其随后所有的修改单(不包括勘误的内容)或修订版均不适用于本标准,然而,鼓励根据本标准达成协议的各方研究是否可使用这些文件的最新版本。凡是不注日期的引用文件,其最新版本适用于本标准。

GB/T 9722—2006 化学试剂 气相色谱法通则

3 方法提要

在选定的色谱操作条件下,氯代甲烷类样品汽化后通过色谱柱,使欲测定的诸组分分离,用火焰离子化检测器检测,以校正面积归一化法计算,扣除样品中水分,得到氯代甲烷类产品纯度的质量分数。

4 试剂和材料

4.1 氮气:纯度的体积分数大于99.8%;

4.2 氢气:纯度的体积分数大于99.8%;

4.3 空气:经硅胶与分子筛干燥、净化;

4.4 二氯甲烷:纯度的质量分数≥99.9%,作为校准用标准样品的本底;

4.5 三氯甲烷:纯度的质量分数≥99.9%,作为校准用标准样品的本底;

4.6 四氯化碳:纯度的质量分数≥99.9%,作为校准用标准样品的本底;

4.7 校准用标准样品的各杂质组分:色谱纯或纯度的质量分数≥99.5%。

5 仪器

5.1 气相色谱仪:带有火焰离子化检测器(FID),可进行毛细色谱柱分析。在符合 GB/T 9722—2006 中 6.4.2 规定的色谱条件下,以苯为试样,检出限 $D \leqslant 5\times10^{-10}$ g/s;

5.2 记录仪:色谱工作站或处理机;

5.3 进样器:微量注射器 1 μL,或自动进样器;

5.4 带隔垫的螺纹口瓶:100 mL。

6 色谱分析条件

推荐的色谱柱和色谱操作条件见表 1。氯代甲烷类的典型色谱图和相对保留时间见附录 A。其他能达到同等分离程度的色谱柱和色谱操作条件均可使用。

表 1 推荐的色谱柱和色谱操作条件

参　　数	条　　件
色谱柱	6%氰丙基苯基-94%二甲基聚硅氧烷固定相
柱长×柱内径×膜厚	60 m×530 μm×3 μm
汽化室温度/℃	150
检测器温度/℃	250
柱温度/℃	40℃持续 2 min，然后以 10℃/min 从 40℃升温至 120℃，持续 2 min
载气(N_2)气体平均线速度/(cm/s)	48
分流比	20∶1
进样量/μL	0.3

7 分析步骤

7.1 相对质量校正因子的测定

7.1.1 校准用标准样品的配制：

称量 100 mL 带隔垫的螺纹口瓶的质量，精确至 0.01 g。打开瓶盖及隔垫，加入相应的氯代甲烷本底样品，加入量约 100 g，盖上隔垫及瓶盖，再次称量。两次称量之差即为加入的氯代甲烷本底样品的质量 m。根据待测样品实际情况，用注射器逐一加入各杂质组分气体或液体到 100 mL 带隔垫的螺纹口瓶中，使各杂质的含量与待测样品组成接近。

杂质组分 i 的气体的质量 m_i，数值以克(g)表示，按式(1)计算：

$$m_i = \frac{M_i V_i}{24\ 450} \qquad \cdots\cdots(1)$$

式中：

V_i——加入的杂质组分 i 的气体体积，单位为毫升(mL)；

M_i——加入的杂质组分 i 的摩尔质量，单位为克(g)；

24 450——在 25℃、101.3 kPa 下，1 摩尔气体的体积，单位为毫升(mL)。

杂质组分 i 的液体的质量 m_i，数值以克(g)表示，按式(2)计算：

$$m_i = \rho_i V_i \qquad \cdots\cdots(2)$$

式中：

V_i——加入的杂质组分 i 的液体体积，单位为毫升(mL)；

ρ_i——加入的杂质组分 i 的密度，单位为克每毫升(g/ mL)。

7.1.2 校准用标准样品中各杂质组分含量的计算：

校准用标准样品中杂质组分 i 的质量分数 w_i，数值以%表示，按式(3)计算：

$$w_i = \frac{m_i}{m + \sum m_i} \times 100 \qquad \cdots\cdots(3)$$

式中：

m_i——校准用标准样品中杂质组分 i 的质量，单位为克(g)；

m——校准用标准样品中本底样品的质量，单位为克(g)。

7.1.3 相对质量校正因子的测定：

取一定量的校准用标准样品，按选定的色谱操作条件测定，同时测定相应的氯代甲烷本底样品。

以校准用标准样品的本底样品为参照物 R，杂质组分 i 的相对质量校正因子 f_i，按式(4)计算：

$$f_i = \frac{w_i A_R}{\Delta A_i w_R} \qquad \cdots\cdots(4)$$

式中：

w_i——校准用标准样品中杂质组分 i 的质量分数(%)；

ΔA_i——校准用标准样品中的杂质组分 i 的峰面积与相应的本底样品中的杂质组分 i 的峰面积之差；

w_R——参照物 R 的质量分数(%)；

A_R——参照物 R 的峰面积。

7.1.4 未知组分的相对质量校正因子 f_i 采用该试样中杂质组分最大的相对质量校正因子。

7.1.5 按表1规定的色谱操作条件测定的各杂质组分相对质量校正因子参见附录B。

7.2 样品的测定

取液体样品按选定的色谱操作条件测定。

8 结果计算

氯代甲烷的含量以质量分数 w_1 计，数值以%表示，按式(5)计算：

$$w_1 = \frac{f_i A_i}{\sum f_i A_i} \times [100 - w_{H_2O}] \quad \cdots\cdots(5)$$

式中：

A_i——组分 i 的峰面积；

f_i——组分 i 的相对质量校正因子；

w_{H_2O}——氯代甲烷样品中水的质量分数。

取两次平行测定结果的算术平均值为测定结果。

主含量的两次平行测定结果的绝对差值不大于0.02%。

杂质的质量分数小于或等于0.01%时，两次平行测定结果的绝对差值不大于两次平行测定结果的平均值的20%。

杂质的质量分数大于0.01%时，两次平行测定结果的绝对差值不大于两次平行测定结果的平均值的10%。

附 录 A
（规范性附录）
氯代甲烷类纯度测定的典型色谱图及相对保留时间

A.1 二氯甲烷含量测定的典型色谱图及相对保留时间。

A.1.1 二氯甲烷含量测定的典型色谱图见图 A.1。

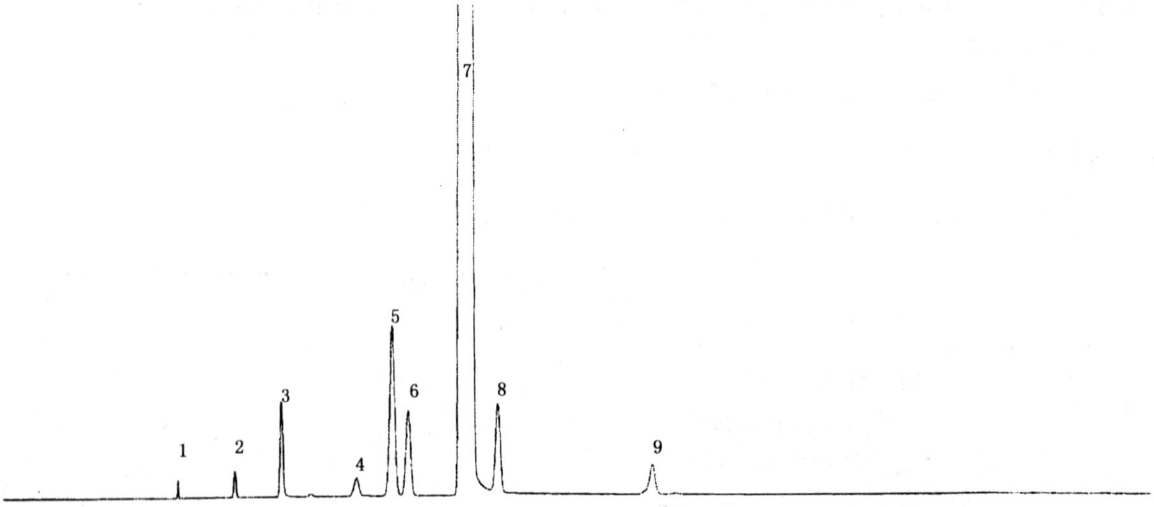

1——甲烷；
2——一氯甲烷；
3——甲醇；
4——1-戊烯；
5——2-戊烯；
6——1,1-二氯乙烯；
7——二氯甲烷；
8——反-1,2-二氯乙烯；
9——三氯甲烷。

图 A.1 二氯甲烷含量测定典型色谱图

A.1.2 二氯甲烷含量测定相对保留时间见表 A.1。

表 A.1 相对保留时间

峰 序	组分名称	相对保留时间	保留时间/min
1	甲烷	0	1.958
2	一氯甲烷	0.196	2.508
3	甲醇	0.357	2.960
4	1-戊烯	0.622	3.704
5	2-戊烯	0.748	4.058
6	1,1-二氯乙烯	0.806	4.219
7	二氯甲烷	1	4.764
8	反-1,2-二氯乙烯	1.122	5.105
9	三氯甲烷	1.657	6.607
注：甲醇和戊烯为加入二氯甲烷中的稳定剂。			

A.2 三氯甲烷含量测定的典型色谱图及相对保留时间。

A.2.1 三氯甲烷含量测定的典型色谱图见图 A.2。

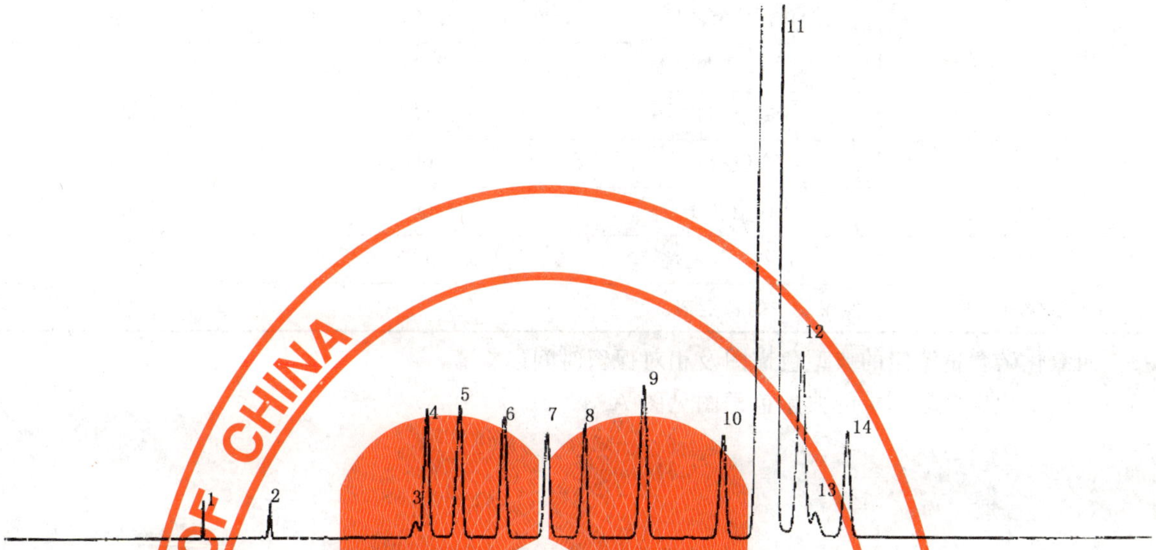

1——甲烷；
2——一氯甲烷；
3——1-戊烯；
4——乙醇；
5——2-戊烯；
6——溴乙烷；
7——二氯甲烷；
8——反-1,2-二氯乙烯；
9——1,1-二氯乙烷；
10——顺-1,2-二氯乙烯；
11——三氯甲烷；
12——环己烷；
13——四氯化碳；
14——1,2-二氯乙烷。

图 A.2 三氯甲烷含量测定典型色谱图

A.2.2 三氯甲烷含量测定相对保留时间见表 A.2。

表 A.2 相对保留时间

峰 序	组分名称	相对保留时间	保留时间/min
1	甲烷	0	1.959
2	一氯甲烷	0.119	2.509
3	1-戊烯	0.377	3.704
4	乙醇	0.395	3.789
5	2-戊烯	0.453	4.058
6	溴乙烷	0.533	4.427
7	二氯甲烷	0.611	4.790
8	反-1,2-二氯乙烯	0.679	5.105

表 A.2（续）

峰　　序	组分名称	相对保留时间	保留时间/min
9	1,1-二氯乙烷	0.784	5.592
10	顺-1,2-二氯乙烯	0.926	6.251
11	三氯甲烷	1	6.593
12	环己烷	1.065	6.894
13	四氯化碳	1.091	7.017
14	1,2-二氯乙烷	1.147	7.276
注：乙醇和戊烯为加入三氯甲烷中的稳定剂。			

A.3　四氯化碳含量测定的典型色谱图及相对保留时间。

A.3.1　四氯化碳含量测定的典型色谱图见图 A.3。

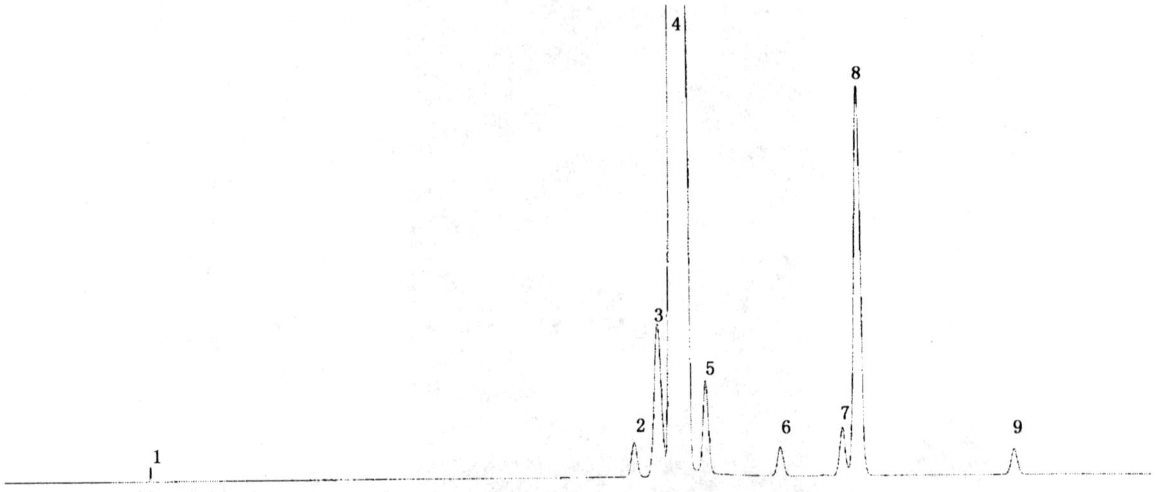

1——甲烷；

2——三氯甲烷；

3——1,1,1-三氯乙烷；

4——四氯化碳；

5——1,2-二氯乙烷；

6——1,1,2-三氯乙烯；

7——二氯一溴甲烷；

8——氯氰丙烷；

9——四氯乙烯。

图 A.3　四氯化碳含量测定典型色谱图

A.3.2　四氯化碳含量测定相对保留时间见表 A.3。

表 A.3　相对保留时间

峰　　序	组分名称	相对保留时间	保留时间/min
1	甲烷	0	1.955
2	三氯甲烷	0.916	6.598
3	1,1,1-三氯乙烷	0.959	6.820 3

表 A.3（续）

峰　　序	组分名称	相对保留时间	保留时间/min
4	四氯化碳	1	7.026
5	1,2-二氯乙烷	1.048	7.271
6	1,1,2-三氯乙烯	1.189	7.983
7	二氯一溴甲烷	1.305	8.575
8	氯氰丙烷	1.335	8.723
9	四氯乙烯	1.629	10.216

附 录 B
（资料性附录）
氯代甲烷类各组分相对质量校正因子的测定值

B.1 二氯甲烷（CH_2Cl_2）中各组分相对质量校正因子的测定值

组分	甲烷	一氯甲烷	甲醇	1-戊烯	2-戊烯	1,1-二氯乙烯	二氯甲烷	反-1,2-二氯乙烯	三氯甲烷
相对质量校正因子	0.433 1	0.543 6	0.424 0	0.127 3	0.129 7	0.482 4	1.000 0	0.467 0	1.545 1

B.2 三氯甲烷（$CHCl_3$）中各组分相对质量校正因子的测定值

组分	甲烷	一氯甲烷	1—戊烯	乙醇	2-戊烯	溴乙烷	二氯甲烷
相对质量校正因子	0.326 9	0.367 4	0.092 3	0.204 1	0.098 0	0.336 1	0.527 4
组分	反-1,2-二氯乙烯	1,1-二氯乙烷	顺-1,2-二氯乙烯	三氯甲烷	环己烷	四氯化碳	1,2-二氯乙烷
相对质量校正因子	0.298 1	0.309 2	0.307 7	1.000 0	0.087 8	2.219 3	0.295 2

B.3 四氯化碳（CCl_4）中各组分相对质量校正因子的测定值

组分	甲烷	三氯甲烷	1,1,1-三氯乙烷	四氯化碳	1,2-二氯乙烷
相对质量校正因子	0.163 8	0.509 8	0.248 9	1.000 0	0.173 9
组分	三氯乙烯	二氯一溴甲烷	氯氰丙烷	四氯乙烯	—
相对质量校正因子	0.223 3	0.732 4	0.027 8	0.249 2	—

ICS 65.120
B 46

GB

中华人民共和国国家标准

GB/T 21542—2008

饲料中恩拉霉素的测定　微生物学法

Determination of enramycin in feeds—Microbiological method

2008-04-09 发布　　　　2008-07-01 实施

中华人民共和国国家质量监督检验检疫总局
中国国家标准化管理委员会　发布

前　言

本标准的附录 A 为规范性附录。

本标准由中华人民共和国农业部提出。

本标准由全国饲料工业标准化技术委员会归口。

本标准起草单位:上海市兽药饲料监察所。

本标准主要起草人:顾欣、蔡金华、刘雅妮、沈富林、王蓓、黄士新、金凌艳。

饲料中恩拉霉素的测定　微生物学法

1　范围

本标准规定了饲料中恩拉霉素的微生物学测定方法。

本标准适用于配合饲料、浓缩饲料、预混合饲料中恩拉霉素的含量测定。

本方法测定饲料中恩拉霉素的定量限为0.5 mg/kg(500 U/kg)。

2　规范性引用文件

下列文件中的条款通过本标准的引用而成为本标准的条款。凡是注日期的引用文件，其随后所有的修改单(不包括勘误的内容)或修订版均不适用于本标准，然而，鼓励根据本标准达成协议的各方研究是否可使用这些文件的最新版本。凡是不注日期的引用文件，其最新版本适用于本标准。

GB/T 6682—1992　分析实验室用水规格和试验方法(neq ISO 3696:1987)

GB/T 20195　动物饲料　试样的制备(ISO 6498:1998,IDT)

中华人民共和国兽药典(2005年版一部)

3　术语和定义

下列术语和定义适用于本标准。

3.1

恩拉霉素效价单位　potency unit of enramycin

微生物学法测定的恩拉霉素生物活性单位用U表示。1 mg恩拉霉素相当于1 000 U。

4　原理

用酸性甲醇溶液提取试样中的恩拉霉素，然后提取液用大孔吸附树脂对恩拉霉素吸附、洗脱，除去饲料中的干扰物质。利用标准溶液中恩拉霉素浓度的对数与其对敏感微生物生长抑制而产生的抑菌圈的直径成正比关系的原理制作标准曲线，根据试样液中恩拉霉素产生抑菌圈的大小来测定饲料中恩拉霉素的含量。

5　试剂和材料

除另有规定外，在分析中使用的试剂均为分析纯，水为蒸馏水或去离子水，应符合GB/T 6682—1992规定的三级用水要求。

5.1　甲醇溶液

甲醇-水(1+1)。

5.2　盐酸溶液

取盐酸9 mL,加水至1 000 mL,混匀。

5.3　氢氧化钠溶液

取澄清的氢氧化钠饱和溶液112 mL,加水至1 000 mL,混匀。

5.4　洗涤液

甲醇溶液(5.1),用氢氧化钠溶液(5.3)调节pH值至8。

5.5 提取液

甲醇溶液(5.1),用盐酸溶液(5.2)调节 pH 值至 3。

5.6 洗脱液

甲醇-水(7+3),用盐酸溶液(5.2)调节 pH 值至 3。

5.7 灭菌水

按附录 A 的规定制备。

5.8 磷酸盐缓冲液(pH 6.0)

按附录 A 的规定制备。

5.9 大孔吸附树脂

多孔苯乙烯-二乙烯苯聚合物树脂(Amberlite XAD-2,粒度:20 目~60 目,平均孔径:9nm,比表面积:300 m^2/g,孔容积:0.65 mL/g,骨架密度:1.08 g/mL,25℃)。可使用参数相同的同类产品。

将准备使用的大孔吸附树脂浸入足量的甲醇中(液面高出树脂层 2 cm~5 cm),轻轻地搅拌,使充分混合,放置 15 min,小心地尽量倾去上层甲醇液,加入足量的水,搅拌混合,放置 10 min,备用。

5.10 大孔吸附树脂层析柱

将预处理过的大孔吸附树脂(5.9)湿法装入层析柱中(高 20 cm,内径 10 mm),使柱床高度为 15 cm,使用 25 mL 洗涤液(5.4)以 0.4 mL/min 流速过柱,平衡后待用。

5.11 恩拉霉素标准溶液

5.11.1 恩拉霉素标准贮备溶液

称取恩拉霉素标准品(效价单位不小于 900 U/mg)适量,精确至 0.1 mg,用甲醇溶液(5.1)溶解并稀释成含恩拉霉素 1 000 U/mL 的溶液,在 0℃~4℃可保存 7 d。

5.11.2 恩拉霉素标准工作溶液

精确量取恩拉霉素标准贮备溶液(5.11.1),用 pH6.0 磷酸盐缓冲液(5.8)稀释成0.4 U/mL、0.8 U/mL、1.6 U/mL、3.2 U/mL、6.4 U/mL 浓度的标准工作溶液。以 1.6 U/mL 为中心浓度标准工作溶液。

5.12 培养基Ⅰ

按附录 A 的规定制备。

5.13 培养基Ⅱ

按附录 A 的规定制备。

5.14 试验菌种

枯草芽孢杆菌(*Bacillus subtilis*)[CMCC(B)63 501 或 CVCC717]。

5.15 菌悬液

取枯草芽孢杆菌(5.14)的新鲜培养物接种于培养基Ⅰ(5.12)内,在 35 ℃~37 ℃培养 7 d,用灭菌水将芽孢洗下,在 65 ℃水浴加热 30 min 后,于 3 000 r/min 离心 30 min,弃去上层液,加入足量的灭菌水使沉淀物重悬浮,离心,重复洗涤三次,弃去洗液,最后加入适量的灭菌水制成菌悬液,此菌悬液在 0 ℃~4 ℃可保存 6 个月。

5.16 双碟的制备

取培养基Ⅱ(5.13)加热融化,冷却至 60 ℃,加入适量的菌悬液(以 1.6 U/mL 中心浓度标准工作溶液产生的抑菌圈直径不小于 16 mm 为宜),摇匀。每个双碟加入 10 mL 含菌培养基,均匀摊布,放置于水平操作台上冷却,待培养基凝固后,在每个双碟内半径为 2.8 cm 的圆周上等距离放置 6 个已灭菌的不锈钢小管。

6 仪器与设备

6.1 分析天平:感量 0.000 1 g。

6.2 天平：感量 0.01 g。

6.3 振荡器：往复式。

6.4 离心机。

6.5 旋转真空蒸发器。

6.6 电热恒温水浴锅：温度波动±1℃。

6.7 平底双碟：直径为 90 mm，高 16 mm～17 mm，符合《中华人民共和国兽药典》2005 年版一部的要求。

6.8 陶瓦盖。

6.9 不锈钢小管：高 10.0 mm±0.1 mm，外径 8.0 mm±0.1 mm，内径 6.0 mm±0.1 mm，符合《中华人民共和国兽药典》2005 年版一部的要求。

6.10 恒温培养箱：温度波动±1℃。

6.11 高压灭菌锅。

6.12 可调式微量移液器：200 μL～1 000 μL。

6.13 游标卡尺(精度 0.02 mm)或抑菌圈测定仪。

7 试样的制备

按 GB/T 20195 制备试样，经粉碎后全部通过 1 mm 孔筛，混匀，装入密闭容器中备用。

8 含量测定

8.1 标准曲线的制备

取制备好的双碟(5.16)平均分为 5 组，标准工作溶液(5.11.2)每一个浓度为一组，每组不少于 3 个碟子。每个双碟的 6 个不锈钢小管中，间位的 3 个使用可调式微量移液器滴加 200 μL 中心浓度标准工作溶液(5.11.2)，另外 3 个滴加 200μL 该组浓度标准工作溶液，将双碟小心移至恒温培养箱中，盖上陶瓦盖，于 36 ℃～37 ℃培养 16 h～18 h。

测量各组中心浓度标准工作溶液和该组标准工作溶液的抑菌圈直径，分别计算平均值，再计算所有双碟中心浓度标准工作溶液抑菌圈直径的总平均值，作为修正值。

各浓度组的抑菌圈直径按式(1)修正：

$$A_a = B_a - B + A \quad \cdots\cdots(1)$$

式中：

A_a——该浓度标准工作溶液被修正后的抑菌圈直径；

B_a——修正值；

B——该浓度组中心浓度标准工作溶液所至抑菌圈直径读数平均值；

A——该浓度标准工作溶液抑菌圈直径读数平均值。

以各组溶液浓度的对数与该组溶液被修正后的抑菌圈直径作线性回归，求出回归方程。相关系数 r 应不小于 0.99。

8.2 试样溶液的制备

8.2.1 准确称取 10 g 的试样，精确至 0.01 g，置于 250 mL 具塞锥形瓶内，加入 50.0 mL 提取液(5.5)，摇匀，调节 pH 至 3，使用往复式振荡器振荡 30 min。转移至 100 mL 离心管中，3 000 r/min 离心10 min，取上清液过滤，将滤液用氢氧化钠溶液(5.3)调节 pH 至 8。

8.2.2 量取 20.0 mL 滤液，以 0.6 mL/min 的流速经过大孔吸附树脂层析柱(5.10)，再用 12 mL 洗涤液(5.4)以 0.4 mL/min 的流速过柱，洗涤去除杂质。然后用 40 mL 洗脱液(5.6)以 0.2 mL/min 的流速过柱，收集洗脱液。

8.2.3 将洗脱液用旋转真空蒸发器于45 ℃蒸干，加入适量的甲醇溶液(5.1)于蒸发瓶中，溶解残渣，定容(使溶液中的恩拉霉素浓度在0.4 U/mL～6.4 U/mL之间)制成试样溶液。

8.3 测定

取与标准曲线同时制备的至少3个双碟(5.16)，按标准曲线的制备方法(8.1)分别滴加试样溶液(8.2)和中心浓度标准工作溶液，与标准曲线同时操作和培养。

9 判定与结果计算

9.1 判定

试样溶液不产生抑菌圈，判定饲料中恩拉霉素为阴性。

试样溶液产生抑菌圈，判定饲料中恩拉霉素为阳性并计算含量。

9.2 结果计算

用回归方程求出中心浓度标准工作溶液对应的抑菌圈直径作为修正值，按式(1)校正试样溶液抑菌圈直径数的平均值，再用回归方程求出试样溶液中恩拉霉素的实测浓度(c)。

饲料中恩拉霉素的含量X，以效价单位每千克(U/kg)表示，按式(2)计算：

$$X = \frac{c \times V}{n \times m} \times 1\ 000 \qquad \cdots\cdots(2)$$

式中：

c——试样溶液中恩拉霉素的实测浓度，单位为效价单位每毫升(U/mL)；

V——提取液的体积数，单位为毫升(mL)；

n——提取液过柱后的浓缩倍数；

m——试样的质量，单位为克(g)。

测定结果用平行测定的算术平均值表示，保留至三位有效数字。

10 重复性

由同一操作者对同一试样同时两次平行测定所得结果的相对偏差不大于15%。

附 录 A
（规范性附录）
培养基及溶液的配制

A.1 培养基Ⅰ

A.1.1 成分

蛋白胨	10.0 g
牛肉浸出粉	5.0 g
氯化钠	2.5 g
琼脂	15 g
水	1 000 mL

A.1.2 制法

除琼脂外，混合上述成分，调节 pH 值比最终 pH 值略高 0.2～0.4，加入琼脂，加热溶化后过滤，调节 pH 值使灭菌后为 6.5±0.1，分装于试管中，于 121℃灭菌 15 min。制成斜面备用。

A.2 培养基Ⅱ

A.2.1 成分

蛋白胨	5.0 g
牛肉浸出粉	5.0 g
氯化钠	80 g
磷酸氢二钠	2.0 g
琼脂	15 g
水	1 000 mL

A.2.2 制法

除琼脂外，混合上述成分，调节 pH 值比最终 pH 值略高 0.2～0.4，加入琼脂，加热溶化后过滤，调节 pH 值使灭菌后为 8.0±0.1，分装于锥形瓶中，于 121 ℃灭菌 15 min。

A.3 磷酸盐缓冲液(pH 6.0)

A.3.1 成分

磷酸氢二钾	2.0 g
磷酸二氢钾	8.0 g
水	1 000 mL

A.3.2 制法

将上述各成分于水中溶解，分装于锥形瓶中，于 121 ℃灭菌 15 min。

A.4 灭菌水

将水分装于锥形瓶中，于 121 ℃灭菌 15 min。

ICS 65.120
B 46

中华人民共和国国家标准

GB/T 21543—2008

饲料添加剂　调味剂　通用要求

Feed additives—Flavorings—General principles

2008-04-09 发布　　　　2008-07-01 实施

中华人民共和国国家质量监督检验检疫总局
中国国家标准化管理委员会　发布

前　　言

本标准由中华人民共和国农业部提出。

本标准由全国饲料工业标准化技术委员会归口。

本标准起草单位：中国农业科学院北京畜牧兽医研究所、成都大地饲料有限公司。

本标准主要起草人：佟建明、喻麟、董晓芳、包清彬、单之玮、吴莹莹、萨仁娜、张琪。

饲料添加剂　调味剂　通用要求

1　范围

本标准规定了饲料添加剂调味剂及相关的术语和定义、分类、要求、检验方法、检验规则、标签、包装、运输和贮存。

本标准适用于饲料添加剂调味剂。

2　规范性引用文件

下列文件中的条款通过本标准的引用而成为本标准的条款。凡是注日期的引用文件，其随后所有的修改单(不包括勘误的内容)或修订版均不适用于本标准，然而，鼓励根据本标准达成协议的各方研究是否可使用这些文件的最新版本。凡是不注日期的引用文件，其最新版本适用于本标准。

GB/T 5009.3　食品中水分的测定

GB 10648　饲料标签

GB/T 13079　饲料中总砷的测定

GB/T 13080　饲料中铅的测定　原子吸收光谱法

GB/T 13081　饲料中汞的测定

GB/T 13082　饲料中镉的测定方法

GB/T 13091　饲料中沙门氏菌的检测方法

GB/T 13092　饲料中霉菌总数的测定

GB/T 13093　饲料中细菌总数的测定

GB/T 14699.1　饲料　采样

3　术语和定义

下列术语和定义适用于本标准。

3.1

饲料调味剂　feed flavorings

用于改善饲料的风味和适口性，增强动物食欲的饲料添加剂。

3.2

天然饲料调味剂　natural feed flavorings

天然动物、植物(不包括转基因动物、植物)和(或)通过物理技术从上述动物、植物中提取生产的饲料调味剂。

3.3

非天然饲料调味剂　artificial feed flavorings

以非动植物原料生产的和天然动物、植物原料经化学或微生物发酵手段制得的饲料调味剂。

3.4

复合饲料调味剂　complex feed flavorings

产品中含有两种或两种以上调味剂成分的饲料调味剂。

3.5

甜味剂 sweetener

用以增强或改善饲料甜度的饲料调味剂。

3.6

香味剂 fragrance enhancer

用以增强或改善饲料香味的饲料调味剂。

3.7

酸味剂 acidity enhancer

用以增强或改善饲料酸度的饲料调味剂。

4 分类

饲料调味剂按其原料来源分为天然饲料调味剂、非天然饲料调味剂和复合饲料调味剂;按其功能分为甜味剂、香味剂和酸味剂。

5 要求

5.1 安全性

5.1.1 饲料调味剂如果来源于天然动物、植物,则该动物、植物应是可食用的。

5.1.2 饲料调味剂如果来源于微生物发酵途径,则微生物菌株应是安全菌株。符合食品添加剂安全标准的菌株或同时符合下列三个条件的菌株为安全菌株:

——该菌株对动物和植物均是非致病性的;

——该菌株不产生毒素和有害生理活性物质;

——该菌株的遗传性稳定,易保存。

5.1.3 饲料调味剂的加工过程应是安全的工艺过程。符合食品级相应产品的生产工艺可判定为安全工艺。

5.1.4 食品用调味剂原料可用于饲料调味剂。

5.1.5 饲料调味剂在加工过程中,所有原料、辅料均应为食品级或饲料级。

5.1.6 生产全过程不得有致病菌污染,不得接触有害物质。

5.1.7 产品中不应添加抗生素、激素等违禁药物。

5.1.8 如果饲料调味剂来源于转基因动物或植物,应在产品包装上注明,并获得相应的安全性评定报告。

5.2 感官指标

5.2.1 固体剂型

呈粉末状或颗粒状,形态均一,无结块、无霉变。

5.2.2 液体剂型

液体均匀,无沉淀。

5.3 理化指标

5.3.1 固体剂型

固体剂型应标示主要有效成分及其含量、水分。

5.3.2 液体剂型

液体剂型应标示主要有效成分及其含量。

5.4 卫生指标

应符合表1的规定。

表 1　饲料调味剂卫生指标

项　目	指　标
砷(以总砷计)/(mg/kg)	≤3.0
铅(以 Pb 计)/(mg/kg)	≤10.0
汞(以 Hg 计)/(mg/kg)	≤0.1
镉(以 Cd 计)/(mg/kg)	≤0.5
沙门氏菌	不得检出
霉菌总数/(个/kg)	$<2\times10^{7}$
细菌总数/(个/kg)	$<2\times10^{9}$
注 1：固体剂型所列允许量以干物质含量为 88%计算。 注 2：液体剂型产品，以每升产品中含量计。	

6　检验方法

6.1　感官指标

采用感官评定。

6.2　水分

按 GB/T 5009.3 执行。

6.3　有效成分含量

按相关标准执行。

6.4　砷含量测定

按 GB/T 13079 执行。

6.5　铅含量测定

按 GB/T 13080 执行。

6.6　汞含量测定

按 GB/T 13081 执行。

6.7　镉含量测定

按 GB/T 13082 执行。

6.8　沙门氏菌检验

按 GB/T 13091 执行。

6.9　霉菌检验

按 GB/T 13092 执行。

6.10　细菌总数检验

按 GB/T 13093 执行。

7　检验规则

7.1　批次

生产厂以每一班次生产且经包装的、具有同样工艺条件、同一产品名称、批号、规格的产品为一个批次。

7.2　取样方法

按照 GB/T 14699.1 执行。

7.3 出厂检验

7.3.1 固体剂型

感官指标、有效成分含量、水分。

7.3.2 液体剂型

感官指标、有效成分含量。

7.3.3 判定规则

对抽取的样品按出厂检验项目进行检测，所检项目全部合格，则判该批产品为合格品；如出现不合格项目，允许重新自同批产品中两倍量抽样进行复验；如复验结果中仍有不合格项，则判该批产品为不合格品。

7.4 型式检验

7.4.1 有下列情况之一时，应进行型式检验：

——审发生产许可证、产品批准文号时；

——法定质检部门提出要求时；

——原、辅材料和工艺过程及主要设备有重大变化时；

——停产三个月以上，恢复生产时。

7.4.2 判定规则

对抽取的样品按型式检验项目进行检验，所检项目全部合格，则判定合格；如出现不合格项目，允许重新两倍量抽样进行复验，如复验结果中仍有不合格项，则判定为不合格。

8 标签、包装、运输、贮存和保质期

8.1 标签

按 GB 10648 执行。

8.2 包装

产品包装应密封、防水、避光、牢固。

8.3 运输

产品在运输过程中应有遮盖物，避免曝晒、雨淋和受热，不得与有毒有害物品混装混运。

8.4 贮存

产品应贮存于阴凉通风干燥处，防止日晒雨淋，勿靠近火源。

8.5 保质期

产品的保质期依据相应产品的标准而确定。

ICS 29.220.99
M 41

中华人民共和国国家标准

GB/T 21544—2008

移动通信手持机用锂离子电源充电器

The charger for lithium-ion batteries of cellular phones

2008-03-31 发布　　2008-11-01 实施

中华人民共和国国家质量监督检验检疫总局
中国国家标准化管理委员会　发布

前　言

本标准是移动通信手持机用锂离子电源充电器的系列标准之一，该系列标准包括：

GB/T 21544—2008　移动通信手持机用锂离子电源充电器；

YD 1268.2—2003　移动通信手持机锂电池充电器的安全要求和试验方法。

本标准的附录A为规范性附录。

本标准由中华人民共和国信息产业部提出。

本标准由中国通信标准化协会归口。

本标准起草单位：信息产业部电信研究院、诺基亚通信有限公司。

本标准主要起草人：吴京文、熊兰英、于锡明、李芳、余斌、吴丽萍、贾骏。

移动通信手持机用锂离子电源充电器

1 范围

本标准规定了移动通信手持机用锂离子电源充电器(以下简称充电器)的要求、试验方法、检验规则和标志、包装、储存、运输。

本标准适用于移动通信手持机用锂离子电源的充电器。

2 规范性引用文件

下列文件中的条款通过本标准的引用而成为本标准的条款。凡是注日期的引用文件,其随后所有的修改单(不包括勘误的内容)或修订版均不适用于本标准,然而,鼓励根据本标准达成协议的各方研究是否可使用这些文件的最新版本。凡是不注日期的引用文件,其最新版本适用于本标准。

GB 2099.1—1996 家用和类似用途插头插座 第1部分:通用要求(eqv IEC 60884-1:1994)

GB/T 2423.1—2001 电工电子产品环境试验 第2部分:试验方法 试验A:低温(idt IEC 60068-2-1:1990)

GB/T 2423.2—2001 电工电子产品环境试验 第2部分:试验方法 试验B:高温(idt IEC 60068-2-2:1974)

GB/T 2423.8—1995 电工电子产品环境试验 第2部分:试验方法 试验Ed:自由跌落(idt IEC 60068-2-32:1990)

GB/T 2423.9—2001 电工电子产品环境试验 第2部分:试验方法 试验Cb:设备用恒定湿热(idt IEC 60068-2-56:1988)

GB/T 2423.10—2008 电工电子产品环境试验 第2部分:试验方法 试验Fc:振动(正弦)(IEC 60068-2-6:1995,IDT)

GB/T 2828.1—2003 计数抽样检验程序 第1部分:按接收质量限(AQL)检索的逐批检验抽样计划(ISO 2859-1:1999,IDT)

GB/T 2829—2002 周期检验计数抽样程序及表(适用于对过程稳定性的检验)

GB/T 3873—1983 通信设备产品包装通用技术条件

GB 4943—2001 信息技术设备的安全(idt IEC 60950:1999)

GB/T 5013.4—2008 额定电压450/750 V及以下橡皮绝缘电缆 第4部分:软线和软电缆

GB 5023.5—1997 额定电压450/750 V及以下聚氯乙烯绝缘电缆 第5部分:软电缆(软线)(idt IEC 227-5:1979)

GB 9254—1998 信息技术设备的无线电骚扰限值和测量方法(idt CISPR 22:1997)

GB 17465.1—1998 家用和类似用途的器具耦合器 第一部分:通用要求(eqv IEC 60320-1:1994)

GB 17625.1—2003 电磁兼容 限值 谐波电流发射限值(设备每相输入电流≤16 A)(IEC 61000-3-2:2001,IDT)

GB 17625.2—1999 电磁兼容 限值 对额定电流不大于16 A的设备在低压供电系统中产生的电压波动和闪烁的限制(idt IEC 61000-3-3:1994)

GB/T 17626.2—2006 电磁兼容 试验和测量技术 静电放电抗扰度试验(IEC 61000-4-2:2001,IDT)

GB/T 17626.4—1998 电磁兼容 试验和测量技术 电快速瞬变脉冲群抗扰度试验(idt IEC 61000-4-4:1995)

GB/T 17626.5—1999 电磁兼容 试验和测量技术 浪涌(冲击)抗扰度试验(idt IEC 61000-4-5:1995)

YD 1268.2—2003　移动通信手持机锂电池充电器的安全要求和试验方法

3　术语和定义

下列术语和定义适用于本标准。

3.1

直接插入式充电器　direct plug-in charger

电源插头和充电器外壳构成一完整部件，不使用电源线，直接插在墙壁插座上、靠插脚来承载其重量的充电器。

3.2

可拆卸的电源软线　removable soft power line

利用适当的电器连接器与充电器连接用以供电的软线。

3.3

不可拆卸的电源软线　not removable soft power line

固定在充电器上或与充电器装配在一起用以供电的软线。

3.4

一次电路　primary circuit

直接与外部电网电源连接的内部电路，包括变压器的初级绕组及与电网电源连接的各种装置。

3.5

二次电路　secondary circuit

不与一次电源连接、由充电器内变压器的次级绕组或等效的隔离装置供电的一种电路。

3.6

危险电压　danger voltage

除限流电路外，其交流峰值超过 42.4 V 或直流值超过 60 V 的电压。

3.7

V-0 级材料　V-0 materials

V-0 级材料按 5.17 进行试验时应满足：

- 单个样品火焰燃烧的持续时间不能超过 10 s；
- 对于五个样品组成的任意一组，总的火焰燃烧时间不能超过 50 s；
- 不允许样品的火焰燃烧或灼热燃烧烧到夹持样品的夹子处；
- 样品滴落的燃烧颗粒不能点燃棉花；
- 试验火焰移开后，单个样品灼热燃烧的持续时间不能超过 30 s。

3.8

V-1 级材料　V-1 materials

V-1 级材料按 5.17 进行试验时应满足：

- 单个样品火焰燃烧的持续时间不能超过 30 s；
- 对于五个样品组成的任意一组，总的火焰燃烧时间不能超过 250 s；
- 不允许样品的火焰燃烧或灼热燃烧烧到夹持样品的夹子处；
- 样品滴落的燃烧颗粒不能点燃棉花；
- 试验火焰移开后，单个样品灼热燃烧的持续时间不能超过 60 s。

3.9

V-2 级材料　V-2 materials

V-2 级材料按 5.17 进行试验时应满足：

- 单个样品火焰燃烧的持续时间不能超过 30 s；
- 对于五个样品组成的任意一组，总的火焰燃烧时间不能超过 250 s；
- 不允许样品的火焰燃烧或灼热燃烧烧到夹持样品的夹子处；
- 允许样品滴落的燃烧颗粒点燃棉花；
- 试验火焰移开后，单个样品灼热燃烧的持续时间不能超过 60 s。

4 要求

4.1 使用环境

充电器的使用环境为：

——工作温度：−5℃～40℃；

——储运温度：−20℃～65℃；

——相对湿度：≤93%(40℃±2℃)；

——大气压力：70 kPa～106 kPa。

4.2 外观

充电器外壳表面应平整无划痕、毛刺及其他机械损伤，外露金属部分不应有锈蚀。充电器的标志应符合 7.1 的要求。

4.3 交流输入电压

4.3.1 输入电压适应范围

交流充电器输入额定交流电压适应范围应为 100 V～240 V，容差为±10%。在正常负载条件下，额定电压+10%～−10%的范围内，其稳态输入电流不应超过额定电流的 1.1 倍，且能正常工作。

4.3.2 输入频率适应范围

额定输入频率为 50/60 Hz，当输入频率为额定值±2 Hz 时，充电器应正常工作。

4.4 输出电压

直接向锂离子电池充电的设备，应先以限流方式充电，充电电流不大于 1 C_5 A，充至限制电压时应自动改为恒压充电，其输出电压应为直流 4.2 V，稳压精度为±3%。

与移动通信手持机配合向锂离子电池充电的设备，其输出电压应符合相关标准的规定。

注：C_5 表示锂离子电池的额定容量，指锂离子电池在环境温度为(20±5)℃条件下以 5 h 率放电到终止电压时所应提供的电量。

4.5 输出电压纹波

充电器在空载、半载和满载工作状态时，输出电压纹波峰峰值应不大于 200 mV。

4.6 效率

充电器的效率应不小于 50%。

4.7 空载损耗

充电器空载时的损耗应小于 300 mW。

4.8 指示功能

直接向锂离子电池充电的设备在充电过程中应有正在充电、已充满等指示。

4.9 标牌耐久性

充电器的标牌应是耐久和醒目的，应能承受 5.9 的试验。

4.10 元器件的要求

4.10.1 电源线

电源线应符合以下要求：

a) 电源线的插头应符合 GB 2099.1—1996 中的相关要求；

b) 电源线的额定值应大于充电器要求的额定值；

c) 电源线应能承受一定的拉力；

d) 如果是橡皮绝缘，则应是合成橡胶，应符合 GB 5013.4—1997 对橡胶护套软电缆的通用要求；

e) 如果是聚氯乙烯绝缘，应符合 GB 5023.5—1997 对轻型聚氯乙烯护套软线的要求；

f) 如果是可拆卸的电源软线，应符合 GB 17465.1—1998 的要求。

4.10.2 隔离变压器

安全隔离变压器在构造上应保证在出现单一绝缘故障和由此引起的其他故障时，不会使安全特低电压绕组上出现危险电压。

4.11 机械强度

充电器的机械强度应符合 GB 4943—2001 中相关要求。

4.12 结构设计的要求

4.12.1 稳定性

直接插入式充电器不应使墙壁插座承受过大的应力。

4.12.2 结构细节

当起保护作用的任何元件失效及强制充、放电时，充电器应具有防止发生危险的措施。

4.12.3 防触及性

充电器正常使用时应具有防触及性，防止电击及能量危险。

如果安全特低电压电路的外部配线的绝缘是操作人员可触及的，则该配线应：

——不会受到损坏或承受应力；

——不需要操作人员接触。

4.12.4 连接布线

连接布线应符合：

a) 充电器若使用不可拆卸的电源软线，应装有紧固装置：

——导线在连接点应不承受应力；

——导线的外套不应被磨损；

——电源输入、输出插头及连接线与充电器应可靠连接，经 10N 拉力应无松动或脱落；

——电源软线紧固装置应由绝缘材料制成，或由具有符合附加绝缘要求的绝缘材料的衬套制成。

b) 电源软线入口开孔处应装有软线入口护套；或者软线入口或衬套应具有光滑圆形的喇叭口，喇叭口的曲率半径至少等于所连接最大截面积的软线外径的 1.5 倍。

软线入口护套应：

——设计成防止软线在进入充电器入口处过分弯曲；

——用绝缘材料制成；

——采用可靠的方法固定；

——伸出充电器外超过入口开孔的距离至少为该软线外径的 5 倍；或者对扁平软线，至少为该软线截面尺寸的 5 倍。

4.13 外壳表面温升

充电器应符合 YD 1268.2—2003 中 4.5 的要求。

4.14 输出短路保护

充电器应具有短路的自动保护功能。当故障排除后，充电器应能恢复工作。

4.15 极性反接保护

对于直接向锂离子电池充电的设备，当锂离子电池极性反接时，充电器应具有切断输出等保护措施。

4.16 异常工作及故障时的要求

充电器应符合 YD 1268.2—2003 中 4.8 的要求。

4.17 材料的可燃性

4.17.1 外壳

充电器外壳所用的材料应能使引燃危险和火焰蔓延减小到最低限度，为 V-2 级或更优等级。

4.17.2 印制板和元器件

印制板和元器件应为 V-2 级或更优等级。

4.18 绝缘电阻

充电器一次电路对地（或外壳）、一次电路对二次电路、二次电路对地（或外壳）之间的绝缘电阻应不小于 2 MΩ。

4.19 抗电强度

一次电路对外壳、一次电路对二次电路应能承受 50 Hz、有效值为 3 000 V 的交流电压（漏电流≤10 mA）或 4 242 V 的直流电压，二次电路对外壳应能承受 50 Hz、有效值为 500 V 的交流电压（漏电流≤10 mA）或 710 V 的直流电压，应无击穿或飞弧现象。

4.20 接触电流

充电器的接触电流应不大于 0.25 mA。

4.21 电磁兼容性

4.21.1 辐射连续骚扰

充电器机壳端口的辐射骚扰应符合 GB 9254—1998 中 B 级信息技术设备的要求。

4.21.2 传导连续骚扰

充电器交流电源输入端口的传导骚扰应符合 GB 9254—1998 中 B 级信息技术设备的要求。

4.21.3 谐波电流

充电器交流电源输入端口的谐波电流应符合 GB 17625.1—2003 中 A 类设备的限值要求。

4.21.4 电压波动和闪烁

充电器交流电源输入端口的电压波动和闪烁应符合 GB 17625.2—1999 的要求。

4.21.5 静电放电抗扰度

充电器机壳端口应能通过 5.21.5 所规定的试验等级的静电放电抗扰度试验。试验期间和试验后，充电器应能正常工作。

4.21.6 电快速瞬变脉冲群抗扰度

充电器交流电源输入端口应能通过 5.21.6 所规定的试验等级的电快速瞬变脉冲群抗扰度试验。试验期间，充电器应能正常工作，且充电器直流电源输出端口泄漏的电快速瞬变脉冲群电平应低于在交流输入端口施加的试验电平的 10%。试验后，充电器应能正常工作。

4.21.7 浪涌（冲击）抗扰度

充电器交流电源输入端口应能通过 5.21.7 所规定的试验等级的浪涌（冲击）抗扰度试验。试验期间和试验后，充电器应能正常工作。

5 试验方法

5.1 试验环境

充电器的试验环境为：

——温度：15℃～35℃；

——相对湿度：45%～75%；

——大气压力：86 kPa～106 kPa。

5.2 外观检查

目测检查充电器外观、标志，应符合 4.2、7.1 的要求。

5.3 交流输入电压试验

调节输入电压在 90 V～264 V 之间变化，检查充电器是否能正常工作，应符合 4.3.1 的要求。

调节输入电压频率在 48 Hz～52 Hz 之间变化，检查充电器是否能正常工作。

5.4 输出电压试验

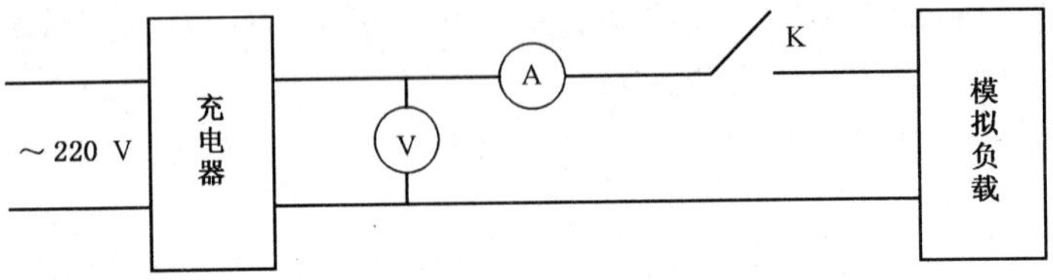

注：模拟负载也可用手持机用锂离子电源代替。

图 1 试验电路示意图

对于直接向锂离子电池充电的设备，按以下步骤进行试验：

a） 按图 1 所示接好试验电路；

b） 测量交流输入电压，应符合 4.3 的要求；

c） 接入交流电源；

d） 闭合开关 K，电流表读数应不大于充电器的额定电流，调整模拟负载使充电器工作在空载、半载、满载状态，电压表读数应符合 4.4 的要求；

e） 若模拟负载为手持机用锂离子电源，当电压表读数为限制电压时，应自动改为恒压充电，此时电流表读数逐渐减小，降到 50 mA 时试验结束，电压表读数应符合 4.4 的要求。

5.5 输出电压纹波试验

接入符合 4.3 要求的交流电源，输出端与模拟负载连接，调整模拟负载使充电器工作在空载、半载、满载状态，用示波器测量充电器的输出电压纹波，并记录最大峰峰值，应符合 4.5 的要求。

5.6 效率试验

当充电器输入额定电压、输出额定电压、电流时，输出功率与输入功率的比值应符合 4.6 的要求。

5.7 空载损耗试验

充电器空载时，测量输入功率应符合 4.7 的要求。

5.8 指示功能试验

对于直接向锂离子电池充电的设备，按图 1 接好试验电路，目测充电器的指示功能应符合 4.8 的要求。

5.9 标牌耐久性试验

首先用一块蘸有水的棉布擦拭 15 s，然后再用一块蘸有汽油的棉布擦拭 15 s，标牌应清晰，不应轻易被揭掉，不应出现卷边。

5.10 元器件试验

5.10.1 电源线试验

检查电源线插头的符合性；检查电源线组件的额定值是否大于充电器要求的额定值；电源线应承受 30 N 的稳定拉力 25 次，拉力沿最不利的方向施加，每次施加时间为 1 s，电源软线应不被拉断。

5.10.2 隔离变压器试验

隔离变压器按照 GB 4943—2001 中附录 C 进行试验，应符合 4.10.2 的要求。

5.11 机械强度试验

按照 GB 4943—2001 进行恒定作用力试验；对于直接插入式充电器，按照 GB 4943—2001 进行直插式设备试验。

5.12 结构设计试验

5.12.1 稳定性试验（插座应力）

充电器应按正常使用情况，插入到一个已固定好的没有接地接触件的插座上，该插座可以围绕位于插座啮合面后面 8 mm 的距离处，与管件接触件中心线相交的水平轴线转动。为保持啮合面垂直而必须加到插座上的附加力矩不应超过 0.25 Nm。

5.12.2 结构细节试验

将起保护作用的任何元件一次一个地短路或开路并强制充、放电各 2 h,充电器应不起火、不爆炸。

5.12.3 防触及性试验

目测检查充电器是否符合 4.12.3 的要求。

5.12.4 连接布线试验

目测检查充电器输出部分及连接线是否具有紧固装置,在自由端施加轴向力 10 N,并保持 15 s,应无松动或脱落。

5.13 外壳表面温升试验

环境温度为 20℃～25℃时,充电器输出额定电压、电流时测量其外壳表面温度,2 h 后,测量其外壳表面温度变化小于 1 ℃/h 即认为温度稳定,此时测量其外壳表面温度,应符合 4.13 的要求。

5.14 输出短路保护试验

将充电器输出短路,充电器应能自动保护,故障排除后应能恢复工作。

5.15 极性反接保护试验

对于直接向锂离子电池充电的设备,当锂离子电池极性反接时,检查充电器是否能切断输出。

5.16 异常工作及故障试验

5.16.1 变压器过载试验

本试验按照 GB 4943—2001 中附录 C.1 进行。

5.16.2 模拟故障试验

可模拟下列故障条件:

——一次电路中任何元器件的失效;

——二次电路中任何元器件的失效。

试验结果应符合 4.16 的要求。

5.17 材料的可燃性试验

进行本试验时可能会冒出有毒的烟雾,在适用的情况下,试验可以在通风柜中进行,或者在通风良好的房间内进行,但是不能出现可能使试验结果无效的气流。

将一个样品置于垂直方向,并将火焰置于样品的下端,火焰高度约为 20 mm。火焰在样品下方燃烧 10 s 后移开。一旦样品上的火焰燃烧停止后,立即将火焰再次置于样品下端,并且燃烧 10 s 后移开。五个样品为一组,测试两组。如图 2 所示。

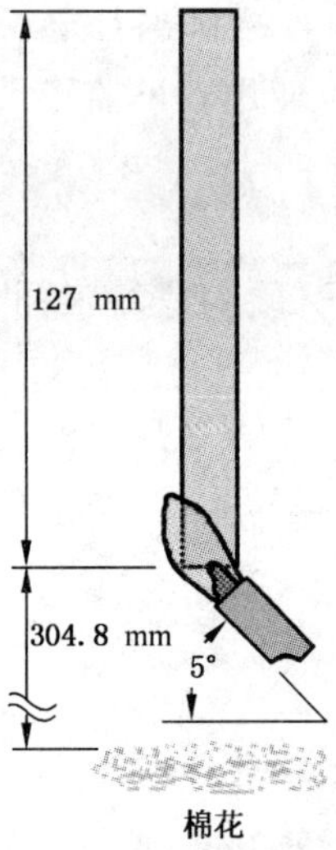

图 2 可燃性试验示意图

5.18　**绝缘电阻试验**

在常温条件下，用绝缘电阻测试仪直流 500 V 电压，对充电器一次电路对地(或外壳)、二次电路对地(或外壳)、一次电路对二次电路进行测试，充电器的绝缘电阻应符合 4.18 的要求。

5.19　**抗电强度试验**

用耐压测试仪对充电器进行绝缘强度试验。

充电器必须是在进行完绝缘电阻试验并符合要求后才能进行绝缘强度的试验。

试验电压从小于一半规定电压值处逐步升高，达到规定电压值时持续 1 min，应符合 4.19 的要求。

5.20　**接触电流试验**

按照 GB 4943—2001 中规定的试验方法测量。

5.21　**电磁兼容性试验**

5.21.1　**辐射连续骚扰**

按照 GB 9254—1998 对充电器机壳端口进行辐射骚扰测量。试验时，充电器处于额定工作状态。

5.21.2　**传导连续骚扰**

按照 GB 9254—1998 对充电器交流电源输入端口进行传导骚扰测量。试验时，充电器处于额定工作状态。

5.21.3　**谐波电流**

按照 GB 17625.1—2003 对充电器交流电源输入端口进行谐波电流测量。试验时，充电器处于额定工作状态。

5.21.4　**电压波动和闪烁**

按照 GB 17625.2—1999 对充电器交流电源输入端口进行电压波动和闪烁测量。试验时，充电器处于额定工作状态。

5.21.5　**静电放电抗扰度**

按照 GB 17626.2—2006 对充电器机壳端口进行静电放电抗扰度试验。试验时，充电器分别处于额定工作状态和未连接输入电源及输出负载的备用状态。

试验等级为：

a)　接触放电试验电平为±2 kV 和±4 kV；

b)　空气放电试验电平为±2 kV、±4 kV 和±8 kV。

5.21.6　**电快速瞬变脉冲群抗扰度**

按照 GB 17626.4 对充电器交流电源输入端口进行电快速瞬变脉冲群抗扰度试验。试验电平为±2 kV。试验时，充电器处于额定工作状态，使用辅助监控设备测量充电器直流电源输出端口的脉冲群电平。

5.21.7　**浪涌(冲击)抗扰度**

按照 GB 17626.5 对充电器交流电源输入端口进行浪涌(冲击)抗扰度试验。试验时，充电器处于额定工作状态。

试验等级为：

a)　线对线试验电平为 1 kV；

b)　线对地试验电平为 2 kV；

c)　试验波形为 1.2/50 μs。

5.22　**低温储存试验**

试验按 GB/T 2423.1—2001 中"试验 Ab"进行：

a)　将无包装、不通电、处于室温的充电器，按正常位置放入处于室温的试验箱(室)内；

b)　箱(室)内温度以不大于 1 ℃/min(不超过 5 min 时间的平均值)的变化率降至－20℃±3℃，并使充电器达到温度稳定后，开始计算低温储存时间，试验持续 2 h；

c) 充电器应在标准大气条件下、试验箱(室)内进行恢复直至解冻；

d) 充电器的恢复时间要足以使其达到温度稳定，最少为 1 h，一般不超过 2 h；

e) 恢复后的充电器，按 5.2、5.4 和 5.5 进行试验，应符合 4.2、4.4 和 4.5 的要求。

5.23 低温工作试验

试验按 GB/T 2423.1—2001 中"试验 Ad"进行：

a) 将无包装，不通电处于室温的充电器，按正常位置放入处于室温的试验箱(室)内；

b) 箱(室)内温度以不大于 1℃/min(不超过 5 min 时间的平均值)的变化率降至－5℃±3℃，并使充电器达到温度稳定；

c) 充电器接入交流电源并处于额定工作状态，同时开始计算低温工作时间；

d) 低温持续时间 2 h；

e) 低温持续时间 2 h 后，按 5.2、5.4 和 5.5 进行试验，应符合 4.2、4.4 和 4.5 的要求。

5.24 高温储存试验

试验按 GB/T 2423.2—2001 中"试验 Bb"进行，试验温度为 65℃±2℃；试验持续时间为 2 h。

高温储存试验的步骤和方法同低温储存试验。

5.25 高温工作试验

试验按 GB/T 2423.2—2001 中"试验 Bd"，试验温度为 40℃±2℃；试验持续时间为 2 h。

高温工作试验的步骤和方法同低温工作试验。

5.26 恒定湿热试验

试验方法按 GB/T 2423.9—2001 中"试验 Cb"进行。产品不包装，试验温度 40℃±2℃，湿度 90%～95%，试验持续时间 48 h。恢复后的充电器，按 5.2、5.4、5.5 和 5.18 进行试验，应符合 4.2、4.4、4.5 和 4.18 的要求。

5.27 振动试验

试验方法按 GB/T 2423.10—2008 中"试验 Fc"进行。频率为 10 Hz～55 Hz，振幅为 0.35 mm，每个方向上扫频循环次数为 10 次。试验后，按 5.2、5.4 和 5.5 进行试验，应符合 4.4 和 4.5 的要求。

5.28 自由跌落试验

试验方法按 GB/T 2423.8—1995 中"试验 Ed"进行。充电器从 1 m 高度处以最不利的方向自由跌落到硬木表面 3 次，其塑料表面应无裂痕等损坏。试验后，按 5.2、5.4 和 5.5 进行试验，应符合 4.2、4.4和 4.5 的要求。

6 检验规则

6.1 检验类别

产品检验分为出厂检验和型式试验。

6.2 出厂检验

6.2.1 抽样方案

出厂检验分全检和抽检两种，可根据情况任选一种。出厂检验采用 GB/T 2828.1—2003 进行抽样检验。抽样方案为正常检查一次抽样方案，以不合格品数作为判定数。

6.2.2 检验项目

出厂检验项目按表 1 进行。

6.3 型式试验

6.3.1 试验频次

型式试验应每年至少进行一次。遇到下列情况之一，也需进行型式试验：

a) 新产品或老产品转厂生产时；

b) 正式生产后，产品结构、工艺、材料有较大改变时；

c) 产品长期停产后恢复生产时;

d) 质量监督部门提出要求时。

6.3.2 **抽样方案**

型式试验按 GB/T 2829—2002 进行,采用判别水平Ⅱ的一次抽样方案,RQL=65,以不合格品数作为判定数。

6.3.3 **检验项目**

检验项目及判定按表 1 进行。

7 标志、包装、储存和运输

7.1 标志

充电器表面应有中文标识,包括制造厂名、产品型号、产品名称、输入电压及电流、输入频率、输出电压及电流、正负极(对于直接向锂离子电池充电的设备)、警示说明等。

7.2 包装

产品包装应符合 GB/T 3873 的有关要求。

包装上应有中文标识,内容包括制造厂名、产品型号、产品名称、包装箱号、毛重、装箱日期等,包装时应附有产品的合格证书及使用说明书。

使用说明书应向用户提供足够的资料,以确保用户在按厂家的规定使用时,不会引起本标准范围内的危险,并对充电器在操作、维修、运输或储存时有可能引起危险的情况提醒用户特别注意;应使用标准简体中文书写。

产品包装应防潮、防振。

7.3 储存

产品应储存在温度 35℃以下,湿度不大于 75%的室内仓库中。

7.4 运输

产品运输中应防雨淋、水浸,不应有剧烈振动。

表 1 检验项目及判定

序号	项　目	不合格判定		出厂检验		型式检验	要　求	试验方法
		B	C	100%	抽样			
1	外观		○	√	√	√	4.2、7.1	5.2
2	交流输入电压		○			√	4.3	5.3
3	输出电压	○		√	√	√	4.4	5.4
4	输出电压纹波	○		√	√	√	4.5	5.5
5	效率	○				√	4.6	5.6
6	空载损耗	○				√	4.7	5.7
7	指示功能		○			√	4.8	5.8
8	标牌耐久性		○			√	4.9	5.9
9	电源线	○				√	4.10.1	5.10.1
10	隔离变压器	○				√	4.10.2	5.10.2
11	机械强度	○				√	4.11	5.11
12	稳定性	○				√	4.12.1	5.12.1
13	结构细节	○				√	4.12.2	5.12.2

表 1（续）

序号	项　　目	不合格判定		出厂检验		型式检验	要　　求	试验方法
		B	C	100%	抽样			
14	防触及性	○				√	4.12.3	5.12.3
15	连接布线	○			√	√	4.12.4	5.12.4
16	外壳表面温升	○				√	4.13	5.13
17	输出短路保护	○			√	√	4.14	5.14
18	极性反接保护	○			√	√	4.15	5.15
19	异常工作及故障	○				√	4.16	5.16
20	材料的可燃性	○				√	4.17	5.17
21	绝缘电阻	○				√	4.18	5.18
22	抗电强度	○				√	4.19	5.19
23	接触电流	○				√	4.20	5.20
24	电磁兼容性	○				√	4.21	5.21
25	低温储存试验	○				√	4.1、4.2、4.4、4.5	5.22
26	低温工作试验	○				√	4.1、4.2、4.4、4.5	5.23
27	高温储存试验	○				√	4.1、4.2、4.4、4.5	5.24
28	高温工作试验	○				√	4.1、4.2、4.4、4.5	5.25
29	恒定湿热试验	○				√	4.1、4.2、4.4、4.5、4.18	5.26
30	振动试验	○				√	4.2、4.4、4.5	5.27
31	自由跌落试验	○			√	√	4.2、4.4、4.5	5.28

附　录　A
（规范性附录）
试验用仪器、设备

A.1　直流数字电压表

量程：0 V～100 V。
精度：0.5 级。

A.2　直流数字电流表

量程：0 A～10 A。
精度：0.5 级。

A.3　阻性负载

应符合本标准相关试验条件。

A.4　拉力机

应符合本标准相关试验条件。

A.5　示波器

频段：0～20 MHz。

A.6　功率计

精度：0.5 级。

A.7　绝缘电阻测试仪

测试电压：DC 500 V。
量程：0 MΩ～2 000 MΩ。

A.8　耐压测试仪

测试电压：AC/DC 0 V～5 000 V。
漏电流量程：0 mA～100 mA（测试电压为交流时）。

A.9　恒温、恒湿试验箱

温控范围：不低于本标准要求。
温控误差：± 1 ℃。
容积：应不小于 5 倍被测样品的体积。

A.10　振动、冲击试验台

应符合本标准相关试验条件。

ICS 33.020
M 40

GB

中华人民共和国国家标准

GB/T 21545—2008/ITU-T K.11:1993

通信设备过电压过电流保护导则

Principles of protection against overvoltages and overcurrents

(ITU-T K.11:1993,IDT)

2008-03-31 发布　　　　2008-11-01 实施

中华人民共和国国家质量监督检验检疫总局
中国国家标准化管理委员会　发布

前　言

本标准等同采用 ITU-T K.11:1993《过电压和过电流防护的原则》。

本标准的附录 A 为规范性附录。

本标准由中华人民共和国信息产业部提出。

本标准由中国通信标准化协会归口。

本标准起草单位:中国电信集团公司(广州研究院)、广东天乐通信设备有限公司。

本标准主要起草人:刘裕城、陈健儿、陈少川、田继清、张锦旸、石莹、付皓。

通信设备过电压过电流保护导则

1 总则

1.1 危险过电压和过电流的起源

1.1.1 直接雷击

直接雷击会引起数千安的电流，沿导线或电缆流动，持续若干微秒。这可能发生物理损伤，而且数千伏的过电压冲击会对线路设备和终端设备的电介质构成威胁。

1.1.2 临近雷击

云对地或云对云间流动的雷电电流，会在雷击点附近的架空或地下线路中产生过电压。在大地电阻率高的地区，受影响的面积很大。

1.1.3 电力线路(包括电气化铁路在内)故障电流所产生的感应

电力系统发生接地故障时，沿电力线路将有很大的不平衡电流流动，使附近与它平行的电信线路上产生感应过电压。这种过电压的幅值可能上升到数千伏，依电力线路所使用的故障解除系统的不同，其持续时间在 200 ms～1 000 ms 范围内(有时甚至更长)。

1.1.4 与电力线路接触

当电力线路和电信线路受到当地自然灾害，如暴风雨、火灾的破坏时，或者在没有采用正常的隔离和绝缘等安全防范措施的情况下，电力线路与电信线路有可能发生接触。在正常配电电压为 220 V(交流有效值)的地区，如果发生故障，可能很长时间后才能发现故障。在使用较高配电电压例如 2 kV 的地区，如果发生故障，电力线路的保护设施通常能保证在短时间内将电压切断。过电压可能产生过大的电流沿线路流向交换机的接地点，会造成设备损坏和危及人身安全。

1.1.5 地电位升高

电力系统的接地故障在土壤中所产生的电流会使故障点和电源接地电极附近的电位升高(也见 ITU-T K.9)。这种地电位可通过两个途径影响通信设备：

a) 通信信号系统接地电极埋设处的土壤相对于远地的电位升高即使小于 5 V，也可能使信令系统误动作。这种低电压可能是由电力系统中的小故障引起的，这种小故障可能长期存在而不能被检测出来。

b) 较高的地电位升高能使受影响区域内的工作人员有危险，或者在极端情况下，地电位升高还足以将通信电缆的绝缘击穿，引起大范围的损坏。

1.2 保护方法

1.2.1 本标准第 2 章中所述的有关线路的某些保护措施，其作用是降低过电压和过电流起源处的过电压、过电流值，从而减小对系统所有部分的危害。

1.2.2 本标准第 2 章、第 3 章、第 4 章中所述的适用于系统特定部分的其他保护措施，可归纳成两类：

a) 使用保护器件转移能量(例如放电间隙)或断开线路(例如熔丝)，以阻止过大的能量到达易受害的部分；

b) 使用具有适当介电强度、载流容量和阻抗的设备，使之能承受所施加的条件。

1.3 保护器件的类型

1.3.1 碳或金属电极的空气间隙保安器

这种保安器通常连接在线路的每条导线和地之间，能限制保安器电极间出现的电压。这种保安器的价格便宜，但在反复动作后，其绝缘电阻会有可觉察到的下降，因此需要经常更新。

1.3.2 气体放电管

放电管通常接在线路的每条导线与地之间,或者将三电极放电管接在一对导线与地之间。为了满足系统的要求,可以对它们的特性规定一些精确的极限值。这种保安器是小型的,能够频繁动作。

关于气体放电管的详细要求可参见 ITU-T K.12。

1.3.3 半导体保护器件

随着半导体保护器件技术的发展,已经能生产可用作“一次保护”的元件和只用于“二次保护”的元件。“一次保护”与“二次保护”始终应进行正确的协调。

a) 一次保护器件

用半导体保护器件替代碳精电极保安器和气体放电管的试验正在广泛地进行。这些试验的结果可能取决于技术上的和商业上的因素。

一般地说,它在消除电路噪声和较低的动作电压方面比碳精电极保安器好,而缺点是成本较高,自电容较大,耐电流能力较小。

与气体放电管相比,半导体器件的优点是消除了点火放电现象,其缺点是自电容较大,耐电流能力较小。

半导体器件试验仍在继续进行,此项技术有可能进一步发展。

b) 二次保护器件

根据二次保护器件在电路中的位置,它们的过电压动作量级可设计成低至 1 V。这种器件的动作电压精确而且动作快。但是如果协调的不合适,有可能被过大的电流损坏。

1.3.4 熔丝

熔丝串接在电路的每根导线上,当流过的电流过大时就熔断。简单的熔丝是一根均匀的可熔金属丝。慢动作熔丝包括一根大电流流过时迅速熔化的均匀金属丝和一个弹簧的可熔部件,此部件在长时间内有小电流流过时逐渐熔化直至熔断。典型的动作电流为:大电流为 2 A,而持续的小电流为 250 mA。熔丝动作后不应有持续的电弧。熔丝对雷电冲击不能起保护作用,而且在经常有雷电冲击的地区,有必要设置额定电流大的(直至 20 A)熔丝,以免熔丝失效引起麻烦。这种熔丝不能为电力线接触故障提供适当的保护。熔丝也可能是产生噪声和断线故障的根源。

1.3.5 热线圈

热线圈串接在线路的每根导线上,它可使线路断开或接地,或者既使线路断开又使线路接地。热线圈设有某种可熔部件,一般当 500 mA 电流流过 200 s 时就动作。

1.3.6 自恢复限流器件

熔丝和热线圈的缺点是,当它们动作时会使电路永久地中断,然后必须由人工去更换。某些可变阻抗器件是可以利用的,当过载电流流过而受热时其电阻增加至很高的数值。当过载电流消除后,这种器件的电阻将恢复到正常的低阻值。应该注意这些器件的响应时间和耐压能力。

1.3.7 可熔连接线

在通信线路与电力配电线路长时间接触故障中,借助可熔连接线来防止安装在通信线路上的无熔丝过电压保安器组件产生过热的危险。

可熔连接线通常由与通信线路相串连的绝缘导线组成,并安装在受电力线路影响的通信线路与保安器组件之间。这些导线比终接在保安器组件上的导线上的导线线径一般至少要小两个线材号数,而且要有适当的长度,以避免在电力系统不能迅速断电但导线已经熔断的情况下产生持续的电弧。如果可熔连接线或它的一部分安装在建筑物中或其它可能出现火灾危险的场所,则应将可熔连接线密封在电缆护套、接头盒或其他合适的盒子中,以抑制导线熔断时可能引起的电弧。

1.4 残余影响

采取保护措施的根本目的在于保证由于干扰引起的大部分电能不耗散在设备的易损坏部件中,且不扩延到人身。然而,没有一种器件具有能理想地消除所有干扰电压或电流的特性,其理由如下 。

1.4.1 残余过电压

应考虑到：

a) 保护器件未起作用时的电压，因为它低于保护器件的动作电压；

b) 在器件动作之前所通过的瞬变电压；

c) 器件动作后所保持的残余电压；

d) 器件动作时所产生的瞬变电压。

1.4.2 横向电压

同一线对两根导线上的保安器有可能不同时动作，因而可能产生横向电压脉冲。在某些情况下，特别是被保护设备的阻抗如果较低时，两个保护器中的一个动作可能阻止另一个保护器动作。因此，只要线路上存在纵向电压，横向电压就会继续存在。

1.4.3 对电路正常工作的影响—协调设计

保护器件的动作电压与正常运行期间线路上产生的最高电压之间应有足够的裕度。同样，保护元件的特性(内阻抗)必须与被保护装置的性能相适应。

1.4.4 状态变化影响

保护器件可能使线路的一部分得到保护，而另一部分却被牺牲。例如：如果总配线架(MDF)的熔丝由于接触电力线路而熔断，使通信的接地被断开时，线路上的电压可能上升至电力线路的全电压。

同样地，由于某一个保护器动作，与设备相连的有关电路的等效内阻抗可能大大降低，于是产生可能造成损坏的环流。

1.4.5 一次保护与二次保护的协调

为了保护敏感设备，有时有必要使用几种保护器件。例如：快速动作的小电流器件(如半导体器件)和稍慢动作的大电流器件(如气体放电管)。在这种情况下，必须采取几个步骤以保证在万一有持续的过电压时，小电流器件不会妨碍大电流器件的动作。这是因为假如这种情况一旦发生，小电流器件就可能被破坏，或者内部连接线路会通过过大的电流。

1.4.6 温升

设计和安装保护部件时，应考虑使它们在动作时所引起的温升不致于破坏其特性或危及人身安全。

1.4.7 电路可用性

当保护器件动作时，被保护电路的业务可能会临时或持久地中断。

1.4.8 故障的后果

使用保护器件后，由于器件不可靠，会引起需要维修的问题。此外，保护器还可能会妨碍对某些线路和设备进行测试。

1.5 危险性的评估

1.5.1 与过电压有关的通信系统性能取决于：

——周围环境，即与系统相关的线路网中产生的过电压值及其概率；

——线路网的构成方法，见第2章；

——系统中设备的耐过压能力；

——所提供的保护器件；

——为使保护器件动作而设置的接地系统质量。

1.5.2 环境

在评估周围环境时，应考虑本标准1.1中所提到的若干因素。

在不同的地点，由雷电引起的过电压的严重性有很大的差别。在高雷电和高土壤电阻地区，遭受直接雷击和附近雷击的危险性增加。同时，由于雷电是大部分电力系统故障的原因，因此感应和地电位升高的影响也随着增加。另一方面，直埋金属设施如水管、铠装电缆等对电话电缆起屏蔽作用，大大降低了雷电或感应所产生的过电压。

——在城市中心和雷电活动少的地区，经验证明，其过电压很少超过保护器件的残余电压，这种环境称为“非暴露”环境。ITU-T K.20 和 ITU-T K.21 规定了用于“非暴露”环境中且无保护的设备应该进行的试验，这些试验说明了可以视为“非暴露”的最恶劣的环境。

——所有其他环境均称为“暴露”环境。当然，这种环境条件的范围相当宽，其中包括某些只有采取所有可使用的保护措施才能取得满意的业务质量这样的异常暴露环境。

在出现感应电压和地电位升高的情况下，可根据《通信线路抵抗电力和电气化铁路危险影响的保护导则》(ITU，1988)来计算过电压。其中还推荐了不同情况下的最大允许值。

1.5.3 故障的记录

过电压和过电流造成的危险只能凭经验作适当的估计。为此，建议用一种便于这项工作的格式来保存故障统计。应当分别记录过电压或过电流引起的故障与保护器件失效所引起的故障以及其他部件故障。

1.6 关于保护的决策

1.6.1 在考虑通信网应能承受的过电压等级时，将故障分为以下两类：

——只影响系统一小部分的小故障。这类故障的发生应限制在可接受的范围内；

——重大损坏、着火、交换机故障等。这类故障必须尽可能地避免。

ITU-T K.20 中举例说明了允许发生小故障而不发生重大损坏的条件。同时，还希望单个保护器失效不应引起重大损坏。

1.6.2 应当特别注意对新型交换设备或用户设备的过电压和过电流保护，以保证这些设备在遭受过电压或过电流时不会产生不能接受的故障，从而保证设备的先进性。这类设备对过电压、过电流本来就很敏感，而且当其损坏或误动时会使系统的大部分受到影响。

1.6.3 应该注意，使用不必要的保护器件进行过度保护，不仅不经济而且实际上还可能使系统性能恶化，因为器件本身有产生故障的可能性。

为了避免发生动作的保护器件对电信回路产生干扰，应考虑避雷器的点火电压值和个数。

1.6.4 根据上述考虑并按本标准 1.5 所评估的危险性，应对系统所有部分所需提供的保护作出决定。在作决定时，也应考虑商业上的一些问题，诸如保护措施成本、维修费用、与用户的关系以及由过电压、过电流所致故障相对于其他原因所引起的故障的概率。

应该明确作出这种决策的责任以及为保证协调线路与设备而装备任何保护器件的责任。

设备生产厂家有必要了解设备所需的耐过电压、过电流的能力，线路工程师有必要弄清楚将要接到线路上的设备的耐过电压、过电流能力。线路工程师还应根据提供的线路保护的标准规定出与线路相接的设备可能会遇到的各种限制。在网的各个部分，诸如用户设备、线路和交换中心等的所有权可能归于不同部门的情况下，可能需要按正式的手续进行这种协调，例如制定本地标准。在起草这些标准时，可参考 ITU-T K.20 和 ITU-T K.21 中的指导意见。

2 线路的保护

2.1 除导线自身以外的保护措施

a) 电信线路邻近的接地金属机构，例如电力线路或电气化铁道系统，能在一定程度上保护电信线路免受雷电的影响。有效的金属屏蔽，不论是电缆护套、电缆管道、还是避雷线，均可减少雷电冲击和电力线路感应的影响。在雷击危险严重的地区，时常采用具有多层屏蔽和高绝缘强度的特殊电缆。将所有金属机构连接在一起，可提供有效的保护。

b) 通过协调电力线路与电信线路的设计和施工工作，可使电力线路引起的感应降低至最小的程度。在作为感应源的电力系统中安装地线和限流器，可降低感应的等级。

c) 如果遵守协商后的建造、结构、间距和绝缘的相关标准，则电力线路与电信线路间发生接触的可能性减小。但是，从经济上来考虑，采用共同的电缆沟、电杆和管道，并采取合适的安全措施,往往有可能获得经济利益(见 ITU-T K.5 和 ITU-T K.6)。为了避免与高压电力线缆相接触,采用高标准建造是特别重要的,因为一旦发生这种接触就很难避免由此产生的严重后果。

2.2 特种电缆

在可能产生高过电压的地方,可采用高绝缘强度的特殊电缆。

标准的塑料绝缘和塑料护套电缆的绝缘强度比纸绝缘铅护套电缆的高,适用于过去曾使用超厚绝缘层电缆的大部分环境。在与电力线路极为接近或平行接近长度很长、电站周围的地电位升较高或由于雷电日多和土壤导电率低而极容易遭受雷击的地方,都可以使用加强绝缘的电缆。

其他使用特种电缆的例子有:

——能对电缆中的回路提供良好屏蔽的金属护套电缆;

——连接到易遭受雷击的无线铁塔的电缆必须能耐受雷电电流而不损坏;

——为实现两段导电的电缆间的隔离所用的全介质(即无金属的)光缆。

2.3 保护器件的使用

在下列情况下,最好使用保护器件:

a) 与本标准 2.1 和 2.2 所述的特殊结构相比,使用保护器件更为经济。在这种情况下,不能忽视保护器件的维修费用,这是因为保护器件必然需要一些维修开支,而特种电缆、屏蔽等虽初始费用较高,但往往不需要后续投资。

b) 过电压或过电流可能不会损坏具有超厚绝缘的电缆本身,但电缆会将这种过电压或过电流引至网中的其他较易损坏的部分。此时,对其他较易损坏的电缆需要附加保护,特别是对维修费用高而且为很多用户服务的大容量地下电缆进行附加保护尤为重要。

c) 电力线路或牵引线路故障引起的感应过电压,即使在使用了所有可用的预防措施后仍有可能超过导则规定的允许值。

2.4 保护器件的安装

a) 为了保护导体的绝缘,将所有金属护套、屏蔽接在一起接地,并在导体与这个接在一起的金属之间接入过电压保护器是有益的。这一技术尤其适用于高土壤电阻率地区,这样可避免使用昂贵的保护接地电极系统。

b) 在使用保护器来减少电力线路故障电流在电信线路中引起的高感应电压的地方,所有导线均应在适当间隔和受影响线路段两端(或根据实际情况尽可能靠近这些点)上安装保护器。

c) 为使地下电缆免受雷电冲击的影响,可在地下电缆与架空线路的连接点上安装保护器件。总配线架(MDF)和用户终端所安装的保护器件减少了线路损坏的危险性,但它们的主要功能是保护绝缘强度比电缆低的部件。参见 ITU-T K.20 和 ITU-T K.21。

d) 用于防雷的过电压保护器,应尽量缩短它与线路和地之间的连接线,以尽量减小线路与等电位连接间的冲击电压。

2.5 工作规划

本标准 1.5 和 1.6 中的一般考虑均适用于线路保护。建议在开始设计时,就尽量根据环境确定线路所需采取的保护措施。对于一条起初只有不完善保护的线路来说,想要达到满意的保护水平可能相当困难而且花费很大。

2.6 建议采用的保护措施

在电信网中的线路频繁地或严重地受到电力线路故障或雷击引起的骚扰的地方,应该在线路导线与地之间接入保护器件或采用合适的线路建造方法来限制这些线路相对于当地地电位的电压。

3 交换和传输设备的保护

3.1 设备所需的外部保护

运营部门应考虑到需在设备外部安装保护设施的可能性,牢记下列各点:

3.1.1 在某些条件下,电信线路将会对设备起到一些保护作用,例如:

——导线可能熔断,并切断过大电流;

——导线绝缘可能击穿,从而降低了过电压;

——连接装置中的空气间隙可能击穿,从而降低了过电压。

3.1.2 塑料绝缘电缆强度的增加,使得可以在线路中流动并施加到设备上的过电压、过电流也有所增加。相反,交换设备和传输设备中使用小型电子器件,更易受电扰动而损坏。

鉴于这些原因,在经常受严重电扰动(雷电、电力线路、土壤导电率低)的地区,一般有必要在电缆导线与所接设备之间插入本标准1.3中所述类型的保护器件,最好装在总配线架上。这样,可避免总配线架至设备的电缆必须承载很大的过电流。

保护器件安装在总配线架(MDF)的线路一侧,以便使MDF跳线区无需承载放电电流。同时,在与市电线路发生接触故障而使线路被串接保护器件断开,也能尽量减小市电电压对MDF布线和端子板的影响。

3.1.3 在"暴露"较轻的地方,电扰动(过电压和过电流)具有幅值和频率都很小的这样一种统计特性,实际上其危险性不会比本标准1.4中所指出的"暴露"环境中由残余影响所引起的危险性更大。这样,保护器件就失去意义而且是一种不必要的浪费。

3.2 设备所需的最低电气强度

在线路"暴露"且装有保护器件的地方,由于本标准1.4中所述的残余影响,会使设备中出现过电压和过电流。在"暴露"较轻的环境中,本标准3.1.3中所述的电扰动也会产生类似的影响。为此,设备必须设计能耐受这些条件。关于设备应该具有的耐过电压、过电流能力的详细建议,见ITU-T K.20。

3.3 交换状态的影响

因为在接通一次呼叫的各个阶段中,要求接至某一给定线路的设备改变其构成和互连状态,因此,重要的是不要只限于仅仅对单独的线路设备的保护进行研究。许多设备为所有线路所共用,而且当其接至某一特定线路时,会受到电扰动影响。

如果,与线路相接通的有效时间很短,当遭受影响的概率减小时,所提供保护的效率可能受影响。另一方面,公用设备应该得到更好的保护,因为它一旦发生故障,会使交换局或该地区的工作性能产生较严重的劣化。

4 用户终端设备的保护

以上所述的有关交换设备的保护方法,往往也适用于用户设备。确定用户设备耐过电压、过电流的详细试验在ITU-T K.21中给出。考虑以下几个特殊问题也是适宜的。

4.1 "暴露"程度

基于本标准2.1中所述的大量邻近金属机构的屏蔽作用,与市区或工业区中的交换局附近的各种装置相接的线路通常很少遭受雷电冲击。

另一方面,与远离闹市区的装置相连接的线路,由于其长度、缺乏保护环境、用户端使用架空结构以及土壤电阻率高等原因,很容易遭受雷电冲击。由于用户端的架空电缆的机械牢固性,使线路本身能够承载较高的过电压和过电流,因而用户终端所受的雷电冲击影响更为严重。

4.2 介电强度

希望与线路相接的导电部件和使用者易触及的所有部件之间的绝缘要具有高的介电强度。

4.3 保护器的使用

在电话线路遭受频繁而严重的电力线路故障或雷电所致电扰动的地区,应在线路导线与接地端子间接入本标准1.3所述类型的保护器件,以限制线路导线相对于本地地电位的电压。

选择终端设备的介电强度时，要考虑保护器件的击穿电压以及保护器的线路对地阻抗。

4.4 公用接地

在安装用户终端设备的地点，可能没有电阻小的接地体可用作过电压保护器接地，或者为获得一个电阻适当小的接地体所花费的成本比其他装置的成本要高的多。而且，终端设备可能安装在接地系统附近，如在水管附近，或者在可从电力系统获得电源的地方。

为了使设备损坏和用户遭受高电压的危险减少到最小的程度，即使接地电阻不够小，也应将所有接地系统、信令接地和电力系统中性点直接或经放电间隙连接在一起。虽然这种连接的费用可能昂贵，但它可解决为实现低阻接地所遇到的困难，是一种被广泛应用的方法。与电力系统中性点相接是由国家规程来决定的，因此，应得到电力部门的许可。

4.5 高绝缘技术

当通信线路雷害严重，如线路和终端设备经常击穿，和由于接地、维护、成本等原因而不能安装防雷器时，建议通信线路采用高绝缘技术(如至少 50 kV)。

这种方法广泛用于高压电厂的线路入口，强烈建议应用于空旷地区户外设备(如电话亭、卡式电话等)。

4.6 国家规程

国家已制定了有关保护电信设备用户的国家标准。这些标准既包含了对接到市电电源引起的危险的防护，也包括了对电话线路上可能出现的各种情况的防护。

4.7 维护用户装置的昂贵费用

维修受影响终端装置的费用，由于离维护中心有一定距离，运输耽搁，或许损坏严重等原因可能相当昂贵。而且，保护不充分是引起业务反复中断，导致业务质量显著降低，使用户不满意的原因。这就说明应对保护措施引起特别的注意。

附 录 A
（规范性附录）
防护术语定义

A.1 初级保护 primary protection

初级保护是指采用浪涌保护器来对设备接口实施保护的装置，它通过转移大部分可能侵入设备的过电压过电流来对设备进行保护。

A.2 二级保护 secondary protection

紧接初级保护的保护，它也可由固有保护提供。

A.3 多级保护 multistage protection

多级保护是指采用多点保护，以提高整体保护水平，每个保护点位置和保护水平必须配合好。

A.4 固有保护 inherent protection

固有保护是通过设备的内在特性、特殊设计或采用适当的保护元器件而在设备接口上提供的保护。

ICS 77.040.01
H 21

中华人民共和国国家标准

GB/T 21546—2008/IEC 61788-1:2006

铌钛复合超导体的直流临界电流测量

Critical current measurement—
DC critical current of Nb -Ti composite superconductors

(IEC Superconductivity—Part 1:Critical current measurement—
DC critical current of Nb-Ti composite superconductors,IDT)

2008-03-31 发布　　2008-11-01 实施

中华人民共和国国家质量监督检验检疫总局
中国国家标准化管理委员会　发布

前言

本标准是根据国际电工委员会制定的国际标准 IEC 61788-1:2006《铌钛复合超导体的直流临界电流测量》制定的，在技术内容上与该国际标准等同。

为了让使用者了解本标准中的术语和 GB/T 13811—2003《电工术语超导电性》的对应关系，本标准中各术语的条目中都注明有 GB/T 13811—2003 的条目编号。GB/T 13811—2003 与国际电工委员会制定的国际标准 IEC 60050(815)在技术内容上等同。

本标准的附录 A、附录 B 和附录 D 为资料性附录，附录 C 为规范性附录。

本标准由国家超导技术联合研究开发中心和全国超导标准化技术委员会提出。

本标准由全国超导标准化技术委员会归口。

本标准负责起草单位：中国科学院电工研究所和国家超导技术联合研究开发中心。

本标准参加起草单位：中国科学院微系统与信息技术研究所、北京有色金属研究总院、中国科技大学、西北有色金属研究院。

本标准主要起草人：林良真、惠东、刘宜平、张宏、华崇远、曹烈兆、汪京荣。

本标准首次发布。

引　言

复合超导体的临界电流能够为超导线的应用提供设计参考。在实际应用中，超导体的性能取决于其运行条件。本标准的测试方法可以为给定超导体的适用性提供部分有用信息。

依据本标准所测得的结果也可以用于检定复合超导体在制备过程、储运、老化或种种使用及外界因素下所引起的超导特性变化。而本标准测量方法对于质量控制、验收以及研究也非常重要。

复合超导体的临界电流受许多因素影响。在材料的测试和应用中需要对这些因素给以充分考虑。测试条件如磁场、温度和样品-电流-磁场间相对取向等，要根据具体的应用来确定。在允许的误差范围内，可根据特定样品的情况来确定测试系统的配置。而具体的临界电流判据可按实际应用状况确定。如果测试中出现有不规律的情况，则需要通过测量一定数量的样品来获得测试结果。

铌钛复合超导体的直流临界电流测量

1 范围

本标准测试方法适用于测定铜-超比大于1的铜/铌钛(Cu/Nb-Ti)复合超导体的直流临界电流，也同样适用于测定铌钛芯丝直径大于1 μm、铜-超比大于0.9、铜镍合金(Cu-Ni)-超导体比大于0.2的铜/铜镍/铌钛(Cu/Cu-Ni/Nb-Ti)超导线的直流临界电流。由于铜/铌钛(Cu/Nb-Ti)复合超导体和铜/铜镍/铌钛(Cu/Cu-Ni/Nb-Ti)超导体两者的临界电流测试方法略有不同，本标准的附录C(规范性)将介绍测量铜/铜镍/铌钛(Cu/Cu-Ni/Nb-Ti)超导体时所需特别遵从的规定。

本标准测试方法适用于在标准的测试条件下超导体所处的磁场小于或等于其上临界磁场的0.7倍、临界电流小于1 000 A、n值大于12的超导体。测量时，被测样品应浸泡在已知温度的液氦中。被测导体应为圆形或矩形截面的一体化超导线，其截面积小于2 mm^2。被测样品应具有螺旋线圈几何形状。本标准还给出在日常测试中为本实验方法所允许的偏离以及其他具体限定。

临界电流大于1 000 A或者截面积大于2 mm^2的导体也可以使用本方法测量，但测量不确定度会增大，且自场效应更明显(见附录B)。此外，为了简单和保持比较低的测量不确定度，本标准不涉及对于大截面导体可能更适合的特殊样品形状。

本标准给出的测量方法经过适当修改可适用于测定其他类型复合超导线的临界电流。

2 规范性引用文件

下列文件中的条款通过在本标准中的引用而构成为本标准的条款。凡是注日期的引用文件，其随后所有的修改单(不包括勘误的内容)或修订版均不适用于本标准，然而，鼓励根据本标准达成协议的各方研究是否可使用这些文件的最新版本。凡是不注日期的引用文件，其最新版本使用于本标准。

GB/T 13811—2003 电工术语

3 术语和定义

GB/T 13811—2003确立的以及下列术语和定义适用于本标准。

3.1

临界电流 critical current

I_C

在超导体中，被认为是无阻通过的最大直流电流。

注：I_C是磁场强度和温度的函数。

3.2

临界电流判据 critical current criterion

I_C 判据 I_C criterion

根据电场强度E或电阻率ρ确定临界电流的判据。

注：常用的电场强度判据为$E=10\ \mu V/m$或$E=100\ \mu V/m$，电阻率判据为$\rho=10^{-13}\ \Omega \cdot m$或$\rho=10^{-14}\ \Omega \cdot m$。

3.3

[超导体的]n-值 n-value(of a superconductor)

n

在特定的电场强度或电阻率区间，超导体的电压-电流曲线$U(I)$可近似表示为$U \propto I^n$，其中I的幂指数就是超导体的n值。

3.4

失超　quench

超导体或超导器件由超导态到正常态的不可控和不可逆的转变。

注：该术语通常用于超导磁体。

3.5

三组元超导线　three -component superconducting wire

由一种超导组元和两种常导基体材料组成的复合超导线。

注：这一术语主要用于 Cu/Cu-Ni/Nb -Ti 复合超导体。

3.6

(磁通涡旋上的)洛伦兹力　Lorentz force(on fluxons)

电流作用于磁通涡旋上的力。

注 1：单位体积的洛伦兹力为 $J \times B$，J 是电流密度，B 是磁通密度。

注 2：“洛伦兹力”定义见 IEV 121-11-20.[1]

3.7

(复合超导体的)电流转移　current transfer(of composite superconductor)

在复合超导体中直流电流在芯丝间转移导致沿导体产生电压的现象。

注：在测量 I_C 时，该现象一般出现在邻近电流接点区域，在该区域输入电流从表面沿导体向内部流动直到实现在芯丝间均匀分布。

3.8

恒定速率升流法　constant sweep rate method

以恒定升流速率为样品提供直流电流，在电流从零升到略大于临界电流 I_C 值的过程中，以一定的采样频率采集 U-I 数据的方法。

3.9

升流-恒流-升流法　ramp-and-hold method

根据测试需求，沿 U-I 曲线设定多个恰当分布的点，电流从一个设定点升流到另一个设定点后再保持一定时间的恒流，同时记录若干相应的电流和电压值，然后继续升流到后续设定点。

4　原理

复合超导体的临界电流是通过样品处于恒压状态和特定温度下的致冷液槽中，并在一定外加静磁场强度(磁场)下所测得电压(U)-电流(I)特性来确定的。为了测量电压-电流(U-I)特性，给超导体样品通以直流电流，并测量沿一段超导样品所产生的电压。电流从零增加，并记录所产生的 U-I 特性。达到设定的临界电场强度(电场)判据(E_C)或者电阻率判据(ρ_C)所对应的电流值即为临界电流值。无论 E_C 或 ρ_C 判据，对于一定间距的电压抽头之间都有相对应的电压判据(U_C)。

5　要求

进行超导体临界电流测量时，将直流电流(I)通过超导体样品，然后测量样品上一段的电压降(U)。电流应从零开始逐渐增加，并记录样品的电压-电流(U-I)特性。

应施加足够张力或使用低温粘接剂将样品固定在样品骨架上。

注 1：对于铜/铜镍/铌钛(Cu/Cu-Ni/Nb -Ti)超导体，应按附录 C.2.1 的要求进行。

本方法的目标不确定度定义为一个变化系数(标准偏差除以临界电流测定结果的平均值)，在实验室间比对测量时，它不应超过 3%。

注 2：对于铜/铜镍/铌钛(Cu/Cu-Ni/Nb -Ti)超导体的目标不确定度处理，应按附录 C.2.2 的要求进行。

本测试方法不采用通用的电流转移修正。此外，如果在测试中出现明显的电流转移，测量结果应视为无效。

本测量标准的使用者有责任考虑并建立适当地保证安全和健康的操作规程，并在使用前确定规程的适用性。一些具体的注意事项陈述如下：

在此类测量中存在不安全因素。低压大电流虽不足以造成直接人身危害，但是，如果电流引线与其他导体如工具或输液管发生短路，会释放巨大能量并引发电弧或燃烧。因此，必须采用适当的绝缘和隔离措施以防止电流引线短路。同样，提供背景磁场的超导磁体其储能也会引发类似的大电流和/或高电压脉冲，或者，在低温系统中释放出大量热能，导致液体快速挥发甚至发生爆炸。而致冷剂的快速挥发会致使邻近区域出现缺氧状态，因此，可能需要增加通风设备。低温液体是用来冷却超导体使其转变为超导态，当溅射出的致冷剂与皮肤直接接触时，会灼伤皮肤。同样，皮肤与输液管、储液杜瓦容器等设备发生直接接触时，也能导致冻伤。若实验操作不当，液氦储液杜瓦的压力阀出口有可能被冷冻的水或空气堵塞，致使杜瓦容器过压。尽管有一般的安全装置，储液杜瓦仍会损坏。在使用和处理低温液体时必须要遵守安全防范措施。

6 测量装置

6.1 样品骨架材料

样品骨架应由绝缘材料或非铁磁导电材料制作，非铁磁导电材料可以覆盖绝缘层，也可以不覆盖绝缘层。

在测试温度下，由于样品骨架和样品热收缩性不同，在样品上产生的张应变不应超过 0.2%。

附录 A 推荐了几种适合于制作样品骨架的材料，可选用其中任何一种。

注 1：对于铜/铜镍/铌钛(Cu/Cu-Ni/Nb-Ti)超导体，应按附录 C.2.3 的要求进行。

在使用无绝缘层的导电材料制作样品骨架时，通过样品骨架的漏电流应小于样品达到临界电流 I_C 时总电流的 0.2%(见附录 A.3.1)。

注 2：对于铜/铜镍/铌钛(Cu/Cu-Ni/Nb-Ti)超导体，应按附录 C.2.4 的要求进行。

6.2 样品骨架结构

样品骨架的直径应大于 24 mm，并满足弯曲应变的限制(见 7.2)。

在样品骨架上最好刻有螺旋沟槽，样品应绕在其中。沟槽的螺旋角应小于 7°。

如果在绕制样品时没有使用螺旋沟槽，也应满足同样的螺旋角要求。这样绕制样品方法可能使样品得不到足够的支撑，并且样品的螺旋角会有较大的变化(见 7.2)。

样品轴线(电压抽头之间的部位)与磁场的夹角应为(90°±7°)。此夹角测定的合成标准不确定度应不超过 1°。

电流引线固定环应牢牢固定在样品骨架上，以避免电流引线固定环与样品骨架间的过渡区上的样品应力集中。

7 样品准备

7.1 样品固定

在绕制样品时，应施加张力和/或用低温粘接剂(诸如硅真空脂、Apiezon® 真空脂或环氧树脂)将样品紧固在样品骨架上，以减小样品移动。采用低温粘接剂固定样品时，粘接剂用量应尽量少。在样品固定好以后，应将样品外表面多余的粘接剂擦去。

注 1：对于铜/铜镍/铌钛(Cu/Cu-Ni/Nb-Ti)超导体，应按附录 C.2.5 的要求进行。

应通过检验临界电流测量的重复性是否达到应有的要求来判断样品的固定是否合适。

不应使用焊料将样品固定在电流引线固定环间的样品骨架上。

注2：对于铜/铜镍/铌钛(Cu/Cu-Ni/Nb-Ti)超导体，应按附录C.2.6的要求进行。

7.2 样品安装

测试的样品不应有接头或折痕。

样品的截面积S应使用垂直于导体轴线的横截面来确定，其测量相对合成标准不确定度不应超过2.5%。

样品导线应绕成小的螺旋线圈形状。绕制样品时不应使样品发生额外的扭曲。

对于矩形截面导线，样品绕成的线圈应使外加磁场平行于样品的宽面。

为了确保样品能牢牢嵌在沟槽中，线圈绕制过程中应施加一定的张力，该张力在导线上产生的张应变应不大于0.1%(见附录D)。

注1：对于铜/铜镍/铌钛(Cu/Cu-Ni/Nb-Ti)超导体，应按附录C.2.7的要求进行。

安装样品时所产生的最大弯曲应变应不超过3%。

应将样品导线的两端用焊料焊接在电流引线固定环上。固定环上样品焊接的最小长度应选40 mm、30倍样品直径或30倍样品厚度中的最大值。

焊在每个电流引线固定环上的样品不应超过三匝。

电流引线固定环与电压抽头之间最短距离应大于40 mm。

电压抽头应焊在样品上。电压抽头的未扭绞部分应按与样品绕制方向相反的方向布置，以使样品电流回路与样品和电压抽头所形成的回路区域间的互感为最小，如附录A中图A.1所示。

电压抽头间沿样品的长度L，其测量相对合成标准不确定度不应超过2.5%。电压抽头间距应大于50 mm。

为进行试验，应将样品和样品骨架安装在由液氦杜瓦、磁体和其支撑结构、以及样品支撑结构组成的实验低温容器中。

8 测试步骤

在数据采集阶段，样品应浸没在液氦中。在测定每个I_C的前后都应测量液氦槽的温度。

除非采用失超保护回路或电阻分流保护样品不受损坏，样品电流不应大到使样品进入正常态。

当采用恒定速率升流法采样时，电流从零升到I_C的时间应大于10 s。

当采用升流-恒流-升流法采样时，在设定点之间的升流速率应低于相应在3 s内将电流从零升到I_C所对应的速率。

直流磁场的方向应与样品骨架轴线方向保持一致。磁场和磁体电流之间的关系应事先标定。每次确定I_C之前都应测量磁体的电流值。外加磁场应平行于矩形截面样品的宽面和近似垂直于样品的线轴。

电流和外加磁场的方向应使在电压抽头间的整个样品上受到向内的洛伦兹力。

注：对于铜/铜镍/铌钛(Cu/Cu-Ni/Nb-Ti)超导体，应按附录C.2.8的要求进行。

单方向增加电流，记录被测样品的U-I特性。

有效的U-I特性曲线所给出的I_C值在重复性测试条件下，其测量相对不确定度不应大于0.5%，并且当电压等于或低于临界电流判据时，其特性应该是稳定的，不随时间变化。

采用升流-恒流-升流法采样时，U-I特性的基线电压应取零电流时所记录的电压，而采用恒定速率升流法采样时，基线电压应取电流在约0.1 I_C时所对应的平均电压。

9 测试方法的不确定度

9.1 临界电流

临界电流值应根据用四引线法测量所得的电压-电流特性确定。

电流源提供的直流电流在 I_C 时，其带宽为 10 Hz 到 10 MHz 的范围内最大周期性和随机偏差应小于±2%。

用于确定样品电流值的四引线标准电阻，其相对合成标准不确定度不应超过 0.25%。

应用记录仪和必需的前置放大器、滤波器或电压表、或它们的组合记录 U-I 特性曲线。所记录的 U-I 特性曲线应能使临界电压判据值 U_C 的测量相对合成标准不确定度不超过 5%，相应的电流相对测量合成标准不确定度应不超过 0.5%。

9.2 温度

低温容器应提供测量 I_C 所需的环境，样品应浸没在液氦中测量。液氦槽的温度应是接近在测试地点的典型大气压下正常沸点的液氦温度。样品温度可以认为和液体温度相同。液体温度可通过压力传感器或温度传感器测量，其测量合成标准不确定度应不超过 0.01 K。

样品温度与液氦槽温度之差应尽可能小。

使用气压法测量温度时，应使用氦的相图。压力的测量不确定度应满足温度测量不确定度要求。如果液氦的深度大于 1 m，需要进行压差校正。

9.3 磁场

磁体系统所提供的磁场合成标准不确定度应不大于以下两者中最大者，即合成标准相对不确定度 0.5%和 0.01 T。

在电压抽头间的整个样品上，磁场的非均匀性应不超过 0.5%和 0.02 T 两者中的最大者。

磁场最大的周期性和随机性偏差应不超过±1%和±0.02 T 两者中的最大者。

9.4 样品和样品骨架支撑结构

支撑结构应给样品以合适的支撑作用，并保证样品相对于磁场有正确取向。样品支撑应能保证临界电流测量的重复性满足第 8 章所叙述的重复性要求。

被测样品应是螺旋线圈形状。

9.5 样品保护

如使用与样品并联的电阻分流器或失超保护回路，当电流达到 I_C 时，通过保护回路或分流器的电流应小于总电流的 0.2%。

10 结果计算

10.1 临界电流判据

临界电流 I_C 应由电场强度判据 E_C 或者电阻率判据 ρ_C 确定，电阻率可用复合超导体总截面估算（见图 1 和图 2）。

采用电场强度判据时，I_C 两个值应分别由 10 μV/m 和 100 μV/m 判据确定。当采用电阻率判据时，I_C 两个值应由 10^{-14} Ω·m 和 10^{-13} Ω·m 判据确定。

当用 100 μV/m 判据难以测出合适的临界电流 I_C 值时，应改用小于 100 μV/m 的 E_C 判据，或采用电阻率判据来测量。

I_C 应由 U-I 曲线上 U_C 值所对应的电流值确定，U_C 是相对基线电压测得的电压（见图 1 和图 2）。

$$U_C = LE_C \qquad \cdots\cdots(1)$$

式中：

U_C——电压判据，单位为微伏（μV）；

L——电压抽头间距离，单位为米(m)；

E_C——电场强度判据，单位为微伏/米(μV/m)。

或，当采用电阻率判据：

$$U_C = I_C \rho_C L/S \qquad (2)$$

式中：

ρ_C——电阻率判据值；

U_C——直线 $U_C = I_C \rho_C L/S$ 和 U-I 曲线的相交点所对应的电压，如图1所示，单位为伏(V)；

I_C——直线 $U_C = I_C \rho_C L/S$ 和 U-I 曲线的相交点所对应的电流，如图1所示，单位为安(A)；

S——样品的总截面积，单位为平方米(m^2)。

在基线电压和约 0.7 I_C 对应的平均电压两点间画一条直线(见图2)。这条直线可能由于存在电流转移而呈现一定的倾斜，但其斜率应小于 0.3 U_C/I_C，这样确定出的 I_C 才能视为有效，其中 U_C 和 I_C 的值是由 10 μV/m 或 10^{-14} Ω·m 判据确定。

10.2 *n* 值(选择性计算，见附录 A.7.2)

n 值应通过确定 I_C 值的区域内的 $\log U$ 对 $\log I$ 曲线的斜率来计算，或者用 10.1 中所述的两个不同判据所得出的两个 I_C 值来计算。

用于确定 n 值的判据范围应写入报告。

11 测试报告

11.1 被测样品说明

如有可能，应给出被测样品的如下信息：

1) 样品的生产厂家；
2) 类别和/或标号；
3) 批号；
4) 原材料及其化学成分；
5) 导线截面的形状和面积、芯丝数、芯丝径、扭距和铜-超比。

11.2 I_C 值报告

应将 I_C 值及相应的判据写入报告。

11.3 测试条件报告

以下的测试条件应写入报告：

a) 背景磁场及其均匀性；
b) 测试温度；
c) 被测样品线圈的匝数；
d) 线圈绕制技术；
e) 电压抽头间的长度和样品的总长；
f) 电流引线固定环与电压抽头间的最短距离；
g) 电流引线固定环间的最短距离；
h) 固定环上的焊接长度；
i) 样品粘接方法，包括低温粘接剂品种；
j) 样品骨架材料；
k) 样品骨架直径；
l) 沟槽的深度、形状、螺距和螺旋角。

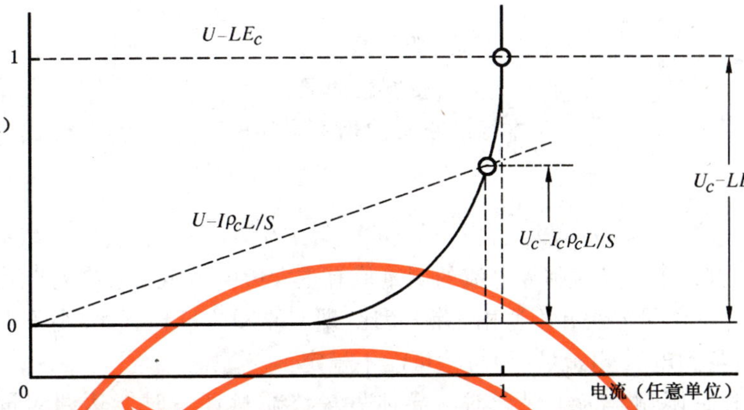

注：图示是采用电场强度和电阻率判据方法确定临界电流。

图1　本征的 *U-I* 特性

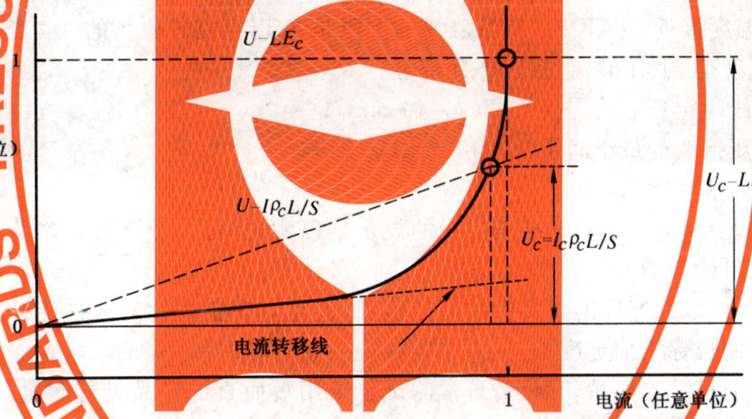

注：图示是在低电流区域呈现线性电流转移分量的 *U-I* 特性曲线上采用电场强度和电阻率判据方法来确定临界电流。

图2　具有电流转移分量的 *U-I* 特性

附　录　A
（资料性附录）
本标准正文的相关附加说明

A.1　范围

需要注意的是，有许多变量对临界电流的测量值有重大影响。本附录将列出其中一些变量。

本标准中所陈述的测量方法并不适用于铜-超比（即 Cu/Nb -Ti 体积比）小于 1 的导线，因为在低磁场下，此类导线所观察到电压-电流（*U-I*）特性可能不稳定。

本标准提出的种种限制是为了保证对长导体做最终质量评估时能达到测量所必需的不确定度要求。

本标准要求测试样品应浸泡到液氦中进行测量，液氦应接近在测试地点正常大气压下的沸点状态。本标准不适用非正常沸点温度的液氦条件下的测试，也不适用于在气氦或真空条件下的测试。

A.2　要求

本方法确定的直流临界电流是指在给定的温度和磁场下超导体所可以认为无阻承载的最大直流电流。

一般来说，在温度接近 4.2 K 时，背景磁场的上限是 8 T（上临界磁场的 0.7 倍）。

样品最小总长度是 210 mm，包括以下几部分：

- 在电流引线固定环上的焊接长度（2×40 mm）；
- 电流和电压接头的最小间距（2×40 mm）；
- 电压抽头间最小间隔（50 mm）。

在日常测试中，当要完全遵守标准正文中的规定难以实现，可以把该规定作为一般指导原则，但相应的测量不确定度可能会增大。

对于日常测试，可以放宽标准正文中的规定范围，但是对于正规比对或性能认证测试，需兼顾到应用方便性以及最终的目标不确定度。

若样品的横截面尺寸比样品长度小，日常测试也可用短而直的样品进行测量。然而，为简单起见，本标准不涉及这种样品几何形状。

对于采用无感绕组（双股线无感绕制）并用环氧粘接剂固定的样品进行测试时，其测量不确定度可认为是接近本标准的目标不确定度。为了简单起见，本标准不涉及这种样品几何形状。对于双股线形状的样品，样品长度上一段的洛伦兹力会使样品脱离样品骨架。在这种情况下，硅真空油脂或绕制时的张力不足以保持样品不发生移动。

在日常测试时，虽然可以将样品用焊料焊接方法固定在非铁磁不锈钢样品骨架上。但这会使样品骨架电流分流值的大小难以估算，特别是在使用超导焊料和低磁场下测试时，骨架分流问题更严重。

当要研究矩形横截面样品在各种磁场方向的临界电流时，有两种选择：通过在有径向通道的磁体中测量直形样品，可进行各种磁场角度下临界电流的测量；在螺线管磁体中测量发夹状样品（U 形样品）和线圈样品就可得到两个磁场夹角（0°和 90°）下的临界电流。本标准既不包含直样品，也不包含发夹状样品。

本标准的测量目标不确定度是由实验室间比对测试结果来确定。许多变量都会对临界电流的测量不确定度产生影响，本标准采用了以往实验室间比对测试结果以定出这些变量的许可变化范围。对于实验室间比对，目标相对不确定度是小于 3%的变化系数（标准偏差除以临界电流测量平均值）表示。

变化系数可为大量测定结果表征期望分布特性。然而，如果存在比较明显的系统误差，两个实验室间的测量结果差别可能大到此变化系数的 2 倍或 2 倍以上。

当磁场到达上临界磁场的0.8倍左右(4.2 K下约9 T),由于临界电流对磁场、温度、应变的敏感性增强和对电压灵敏度要求的增加,作为表征临界电流测量的合成不确定度的变化系数将增大。

在本实验方法中,磁场的不确定度可能是对临界电流测量总的不确定度影响最重要的单个因素。然而,由于该参数难以标定,更严格的容差可能难以获得。

对本标准规定以外的复合超导线的临界电流测试方法,在将来的测量标准文本中可能会予以陈述。

A.3 装置

A.3.1 样品骨架材料

推荐下列材料用作样品骨架材料。只要符合6.1的要求,也不限制使用其他材料。

绝缘材料:

- 玻璃纤维环氧树脂复合材料,样品处在织物面上;
- 用板坯加工成的玻璃纤维环氧树脂复合管,其织物面与管轴相垂直;
- 用玻璃纤维环氧树脂卷制的薄壁复合管。

表面覆盖绝缘层的非铁磁导电材料:

- 非铁磁铜合金,例如黄铜;
- 非铁磁不锈钢。

无绝缘层的非铁磁导电材料:

- 非铁磁不锈钢;
- Ti-5wt%Al-2.5wt%Sn,使用这种材料有局限性,因为它在低于3.7 K时出现超导现象;
- 铜合金,如黄铜(Cu-Zn)和铜镍合金(Cu-Ni)。

流过无绝缘层导电样品骨架的漏电流可以通过在样品骨架上有样品和没有样品条件下的测量估算得出。在测试条件下,测量在没有样品时电流引线固定环间的电压降,可估算出包括接触电阻在内的漏电旁路电阻。然后,在测试条件下,测量有样品时电流引线固定环间电压降,即可估算出漏电流。

当被测导体出现热不稳定时[2],可能会有很大的漏电流通过导电性样品骨架。固定电压抽头以外的一段导体会进入正常态,使漏电流增大,流过样品的实际净电流减少,导致非常错误的临界电流测试结果。通过监测和记录一对用于测量样品上电流引线固定环之间电压的诊断电压抽头上的电压值,可以探测到上述现象。

A.3.2 样品骨架结构

如果选用带螺旋沟槽的样品骨架,在测量圆截面导线时,建议槽深应至少为线径的一半,而测量矩形截面导线,槽深至少为其厚度的一半。通常,测量圆截面导线使用V字形沟槽结构样品骨架,而测量矩形截面导线使用矩形沟槽结构样品骨架。

对于直径24 mm的样品骨架,7°的螺旋角相当于9 mm的螺距。

电流引线固定环一般是用圆筒形铜环制成,如图A.1。铜环的外径要接近样品线圈的内径,以使样品弯曲应变最小。

一般在电流引线固定环与样品间使用较大容量超导引线传输电流,以便减小样品端部附近的热负荷。

为了降低有效接触电阻,可以将超导引线缠绕焊接在铜环上。如果在测试条件下超导引线的临界电流比样品的临界电流大得多,那么超导引线在铜环缠绕部分应不超过铜环圆周长的90%。

A.4 样品准备

A.4.1 样品固定

样品的移动会引发提前失超(不可逆转的热失控)、电压噪声并最终使临界电流测量重复性降低。

由于样品和样品骨架的热收缩不同,绕制样品时施加张力可使样品获得合适的支撑。

虽然使用低温粘接剂有助于减小失超的几率,但是粘接剂使用太多会阻碍样品向液氦槽散热,而引起失超。

为使样品固定牢固,样品骨架表面应处理得粗糙而且清洁,而样品的表面也要处理整洁。

对所有的导体和样品骨架材料,都指定使用单一的固定技术是不实际的。

不允许使用焊料焊接方法在电流引线固定环间将样品固定在样品骨架上,这样会使漏电流估算困难、人为提高稳定性和放大差分热收缩效应。

使用任何样品固定的技术,都可能要考虑样品的过度温升问题。

A.4.2 样品安装

在样品安装前,要测量导体的横截面积,以便于在利用电阻率判据确定临界电流 I_C 时使用。在确定 I_C 和 ρ_C 时,横截面积测定的相对合成标准不确定度达到 2.5%即可。然而,要确定临界电流密度 J_C 值时,横截面积测量的相对合成标准不确定度则不宜超过 0.5%。

线圈绕制的曲率要与样品骨架的自然曲率相同。

一般在绕制样品时,先将导线的一端固定好,再施加张力绕制样品,然后固定另一端,最后将样品两端焊在电流引线固定环上。

在电流引线固定环上焊接多匝样品会引发一个缓慢衰变磁场。这个磁场是由于背景磁场设置点改变而感应出电流产生的。

样品的支撑结构要能够把样品固定在处于液氦容器中背景磁体的中心部位,并且还要能够固定好位于室温和液氦温度之间的电流和电压引线。

为减小样品电压引线间热电势,可使用铜电压引线。这些引线温度从液氦连续过渡到室温,要使所有室温焊点和连接点都处于等温环境。应注意浸泡在液氦中的焊点和连接点也处于等温状态。

A.5 测试步骤

可以采用失超保护回路或分流电阻保护样品,以防万一样品转变为正常态时不因存在电流而损坏。

U-I 数据采集的方法之一是用恒定速率升流法,即用恒定的速率把电流从零升到略高于 I_C 电流值。考虑到感应电压和样品发热,升流速率要遵照第 8 章规定的限制。

由于升流速率、电压灵敏度、样品失超经历和背景磁场最后一次设定的时间等因素的影响,在允许的升流速率上限时,感应电压随电流变化可能不是恒定[3]。这些变化的感应电压可能是以电流转移电压形式出现,并可能影响第 10.1 条所述测量规则的合理性。在每一次改变外加磁场后,先行升流到 I_C,然后再回到零,在下一次升流降流循环时,或在样品失超后,上述效应可能会减小。

另一种 *U-I* 数据采集方法是升流-恒流-升流法,即电流按预先设定电流值的点逐步升流,在电流升到每一设定点后电流保持一段时间的恒定,同时采集电压和电流的数据。这种情况下,每个电流设置点之间许可有更快的升流速度,而每次快速升流后需要一个短暂的停留时间。

这个停留时间取决于升流速率、电压灵敏度、样品失超经历以及背景磁场最后一次设定的时间等因素,可能需要长达 3 s[3]。在每一次改变外加磁场后,先行升流到 I_C,然后再回到零,再进行下一次升流降流循环时,或在样品失超后,上述效应可能会减小。

如果系统噪音与失超电压判据设定值相比较为明显,就将电流从零升到 I_C 的时间延长到 150 s,这样可以为数据平均提供更多时间。在这种情况下,应增大热容量和/或电流引线固定环冷却面,以抑制因测试时间变长而产生的热影响。注意,升流-恒流-升流法可以对沿 *U-I* 曲线上合理分布的电流设定点上的电压采集值进行数值平均。

在样品升流过程中,在电压抽头之间会感应一个正的或负的电压。在升流过程中,这个电压可以通过它正比于升流速率而鉴别出。如果该电压值与 U_C 相比较为明显,就要减小升流速度,减小电压抽头和样品形成的闭合回路面积,或者改用升流-恒流-升流法。

在升流过程中,由于洛伦兹力随时间增加会引起样品的断续或连续移动。如果这个干扰电压与 U_C 相比较为明显,检查洛伦兹力的方向,改进样品的支撑或热稳定,或者用升流-恒流-升流法。

如果测得的 *U-I* 特性重复性不够好而不能保证 I_C 的有效测量,可通过改进样品的失超保护来提高测试的重复性。另外，也可以通过改善样品的固定或热稳定性(这可能需要加长样品在电流固定环上的接触长度，减少样品外表面的残留粘接剂)来解决。

基线电压可包括热电势、漂移、接地回路和共模电压。一般认为在每次 U-I 数据采集过程中这些值都是稳定不变的。若假定这些电压随时间是线性变化，热电势和漂移电压微小变化可以通过在 U-I 曲线测量之前和之后都对基线电压值进行测量予以基本消除。如果与 U_C 相比，基线电压的变化比较大，那么需要对实验装置进行改进。

接地回路和共模电压的变化可能是样品电流的不规则函数，如果该变化比较大，则需要采取措施来减小它们。从电流转移电压中把它们区分出来是很难的，并且影响了在测量中使用电流转移限制的合理性。测量零电压抽头之间电压(见图 A.1)与样品电流间函数关系，可以检测共模问题。在零电压抽头之间测到的非零电压不应是样品电流的函数，虽然它可能是电流升流速率的函数。如果它是样品电流的函数，则表明问题严重。

A.6　测试方法的不确定度

实验室临界电流测试系统的整个不确定度的评估也可以通过测试 SRM-1457 标样来进行。标样可以从下述地方购得：

National Institute of Standards and Technology
Standard Reference Materials Program
100 Bureau Drive, Stop 2322
Gaithsburg, MD 20899-2322
U. S. A.
Telephone：(301)975-6776
Fax：(301)948-3730
srminfo@nist.gov
http://www.nist.gov/srm

结合标样证书上的注意事项，采用本标准的方法对标样进行测量是有效的(即可用本实验方法取代在标样证书中所列的 ASTM 实验方法)。

样品自场效应大小及其与电流、线圈直径、螺距等因素的复杂关系可能会引起一个可察觉的系统误差，但对于使用相同样品的实验室间的比对实验而言，此类误差一般不会对目标不确定度产生明显的影响。若有需要，依据测试报告中的数据结果可以大致估算出自场效应对 I_C 的影响。有关自场效应的进一步讨论见附录 B。

当样品电压超过失超保护触发点时，失超保护电路会将样品电流重置为零，因此，为进行多次临界电流测量，失超保护电路可能是必需的。

A.7　结果的计算

A.7.1　临界电流判据

在有些情况中，要用 Nb-Ti 横截面积确定电阻率判据。该截面积通常用称重、腐蚀和称重法测量 Cu 对 Nb-Ti 的比值来确定。相应的标准测试步骤见 IEC 617885[4]。

当采用 $10^{-14}\ \Omega \cdot m$ 判据时，电压抽头间的距离可能需要大于 500 mm，以增加信噪比。

如果电流转移成分相对于判据比较明显时，可能需要增大电流接头和电压接头间的距离。

A.7.2　*n* 值(可选择的计算)

超导体的 U-I 特性曲线在转变处的变化通常可以通过幂指数经验公式近似：

$$U = U_0(I/I_0)^n \qquad \cdots\cdots(A.1)$$

式中：

U——样品电压，单位为微伏(μV)；

U_0——参考电压，单位为微伏(μV)；

I——样品电流,单位为安培(A);

I_0——参考电流,单位为安培(A);

n——n 值(无量纲),反映了超导样品在由超导态向正常态转变区域内曲线的一般形状。

log V 对 log I 的图形不总是线性的,即使在接近临界电流判据 $E=10\ \mu V/m$ 附近的电流范围内也是如此,因而用于确定 n 值的判据范围需要指明。典型范围是 $10\ \mu V/m$ 到 $100\ \mu V/m$ 或者 $10^{-14}\ \Omega \cdot m$ 到 $10^{-13}\ \Omega \cdot m$。

在确定 n 值时,表达其分散程度的变化系数可能高达 20%,因此在目前方法中,确定 n 值的做法是选择性的。

其他可能影响 n 值变化的因素是:

——电压噪声;

——电流纹波;

——样品的冷却(粘接剂的使用量,或者由于非绝缘导电样品骨架的使用而使样品额外稳定性增加);

——磁场的纹波和非均匀性;

——样品电流的自场;

——样品上的热梯度。

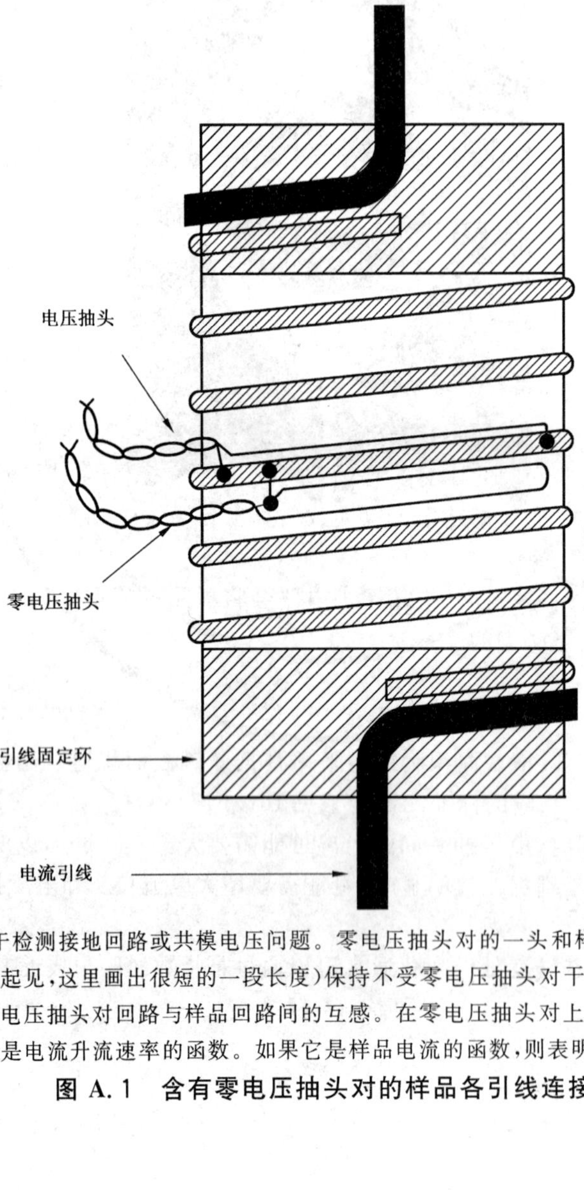

注:零电压抽头对用于检测接地回路或共模电压问题。零电压抽头对的一头和样品相连并和另一头短接,而电压引线对(为了清楚起见,这里画出很短的一段长度)保持不受零电压抽头对干扰的状态。零电压抽头对要绕成小的回路,以模拟电压抽头对回路与样品回路间的互感。在零电压抽头对上测量出的电压不应是样品电流的函数,虽然它可能是电流升流速率的函数。如果它是样品电流的函数,则表明接地回路共模电压问题严重。

图 A.1 含有零电压抽头对的样品各引线连接

附 录 B
（资料性附录）
自 场 效 应

大电流流过线圈形状的样品时，样品自身会产生磁场，即自场。这种自场会对被测的临界电流产生影响。由于自场叠加在外加背景场上，所以对于导体横截面的一部分，样品所承受的总磁场要比外加磁场大。有些实验室会对这种附加自场进行粗略的修正。

在临界电流测量的实验室间比对中，因为每个实验室的样品都要遇到几乎相同的自场效应，不需要用自场修正来修改 I_C 数据。实验室之间的比对中，自场效应不同仅是在于样品骨架的直径和螺距（它们在实验室比对是有规定的）以及外加磁场均匀性的差异。因为在实验室之间的比对中，样品几乎是相同的，所以不大需要对自场效应进行近似修正。有些参加比对的实验室对临界电流数据进行了自场效应修正，而有些实验室却没有，这就会使结果变的不可比较。因此，在实验室之间比对时，省略自场修正可能更好。

但是，在不同直径导线的临界电流密度比对测试时，有必要进行自场效应修正。当对不同直径导线的临界电流密度测量进行比对时，导体所经受的自场不同，应予以修正。自场修正后的电流密度更具可比性。近似修正是基于一长直导线的磁场：

$$B_{SF} = \mu_0 I/(2\pi r) \qquad \text{(B.1)}$$

式中：

B_{SF}——近似的自场，单位为特斯拉（T）；

μ_0——真空磁导率，单位为 $4\pi\times10^{-7}$ H/m；

I——电流，单位为安培（A）；

r——导线半径，单位为米（m）。

这个方程也可以写成如下形式：

$$B_{SF} = (4\times10^{-4})I/d \qquad \text{(B.2)}$$

式中：

B_{SF}——近似的自场，单位为特斯拉（T）；

I——电流，单位为安培（A）；

d——导线直径，单位为毫米（mm）。

这种近似修正已表明可以部分解决传输 J_C 测量和直流磁化法测量计算的 J_C 两者之间的差异，还可以修正优化研究中不同直径超导线 J_C 测量。这种自场效应的近似修正已被用于建立单线和电缆之间临界电流测量的关联。这里选用这个修正方法是因为它简单方便、应用广泛并被证明是有效的。方程(B.1)给出的近似修正没有考虑诸如铜-超比、基体电阻率、芯丝的扭矩、芯丝的分布、电流沿芯丝或骨架的重新分布和样品骨架直径和螺距等因素。

一般来说，只要测量参数不导致自场效应增大，这种近似修正是足够精确。但是，对于实验室比对测试来说，这种修正就不够精确了。在实验室间比对时各实验室间一些参数可能有差异，包括对这些参数的任何修正，将是非常复杂，并且仍然可能达不到必要的精确。由于这种自场修正没有考虑到由样品骨架直径和螺距测量的影响，所以，在临界电流密度比对中，应该采取措施来减少这些参量对临界电流测量的影响。从这一点来说，高临界电流样品（>300 A）或者低磁场下（<3 T）（这时临界电流更依赖于磁场）的测量应用更大直径（>30 mm）、螺旋角更接近于 7°的样品骨架。要得到更权威的指导原则还需要对这些效应进行进一步研究。自场效应的研究是很困难的，因为传输临界电流无法在无自场条件下测得，而且在许多实验中弯曲应变对临界电流的影响和自场效应是混在一起的。

在实验室之间比对时减小自场效应影响的一个简单的方法是将样品骨架的直径和螺距标准化。这种方法的实质就是趋向选择最小直径，这对于实验室之间的比对是比较合适，但是对于日常临界电流密度测量却不实用。在本标准范围内，如果提出适用于多种导体的单一标准样品骨架将是不实际的，因为适合于最大尺寸导体的样品骨架会装不进许多实验室所用磁体的测试内孔径中。

修正自场效应的另一个办法就是在施加正向电流和反向电流条件下分别测量，并将两次测试结果进行平均，这样也可以减小由样品骨架的直径和螺距对测量的影响。因为本标准不允许将电流换向，该方法不能在本标准中使用。

附 录 C
（规范性附录）
铜/铜镍/铌钛(Cu/Cu-Ni/Nb -Ti)复合超导体测试方法

C.1 概要

本标准正文部分对铜/铌钛(Cu/Nb -Ti)和铜/铜镍/铌钛(Cu/Cu-Ni/Nb -Ti)超导体都适用，本附录叙述铜/铜镍/铌钛(Cu/Cu-Ni/Nb -Ti)超导体测试所需特殊遵从的规定。

C.2 对于 Cu/Cu-Ni/Nb -Ti 复合超导体测量所需特殊遵从的条款

C.2.1 样品应固定在样品骨架上，而固定样品时，所施加张力应使样品总应变大于 0.1%而小于 0.2%。(如 C.2.5 所指出，除 Apiezon® 型高热导率油脂外，应避免使用低温粘接剂)。

C.2.2 本测试方法的目标相对不确定度确定为不大于 3%的变化系数(COV，标准偏差除以临界电流的平均值)。为确保变化系数(COV)小于 2%，洛伦兹力方向应沿样品线圈的径向向外。

C.2.3 根据实际条件，适当选用附录 A 中所推荐的材料。这里更推荐采用玻纤环氧树脂复合材料做骨架，样品放在纤维织物平面上。

C.2.4 使用没有绝缘层的导电材料制作样品骨架，尤其是利用焊料固定样品的情况下，沿样品骨架上漏电流应小于在样品电流达到由最低临界电流判据所决定的 I_C 时总电流的 0.2%。(见 6.1 和附录 A.3.1)。

C.2.5 样品应仅用张力的方法固定在样品骨架上。应避免使用低温粘接剂。真空器件用的硅脂可强烈增加失超的可能性，故不应使用。类似 Apiezon® 这类的高导热性油脂虽然有助于减小失超可能性，如确有必要，也应最小限度地使用。

C.2.6 允许采用焊料焊接的办法将样品固定在样品骨架上，但是在这种情况下 10 μV/m 和 10^{-14} Ω·m临界电流判据是有效的，而两个更高临界电流判据(100 μV/m 和 10^{-13} Ω·m)则是无效的。

C.2.7 为了确保样品能牢牢嵌在沟槽中，并减小失超的发生，线圈绕制过程中应施加一定的张力，施加在线上的张力应保证导线的总应变不能超过 0.2%。张力应调节使样品上的总应变在 0.1%到0.2%之间(见附录 D)。

C.2.8 在电压抽头之间的样品上，由电流和外磁场作用产生的洛伦兹力方向应朝外。

附 录 D
（资料性附录）
估算绕制张力的指导原则

本附录给出样品绕制张力估算的指导原则和实例，以使张力控制在应变极限范围内。为减小样品在被测过程中的移动，在绕制过程中需要足够大的张应变，但不能过大以至于降低样品的临界电流。铜/铌钛(Cu/Nb-Ti)材料(见7.2)和铜/铜镍/铌钛(Cu/Cu-Ni/Nb-Ti)材料(见C.2.7)的应变极限是不同的，本附录并不旨在精确确定样品的张应变。

在弹性极限内(应变小于0.2%也可视为在弹性极限内)，应力-应变的关系式近似为：

$$\sigma = E\varepsilon \qquad \cdots\cdots(D.1)$$

式中：

σ——应力，单位为帕(Pa)或(N/m^2)；

E——弹性模量，单位为帕(Pa)或(N/m^2)；

ε——应变(长度的变化除以原始长度)，无量纲。

表D.1中给出了几种材料的典型弹性模量值。对于复合超导体，其弹性模量可按"混合定则"估算，

$$E_{comp} = fE_{sc} + (1-f)E_m \qquad \cdots\cdots(D.2)$$

式中：

E_{comp}——复合材料的弹性模量，单位为帕(Pa)或(N/m^2)；

f——超导体所占的体积部分，无量纲；

E_{sc}——超导体的弹性模量，单位为帕(Pa)或(N/m^2)；

E_m——基体弹性模量，单位为帕(Pa)或(N/m^2)。

"混合定则"可以推广使用于三组元超导体。

以下是一估算张力的实例：超导线直径为1 mm，设$f=0.4$(即40%Nb-Ti以及60%Cu)，试估算使超导线产生0.1%的应变时所需要的张力。

利用这f值和表D.1中给出的$E_{Nb\text{-}Ti}$和E_{Cu}，通过方程D.2，可以算出$E_{comp}=99.6$ GPa。将复合弹性模量E和$\varepsilon=0.001$代入方程D.1，得出σ(应力)为99.6 MPa。

张力是：

$$F = \sigma S \qquad \cdots\cdots(D.3)$$

式中：

F——张力，单位为牛顿(N)；

S——线的截面积，单位为平方米(m^2)。

将应力值99.6 MPa和线的截面积(0.785×10^{-6} m^2)代入方程D.3，可以得出张力约为78 N。

表D.1 室温下几种材料的典型弹性模量

材料名称	弹性模量/GPa
Nb-48wt%Ti	60
Cu	126
Cu-10wt%Ni	122

参 考 文 献

[1] IEC 60050-121,International Electrotechnical Vocabulary—Part 121:Electromagnetism.

[2] Loren F. Goodrich,Julie A. Wiejaczka,and Ashok N. Srivastava,IEEE Trans. On Appl. Supercond. Vol5(3),PP. 3442-3444(1995).

[3] Loren F. Goodrich and T. C. Stauffer,Advances in Gryogenic Engineering Vol. 48B,PP. 1142-1149(2002).

[4] IEC 61788-5 Superconductivity—Part 5:Matrix to Superconductor volume ratio measurement-copper to superconductor volum ratio of Cu/Nb-Ti composite superconductor.

ICS 17.220
N 20

中华人民共和国国家标准

GB/T 21547.1—2008

VME 总线对仪器的扩展　第1部分：TCP/IP 仪器协议规范

VMEbus extensions for instrumentation—
Part 1: TCP/IP instrument protocol specification

2008-03-31 发布　　2008-11-01 实施

中华人民共和国国家质量监督检验检疫总局
中国国家标准化管理委员会　发布

前　　言

GB/T 21547《VME[1]总线对仪器的扩展》分为如下几个部分：

——第 1 部分：TCP/IP[2]仪器协议规范；

——第 2 部分：TCP/IP-VXI 总线接口规范；

——第 3 部分：TCP/IP-IEEE 488.1 接口规范；

——第 4 部分：TCP/IP-IEEE 488.2 仪器接口规范。

本部分为 GB/T 21547 的第 1 部分。

本部分的结构与技术内容与 VXI[3]-11:1995(Rev1.0)一致，仅在以下方面做了编辑性的修改：

——标准名称增加了"第 1 部分"；

——将章节编号 A,B,C 改为 1,2,3；

——缩略语给出了注释。

本部分由中国机械工业联合会提出。

本部分由全国工业过程测量和控制标准化技术委员会第四分技术委员会归口。

本部分起草单位：哈尔滨理工大学、哈尔滨电工仪表研究所。

本部分主要起草人：马怀俭、童子权、袁慧昉、芦菊春、盛颖。

本部分为首次发布。

1) VME: VERSA-bus Modular European.

2) TCP/IP: Transmission Control Protocol/Internet Protocol.

3) VXI: VME-bus Extension for Instrumentation.

VME总线对仪器的扩展 第1部分：TCP/IP仪器协议规范

1 引言

在测试和测量工业中将仪器连接到计算机网络的需求与日俱增，这种连接可能是局域网也可能是广域网。随之而来就需要有一个规定控制器和器件通过计算机网络互联的标准。本规范是一系列VXI总线规范的一部分，它说明了仪器如何才能连接到工业标准网络上。本规范所支持的通信和编程范例与IEEE 488.2支持的技术在本质上很类似。本规范描述的协议允许ASCII消息通过TCP/IP网络在控制器和器件间传递。读者应了解网络、互联网协议组、ONC RPC及IEEE 488.2的知识。

1.1 适用范围

本规范是VXI总线规范的一部分，规定了网络仪器协议，该协议可用于基于TCP/IP网络的控制器和器件之间的通信。

本规范唯一直接提及的网络是支持互联网协议组的网络。本规范中所定义的技术可在其他网络上应用（如支持OSI协议标准的网络），但本文本并未述及相关变换。本规范在互联网协议组上层使用开放网络计算（ONC）远程过程调用（RPC），ONC/RPC协议仅作为在网络上的协议规范使用，并未指定特定的应用接口。

网络仪器主机也可支持其他网络协议。

1.2 文本结构

文本分成两部分。

第一部分：引言，目的是让读者熟悉本文的意图与范围；

第二部分：网络仪器协议，定义用于通过TCP/IP网络在控制器与器件间通信的网络协议。

1.3 规范的目的

本规范有以下目的：

a) 允许ASCII码消息（包括IEEE488.2消息和IEEE488.1仪器控制消息），在TCP/IP网络上的控制器和器件间通过。

b) 定义一仪器协议，它可应用于在TCP/IP网络上的控制器/器件之间的通信。

c) 能使独立制造的各种仪器互连成一个单一功能的系统。

d) 提供一个扩展协议的机制。

e) 定义一个能支持各种应用接口的仪器协议。

f) 为允许其他网络协议应用到器件和控制器功能中，要求存在诸如网络文件系统（NFS）或远程登录（telnet）等协议。

1.4 术语和定义

本部分确定采用如下术语和定义。

1.4.1

控制器 controller

系统组件，它向一个或多个器件发送程序消息以及从一个或多个器件接收响应消息。

1.4.2

器件 device

可单独寻址的系统组件，它接收来自一个或多个控制器的程序消息以及向一个或多个控制器发送响应消息。

1.4.3

网络仪器主机　network instrument host

网络上的终端，它可包括控制器、器件、网络仪器客户或网络仪器服务器。

1.4.4

网络仪器连接　network instrument connection

在网络仪器客户和网络仪器服务器之间的连接，包括中心通道、任选的异常结束通道和任选的中断通道。

1.4.5

网络仪器客户　network instrument client

一个实体，它为一个或多个控制器维持与网络仪器服务器单一的网络仪器连接。

1.4.6

网络仪器服务器　network instrument server

一个实体，它为一个或多个器件维持与网络仪器客户单一的网络仪器连接。

1.4.7

网络仪器消息　network instrument message

一适当定义的在网络仪器客户和网络仪器服务器之间发送的字节序列，它包含一个请求或应答，网络仪器消息使用 ONC/RPC 定义。

1.4.8

链接　link

通过网络仪器连接在控制器与器件之间的通信路径的一种实例。

1.4.9

系统　system

通过网络互相连接的一组器件和控制器，该网络支持互联网协议组和在本协议中定义的网络仪器协议。

与其他 VXI 总线规范中的一样，下列术语是用来区别各段内容的。这些定义和在 IEEE1155：1992 中的一样。

1.4.10

规则　rule

为确保兼容性而必须遵守的。规则用词“应该”(SHALL)和“不应该”(SHALL NOT)来表示。这些词只用于陈述规则，不用于其他目的。

1.4.11

推荐　recommendation

由一些对执行者的劝告组成，这些劝告可影响最终器件的使用。对增加吞吐量的特定硬件的讨论也列入推荐中，应遵守这些推荐以避免一些问题并获得最佳性能。

1.4.12

允许　permission

用来阐明没有特别禁止的规范的范围。允许使读者放心某种方法是可接受并且不会引起问题的，用“可以”(MAY)来表示允许。

1.4.13

注意　observation

阐明规则的含义，引起人们对容易忽略问题的注意。给出某些规则的合理解释，使读者更好地理解该规则为什么必须被遵守。

任何没有标题的正文都应认为是对标准的说明。

1.5 参考文献

[1] GB/T 15946—1995 可程控测量设备的标准数字接口(idt IEEE 488.1:1987)。

[2] GB/T 17563—1998 可程控测量设备标准数字接口的标准代码、格式、协议和公用命令(idt ANSI/IEEE Std 488.2:1987)。

[3] 互联网协议,请求注解 791,Jon B. Postel,DDN 网络信息中心,SRI 国际,1981.9,也见 MIL-STD1777。

[4] 传输控制协议,请求注解 793,Jon B. Postel,DDN 网络信息中心,SRI 国际,1981.9,也见 MIL-STD1777。

[5] 通过以太网传送 IP 数据报的标准,请求注解 894,C. Hornig,DDN 网络信息中心,SRI 国际,1984.4。

[6] XDR:外部数据表示标准,请求注解 1014,Sun 微系统公司、DDN 网络信息中心,SRI 国际,1987.6。

[7] 通过 IEEE 802 网络传送 IP 数据报的标准,请求注解 1042,J. Postel 和 J. Reynolds,DDN 网络信息中心,SRI 国际,1988.2。

[8] RPC:远程过程调用协议规范,请求注解 1057,Sun 微系统公司、DDN 网络信息中心,SRI 国际,1988.6。

[9] 对互联网主机通信层的要求,请求注解 1122,R. Braden,DDN 网络信息中心,SRI 国际,1989.10。

[10] ISO 8802-2:1989[ANSI/IEEE 802.2-1989]信息技术　局域网和城域网　第 2 部分:逻辑链路控制。

[11] ISO/IEC 8802-3:1993[ANSI/IEEE 802.3-1993]信息技术　局域网和城域网　第 3 部分:带有冲突检测的载波侦听多址访问(CSMA/CD)访问方法和物理层规范 。

[12] 以太网,物理和数据链路层规范(2.0 版),数字设备公司、英特尔公司和施乐公司,1982。

1.6 相关文件

本规范是一系列规范中的文件之一,这组规范说明控制器和器件间通过网络基于 ASCII 码通信的方法。本规范说明用于这种通信的协议。这组规范中的其他规范,说明了从本规范中叙述的协议到其他相关规范所涉及的特定接口的具体变换,该规范不要求这组规范中的其他规范只依从本规范,也不要求非有其他规范和本套规范相配合。

建议在使用这些规范时首先要阅读本规范,因为本协议是相关规范建立的基础。然后再阅读适当的相关规范。如果用户对 VXI 总线器件连接到 LAN 上感兴趣,则可以参阅 TCP/IP-VXI 总线接口规范(GB/T 21547.2—2008);如果对 IEEE 488.1 器件连到 LAN 上感兴趣,则可参阅 TCP/IP-IEEE 488.1 接口规范(GB/T 21547.3—2008);如果对 IEEE 488.2 型仪器直接连接到 LAN 上感兴趣,则参阅 TCP/IP-IEEE 488.2 仪器接口规范(GB/T 21547.4)。如果用户的兴趣是将那些支持其他一些接口(如 RS-232)的器件连接到 LAN 上,则可能需要阅读一个或更多的相关规范来理解一般采用的从协议到具体接口的变换方法。

下面列出的规范是这组规范中的现行部分标准:

a) GB/T 21547.2—2008 VME 总线对仪器的扩展　第 2 部分:TCP/IP-VXI 总线接口规范

b) GB/T 21547.3—2008 VME 总线对仪器的扩展　第 3 部分:TCP/IP-IEEE 488.1 接口规范

c) GB/T 21547.4VME 总线对仪器的扩展　第 4 部分:TCP/IP-IEEE 488.2 仪器接口规范

2 网络仪器协议

网络仪器协议使用 ONC 远程过程调用(RPC)模型。从概念上讲,这种模型允许一个请求(一般称客户)像在本地一样调用远程过程(一般称服务器)。本规范使用 ONC/RPC 来定义网络仪器消息,这些消息在网络上传输,但并不要求这些RPC作为应用接口提供。然而ONC/RPC接口可以作为一种方便的手段,供器件设计者使用。

客户通过一个专门的数字来区分远程过程或消息,然后这些数字和过程的变元类型及其值一起被编码成消息,这个消息被发送到服务器上,在这里由服务器解码。服务器使用唯一标识符来发送请求,当请求结束,返回值被编码成消息,送回到客户机。

接口定义(见第3章)给出了功能范例以及过程的唯一标识符。对ONC RPC来说,唯一的标识符是程序号(也称作接口id)、过程号和版本号的结合。

表1列出17个定义网络仪器协议的消息。要求这些消息被所有的声称属于网络仪器的器件所支持,其中大多数消息对于使用过IEEE 488器件的人来说是熟悉的。

表1 网络仪器协议

消息	通道	说明
creat_link	core	打开对器件的链接
device_write	core	器件接收消息
device_read	core	器件返回结果
device_readstb	core	器件返回其状态字节
device_trigger	core	器件执行触发
device_clear	core	器件自清除
device_remote	core	器件使其前面板不可用
device_local	core	器件使其前面板可用
device_lock	core	器件被封锁
device_unlock	core	器件不被封锁
create_intr_chan	core	器件建立中断通道
destroy_intr_chan	core	器件拆除中断通道
device_enable_srq	core	器件允许/不允许发送服务请求
device_docmd	core	器件执行命令
destroy_link	core	关闭对器件的链接
device_abort	abort	器件异常结束过程中的调用
device_intr_ srq	interrupt	用器件发送服务请求

消息是在三个不同的通道上发送的:一个中心同步命令通道;其次是异常结束通道(对异常结束的中心通道操作),还有中断通道(见图1)。

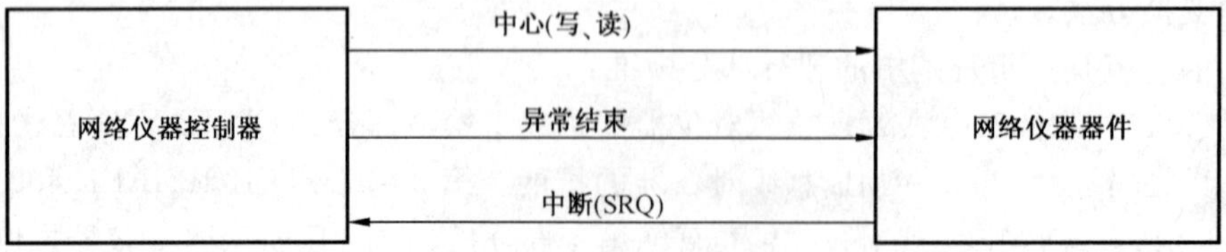

图1 网络仪器通道

2.1 协议基础

这部分使用的术语用于说明网络仪器协议使用的分层,网络仪器协议不严格遵循国际标准化组织(ISO)开放系统互联(OSI)参考模型。OSI模型是一个7层模型,如图2所示。

应用层
表示层
会话层
传输层
网络层
数据链路层
物理层

图 2 OSI 参考模型

网络仪器协议是一个应用层协议，它是为控制器对器件通信设计的，该通信使用与 IEEE 488 器件通信类似的通信范例。网络仪器协议是建立在工业标准协议栈之上，允许仪器和控制器通过已存在的网络进行通信。以下各节从协议栈的底部向上说明对实现网络仪器协议的控制器或器件的协议栈要求。

2.1.1 物理层和数据链路层要求

规则 2.1.1

主机应该支持以太网/802.3 数据链路层和 802.3/10BASE-T 物理层，器件应包括 10BASE-T 的 RJ-45 连接器。

允许 2.1.1

主机可支持除以太网/802.3/10BASE-T 外的其他数据链路层和物理层。

2.1.2 网络层和传输层要求

规则 2.1.2

主机应支持互联网协议组，包括传输控制协议(TCP)和互联网协议(IP)，TCP 应被用于传输层。

允许 2.1.2

主机在中断通道可支持用户数据报协议(UDP)。查看 create_intr_chan 消息的说明以获得更多信息。

注意 2.1.1

网络仪器协议被设计成使用可靠的定向连接的传输服务。一般地，仪器进程的能力是不同的，如第二次接收相同的消息可使仪器进入不同的状态，而且 TCP 的使用保证操作至多执行一次，使用 TCP 意味着连接的双方是：

a) 意识到连接；

b) 可以检测到连接结束。

将 TCP 作为基础传输机制使用的同时：

a) 保证消息按顺序发送；

b) 保证如果接收到一个响应信号，进程精确地执行一次；

c) 控制器和器件无需证实消息已到达；

d) 允许远程过程的参数是任意大小。

IETF(Internet Engineering Task Force)中的 RFC1122 概述了对支持互联网协议组的主机的要求。

包括 IP 地址的 TCP/IP 栈的配置机制是独立执行的。IP 地址及其他栈参数可使用一个合适的网络协议来分配或用本地机制配置。

2.1.3 会话层和表示层要求

规则 2.1.3

所有的网络仪器主机应该执行一个协议，其协议消息应该与开放网络计算(ONC)远程过程调用(RPC)的定义相兼容。这包括在会话层使用的 RPC 机制及在表示层使用的外部数据表示(XDR)机制。

注意 2.1.2

网络仪器主机不要求作为一个应用接口支持 ONC/RPC，只需保证网络仪器协议部分的消息发送和接收是与 ONC/RPC 和 XDR 相兼容的。

规则 2.1.4

所有作为网络仪器服务器的主机应该支持端口变换程序。

端口变换程序为网络仪器客户提供确定网络仪器服务器正在听的端口的方法。

2.1.4 应用层要求

2.1.5 规则 2.1.5

网络仪器主机应该执行 2.5 和 2.6 定义的所有网络仪器消息及它们的数据类型。网络仪器消息是一个定义好的字节序列，它在网络仪器客户和网络仪器服务器之间传输，包括请求或应答。网络仪器消息用 ONC/RPC 来定义。

2.1.6 协议栈概要

基于每层的要求，协议栈的结果如图 3 所示。

应用层	如本规范所规定的网络仪器	
表示层	XDR	RFC1014
会话层	ONC/RPC	RFC1057
传输层	TCP	RFC793
网络层	IP	RFC791
数据链路层	以太网/802.3	8802-3
物理层	802.3/10BASE-T	8802-3

图 3 网络仪器协议栈

2.1.7 网络仪器客户

网络仪器客户是任何一个与网络仪器服务器有单一网络仪器连接的实体。一个网络仪器客户可能是个主机，在主机上执行的过程，或是在主机的某个过程中运行的线程。这会影响驻留在任一给定主机上的网络仪器客户的数目，从而影响来自那个主机的连接数目。

2.1.8 网络仪器服务器

网络仪器服务器是任何一个与网络仪器客户有单一网络仪器连接的实体。网络仪器服务器可能是主机，在主机上运行的过程，或是在主机的某个过程中运行的线程。这会影响驻留在任一给定主机上的网络仪器服务器的数目，从而影响到可获得的网络仪器连接的数目。

2.2 连接模型

这一部分定义了网络仪器协议的连接模型及控制器、器件、网络仪器客户和网络仪器服务器之间的关系。本规范中用的术语“控制器”，主要指 RPC 客户，而术语“器件”典型的是指 RPC 服务器。由于中断而使角色互换时例外，这点将在规范的后面加以说明。

就像在本规范开头的概述及在图 1 中展现的一样，网络仪器协议用三个通道在器件和控制器间传输网络仪器消息。连接网络仪器的这组通道是：

- 中心通道：用来传输除 device_abort RPC 和 device_intr_srq RPC 之外的所有请求。
- 异常结束通道：用于传输 device_abort RPC（客户任选）。
- 中断通道：用于传输从器件到控制器的 device_intr_srq RPC（客户任选）。

这三个通道与三对 RPC 客户/服务器相对应。

网络仪器连接是用 2.2.4 和 2.2.5 中讨论的建立 RPC 客户及建立 RPC 服务器的操作建立的。全部三个通道建立后，网络仪器客户包括两个 RPC 客户和一个 RPC 服务器，而网络仪器服务器则包含两个 RPC 服务器和一个 RPC 客户（见图 4）。

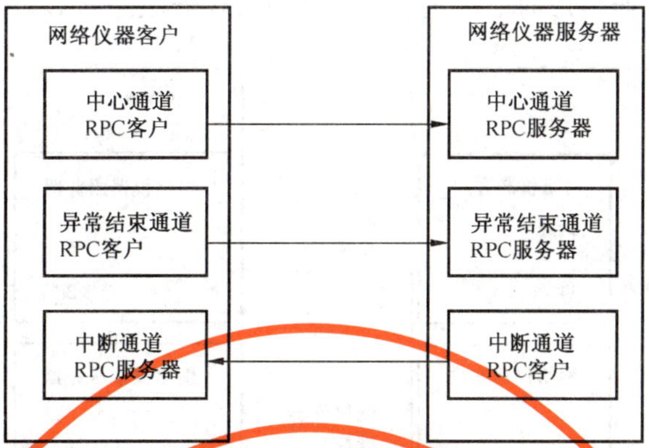

图 4　网络仪器通道

规则 2.2.1

网络仪器服务器应该提供上述全部三个通道，这些通道应该按照 2.2.4(中心通道和异常结束通道建立顺序)和 2.2.5(中断通道建立顺序)中规定的连接建立顺序来建立。

注意 2.2.1

虽然要求网络仪器服务器支持全部三个通道，但是个别的网络仪器连接可以不包括全部三个通道，而由网络仪器客户决定。

Links(链接)表示一种在控制器和器件间的通信途径的实例。任意给定的网络仪器连接可带有由 create_link RPC 产生的多个链接，也要注意多于一个控制器可有同时向单一器件开放链接的情况。

图 5 示出一个网络仪器客户与一个网络仪器服务器对话的典型方案，单一链接被应用在和一个器件通信的单连接中。

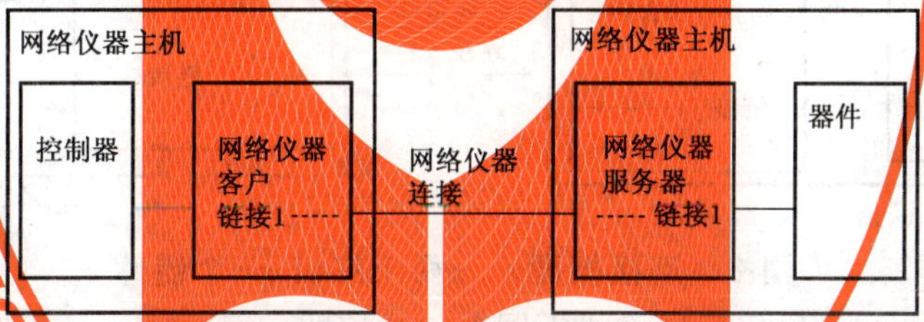

图 5　连接模型——单一连接，一个器件

图 6 示出一个网络仪器客户与一个网络仪器服务器对话的的典型方案。应用在单一连接上的多个链接与多个器件同时通信。

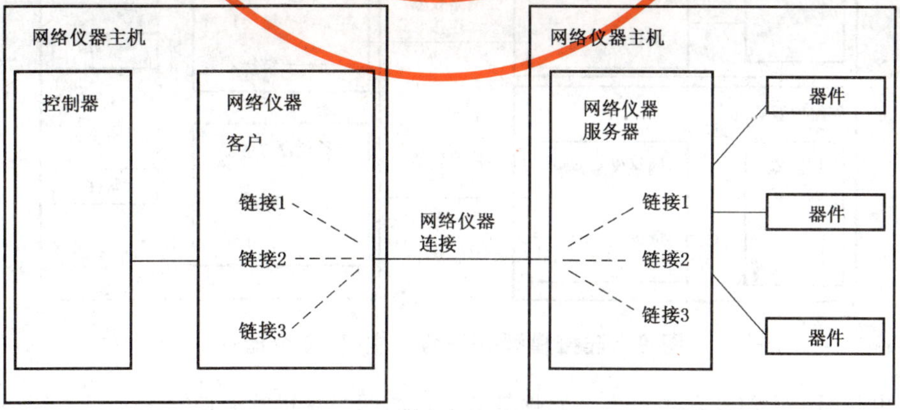

图 6　连接模型——单一连接，多个器件

图7示出有两个网络仪器客户的单一主机与两个网络仪器服务器对话的方案。

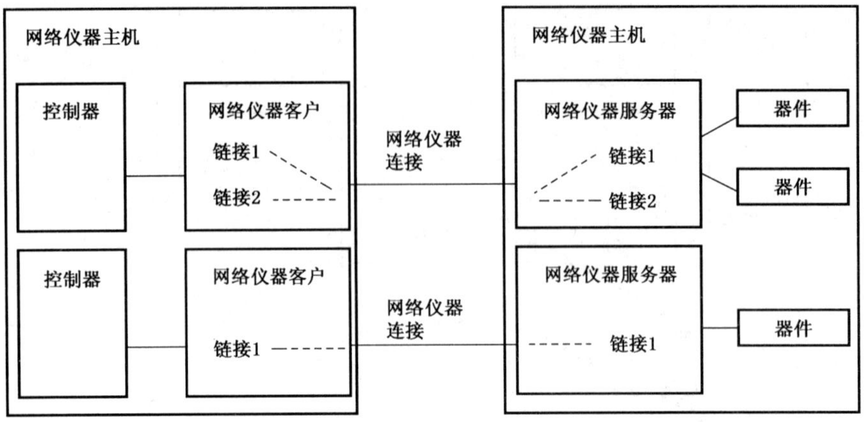

图7 连接模型——两个连接

图8示出了与同一器件都有链接的两个主机的连接方案。

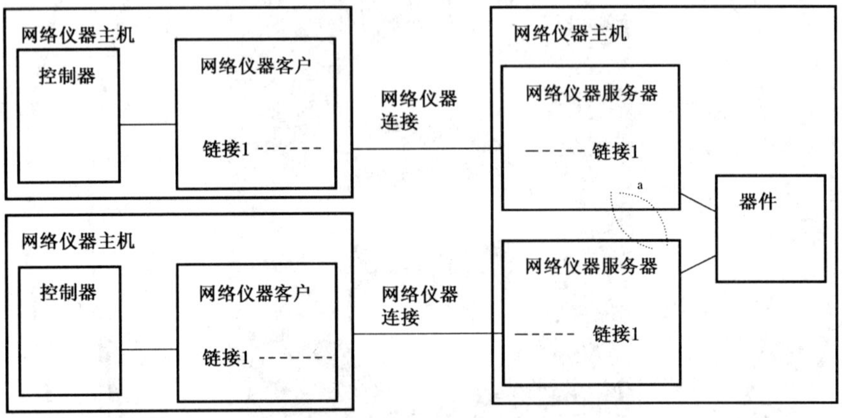

a 服务器必须共享封锁信息，见2.4.2。

图8 连接模型——两个主机，一个器件

图9示出两个主机与同一网络仪器主机不同器件通信的方案。

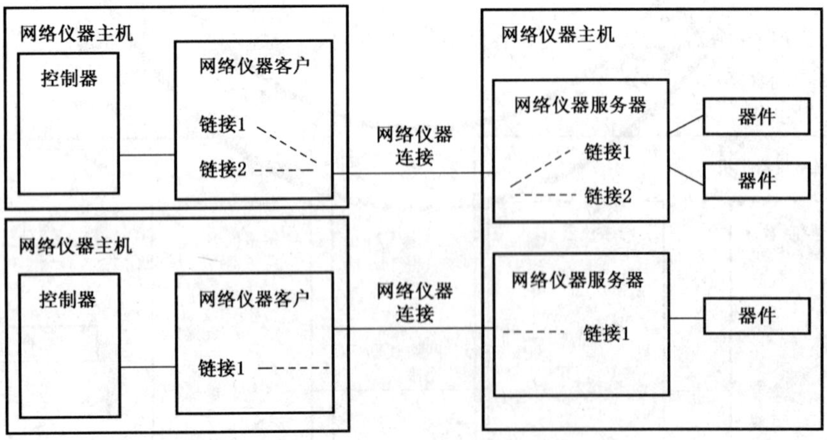

图9 连接模型——两个主机，多个器件

图10示出与同一网络仪器主机多个器件都有链接的两个主机的通信方案。

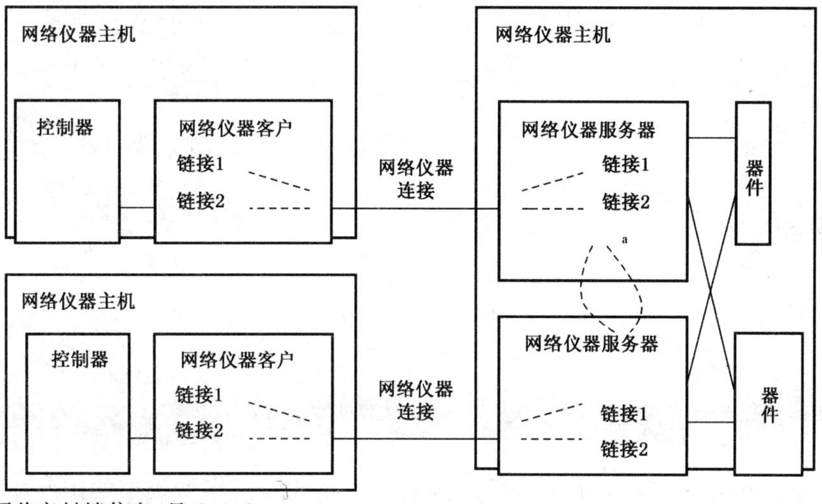

[a] 服务器必须共享封锁信息，见 2.4.2。

图 10　连接模型——两个主机，多个并行器件

图 11 示出了一种无效连接模型。两个网络仪器客户不能与同一个网络仪器服务器连接，这是由用于网络仪器客户与服务器间的 TCP 连接的一对一特性决定的。

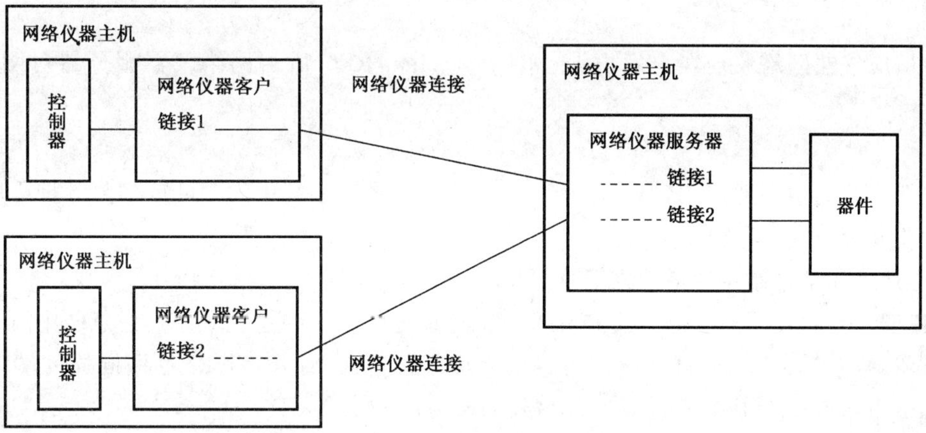

图 11　无效连接模型——双主机

2.2.1　中心通道

中心通道用于除异常结束和中断外的所有 RPC。

规则 2.2.2

网络仪器服务器应处理通道上按顺序接收的所有 RPC，RPC 应答直到相关的动作完成前不应发送。

注意 2.2.2

在此通道上使用 TCP 保证了网络仪器客户的消息按顺序到达，同时也保证了从网络仪器服务器发出的消息按顺序到达网络仪器客户。

规则 2.2.3

在中心通道上使用不同程序号传送的其他协议，不应该影响网络仪器协议。

注意 2.2.3

这一规则不易检验，但是执行者应知道那些对网络仪器协议有影响的附加协议将引起难以解决的系统问题。

规则 2.2.4

由对同一器件或接口进行 I/O 操作的网络仪器服务器所执行的全部 RPC 应该由网络仪器服务器连续执行。

注意 2.2.4

完全在网络仪器服务器中执行的 RPC 不受此规则影响,在不同的器件和接口上操作的 RPC 不需连续执行。

2.2.2 异常结束通道

规则 2.2.5

异常结束通道应该只用于传送 device_abort RPC。

推荐 2.2.1

异常结束通道上的 device_abort RPC 应以定时方式响应。

注意 2.2.5

网络仪器服务器的异常结束通道,其典型应用是作为单线程操作系统中的中断或信号处理程序或作为多线程操作系统中的高度优先线程。

2.2.3 中断通道

中断通道主要用于网络仪器服务器向网络仪器客户传递服务请求。它使客户与服务器的角色互换。网络仪器服务器可充当一个 RPC 客户,向充当 RPC 服务器的网络仪器客户发出远程过程请求。

规则 2.2.6

中断通道应该在网络仪器客户发出 create_intr_chan RPC 后由网络仪器服务器对网络仪器客户建立。

注意 2.2.6

网络仪器客户的中断通道,其典型应用是作为单线程操作系统中的中断或信号处理程序,或在多线操作系统中用于分离线。

2.2.4 中心通道和异常结束通道建立顺序

图 12 说明了主要发生在中心通道和异常结束通道上的连接的建立顺序。注意图中所列的第二、第三 create_link 请求/应答对,只是强调在第一个之后紧接着的 create_links 返回同样的端口编号,且在第一个 create_link 序列完成后不需要产生另外的通道。

网络仪器客户	网络仪器服务器
	建立 RPC 服务器(异常结束中断通道)
	建立 RPC 服务器(中心通道)
	登记有端口映像的中心通道
	准备接受连接请求
建立 RPC 客户(中心通道)	
create_link(1)	
	应答 create_link(1)——返回异常结束端口#
建立 RPC 客户(异常结束通道,任选)	
create_link(2)	
	应答 create_link(2)——返回同一异常结束端口#
create_link(3)	
	应答 create_link(3)——返回同一异常结束端口#

图 12 中心和异常结束通道建立顺序

注意 2.2.7

图 12 指出的步骤包括如下内容(执行细节随着操作系统的不同而不同):

· 建立 RPC 服务器(异常结束/中心)——建立听套接字,用于接收连接请求和建立有跟踪 RPC 服务器要求的任意本地数据结构,典型的是由 svctcp_create 建立的。

· 登记有端口映像的中心通道——登记有本地端口映像的程序号和版本号,典型的是与 svc_register 相关的,它也建立本地数据结构来分配请求。

· 建立 RPC 客户(中心/异常结束)——暂时连接到服务器的端口映像上,以便找到网络仪器协议用到的程序号和版本号的端口。在确定端口后,通过连接到此端口上来建立中心通道。建立任何必须的本地数据结构来跟踪 RPC 客户,这一步主要由 clnttcp_create 来完成。

· create_link 请求和应答——这一步表明发送网络仪器协议 create_link 请求和应答。

在建立第一个 create_link 后,网络仪器客户可为异常结束通道建立一个 RPC 客户,但在随后的 create_link 之后不必再建立另外的客户。一旦使用 destroy_link 命令,所有的链接将关闭,则这些连接将被网络仪器客户断掉,于是整个序列又可以重新开始了。

规则 2.2.7

对在同一中心通道上发送的所有 create_link 的应答,网络仪器服务器应该返回同一异常结束端口编号。

如果网络仪器客户建立一异常结束通道,则 create_link 应答中返回的端口号应该被用来实现连接。

注意 2.2.8

不要求网络仪器客户建立异常结束通道。

规则 2.2.8

即使从未建立过异常结束通道,网络仪器服务器也应该接受并处理中心通道上的 RPC。

2.2.5 中断通道建立顺序

图 13 描述中断通道建立的过程。

网络仪器客户	网络仪器服务器
建立 RPC 服务器(中断通道)	
create_intr_chan	
	建立 RPC 客户(中断通道)
	应答 create_intr_chan

图 13 中断通道的建立顺序

规则 2.2.9

当中断通道已存在时,收到 create_intr_chan 请求后,不应该使网络仪器服务器建立一个新的通道。网络仪器服务器应该使用已存在的中断通道,这就使网络仪器连接中的所有链接都只使用唯一一个中断通道。

规则 2.2.10

如果网络仪器客户发出 destroy_intr_chan,那么网络仪器服务器应该使 RPC 客户无效,从而断掉中断通道。

注意 2.2.9

若网络仪器客户从未调用 destroy_intr_chan,则网络仪器客户切断中心通道时,网络仪器服务器关掉中断通道。

2.3 中断逻辑

中断机制允许器件发出通知呼叫控制器(有效地转换 RPC 客户和 RPC 服务器的角色)。控制器可以执行中断机制的一种方法是为中断登记一个处理器,通知当前器件可以中断。然后当中断发生时,得以进行中断服务,图 14 和图 15 展示了中断通道建立和使用的可能顺序。

网络仪器客户可以实行多种中断,或用独立的中断处理线程,或用由进入到中断端口的消息引起的信号处理程序的仿真线程。

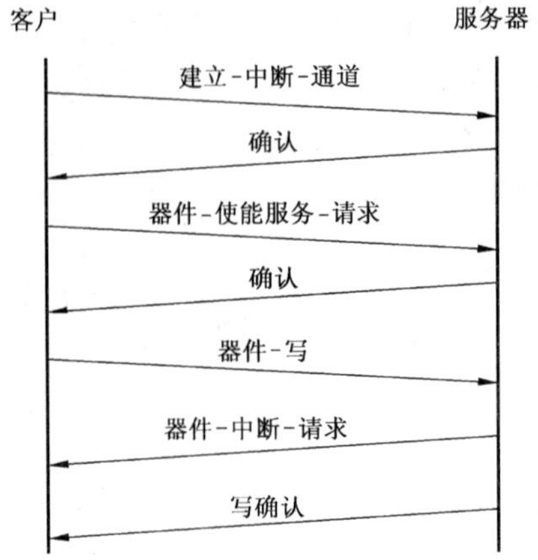

图 14　另一调用中的 Interrupts _ SRQ

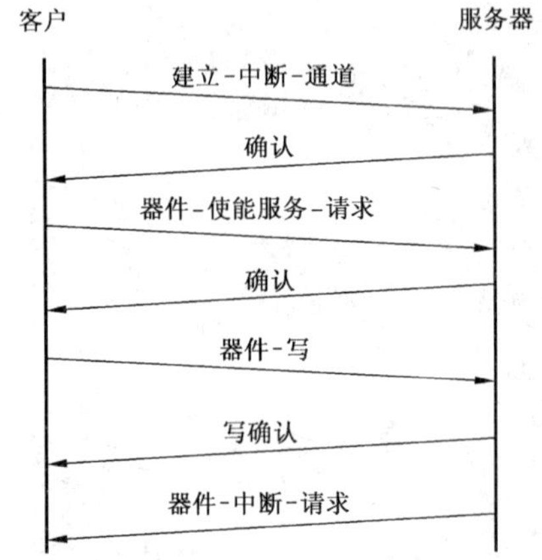

图 15　另一调用之后的 Interrupts _ SRQ

允许 2.3.1

网络仪器服务器可以在执行呼叫中发出中断，一般这种实现方法比延迟中断直到一个进行中的动作完成要响应更及时，而且更容易。

device_intr_srq RPC 被作为一个单路 RPC 执行。这意味着网络仪器服务器不期待从网络仪器客户那里得到响应，这对于在单一线程环境下避免死锁情况是很必要的，这种环境下如果期待中断响应，则网络仪器客户和网络仪器服务器都会等待来自另一方的响应而不进行工作。

create_intr_chan RPC 用来识别能服务中断的主机或端口。device_enable_srq RPC 用来允许或禁止中断，destroy_intr_chan RPC 用来关闭中断通道。

注意 2.3.1

device_enable_srq RPC 包含一句柄参数。包含在句柄中的同一数据传回到 device_intr_srq RPC 的句柄参数中，由于同一数据被传回，网络仪器客户可以辨识与 device_intr_srq 有关的链接。

网络仪器协议识别一种类型的中断，服务请求。注意，中断 RPC 的返回类型是空，表示单路 RPC。

规则 2.3.1

网络仪器主机应该使用以下 PRCL 定义中断消息。

```
struct  Device_SrqParms{
        Opaque   handle<>;
};
program   DEVICE_INTR{
```

```
    version  DEVICE_INTR_VERSION{
                void  device_intr_srq(Device_SrqParms)=30;
        }=1;
}=0x0607B1;
```

程序号 0x0607B1 是网络仪器协议的中断通道登记程序号。

2.4 系统行为

2.4.1 多控制器

典型的通信模型由从控制器到器件的单一路径组成。在一个 RPC 接口,任一时刻多控制器可以与器件的 RPC 接口连接,因此多控制器可以试图同时写入器件的输入缓冲器和读出器件的输出缓冲器。器件也可以向多个控制器发出服务请求,控制器访问器件将采取如封锁等动作来防止相互处理的错误或产生不可预料的结果。

注意 2.4.1

由于区分仪器命令中的微小作用和相互影响的复杂性,仪器不容易稳定支持多于一个控制器进行的控制。

推荐 2.4.1

一个仪器主机应同时支持至少两个网络仪器服务器。

注意 2.4.2

前面的推荐并不意味着仪器的主机至少应有两个等待接收连接请求的处理程序。一个公共操作包括网络仪器服务器的动态建立,当连接请求到达时网络仪器服务器就被建立。

推荐 2.4.2

一个仪器主机应同时支持对任何器件的至少两个链接的路由。链接可以通过相同或不同的网络仪器服务器。

规则 2.4.1

网络仪器服务器应该支持对可访问主机上其他网络仪器服务器的所有器件的链接。

注意 2.4.3

本规则的目的是防止特定的器件只用于特定的网络仪器服务器。

2.4.2 封锁

在图 10 中的拓扑结构中,单一器件可以被多个控制器通过各自的链接访问,对这种情况,网络仪器服务器支持封锁对链接的访问,这将保证只对与链接相关连的器件的单独访问。

如果控制器希望专门访问器件,它必须有封锁。如果没有链接有封锁,则多个控制器将发送数据而且通常是控制器件的状态。在这种情况下器件的行为就难以预料。

对未封锁器件首次调用 device_lock 将要求封锁,对同一器件连续调用 device_lock 将产生错误。如果链接有封锁的话,device_unlock 将解锁该器件,否则 device_unlock 返回错误消息。

注意 2.4.4

实行封锁要注意保证多个网络仪器服务器不能同时获取封锁。

2.4.3 超时

许多远程过程传输超时值,此值详细说明了 I/O 操作和封锁。

规则 2.4.2

网络仪器服务器应该允许至少 io_timeout 毫秒的时间来完成 I/O 操作。

注意 2.4.5

I/O 操作执行完的时间不包括等待封锁需用的任何时间。

允许 2.4.1

一个零 io_timeout 可以被网络仪器服务器解释为相关的 I/O 操作不应被阻塞。

规则 2.4.3

如果器件被另一链接封锁，且 lock_timeout 非零，为解除封锁网络仪器服务器应该允许至少 lock_timeout 毫秒再释放。如果器件被另一链接封锁且 lock_timeout 等于零，则网络仪器服务器不应该等待解除封锁，而应该立刻返回错误信息。

允许 2.4.2

对时间的精确性不作要求，网络仪器服务器可以舍入任意 io_timeout 值和任意非零的 lock_timeout 值，达到与网络仪器服务器中定时精度一致。

规则 2.4.4

网络仪器客户应该提供一个客户端(本地端)的超时机制，它用于当网络仪器服务器在规定的时间范围内无响应的事件。

这个超时机制典型的是由 RPC 子系统提供。该超时值如何设定和可取何值，取决于 RPC 子系统，这超出了本规范的范围。

注意 2.4.6

RPC 客户端(本地)超时值应设置成大于传送到网络仪器服务器的 io_time 和 lock_time 值之和。如果 RPC 客户超时值太短，客户会在网络仪器服务器成功地完成要求的操作和应答前超时，并停止听应答。

注意 2.4.7

网络仪器服务器发出的应答，在网络仪器客户不再听它之后，接着发送或接收下一个网络仪器消息时，应被网络仪器客户丢弃(典型是由 RPC 子系统处理的，如果这样的子系统被用于特定的执行过程)。

2.4.4 丢弃或断开连接

规则 2.4.5

当中心通道被复位或关闭(由 TCP 定义)时，网络仪器服务器应该识别这种情况，并释放和作用在网络仪器连接的所有链接相关联的所有资源(就像对各开通的链接执行了 destroy_link 命令)。被释放的资源包括封锁、异常结束通道和中断通道。

推荐 2.4.3

网络仪器服务器也应被配置用于执行已定义的机制，以便发现网络是否出故障，网络仪器客户是否失效及是否执行同样的清除操作。

2.4.5 安全控制

本规范定义的 RPC 接口并不提供为安全性而对客户鉴别的服务。控制器至少应知道网络仪器主机的 IP 地址，以进入它的所有功能。尽管网络仪器主机可提供安全控制方法，但安全控制超出了本规范的范围。

2.4.6 并行操作

本规范定义的协议并不阻止网络仪器服务器或网络仪器客户试图并行执行操作，然而由于大多数可获得的商业性的 RPC 软件包的特性，这些软件包可用于本规范定义的协议，人们希望典型的网络仪器主机的执行过程将使 RPC 连续化。

如果网络仪器客户的实现允许多个 RPC 未完成，则在接收端的网络仪器服务器可有多个 RPC 请求在它的 TCP 输入缓冲区排队。这些 RPC 都是未解决的，但不在进行中，因此不受 device_abort 命令的影响。

2.5 基本数据类型

下列的 XDR 定义被其后的许多 RPC 定义使用。

2.5.1 器件-链接(Device _ Link)

由于调用 create_link，网络仪器服务器返回一个 Device_Link 的类型标识符。

这个标识符被网络仪器客户通过每个随后的调用传回给网络仪器服务器。

```
typedef  long  Device_Link;
```

网络仪器服务器在每次调用时检验标识符的有效性。

Device_Link 数据不被控制器修正。

2.5.2 错误代码(Error Codes)

任意远程过程的调用结果是一数据结构,它的第一个元素是 Device_ErrorCode 的类型。值 0 表示调用成功的完成,结果有效。其他任何值表示在调用的执行过程中,网络仪器服务器发现错误。所有其他错误代码均被保留。

```
typedef  long  Device_ErrorCode;
struct  Device_Error{
        Device_ErrorCode  error;
};
```

表 2 列出可能的错误代码。

2.5.3 操作标记(Operation Flags)

操作标记在许多调用中传递,以传送关于请求如何被执行的额外信息,未定义位为以后的使用而保留。控制器将未定义位以 0 发送,这些标记作为几个 RPC 的参数从网络仪器客户发送到网络仪器服务器。见图 16。

- 等待封锁 waitlock (1_{16}):如果标记被置成 1,被请求的操作由于另一链接保持的封锁至少 lock_timeout 毫秒而无法执行时,则网络仪器服务器暂停(阻塞)该操作。如果标记被复位为 0,若由于被另一链接保持的封锁使操作不能执行时,则网络仪器服务器将错误置为 11,并返回。
- 结束 end (8_{16}):若标志被设成 1,则缓冲区最后一个字节和 END 指示符一起发送,这个标记只对 device_write 有效。
- 结束字符设置 termchrset (80_{16}):若结束符在读中被指定,则该标记置为 1。实际的结束符自身在 termchr 参数中传递,这一标记只对 device_read 有效。

```
typedef long Device_Flags;
```

位#

31~8	7	6~4	3	2~1	0
保留	结束字符设置	保留	结束	保留	等待封锁

图 16 操作标记

表 2 错误值

错　误	含　义
0	无错误
1	语法错误
3	器件无法访问
4	无效链接标识符
5	参数错误
6	通道未建立
8	操作不被支持
9	缺乏资源
11	器件被另一链接封锁
12	无此链接保持的封锁
15	I/O 超时
17	I/O 错误
21	无效地址
23	异常结束
29	通道已建立

2.5.4 超时(Timeouts)

io_timeout 值决定了网络仪器服务器允许一个 I/O 操作花费多长时间。lock_timeout 决定一个网络仪器服务器等待一个封锁被解除的时间有多长,两者的单位都是毫秒。

```
unsigned long io_timeout;      /* time to wait for I/O */
unsigned long lock_timeout;    /* time to wait for a lock */
```

2.5.5 类参数(Generic Parameter)

几个 RPC 使用类参数给器件传递链接 ID、操作标记及超时值。

```
struct Device_GenericParms{
    Device_Link    lid;              /* Device_Link ID from create_link */
    Device_Flags   flags;            /* flags with options */
    unsigned long  lock_timeout;     /* time to wait for lock */
    unsigned long  io_timeout;       /* time to wait for I/O */
};
```

2.5.6 XDR 整型和长整型(XDR ints and longs)

XDR 编码和解码允许整形数据在主机间传递,即使那些主机有不同的整型表示方法。本规范定义的所有整型数据在网络上作为 32 位整型数据传送,带符号、不带符号均可。

2.5.7 不透明数组(Opaque Arrays)

在 device_read 和 device_write 的情况中,XDR 不透明类型被网络仪器协议使用,并不是因为被表达的数据是真的不透明的,而是为了避免与字符相关的整理操作(8 位被增进为 32 位)。因为 device_write 和 device_read 的数据参数是数组,传送的结构含有数据的指针、data. data_val、元素数目、及 data. data_len。

2.6 网络仪器消息(RPCs)

以下部分说明了每个远程过程执行的操作。对每个过程:

a) 说明过程要求的功能,过程的成功完成通过将错误置 0 来表示,意味着要求的功能被执行了。

b) 说明错误情况,给出在各种情况下返回的错误号。

c) 用 RPCL(远程过程调用语言)给出过程定义。

注意 2.6.1

这部分定义的 RPCL 应与第 3 章的相匹配,但第 3 章的定义优先。

规则 2.6.1

表 3 中列出的程序和版本号将被网络仪器服务器和网络仪器客户用于网络仪器协议,第 3 章含有网络仪器协议的全部 RPCL 说明。

表 3 程序号

	程序号	版本	协议
中心通道	395183	1	TCP
异常结束通道	395184	1	TCP
中断通道	395185	1	TCP

规则 2.6.2

只有定义过的过程号应该与列在表 3 中的程序号一起用。

所有其他的过程号为将来的使用所保留。

2.6.1 建立-链接(create _ link)

create_link RPC 建立一个新的链接。这一链接可通过由网络仪器服务器返回的 lid 在随后的 RPCs 中识别。

```
struct   Create_LinkParms{
    long           clientId;                  /* implementation specific value */
    bool           lockDevice;                /* attempt to lock the device */
    unsigned long lock_timeout;               /* time to wait on a lock */
    string         device<>;                  /* name of device */
    };
struct   Create_LinkResp{
    Devicc_ErrorCode       error;
    Device_Link            lid;
    unsigned   short       abortPort;         /* for the abort RPC */
    unsigned   long        maxRecvSize;       /* specifies max data size in bytes
                                                 device will accept on  a  write */
};
    Create_LinkResp   create_link(Create_LinkParms)=10;
```

规则 2.6.3

为成功地完成一个 create_link RPC,网络仪器服务器应该:

a) 如果 lockDevice 置“真”,器件得到封锁。

b) 在 lid 中返回的链接标识符将在以后的调用中使用,lid 值对在网络仪器服务器中所有当前工作链接应该是唯一的。

c) 网络仪器服务器可在 device_write RPC 中接收的最大数据长度返回在 maxRecvSize 中,这个数值至少应是 1024。

d) 异步 RPC 的端口号返回在 asyncPort 中(参看 device_abort)。

e) 以 error 置为 0 返回,无错,表示成功完成操作。

device 参数是一字串,它是为通信识别器件的。参见 1.6 中提到的资料对这个字串的定义。

推荐 2.6.1

网络仪器服务器应该在单一网络仪器连接上至少同时保持两个独立的链接。

网络仪器客户在 clientId 参数中发送识别号。当本协议不需要基于 clientId 值的特殊动作时,器件提供一本地方法来检查其值以帮助用户识别通信问题。

规则 2.6.4

网络仪器服务器不应该改变基于 clientId 的功能。

规则 2.6.5

如果其他的链接无效而调用 create_link 时,则 create_link 应该终止并置 error 为 9。

规则 2.6.6

如果 lockDevice 值为假,则 create_link 操作应该忽略封锁。

规则 2.6.7

如果在至少 lock_timeout 毫秒后,lockDevice 值为“真”且封锁未被释放,create_link 应该未建立链接而终止,并将 error 置成 11 返回,器件被另一链接封锁。

规则 2.6.8

create_link 的执行应该不对任何与网络仪器服务器相关的器件状态有所影响。

注意 2.6.2

因为有效链接标识符还不可用,create_link RPC 不能被异常结束。网络仪器客户应把 lock_timeout 设成合理值,以避免锁死服务器。

表 4 列出 create_link 的错误值。

表 4 create _ link 错误值

错　误	含　义
0	无错误
1	语法错误
3	器件无法访问
9	缺乏资源
11	器件被另一链接封锁
21	无效地址

2.6.2 拆除-链接(destroy _ link)

destroy_link 的调用是用来关闭确认的链接,网络仪器服务器恢复与链接相关的资源。

Device_Error　destroy_link(Device_Link)＝23;

规则 2.6.9

为成功地完成 destroy_link RPC,网络仪器服务器应该:

a) 使链接标识符无效,恢复任何与链接相关的资源。

b) 如果链接有封锁,取消封锁(参见 device_lock 和 create_link)。

c) 使用中断机制来禁止此链接(参见 device_enable_srq)。

d) 以 error 置 0 返回,无错,表明成功地完成。

规则 2.6.10

将 Device_Link(链接标识符)参数与有效链接标识符相对照,如果不匹配,destroy_link 应终止并将 error 置成 4。

注意 2.6.3

在 destroy_link 后,网络仪器服务器典型的是准备执行一个新的 create_link,假定资源已不再被使用。

规则 2.6.11

destroy_link 的执行应该不对与网络仪器服务器相关的任何器件的状态产生影响。

规则 2.6.12

dstroy_link 的操作不应受 device_abort 的影响。

表 5 列出了 destroy_link 的错误值。

表 5 destroy _ link 错误值

错　误	含　义
0	无错误
4	无效链接标识符

2.6.3 器件-写(device _ write)

device_write RPC 用于向指定的器件写数据。

```
struct  Device_WriteParms{
Device_Link      lid;                    /* link id from create_link */
unsigned  long  io_timeout;              /* time to wait for I/O */
unsigned  long  lock_timeout;            /* time to wait for lock */
Device_Flags     flags;
opaque            data<>;                /* the data length and the data itself */
};
```

```
struct Device_WriteResp{
    Device_ErrorCode   error;
    unsigned long        size;                /* Number of bytes written */
};
Device_WriteResp device_write (Device_WriteParms)    =11;
```

注意 2.6.4

注意到 opaque data<>不是真正的不透明,而是由器件直接使用。不透明类型用于避免与字符数据相关的整理操作(对 XDR 将 8 位增进为 32 位),数据可以含有直至 2^{32}-1 个字节。

网络仪器服务器通过在 create_link 中返回的 maxRecvSize 值间接控制数据的最大尺寸。

规则 2.6.13

为成功完成 device_write RPC,网络仪器服务器应该:

a) 将数据内容传给器件。

b) 在尺寸参数中返回被器件接受的字节数。

c) 以 error 置成 0 返回,无错误。

规则 2.6.14

如果标记中的结束标记被置位,那么 END 指示器应该与数据的最后字节相关。

注意 2.6.5

如果控制器一次需要发送给器件比 maxRecvSize 还大的字节,那么网络仪器客户多次调用 device_write 来完成全部操作。根据规则 2.6.3 网络仪器服务器在单一 device_write 调用中至少接收 1024 字节。

注意 2.6.6

data. data_len 的值可以是 0,在这种情况下无器件操作被执行。

规则 2.6.15

将 lid 参数与有效链接标识符相比较,如果不匹配,应结束 device_write,并将 error 置成无效链接标识符 4。

规则 2.6.16

如果 data. data_len 比在 create_link 中返回的 maxRecvSize 值大,则 device_write 应该不向器件传送任何字节而终止,且将 error 置成 5。

规则 2.6.17

如果某些其他链接有封锁,device_write 将检查标志中的等待封锁标志位。如果标记被置位,device_write 应该阻塞直到封锁解除。如果标记未被置位,device_write 应该终止并将 error 置成 11,器件已被另一链接封锁。

规则 2.6.18

如果经过至少 lock_timeout 毫秒封锁仍未解除,device_wtite 应该终止并将 error 设置成 11,器件已被另一链接封锁。

规则 2.6.19

如果在经过至少 io_timeout 毫秒时间后,并非所有的数据都被传送给器件,则 device_write 应该终止并将 error 置成 15,I/O 超时。该超时是基于全部数据的传送而不是传输单个字节要求的时间。

注意 2.6.7

基于应用而设置的 io_timeout 值需根据数据长度而改变。

规则 2.6.20

如果异步 device_abort RPC 在执行过程中被调用,device_write 将终止,将错误置成 23,异常结束。

规则 2.6.21

传给器件的字节数在 size 中被返回,即使由于超时或 device_abort 调用终止。

规则 2.6.22

如果网络仪器服务器在试图写数据时遇到器件特定的 I/O 错误,device_write 应该终止,且将 error 置成 17,I/O 错误。

表 6 列出了 device_write 错误值。

表 6 device _ write 错误值

错 误	含 义
0	无错误
4	无效链接标识符
5	参数错误
11	器件被另一链接封锁
15	I/O 超时
17	I/O 错误
23	异常结束错误

2.6.4 器件-读(device _ read)

device_read RPC 用于从器件将数据读到控制器。

```
struct  Device_ReadParms{
    Device_Link          lid;              /* link id from create_link */
    unsigned      long   requestSize;      /* Bytes requested */
    unsigned      long   io_timeout;       /* time to wait for I/O */
    unsigned      long   lock_timeout;     /* time to wait for lock */
    Device_Flags         flags;
    char                 termChar;         /* valid if flags&termchrset */
};
    struct  Device_ReadResp{
        Device_ErrorCode error;
        long             reason;           /* Reason(s)read completed */
        opaque           data<>;           /* data_len and data_val */
};
Device_ReadResp  device_read(Device_ReadParms)       =12;
```

对 reason 的赋值如表 7 所示。

表 7 reason 位设置

位	31～3	2	1	0
含义	0	END	CHR	REQCNT

注意 2.6.8

注意 opaque data〈〉不是真正不透明的,而是由控制器直接使用。不透明类型用于避免和字符数据相关的整理操作(对 XDR 将 8 位增进为 32 位)。数据可以含有直到 2^{32}-1 个字节。

规则 2.6.23

为成功地完成 device_read RPC,网络仪器服务器应:

a) 将字节转换成数据参数,直到满足下列终止条件之一:

1） 读到 END 指示器。reason 中 END 位应该被置位。

2） requestSize 字节被传送，reason 中 REQCNT 位应该被置位。如果 requestSize 为 0，该终止条件应该被使用。

3） 在标记中 termchreset 位被置位，与 termChar 位相匹配的字符被传送。reason 中的 CHR 位应该被置位。

4） 用于返回响应的缓冲区已满。reason 中应该没有位被置位。

b） error 置成 0 返回，无错误表示成功完成。

如果不止一个终止条件有效，reason 等于所有原因位状态的或。

注意 2.6.9

如果 reason 不被置位（0 值），且 error 是 0，则网络仪器客户将发出 device_read 调用，直到遇到另外三个终止条件之一。

规则 2.6.24

将 lid 参数与有效链接标识符相比较，如果不匹配，device_read 应该以 error 置为 4，即无效链接标识符而终止。

规则 2.6.25

如果其他的某些链接已被封锁，device_read 将检查标记中的等待封锁标记位。如果等待封锁标识位已被置位，device_read 应该阻塞直到封锁在传递数据前被解除。如果标记位未被置位，device_read 应该以 error 置成 11，器件被另一链接封锁而终止。

规则 2.6.26

如果在 lock_timeout 毫秒时间后，封锁还未被解除，device_read 应该以 error 置成 11，器件被另一器件封锁，data. data_len 设置成 0 而终止。

规则 2.6.27

如果传输超过 io_timeout 毫秒，device_read 应该以 error 置成 15，I/O 超时，Data. data_len 被设置成已传输的字节数，reason 置成 0 而终止。

规则 2.6.28

如果网络仪器服务器在试图读数据时遇到一器件特有的 I/O 错误，device_read 应该以 error 置成 17，I/O 错误而终止。

规则 2.6.29

如果执行过程中异步 device_abort RPC 被调用，device_read 应该以 error 置成 23，异常结束而终止。

规则 2.6.30

在由于超时或 device_abort 使 device_read 终止时，从器件传入到 data 的字节数，应该由 data. data_len 返回。

表 8 列出了 device_read 的错误值。

表 8 device_read 错误值

错 误	含 义
0	无错误
4	无效链接标识符
11	器件被另一链接封锁
15	I/O 超时
17	I/O 错误
23	异常结束

2.6.5 器件-读状态字(device _ readstb)

device_readstb RPC 用来读器件的状态字节。

```
struct  Device_ReadStbResp{
    Device_ErrorCode        error;          /* error code */
    unsigned  char          stb;            /* the retuned status byte */
};
Device_ReadStbResp  device_readstb(Device_GenericParms)   =13;
```

规则 2.6.31

要成功地完成 device_readstb RPC,网络仪器服务器应该:

a) 返回器件状态字节到 stb 参数。

b) 以 error 置 0,无错误返回,表示成功完成。

注意 2.6.10

因为不是所有的器件都直接支持状态字节,如何执行这个操作以及 stb 参数的语义均取决于网络仪器服务器和器件间的接口。

规则 2.6.32

如果状态字节不能被返回,device_readstb 应该以 error 置 8,不支持操作终止。

规则 2.6.33

将 lid 参数与有效链接标识符相比较。如果不匹配,device_readstb 应该以 error 置成 4,无效链接标识符而终止。

规则 2.6.34

如果某些其他链接已被封锁,程序将检查标记中的等待封锁标记位。如果该标记位已置位,在状态字节恢复前 device_readstb 将阻塞直到封锁被解除。如果等待封锁标记位未被置位,device_readstb 应该终止,并置 error 为 11,器件被另一链接封锁。

规则 2.6.35

如果在至少 lock_timeout 毫秒后,封锁还未被释放,device_readstb 应该以 error 置成 11 而终止,器件被另一器件封锁。

规则 2.6.36

如果在至少 io_timeout 毫秒时间后操作未完成,device_readstb 应该以 error 置成 15,I/O 超时而终止。

规则 2.6.37

如果网络仪器服务器在准备读出数据时遇到一器件特定的 I/O 错误,device_readstb 应该以 error 置成 17 而终止。

规则 2.6.38

如果执行过程中异步 device_abort RPC 被调用,device_readstb 应该以 error 置成 23 而终止。

表 9 列出了 device_readstb 的错误值。

表 9 device _ readstb 错误值

错误	含义
0	无错误
4	无效链接标识符
8	操作不被支持
11	器件被另一链接封锁
15	I/O 超时
17	I/O 错误
23	异常结束

2.6.6 **器件-触发(device _ trigger)**

device_trigger RPC 用来向器件发送触发命令。

Device_Error device_trigger(Device_GenericParms)=14 ;

规则 2.6.39

为成功地完成 device_trigger RPC,网络仪器服务器应该:

a) 向相关的器件发送触发命令。

b) 以 error 置为 0,无错误返回,表明成功地完成。

注意 2.6.11

由于并不是所有的器件都直接支持触发,操作怎样完成取决于网络仪器服务器和器件间的接口。

规则 2.6.40

如果器件不支持触发,且网络仪器服务器能检测到这点,device_trigger 应该终止并将 error 置成 8,操作不被支持。

注意 2.6.12

IEEE 488.1 和类似的接口可能检测不出不支持触发的器件。

规则 2.6.41

将 lid 参数与链接标识符相比较,如果不匹配,device_trigger 应该终止且将 error 置成 4,无效链接标识符。

规则 2.6.42

如果某些其他链接被封锁,device_trigger 将检查标记中的等待封锁标记位。如果该标记位被置位,在发送触发前,device_trigger 应该阻塞直到解除封锁。如果该标识位未置位,device_trigger 应该终止并将 error 置成 11,器件被另一链接封锁。

规则 2.6.43

如果在至少 lock_timeout 毫秒之后还未解除封锁,device_trigger 应该以 error 置成 11 而终止,器件被另一链接封锁。

规则 2.6.44

如果在至少 io_timeout 毫秒之后还未完成操作,device_trigger 应该以 error 置成 15, I/O 超时而终止。

规则 2.6.45

如果网络仪器服务器在发送触发时遇到器件特有的 I/O 错误,device_trigger 应该以 error 置成 17,I/O 错误而终止。

规则 2.6.46

如果执行过程中异步 device_abort RPC 被调用,device_trigger 应该以 error 置成 23,异常结束而终止。

表 10 列出了 device_trigger 错误值。

表 10 device _ trigger 错误值

错　误	含　义
0	无错误
4	无效链接标识符
8	操作不被支持
11	器件被另一链接封锁
15	I/O 超时
17	I/O 错误
23	异常结束

2.6.7 器件-清除(device _ clear)

device_clear RPC 用于向器件发送器件清除。

Device_Error device_clear(Device_GenericParms)=15;

规则 2.6.47

为成功地完成 device_clear RPC,网络仪器服务器应该:

a) 清除相关器件。

b) error 置成 0 返回,无错,表明成功完成。

注意 2.6.13

IEEE 488.1 和类似接口可能检测不出不支持清除的器件。

注意 2.6.14

因为并非所有器件都直接支持清除操作,所以操作如何执行取决于网络仪器服务器和器件之间的接口。

规则 2.6.48

如果器件不支持清除操作,并且网络仪器服务器可以发现这一点,device_clear 应该终止,error 置成 8,操作不被支持。

规则 2.6.49

将 lid 参数与有效链接标识符相比较,如果不匹配,device_clear 应该以 error 置成 4,无效链接标识符而终止。

规则 2.6.50

如果某些其他的链接已封锁,device_clear 将检查标记中的等待封锁标记位。如果标记位置位,device_clear 应该阻塞直到解除封锁。如果标记位未置位,device_clear 应该以 error 置成 11 而终止,器件被另外的链接封锁。

规则 2.6.51

如果在至少 lock_timeout 毫秒之后还未解除封锁,device_clear 应该以 error 置成 11 而终止,器件被另外的器件封锁。

规则 2.6.52

如果在至少 io_timeout 毫秒之后还未完成操作,device_clear 应该以 error 置成 15,I/O 超时而终止。

规则 2.6.53

如果在网络仪器服务器试图清除器件时遇到器件特有的 I/O 错误,device_clear 应该以 error 置成 17,I/O 错误而终止。

规则 2.6.54

如果执行过程中异步 device_abort RPC 被调用,device_clear 应该以 error 置成 23,异常结束而终止。

表 11 列出了 device_clear 错误值。

表 11 device _ clear 错误值

错 误	含 义
0	无错误
4	无效链接标识符
8	操作不被支持
11	器件被另一链接封锁
15	I/O 超时
17	I/O 错误
23	异常结束

2.6.8 器件-远地(device _ remote)

device_remote RPC 用于使器件处于远地状态,在该状态所有可编程本地控制被禁止。

Device_Error   device_remote(Device_GenericParms)=16;

规则 2.6.55

为成功地完成 dvice_remote RPC,网络仪器服务器应该:

a) 设置相关的器件于远地状态。

b) 以 error 置为 0 返回,无错误,表明成功地完成。

注意 2.6.15

由于并不是所有的器件都直接支持远地状态,所以操作如何执行取决于网络仪器服务器和器件间的接口。

规则 2.6.56

如果器件不支持远地状态且网络仪器服务器能检测到这点,device_remote 应该终止并将 error 置成 8,不支持操作。

规则 2.6.57

将 lid 参数与有效链接标识符相比较,如果不匹配,device_remote 应该以 error 置成 4 而终止,无效链接标识符。

规则 2.6.58

如果某些其他的链接已封锁,device_remote 将检查标记中的等待封锁标记位。如果标记位置位,device_remote 应该阻塞直到解除封锁。如果标记位未置位,device_remote 应该以 error 置成 11 而终止,器件被另外的链接封锁。

规则 2.6.59

如果在至少 lock_timeout 毫秒之后还未解除封锁,device_remote 应该以 error 置成 11 而终止,器件被另外的链接封锁。

规则 2.6.60

如果在至少 io_timeout 毫秒之后还未完成操作,device_remote 应该以 error 置成 15,I/O 超时而终止。

规则 2.6.61

如果网络仪器服务器欲置器件于远地状态时遇到器件特定的 I/O 错误,device_remote 应该以 error 置成 17,I/O 错误而终止。

规则 2.6.62

如果执行过程中异步 device_abort RPC 被调用,device_remote 应该以 error 置成 23,异常结束而终止。

表 12 列出了 device_remote 错误值。

表 12 device _ remote 错误值

错误	含义
0	无错误
4	无效链接标识符
8	操作不被支持
11	器件被另一链接封锁
15	I/O 超时
17	I/O 错误
23	异常结束

2.6.9 **器件-本地(device _ local)**

device_local RPC 用于使器件处于本地状态,在该状态允许所有可编程本地控制。

Device_Error device_local (Device_GenericParms) =17;

规则 2.6.63

为成功完成 device_local RPC,网络仪器服务器应该:

a) 设置相关器件于本地状态。

b) 以 error 置成 0,无错误返回,表明成功地完成。

注意 2.6.16

因为并不是所有器件都直接支持本地状态,所以操作如何被执行依赖于网络仪器服务器与器件之间的接口。

规则 2.6.64

如果器件不支持本地状态,且网络仪器服务器能检出这一点,device_local 应该终止,并将 error 置成 8,操作不被支持。

规则 2.6.65

将 lid 参数与有效链接标识符相比,如果不匹配,device_local 应该以 error 置成 4,无效链接标识符而终止。

规则 2.6.66

如果某些其他的链接已封锁,device_local 将检查标记中的等待封锁标记位,如果该标记位置位 device_local 应该阻塞直到解除封锁。如果标记位未置位,device_local 应该以 error 置成 11 而终止,器件被另外的链接封锁。

规则 2.6.67

如果在至少 lock_timeout 毫秒之后还未解除封锁,device_local 应该以 error 置成 11 而终止,器件被另外的链接封锁。

规则 2.6.68

如果在至少 io_timeout 毫秒之后还未完成操作,device_local 应该以 error 置成 15,I/O 超时而终止。

规则 2.6.69

如果网络仪器服务器欲置器件于本地状态时遇到器件特定的 I/O 错误,device_local 应该以 error 置成 17,I/O 错误而终止。

规则 2.6.70

如果执行过程中异步 device_abort RPC 被调用,则 device_local 应该以 error 置成 23,异常结束而终止。

表 13 列出了 device_local 错误值。

表 13 device _ local 错误值

错 误	含 义
0	无错误
4	无效链接标识符
8	不支持操作
11	器件被另一链接封锁
15	I/O 超时
17	I/O 错误
23	异常结束

2.6.10 器件-封锁(device_lock)

device_lock RPC 用于获得器件封锁。

```
struct  Device_LockParms{
    Device_Link         lid;             /* link id from create_link */
    Device_Flags        flags;           /* Contains the waitlock flag */
    unsigned  long      lock_timeout;    /* Time to wait to acquire lock */
};
Device_Error  device_lock(Device_LockParms)     =18;
```

规则 2.6.71

为成功完成 device_lock RPC,网络仪器服务器应该:

a) 获得器件封锁。

b) 以 error 置成 0,无错误返回,表示成功地完成。

规则 2.6.72

如果该链接已经封锁,网络仪器服务器应该以 error 置成 11 而终止,器件被另外的链接封锁。

注意 2.6.17

同一主机上的多个网络仪器服务器需相互联系来执行封锁,因为封锁对给定的主机上的所有网络仪器服务器来说是全局性的。

规则 2.6.73

将 lid 参数与有效链接标识符相比较,如果不匹配,device_lock 应该在尝试获取器件的封锁之前以 error 置成 4 而终止,无效链接标识符。

规则 2.6.74

如果其他的链接已封锁,device_lock 将检查标记中的等待封锁标记位。如果标记位置位,device_lock 应该阻塞直到解除封锁。如果标记位未置位,device_lock 应该以 error 置成 11 而终止,器件被另外的链接封锁。

注意 2.6.18

如果另外的链接已经封锁,网络仪器服务器就阻塞。但是如果另一链接执行一 I/O 操作,只要封锁可用,网络仪器服务器就不阻塞。

规则 2.6.75

如果在至少 lock_timeout 毫秒之后还未解除封锁,device_lock 应该以 error 置成 11 而终止,器件被另外的链接封锁。

规则 2.6.76

如果执行过程中异步 device_abort RPC 被调用,device_lock 应该以 error 置成 23,异常结束而终止。

规则 2.6.77

封锁应该限制在网络仪器客户和网络仪器服务器之间的中心连接。这意味着网络仪器服务器检测到连接中断时,它应该解除所有连接的封锁。

表 14 列出了 device_lock 错误值。

表 14 device _ lock 错误值

错　误	含　义
0	无错误
4	无效链接标识符
11	器件被另一链接封锁
23	异常结束

2.6.11 **器件-不封锁(device_unlock)**

device_unlock RPC 用于解除由 device_lock 获得的封锁。

Device_Error device_unlock (Device_Link)=19;

规则 2.6.78

为成功完成 device_unlock,网络仪器服务器应该:

a) 释放封锁。

b) 以 error 置成 0,无错误返回,表示成功完成。

规则 2.6.79

将 device_link(链接标识符)参数与有效链接标识符比较,如果不匹配,device_unlock 应该以 error 置成 4 而终止,无效链接标识符。

规则 2.6.80

如果此链接无封锁,device_unlock 应该以 error 置成 12 而终止,无此链接保持的封锁。

规则 2.6.81

device_unlock 操作应该不受 device_abort 影响。

表 15 列出了 device_unlock 错误值。

表 15 device _ unlock 错误值

错误	含义
0	无错误
4	无效链接标识符
12	无此链接保持的封锁

2.6.12 **建立-中断-通道(create_intr_chan)**

create_intr_chan RPC 用于通知网络仪器服务器建立中断通道。见 2.3,以获更多信息。

```
enum Device_AddrFamily{DEVICE_TCP,DEVICE_UDP};   /* used by interrupts */
struct Device_RemoteFunc{
    unsigned long hostAddr;          /* Host servicing Interrupt */
    unsigned short hostPort;         /* valid port #on client */
    unsigned long progNum;           /* DEVICE_INTR */
    unsigned long progVers;          /* DEVICE_INTR_VERSION */
    Device_AddrFamily progFamily;    /* DEVICE_UDP | DEVICE_TCP */
};
    Device_Error create_intr_chan(Device_RemoteFunc)   =25;
```

规则 2.6.82

为成功完成 create_intr_chan RPC,网络仪器服务器应该:

a) 为 RPC 机制在 hostAddr 和 hostPort 间建立一中断通道,它们的程序号为 progNum,版本号 progVers,使用在 ProFamily 中规定的基础协议。

b) 以 error 置成 0 返回,无错误,表示成功完成。

规则 2.6.83

如果中断通道不能建立,create_intr_chan 应该终止,error 置成 6,通道未被建立。

规则 2.6.84

网络仪器服务器应该支持 TCP 中断通道。

允许 2.6.1

网络仪器服务器可以支持 UDP 中断通道。

注意 2.6.19

对中断通道使用 UDP 一般可提供较高的性能，但会有这样一些风险：一些 device_intr_srq RPC 根本不会到达，或它们能到达但可能会发生故障。

规则 2.6.85

如果 progFamily 是一个除了 DEVICE_TCP 或 DEVICE_UDP 之外的值，则 create_intr_chan 应该终止，并将 error 置成 8，操作不被支持。

规则 2.6.86

如果网络仪器服务器并不支持 ProgFamily 中规定的协议，比如 UDP，create_intr_chan 应该终止，并将 error 置成 8，操作不被支持。

规则 2.6.87

如果 progNum 不是 395185，create_intr_chan 应该终止，error 置成 8，操作不被支持。

规则 2.6.88

如果 progVers 不是 1，create_intr_chan 应该终止，error 置成 8，操作不被支持。

注意 2.6.20

网络仪器客户通常将 hostAddr 设置为它自己的 IP 地址。

规则 2.6.89

如果网络仪器服务器已建立了中断通道，同时又收到 create_intr_chan，它应该不执行操作，以 error 置成 29 而返回。

规则 2.6.90

即使中断通道未建立网络仪器服务器也应该正确操作。

表 16 列出了 create_intr_chan 错误值。

表 16 create _ intr _ chan 错误值

错　误	含　义
0	无错误
6	通道未建立
8	操作不被支持
29	通道已建立

2.6.13 拆除-中断-通道(destroy _ intr _ chan)

destroy_intr_chan RPC 用于通知网络仪器服务器关掉它的中断通道。见 2.3 以获更多信息。

Device_Error destroy_intr_chan (void) = 26;

规则 2.6.91

为成功地完成 destroy_intr_chan RPC，网络仪器服务器应该：

a) 关闭它的中断通道。

b) 以 error 置成 0 返回，无错误，表示成功完成。

规则 2.6.92

如果没有中断通道可关闭，destroy_intr_chan 应该以 error 置成 6，通道未建立而终止。

表 17 列出了 destroy_intr_chan 错误值。

表 17 destroy _ intr _ chan 错误值

错　误	含　义
0	无错误
6	通道未建立

2.6.14 器件-使能服务-请求(device _ enable _ srq)

device_enable_srq RPC 用于允许或不允许由网络仪器服务器发送 device_intr_srq RPC。见 2.3，以获得更多信息。

```
struct   Device_EnableSrqParms   {
    Device_Link          lid;
    bool                 enable;            /* Enable or  disable  interrupts */
    opaque               handle<40>;        /* Host specific  data */
};
Device_Error   device_enable_srq(Device_EnableSrqParms)   =20;
```

规则 2.6.93

为成功完成 device_enable_srq RPC，网络仪器服务器应该：

a) 当被请求服务时，是否允许或不允许调用 device_intr_srq。如果 enable 为 0，不允许对此链接的中断，如果 enable 不为 0 则允许。

b) 当服务请求发生时存储 handle<40>，使之能在 device_intr_srq RPC 时传回网络仪器客户，网络仪器不应该修改这个信息。

c) 以 error 置成 0 返回，无错误，表明成功完成。

注意 2.6.21

网络仪器服务器对它的每个链接都保持一个服务器请求允许状态，这些状态不受中断通道的建立或拆除的影响。

推荐 2.6.1

网络仪器客户应该在 handle 参数中发送一个唯一的链接标识符，这将允许网络仪器客户识别与以后的 device_intr_srq RPCs 相关的链接。

规则 2.6.94

将 lid 参数与有效链接标识符相比较，如果不匹配，device_intr_srq 应该以 error 置成 4，链接标识符无效而终止。

规则 2.6.95

无论链接有无封锁，device_intr_srq RPC 操作相同。

表 18 列出了 device_intr_srq 错误值。

表 18 device _ intr _ srq 错误值

错 误	含 义
0	无错误
4	无效链接标识符

2.6.15 器件-执行命令(device _ docmd)

device_docmd RPC 允许执行各种操作。

```
struct   Device_DocmdParms{
    Device_Link       lid;              /* link id from  create_link  */
    Device_Flags      flags;            /* flags specifying various options */
    unsigned  long    io_timeout;       /* time to wait for I/O to complete */
    unsigned  long    lock_timeout;     /* time to wait on a lock */
    long              cmd;              /* which command to execute */
    bool              network_order;    /* client's byte order */
    long              datasize;         /* size of individual data elements */
    opaque            data_in<>;        /* docmd data parameters */
```

```
};
struct  Device_DocmdResp{
    Device_ErrorCode    error;          /* returned status */
    Opaque              data_out<>;     /* returned data parameter */
};
Device_DocmdResp device_docmd (Device_DocmdParms) =22;
```

注意 2.6.22

注意不透明的数据参数并不是真的不透明，而是被网络仪器客户和网络仪器服务器直接使用。不透明类型用来避免相关字符数据的整理操作(对 XDR 将 8 位增进为 32 位)。数据参数可以含有直至 $2^{32}-1$ 个字节。

规则 2.6.96

在成功完成的 device_docmd 的响应中，网络仪器服务器应该：

a) 执行与 cmd 相关的操作，必要时执行字节交换操作。

b) cmd 定义的结果在 data_out 中返回。

c) 以 error 置成 0 返回，无错误，表明成功地完成。

所有的 cmd 值被保留，由在 1.6 中列出的相关文件来定义。

允许 2.6.2

网络仪器服务器中，对 device_docmd 的 cmd 值可能完全不支持，也可能支持部分或全部。data_in 和 time_out 操作的执行、结构和含义取决于 cmd 值。

规则 2.6.97

将 lid 参数与有效链接标识符比较，如果不匹配，device_docmd 应该以 error 置为 4，无效链接标识符而终止。

规则 2.6.98

将 cmd 的值与网络仪器服务器支持的值比较，如果个别值不被支持，device_docmd 应该以 error 置成 8 返回，操作不被支持。

若网络仪器客户结构按网络顺序(由小到大)规定字节顺序，则 Network_Order 为真(置位)，网络顺序由互联网协议组规定。

规则 2.6.99

如果网络仪器服务器的结构与网络仪器客户的结构不相匹配，如同 network_order 参数所表明的，则必要时网络仪器服务器应该在 data_in 和 data_out 中交换字节。

规则 2.6.100

字节交换应该在数据长度的基础上被执行，数据长度指明单个数据元素的尺寸和 data_in. data_in_len 或 data_out. data_out_len，它们表明基于以下公式的数据总的字节长度：

数据长度值 1 表示字节数据且不执行交换。数据长度值 2 表示 16 位字数据且字节按字边界交换。数据长度值 4 表示 32 位长字数据，字节按长字边界交换。数据长度值 8 表示 64 位数据且字节按 8 字节边界交换。

例如，假定'a''b''c'……代表字节，字节交换发生如表 19 所示。

表 19 字节交换

数据长度	被交换数据	数据结果
1	abcdefgh	abcdefgh
2	abcdefgh	badcfehg
4	abcdefgh	dcbahgfe
8	abcdefgh	hgfedcba

规则 2.6.101

如果某些其他链接已封锁，device_docmd 将检查标志中的等待封锁标记位，如果标记位置位，device_docmd 应该阻塞直到解除封锁。如果标志位未置位，device_docmd 应该以 error 置成 11 而终止，器件被其他链接封锁。

规则 2.6.102

若在至少 lock_timeout 毫秒后仍未解除封锁，device_docmd 应该以 error 置成 11 而终止，器件被其他链接封锁。

规则 2.6.103

若在至少 io_timeout 毫秒后，cmd 还未被完全执行，device_docmd 应该以 error 置成 15，I/O 超时而终止。

规则 2.6.104

如果网络仪器服务器在准备操作时遇到器件特定的 I/O 错误，device_docmd 应该以 error 置成 17，I/O 错误而终止。

规则 2.6.105

如果执行过程中异步 device_abort RPC 被调用，device_docmd 应该以 error 置成 23，异常结束而终止。

表 20 列出 device_docmd 错误值。

表 20 device _ docmd 错误值

错 误	含 义
0	无错误
4	无效链接标识符
8	操作不被支持
11	器件被另一链接封锁
15	I/O 超时
17	I/O 错误
23	异常结束

2.6.16 器件-异常结束(device _ abort)

device_abort RPC 停止进行中的调用。这个 RPC 是唯一由本规范定义的 RPC，它使用在网络仪器客户和网络仪器服务器间的异常结束通道中。

Device_Error device_abort (Device_Link) = 1;

规则 2.6.106

为成功地完成 device_abort RPC，网络仪器服务器应该：

a) 开始终止任一中心通道以及与除 destroy_link、device_enable_srq 和 device_unlock 之外的链接相关的进行中的 RPC。

b) 以 error 置成 0 返回，无错误，表明成功地完成。

注意 2.6.23

此规则目的是在其他操作前处理 device_abort RPC，但由于操作系统特定的执行细节，实时性不能保证。

注意 2.6.24

device_abort RPC 只是异常结束进行中的 RPC，而不是排队中的 RPC。

规则 2.6.107

在应答 device_abort 调用后，网络仪器服务器应该应答原来进行中的调用，该调用以 error 置成

23,异常结束。

注意 2.6.25

在网络仪器客户异常结束调用时接收到0,只是表明异常结束被成功地传送到网络仪器服务器。

规则 2.6.108

将 lid 参数与有效链接标识符相比较。如果不匹配,device_abort 应该以 error 置成 4,无效链接标识符而终止。

规则 2.6.109

device_abort 的操作不应该受封锁影响。

表 21 列出 device_abort 错误值。

表 21 device _ abort 错误值

错误	含义
0	无错误
4	无效链接标识符

2.6.17 器件-中断-请求(device _ intr _ srq)

device_intr_srq RPC 被网络仪器服务器用于向网络仪器客户发送服务请求。

```
struct Device_SrqParms{
    opaque handle<>;
};
void device_intr_srq(Device_SrqParms)        = 30;
```

device_intr_srq RPC 在网络仪器服务器与网络仪器客户间的中断通道上发送,用来表示器件正在请求服务。

规则 2.6.110

只有当服务请求已被 device_enable_srq 允许且中断通道存在时,网络仪器服务器才应该发送 device_enable_srq 。

规则 2.6.111

网络仪器服务器应该将 device_enable_srq 中接收的相关链接的 handle 参数准确地发送出去。

注意 2.6.26

在接收到 device_intr_srq 时,网络仪器客户通常采取行动来服务请求,但是本规范没有要求网络仪器客户采取行动。

3 网络仪器 RPCL

ONC RPC 协议是用 RPCL 来说明的。这一部分包含了中心通道、异常结束和中断通道协议的完整清单。

规则 3.1

网络仪器主机应该实现下面的 RPCL 结构。

3.1 中心和异常中断通道协议

```
/* Types */
typedef long Device_Link;
enum Device_AddrFamily {                    /* used by interrupts */
      DEVICE_TCP;
      DEVICE_UDP;
};
```

```
typedef   long Device_Flags;


/*   Error types   */
typedef   long   Device_ErrorCode;
struct   Device_Error{
        Device_ErrorCode   error;
};
struct Create_LinkParms{
        long                clientId;                /* implementation specific value */
        bool                lockDevice;              /* attempt to lock the  device */
        unsigned  long   lock_timeout;              /* time to wait on a lock */
        string              device<>;                /* name of device */
};
struct Create_LinkResp{
        Device_ErrorCode   error;
        Device_Link         lid;
        unsigned  short  abortPort;                 /* for the abort RPC */
        unsigned  long     maxRecvSize;             /* specifies  max data size  in  bytes  device
                                                       will  accept on a write */

};
struct Device_WriteResp{
        Device_Link         lid;                     /* link id from create_link */
        unsigned  long  io_timeout;                 /* time to wait for I/O */
        unsigned  long  lock_timeout;               /* time to wait for lock */
        Device_Flags  flags;
        opaque        data<>;                        /* the data length and the data itself */
};
struct   Device_WriteResp{
        Device_ErrorCode   error;
        unsigned long         size;                  /* Number of bytes written */
};
struct Device_ReadParms{
        Device_Link            lid;                  /* link id from create_link */
        unsigned  long    requestSize;               /* Bytes requested */
        unsigned  long    io_timeout;                /* time to wait for I/O */
        unsigned  long    lock_timeout               /* time to wait for lock */
        Device_Flags          flags;
        char                    termChar;            /* valid if flags & termchrset */
};
struct Device_ReadResp{
        Device_ErrorCode       error;
        long                      reason;            /* Reason(s) read completed */
```

```
    opaque              data<>;             /* data.len and data.val */
};
struct Device_ReadStbResp{
    Device_ErrorCode  error;                /* error code */
    unsigned char     stb;                  /* the returned status byte */
};
struct Device_GenericParms{
    Device_Link       lid;                  /* Device_Link id from connect call */
    Device_Flags      flags;                /* flags with options */
    unsigned long     lock_timeout;         /* time to wait for lock */
    unsigned long     io_timeout;           /* time to wait for I/O */
};
struct Device_RemoteFunc{
    unsigned long     hostAddr;             /* Host servicing Interrupt */
    unsigned short    hostPort;             /* valid port # on client */
    unsigned long     progNum;              /* DEVICE_INTR */
    unsigned long     progVers;             /* DEVICE_INTR_VERSION */
    Device_AddrFamily progFamily;           /* DEVICE_UDP | DEVICE_TCP */
};
struct Device_EnableSrqParms{
    Device_Link       lid;
    bool              enable;               /* Enable or disable interrupts */
    opaque            handle<40>;           /* Host specific data */
};
struct Device_LockParms{
    Device_Link       lid;                  /* link id from create_link */
    Device_Flags      flags;                /* Contains the waitlock flag */
    unsigned long     lock_timeout;         /* time to wait to acquire lock */
};
struct Device_DocmdParms{
    Device_Link       lid;                  /* link id from create_link */
    Device_Flags      flags;                /* flags specifying various options */
    unsigned long     io_timeout;           /* time to wait for I/O to complete */
    unsigned long     lock_timeout;         /* time to wait on a lock */
    long              cmd;                  /* which command to execute */
    bool              network_order;        /* client's byte order */
    long              datasize;             /* size of individual data elements */
    opaque            data_in<>;            /* docmd data parameters */
};
struct Device_DocmdResp{
    Device_ErrorCode  error;                /* returned status */
    opaque            data_out<>;           /* returned data parameter */
};
```

```
program DEVICE_ASYNC{
        version DEVICE_ASYNC_VERSION{
        Device_Error        device_abort        (Device_Link)                    = 1;
        }= 1;
}= 0x0607B0;
program DEVICE_CORE{
        version DEVICE_CORE_VERSION{
        Create_LinkResp     create_link       (Create_LinkParms)              = 10;
        Device_WriteResp    device_write      (Device_WriteParms)             = 11;
        Device_ReadResp     device_read       (Device_ReadParms)              = 12;
        Device_ReadStbResp  device_readstb    (Device_GenericParms)           = 13;
        Device_Error        device_trigger    (Device_GenericParms)           = 14;
        Device_Error        device_clear      (Device_GenericParms)           = 15;
        Device_Error        device_remote     (Device_GenericParms)           = 16;
        Device_Error        device_local      (Device_GenericParms)           = 17;
        Device_Error        device_lock       (Device_LockParms)              = 18;
        Device_Error        device_unlock     (Device_Link)                   = 19;
        Device_Error        device_enable_srq (Device_EnableSrqParms)         = 20;
        Device_DocmdResp    device_docmd      (Device_DocmdParms)             = 22;
        Device_Error        destroy_link      (Device_Link)                   = 23;
        Device_Error        create_intr_chan  (Device_RemoteFunc)             = 25;
        Device_Error        destroy_ intr_chan (void)                         = 26;
          } = 1;
} = 0x0607AF;
```

3.2 中断协议

```
/*  Types  */
struct Device_SrqParms{
        opaque handle<> ;
};
program DEVICE_INTR{
        version DEVICE_INTR_VERSION{
          void     device_intr_srq     (Device_SrqParms)     = 30 ;
            } = 1;
        } = 0x0607B1;
```

ICS 17.220
N 20

中华人民共和国国家标准

GB/T 21547.2—2008

VME总线对仪器的扩展　第2部分：TCP/IP-VXI总线接口规范

VMEbus extensions for instrumentation—
Part 2: TCP/IP-VXIbus interface specification

2008-03-31发布　　2008-11-01实施

中华人民共和国国家质量监督检验检疫总局
中国国家标准化管理委员会　发布

前 言

GB/T 21547《VME[1]总线对仪器的扩展》分为如下几个部分：

——第1部分：TCP/IP[2]仪器协议规范；

——第2部分：TCP/IP-VXI总线接口规范；

——第3部分：TCP/IP-IEEE 488.1接口规范；

——第4部分：TCP/IP-IEEE 488.2仪器接口规范。

本部分为GB/T 21547的第2部分。

本部分的结构与技术内容与VXI[3]-11.1:1995(Rev1.0)一致，仅在以下方面做了编辑性的修改：

——标准名称增加了“第2部分”；

——将章节编号A,B,C改为1,2,3；

——缩略语给出了注释。

本部分由中国机械工业联合会提出。

本部分由全国工业过程测量和控制标准化技术委员会第四分技术委员会归口。

本部分起草单位：哈尔滨理工大学、哈尔滨电工仪表研究所。

本部分主要起草人：商庆华、张小兵、纪铁军、王春燕、马怀俭、袁慧昉。

本部分为首次发布。

---

1) VME:VERSA-bus Modular European.

2) TCP/IP:Transmission Control Protocol/Internet Protocol.

3) VXI:VME-bus Extension for Instrumentation.

VME总线对仪器的扩展　第2部分：TCP/IP-VXI总线接口规范

1　引言

在测试和测量工业中将VXI总线仪器连接到计算机网络的需求与日俱增，这种连接既可以是广域网也可以是局域网。随之而来需要有一标准来规定TCP/IP-VXI总线器件的功能。本规范是VXI总线系列规范的一部分，它说明了VXI总线仪器如何能连接到标准工业网上。本规范支持的通信和编程范例与VXI总线仪器和VXI总线IEEE-488.2仪器支持的技术本质上相似。本规范描述的协议允许ASCⅡ消息通过TCP/IP网络在控制器和器件间传递。读者应有网络、互联网协议组、ONC RPC、IEEE 488.2和VXI总线等方面的知识。

1.1　适用范围

本规范是VXI总线系列规范的一部分，并定义了一个TCP/IP-VXI总线接口器件。

本规范唯一直接提及的网络是支持互联网协议组的网络。本规范定义的技术可以在其他网络上应用（如支持OSI协议标准的网络），但本部分并未述及相关变换。本规范在互联网协议组上层使用开放网络计算（ONC）远地过程调用（RPC）。

TCP/IP-VXI总线接口器件也可支持其他的网络协议。

1.2　文本结构

文本分成两个部分。

第1部分：引言，目的是让读者熟悉本文的意图和范围；

第2部分：TCP/IP-VXI总线接口，定义TCP/IP-VXI总线接口器件操作，包括由GB/T 21547.1—2008定义的网络处理和VXI总线字串行协议之间的变换。

1.3　规范的目的

除了那些在GB/T 21547.1—2008中列出的目的之外，本规范还有以下目的：

a)　定义TCP/IP-VXI总线接口器件的操作。

b)　定义从网络处理到VXI总线字串行协议处理的变换。

1.4　术语和定义

本部分除了使用在GB/T 21547.1—2008中的术语和定义外，还包括如下术语和定义。

1.4.1

VXI总线仪器　VXIbus instrument

由IEEE Std.1155:1992，VME总线对仪器的扩展，即VXI总线所定义的仪器。

像其他的VXI总线规范一样，下面的术语用来识别各段落的内容。这些定义和那些在IEEE 1155:1992中的相同。

1.4.2

规则　rule

应该遵守规则以确保系统内各种卡的兼容性。规则是用词“应该”（SHALL）和“不应该”（SHALL NOT）表示。这些词只用于陈述规则，不用于其他目的。

1.4.3

推荐　recommendation

由一些对执行者的劝告组成，这些劝告可影响最终器件的使用。对增加吞吐量的特定硬件的讨论也列入推荐中，应遵守这些推荐以避免一些问题并获得最佳性能。

1.4.4

允许 permission

用来阐明没有特别禁止的规范的范围，允许使读者放心某些方法是可接受并且不会引起问题的，用“可以”(MAY)表示允许。

1.4.5

注意 observation

注意阐明规则的含义，引起人们对容易忽略问题的注意。给出某些规则的合理性解释，使读者更好地理解为什么必须遵守这些规则。

任何没有标题的正文都应认为是对标准的说明。

1.5 参考文献

除了参考GB/T 21547.1—2008参考的那些文献外，本规范还参考以下文献：

[1] IEEE 1155:1992 VME总线对仪器的扩展的IEEE 标准:VXI总线

[2] VME总线对仪器的扩展:VXI总线，公共ASCII 系统命令规范，VXI(5 1.0版本)

1.6 相关文件

本规范是一系列规范中的文件之一，这组规范说明控制器和器件间通过网络基于ASCII码通信的方法。本规范描述了伴随着TCP/IP-VXI总线接口器件的操作，从该协议到VXI总线字串行操作的变换。在这组规范中的其他规范不但说明了协议本身，而且说明了从该协议到其他接口类型的变换。下面列出的规范是这组规范的现行部分标准。

[1] GB/T 21547.1—2008 VME总线对仪器的扩展 第1部分:TCP/IP仪器协议规范

[2] GB/T 21547.3—2008 VME总线对仪器的扩展 第3部分:TCP/IP-IEEE 488.1接口规范

[3] GB/T 21547.4 VME总线对仪器的扩展 第4部分:TCP/IP-IEEE 488.2仪器接口规范

2 TCP/IP-VXI总线接口

TCP/IP-VXI总线接口器件将TCP/IP仪器协议消息转换成VXI总线通信协议。它允许控制器控制通过TCP/IP-VXI总线接口连接到LAN上的VXI总线仪器器件(见IEEE 1155:1992的第4章:VXI总线器件的实现)。TCP/IP-VXI总线接口接收LAN上的仪器控制请求，把这些请求转换成VXI总线事务处理，并将这些请求发送给相应的VXI总线仪器器件。尽管本规范的2.5中说明的命令支持提供了对非仪器器件的有限支持，但寄存器基、存储器和非仪器消息基器件超出了本规范的范围。VXI总线系统可提供也可不提供TCP/IP-VXI总线接口。

注意 2.1

VXI总线仪器以第1位清除为零(0)响应Read Protocol(读协议)命令，第14位也可以清除为零(0)。

规则 2.1

TCP/IP-VXI总线接口器件应该是消息基的命令者。

规则 2.2

TCP/IP-VXI总线接口器件应该支持信号的接收。

规则 2.3

TCP/IP-VXI总线接口器件应该是一个中断处理器。

规则 2.4

当TCP/IP-VXI总线接口器件执行被要求的操作遇到背板总线错误时，接口应该通过在RPC应答消息的error段返回17(即I/O错误)，来表示这一情况。

推荐 2.1

TCP/IP-VXI 总线接口器件应同时支持两个或更多的网络仪器服务器。

规则 2.5

TCP/IP-VXI 总线接口器件每个网络仪器服务器应该支持至少 64 个并行链接。

推荐 2.2

网络仪器服务器和由 TCP/IP-VXI 总线接口器件支持的链接数目应基于已有的可利用资源而不是基于事先任意确定的限制。

注意 2.2

如果网络仪器服务器的主机是仪器的命令者，则 VXI 总线仪器可访问网络仪器服务器。这里定义的可访问性适用于 GB/T 21547.1—2008 中的规则 2.4.1。

图 1 为典型的 TCP/IP-VXI 总线系统。

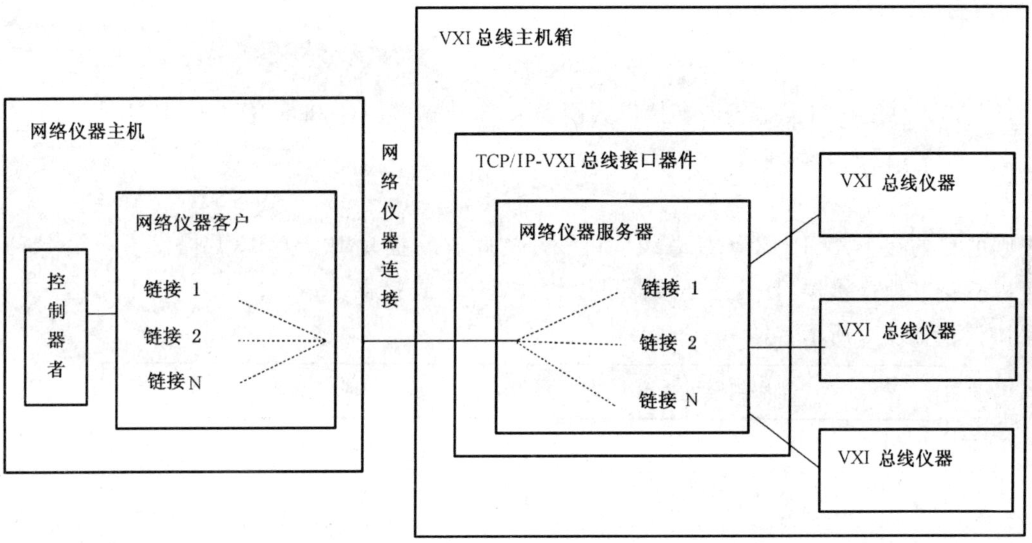

图 1　典型的 TCP/IP-VXI 总线系统

2.1　器件字符串格式

从局域网到相应的 VXI 总线器件的消息的路径通过 create_link RPC 产生。该 RPC 用来建立网络仪器链接，已产生的链接通过器件参数与特定的 VXI 总线器件相关联。该参数是一字符串，它由 TCP/IP-VXI 总线接口器件解析以确定与此链接相关联的 VXI 总线器件。

规则 2.1.1

TCP/IP-VXI 总线接口器件应该支持如下格式的器件字串：

<intf_name>[,<logical_addr>]

其中：

<intf_name>：与单个 VXI 总线接口地址相对应的名字，这个名字应该唯一标识 TCP/IP-VXI 总线接口器件上的接口。

<logical_addr>：在 VXI 总线接口上的 VXI 总线器件的逻辑地址（任选）。

规则 2.1.2

只含有<intf_name>的器件应该被 TCP/IP-VXI 总线接口器件解释为到接口的命令处理器的链接（见 2.5）。

规则 2.1.3

TCP/IP-VXI 总线接口器件应该把“vxi0”识别成器件中的第一个或唯一的接口。其他接口应该用“vxiN”来标记，这里 N 是一个初值为 1 且按顺序增加的非负整数。

有效器件参数的几个例子是：

vxi0　　　　链接与主机上第一个 VXI 接口相关；

vxi0,128　　链接与逻辑地址为 128 的器件相关。

规则 2.1.4

如果一台不是 TCP/IP-VXI 总线接口器件的从者的器件接收到地址，则 create_link 应该返回，将 error 置为 3，器件不能访问。

2.2 LAN 功能

规则 2.2.1

TCP/IP-VXI 总线接口器件应该支持网络仪器协议，并应该接收和执行由那个协议定义的所有 RPC，对网络仪器协议的支持包括对整个协议栈的支持，此栈是为网络仪器器件使用而定义的。

允许 2.2.1

TCP/IP-VXI 总线接口器件可支持其他的 LAN 协议。

规则 2.2.2

TCP/IP-VXI 总线接口器件应该支持以太网/802.3 数据链路层和带有对 10 BASE-T 用 RJ-45 连接器的 802.3/10 BASE-T 物理层。

注意 2.2.1

本规则的目的在于 TCP/IP-VXI 总线接口器件的缺省配置为 10 BASE-T 提供了一个 RJ-45 连接器。也可以支持其他连接器，且其他连接器可以代替 RJ-45 连接器。

结果协议栈如图 2 所示。

应用层	网络仪器
表示层	XDR
会话层	ONC/RPC
传输层	TCP
网络层	IP
数据链路层	以太网/802.3
物理层	802.3/10 BASE-T

图 2　TCP/IP-VXI 总线接口器件协议栈

允许 2.2.2

TCP/IP-VXI 总线接口器件在数据链路层和物理层上可以支持其他协议。

2.3 链接管理

这一部分包括管理链接的操作和在链接上执行的操作。这些操作主要在 TCP/IP-VXI 总线接口器件自身中执行。

2.3.1 建立链接

create_link 和 destroy_link RPC 并不直接变换成任何 VXI 总线操作。

规则 2.3.1

create_link RPC 和 destroy_link RPC 应该在 TCP/IP-VXI 总线接口器件内被完全执行，TCP/IP-VXI 总线接口器件应该保持由网络仪器协议定义的链接。

2.3.2 建立中断通道

create_intr_chan 和 destroy_intr_chan RPC 并不直接变换成任何 VXI 总线操作。

规则 2.3.2

create_intr_chan 和 destroy_intr_chan RPC 应该在 TCP/IP-VXI 总线接口器件内被完全执行。TCP/IP-VXI 总线接口器件应该保持由网络仪器协议定义的中断通道。

2.3.3 器件封锁

device_lock 和 device_unlock RPC 不直接变换成任何 VXI 总线操作。

规则 2.3.3

在 TCP/IP-VXI 总线接口器件中应该完全地实现 device_lock 和 device_unlock RPC。

2.3.4 异常结束操作

device_abort RPC 不直接变换成任何 VXI 总线操作。

规则 2.3.4

在 TCP/IP-VXI 总线接口器件中应该完全地实现 device_abort RPC，以便异常结束任何与链接相关的有效操作。

2.4 仪器通信

这一部分包括直接与 VXI 总线仪器通信的操作。VXI 总线规范提供了两种机制来传输 ASCII 消息，字节传输协议(见 IEEE 1155：1992 中的 3.3.3.3)和快速数据通道消息传输协议(见 VXI-10，快速数据通道规范)。可能时，TCP/IP-VXI 总线接口器件采用消息传输协议，否则，使用字节传输协议。

本部分的规则只应用于和 VXI 总线仪器的通信，不适用于接口命令处理器。

规则 2.4.1

VXI 总线接口器件和 VXI 总线仪器应该以与 IEEE 1155：1992 的 4.2.3 中定义的相同方法在逻辑上划分。

规则 2.4.2

TCP/IP-VXI 总线接口器件应该通过返回相应的错误值来报告与 RPC 有关的字串行协议事务处理的成功或失败。TCP/IP-VXI 总线接口器件应该执行适当的字串行操作来确定操作的成功或失败，如同在 IEEE 1155：1992 中的注意 3.3.17 所规定的。

推荐 2.4.1

TCP/IP-VXI 总线接口器件应能支持快速数据通道消息传输协议。

允许 2.4.1

如果 TCP/IP-VXI 总线接口器件发现器件已经进入快速握手工作状态，则可以执行快速握手传输。

2.4.1 从接口器件到 VXI 总线仪器的数据传输

规则 2.4.3

当 TCP/IP-VXI 总线接口器件收到 device_write RPC，它应该在 data 参数中将该字节传输到与链接相关的 VXI 总线仪器中，通过字节传输协议或通过消息传输协议，如果在 flags(标记)参数中设置了结束标记，则应该向器件发送最后一个字节，同时发送 END。

规则 2.4.4

如果 TCP/IP-VXI 总线接口器件支持快速数据通道消息传输协议，并且通过本地配置确定与链接相关的 VXI 总线仪器也支持快速数据通道消息传输协议，则 TCP/IP-VXI 总线接口器件应该通过消息传输协议在 data 参数中向与链接相关的 VXI 总线仪器传送字节。

2.4.2 从 VXI 总线仪器到接口器件的数据传输

规则 2.4.5

当 TCP/IP-VXI 总线接口器件接收 device_read RPC 时，它应该使用字节传输协议或消息传输协议，从与链接相关的 VXI 总线仪器向 data 响应参数传输字节，直至遇到终止条件。

规则 2.4.6

如果 TCP/IP-VXI 总线接口器件支持快速数据通道消息传输协议，并且通过本地配置确定与链接相关的 VXI 总线仪器也支持快速数据通道消息传输协议，TCP/IP-VXI 总线接口器件应该通过消息传输协议从与链接相关的 VXI 总线仪器向 data 响应参数传送字节，直至遇到终止条件。

2.4.3 器件清除操作

规则 2.4.7

当 TCP/IP-VXI 总线接口器件收到 device_clear RPC，它应该向与链接相关的器件发送 VXI 总线字串行 Clear 命令。

2.4.4 触发操作

规则 2.4.8

当 TCP/IP-VXI 总线接口器件接收 device_trigger RPC，它应该向与链接相关的器件发送 VXI 总线字串行 Trigger 命令。如果器件不支持 Trigger 命令，error 应该置为 8，操作不被支持。

允许 2.4.2

如果 TCP/IP-VXI 总线接口器件知道器件不支持 Trigger 命令，它可以选择不发送 Trigger 命令，而是以 error 置为 8 简单地返回，操作不被支持。

规则 2.4.9

在 DIR 位没被置为 1 之前，TCP/IP-VXI 总线接口器件不应该向仪器发送 VXI 总线字串行 Trigger 命令。

2.4.5 远地/本地操作

规则 2.4.10

当 TCP/IP-VXI 总线接口器件收到 device_remote RPC 时，它应该向与链接相关的器件发送 VXI 总线字串行 Set Lock 命令。如果该器件不支持 Set Lock 命令，应该将 error 置为 8，操作不被支持。

规则 2.4.11

当 TCP/IP-VXI 总线接口器件收到 device_local RPC 时，它应该向与链接相关的器件发出 VXI 总线字串行 Clear Lock 命令。如果器件不支持 Clear Lock 命令，应该将 error 置为 8，操作不被支持。

允许 2.4.3

如果当 TCP/IP-VXI 总线接口器件知道该器件不支持 Set Lock 或 Clear Lock 命令，它可以选择不发送 Set Lock 或 Clear Lock 命令，而是以 error 置为 8 简单地返回，操作不被支持。

2.4.6 SRQ 操作

基于如图 3 中描述的 RQS 状态，TCP/IP-VXI 总线接口器件发送 device_intr_srq RPC，并且通常允许 SRQ 中断状态。

规则 2.4.12

对每个与工作的链接相关的 VXI 总线仪器，TCP/IP-VXI 总线接口器件应该保持图 3 中描述的 RQS 状态。

规则 2.4.13

对各链接，如果已经建立了中断通道，并且服务请求已被 device_enable_srq 允许，当相关的 VXI 总线仪器的 RQS 状态从“假”变成“真”时，TCP/IP-VXI 总线接口器件应该发出 device_intr_srq。

规则 2.4.14

对每个链接，当预先已被禁止的服务请求被 device_enable_srq 允许时，如果已经建立了中断通道并且 RQS 状态也已经为真，则 TCP/IP-VXI 总线接口器件应该发出 device_intr_srq。

规则 2.4.15

在任何其他的情况下，TCP/IP-VXI 总线接口器件不应该发出 device_intr_srq。

推荐 2.4.2

网络仪器客户应在允许服务请求之前建立中断通道，并且当服务请求被允许时保持中断通道。否则服务请求可能丢失。

图 3 RQS 状态图

- 从 VXI 总线仪器收到 request true(请求真)事件： 进入 RQS 真状态
- 从 VXI 总线仪器收到 request false(请求假)事件： 进入 RQS 假状态
- device_readstb 对 VXI 总线仪器执行： 进入 RQS 假状态

注意 2.4.1

如果当前状态为 RQS TRUE，则 request true VXI 总线事件不产生 device_intr_srq RPC。

2.4.7 读状态字节操作

规则 2.4.16

当 TCP/IP-VXI 总线接口器件接收到 device_readstb 时，如果 VXI 总线仪器支持 Read STB 命令，则 TCP/IP-VXI 总线接口器件应该发送 VXI 总线字串行 Read STB 命令，并用从 Read STB 命令得到的结果响应 RPC。

规则 2.4.17

如果 VXI 总线仪器不支持 Read STB 命令时，则 TCP/IP-VXI 总线接口器件应该用专门表明仪器的 RQS 状态的响应字节的第 6 位来响应 RPC。如果仪器正在请求服务，第 6 位应该被置成 1，否则，该位被清除为 0。

规则 2.4.18

如果 VXI 总线仪器不支持 Read STB 命令时，响应字节中除第 6 位以外的所有位都应该被 TCP/IP-VXI 总线接口器件清除为 0。

2.5 TCP/IP-VXI 总线接口器件命令

本部分包括与接口通信的操作。链接可和接口有关，这样的链接有 VXI-5 命令处理器(程序分析器)，与该 VXI-5 命令处理器的通信不直接包含任何 VXI 总线操作，但作为某些命令的结果，VXI-5 命令处理器可以执行 VXI 总线操作。

VXI-5 中的命令提供系统信息和配置控制，这对系统组件的互操作是必要的。

规则 2.5.1

TCP/IP-VXI 总线接口器件应该在 TCP/IP-VXI 总线接口器件内为每个 VXI 总线接口提供 VXI-5 命令处理器。

规则 2.5.2

在 TCP/IP-VXI 总线接口器件内的每个 VXI-5 命令处理器都应该遵守所有在 VXI-5 中的"公用 ASCII 系统命令"规定的要求和限制。

注意 2.5.1

由于审核 VXI-5 的技术要求的工作组已经组成，预期 VXI-5 将会有变动。不保证对下一版本的向前可兼容性。

允许 2.5.1

在 TCP/IP-VXI 总线接口器件内的每个 VXI-5 命令处理器都可以遵守在 GB/T 21547.4[TCP/IP-IEEE 488.2 仪器接口规范(1.0 版)]中的 2.4 和 2.5 规定的要求和限制。

注意 2.5.2

该允许是指在 TCP/IP-VXI 总线接口器件内每个 VXI-5 命令处理器都被允许像 TCP/IP-IEEE 488.2仪器接口那样工作。

注意 2.5.3

由于注意 2.5.1 中提到了对 VXI-5 的技术要求要进行审核,所以与 IEEE 488.2 工作方式一致的 VXI-5 命令处理器的确切含义还不确定。

2.6 DEVICE_DOCMD 命令

没有 TCP/IP-VXI 总线接口器件接收的 device_docmd 命令。

规则 2.6.1

如果 TCP/IP-VXI 总线接口器件收到 device_docmd 消息,它应该以 error 置为 8 返回,操作不被支持。

ICS 17.220
N 20

中华人民共和国国家标准

GB/T 21547.3—2008

VME总线对仪器的扩展 第3部分：TCP/IP-IEEE 488.1接口规范

VMEbus extensions for instrumentation—
Part 3: TCP/IP-IEEE 488.1
interface specification

2008-03-31 发布　　　　2008-11-01 实施

中华人民共和国国家质量监督检验检疫总局
中国国家标准化管理委员会　发布

前　言

GB/T 21547《VME[1]总线对仪器的扩展》分为如下几个部分：

——第1部分：TCP/IP[2]仪器协议规范；

——第2部分：TCP/IP-VXI总线接口规范；

——第3部分：TCP/IP-IEEE 488.1接口规范；

——第4部分：TCP/IP-IEEE 488.2仪器接口规范。

本部分为GB/T 21547的第3部分。

本部分的结构与技术内容与VXI[3]-11.2:1995(Rev1.0)一致，仅在以下方面做了编辑性的修改：

——标准名称增加了“第3部分”；

——将章节编号A,B,C改为1,2,3；

——缩略语给出了注释。

本部分由中国机械工业联合会提出。

本部分由全国工业过程测量和控制标准化技术委员会第四分技术委员会归口。

本部分起草单位：哈尔滨理工大学、哈尔滨电工仪表研究所。

本部分主要起草人：袁慧昉、吴丽华、任丽军、吴光涛、马怀俭。

本部分为首次发布。

1) VME：VERSA-bus Modular European.

2) TCP/IP：Transmission Control Protocol/Internet Protocol.

3) VXI：VME-bus Extension for Instrumentation.

VME 总线对仪器的扩展 第 3 部分：TCP/IP-IEEE 488.1 接口规范

1 引言

在测试和测量工业中将仪器连接到计算机网络的需求与日俱增，这种连接既可以是局域网，也可以是广域网。本规范是 VXI 总线系列规范的一部分，它说明了仪器怎样直接地连接到标准工业网上。本规范支持的通信和编程范例与 IEEE 488.1 和 IEEE 488.2 器件支持的技术在性质上很类似。本规范描述的协议允许 ASCⅡ 消息通过 TCP/IP 网络在控制器和器件间传递。读者应有网络、互联网协议组、ONC RPC 和 GB/T 15946—1995 等方面的知识。

1.1 适用范围

本规范是 VXI 总线系列规范的一部分，定义了一个 TCP/IP-IEEE 488.1 接口器件。

本规范唯一直接提及的网络是支持互联网协议组的网络。本规范定义的技术可以在其他网络上应用，如支持 OSI 协议标准的网络，但本部分并未述及相关变换。本规范在互联网协议组上层使用开放网络计算(ONC)远程过程调用(RPC)。

TCP/IP-IEEE 488.1 接口器件也可支持其他的网络协议。

1.2 文本结构

文本分为两个部分。

第一部分：引言，目的是让读者熟悉本文的意图和范围；

第二部分：TCP/IP-IEEE 488.1 接口，定义 TCP/IP-IEEE 488.1 接口的操作，包括由GB/T 21547.1—2008 定义的网络处理和 IEEE 488.1 操作间的变换。

1.3 规范的目的

除了在 GB/T 21547.1—2008 中的目的之外，本规范还有以下目的：

a) 定义 TCP/IP-IEEE 488.1 接口的操作。

b) 定义从网络处理到 IEEE 488.1 操作的转换。

1.4 术语和定义

本部分除了使用在 GB/T 21547.1—2008 中的术语和定义外，还包括如下术语和定义。

1.4.1

TCP/IP-IEEE 488.1 接口器件　TCP/IP-488.1 interface device

网络仪器主机，它能将网络仪器消息变换为 IEEE 488.1 操作，并能把这种要求发送给相应的 IEEE 488.1 器件。

与在其他 VXI 总线规范中的一样，下面的术语用来区别各段落的内容，这些定义和那些在 IEEE 1155:1992 中定义的相同。

1.4.2

规则　rule

应该遵守规则以确保系统内各种卡的兼容性，规则是用词“应该”(SHALL)和“不应该”(SHALL NOT)表示的。这些词只用于陈述规则，不用于其他目的。

1.4.3

推荐　recommendation

由一些对执行者的劝告组成，这些执行者可影响最终器件的使用。对增加吞吐量的特定硬件的讨论也列入推荐中，应遵守这些推荐以避免一些问题并获得最佳性能。

1.4.4

允许　permission

用来阐明没有特别禁止的规范的范围，允许使读者放心某些方法是可接受并且不会引起问题，用"可以"(MAY)表示允许。

1.4.5

注意　observation

注意阐明规则的含义，引起人们对容易忽略问题的注意。给出某些规则的合理解释，使读者更好地理解为什么必须遵守这些规则。

任何没有标题的正文都应认为是对标准的说明。

1.5　参考文献

除了参考 GB/T 21547.1—2008 参考的那些文献外，本规范还参考以下文献：

[1]　GB/T 15946—1995　可程控仪器的标准数字接口(idt IEEE 488.1:1987)

[2]　GB/T 17563—1998　可程控测量设备标准数字接口的标准代码、格式、协议和公用命令(idt ANSI/IEEE std 488.2:1987)

1.6　相关文件

本规范是一系列规范中的文件之一，这组规范说明控制器和器件间通过网络基于 ASCII 码通信的方法。本规范描述了伴随着 TCP/IP-IEEE 488.1 接口器件的操作，从该协议到 IEEE 488.1 操作的变换。在这组规范中的其他规范不但说明了协议本身，而且说明了从该协议到其他接口类型的变换，下面列出的规范是这组规范中的现行部分标准。

[1]　GB/T 21547.1—2008　VME 总线对仪器的扩展　第 1 部分：TCP/IP 仪器协议规范

[2]　GB/T 21547.2—2008　VME 总线对仪器的扩展　第 2 部分：TCP/IP VXI 总线接口规范

[3]　GB/T 21547.4　VME 总线对仪器的扩展　第 4 部分：TCP/IP-IEEE 488.2 仪器接口规范

2　TCP/IP-IEEE 488.1 接口

TCP/IP-IEEE 488.1 接口器件把网络仪器消息转换为 IEEE 488.1 操作，并把请求发送给相应的 IEEE 488.1 器件，它允许控制器通过 TCP/IP-IEEE 488.1 接口控制连接到网络上的 IEEE 488.1 器件。

规则 2.1

TCP/IP-IEEE 488.1 接口器件应该遵守下面的所有要求：

a)　GB/T 15946—1995。

b)　GB/T 17563—1998 中第 15 章。

允许 2.1

一个 TCP/IP-IEEE 488.1 接口器件可以提供一个机制来控制要求系统控制(rsc)本地消息，该消息可以使该器件处于系统控制不工作状态(SNAS)。见 GB/T 15946—1995 中的 2.12。

规则 2.2

一个 TCP/IP-IEEE 488.1 接口器件应该包含 GB/T 15946—1995 中的 2.5，讲者子集 T5—T8 之一和 GB/T 15946—1995 中的 2.6，听者子集 L3 或 L4。

注意 2.1

规则 2.1 的要旨是 TCP/IP-IEEE 488.1 接口器件不能有副地址。然而，TCP/IP-IEEE 488.1 接口器件的其他要求却要求它发送副地址。

规则 2.3

RPC 应答在相关动作未完成前不应该被发出。

建议 2.1

TCP/IP-IEEE 488.1 接口器件应同时支持两个或更多仪器 LAN 服务器。

规则 2.4

TCP/IP-IEEE 488.1 接口器件每个网络仪器服务器应该支持至少 14 个并行链接。

推荐 2.2

由 TCP/IP-IEEE 488.1 接口器件支持的链接和网络仪器服务器的数目应基于已有的可利用资源，而不是基于事先任意确定的限制。

规则 2.5

在 pon(上电)之后，TCP/IP-IEEE 488.1 接口器件应该把 REN 置为真。

图 1 示出一典型的 TCP/IP-IEEE 488.1 系统。

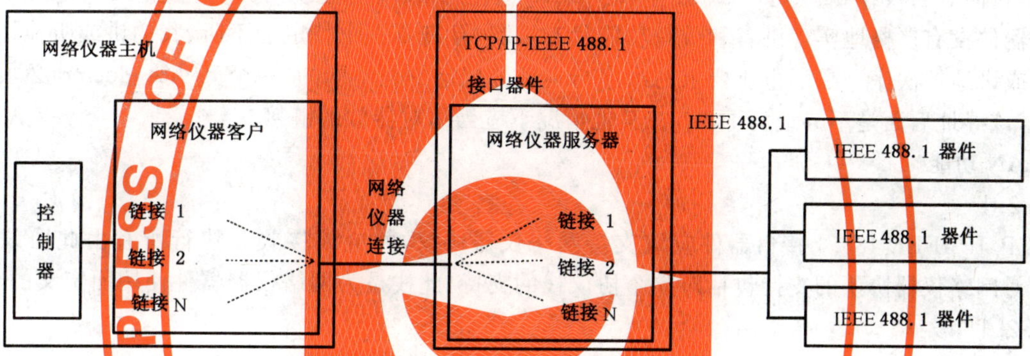

图 1　典型的 TCP/IP-IEEE 488.1 系统

2.1　器件字符串格式化

从局域网到适当的 IEEE 488.1 器件的消息的路由通过 create_link RPC 产生，该 RPC 用来建立网络仪器链接。所建立的链接通过器件参数与特定的 IEEE 488.1 器件或接口相关联。该参数是一字符串，它由 TCP/IP-IEEE 488.1 接口器件解析以确定与此链接相关联的 IEEE 488.1 器件或接口。

规则 2.1.1

TCP/IP-IEEE 488.1 接口器件应该支持如下格式的器件字符串：

＜intf_name＞[,＜primary_addr＞[,＜secondary_addr＞]]

其中：

＜intf_name＞：与单个 IEEE 488.1 接口相对应的名字，这个名字应该唯一标识 TCP/IP-IEEE 488.1 接口器件上的接口。

＜primary_addr＞：IEEE 488.1 接口上的 IEEE 488.1 器件的主地址(任选)。

＜secondary_addr＞：IEEE 488.1 接口上的 IEEE 488.1 器件的副地址(任选)。

规则 2.1.2

TCP/IP-IEEE 488.1 接口器件应该把“gpib0”的＜intf_name＞识别为第一个或唯一的一个在 TCP/IP-IEEE 488.1 接口器件中的 IEEE 488.1 接口。其他接口应该用“gpibN”来识别，这里 N 是一个初值为 1 且按顺序增加的非负整数 。

规则 2.1.3

只包含＜intf_name＞的器件字符串应该被 TCP/IP-IEEE 488.1 接口器件解释为接口的一个链接。

规则 2.1.4

包含<intf_name>和地址的器件字符串应该被 TCP/IP-IEEE 488.1 接口器件解释为到接口上那个地址的器件的链接。

有效器件字符串的几个例子是：

gpib0　　　　链接与接口相关；

gpib0,12　　　链接与主地址为 12 的器件相关；

gpib0,12,5　　链接与主地址为 12、副地址为 5 的器件相关。

注意 2.1.1

网络仪器服务器能用在相关文件中说明的协议潜在地支持链接，见 1.6。它可以将网络仪器协议转化为 VXI 总线操作和 IEEE 488.1 操作。在这种情况下，器件字符串允许的内容取决于整个网络仪器服务器的能力。

推荐 2.1.1

控制器对接口使用链接应很小心。它们必须和 device_docmd 一起使用。当器件需要特殊的寻址序列时，它们应当只和 device_write、device_read、device_trigger 一起使用。一些连接到 IEEE 488.1 总线的老器件没有严格地实现讲者和听者功能状态机制，且需要一个特定的不听、我的讲或听地址及控制器的听或讲地址次序。在那里所要求的次序与本部分规定的是不同的，一个 device_docmd 必须用于建立寻址，该寻址后面是不寻址的 RPC，在其他情况下应当用对器件的链接。

2.2 LAN 功能

规则 2.2.1

TCP/IP-IEEE 488.1 接口器件应该支持网络仪器协议，并应该接收和执行所有由此协议定义的 RPC。对网络仪器协议的支持包括对整个协议栈的支持，此栈是为网络仪器器件使用而定义的。

允许 2.2.1

TCP/IP-IEEE 488.1 接口器件可支持其他的 LAN 协议。

规则 2.2.2

TCP/IP-IEEE 488.1 接口器件应该支持以太网/802.3 数据链路层和对 10 BASE-T 用 RJ-45 连接器的 802.3/10 BASE-T 物理层。

注意 2.2.1

本规则的目的在于，TCP/IP-IEEE 488.1 接口器件的缺省配置为 10 BASE-T 提供了一个 RJ-45 连接器。也可以支持其他连接器，且其他连接器可以代替 RJ-45 连接器。

结果协议栈如图 2 所示。

应用层	仪器 LAN
表示层	XDR
会话层	ONC/RPC
传输层	TCP
网络层	IP
数据链路层	以太网/802.3
物理层	802.3/10 BASE-T

图 2　TCP/IP-IEEE 488.1 接口器件协议栈

允许 2.2.2

TCP/IP-IEEE 488.1 接口器件可以支持数据链路层和物理层上的其他协议。

2.3 链接管理

这一部分包括管理链接和在链接上执行的操作，这些操作主要在 TCP/IP-IEEE 488.1 总线接口器件内部执行。

2.3.1 **建立链接**

create_link 和 destroy_link RPC 不直接变换成任何 IEEE 488.1 操作。

规则 2.3.1

create_link RPC 和 destroy_link RPC 应该在 TCP/IP-IEEE 488.1 接口器件内部被完全执行。TCP/IP-IEEE 488.1 接口器件应该保持由网络仪器协议定义的链接。

2.3.2 **建立中断通道**

create_intr_chan 和 destroy_intr_chan RPC 不直接变换成任何 IEEE 488.1 操作。

规则 2.3.2

create_intr_chan 和 destroy_intr_chan RPC 应该在 TCP/IP-IEEE 488.1 接口器件内部被完全执行,TCP/IP-IEEE 488.1 接口器件应该保持网络仪器协议中定义的中断通道。

2.3.3 **器件封锁**

device_lock 和 device_unlock 不直接变换成任何 IEEE 488.1 操作。

规则 2.3.3

device_lock 和 device_unlock RPC 应该在 TCP/IP-IEEE 488.1 接口器件内部被完全执行。

2.3.4 **异常结束操作**

device_abort RPC 不直接变换成任何 IEEE 488.1 操作。

规则 2.3.4

device_abort RPC 应该在 TCP/IP-IEEE 488.1 接口器件内部被完全执行,以便异常结束任何与链接相关的执行中的操作。

2.4 **仪器通信**

这一部分包括了直接与 IEEE 488.1 器件通信的操作。每一部分主要包含两个规则,第一个规则阐述了如何使用与器件相关的链接,第二个规则包括与接口的链接。

注意 2.4.1

在一个应用中,为规则 2.4.2、2.4.4、2.4.6 或 2.4.8 中说明的操作使用的接口链接,对于 TCP/IP-IEEE 488.1 接口器件支持的 IEEE 488.1 接口之外的接口类型来说都是不可移植的。

2.4.1 **从接口到 IEE 488.1 数据传输**

规则 2.4.1

当 TCP/IP-IEEE 488.1 接口器件接收 device_write RPC 并且链接标识符与器件相关联时,它就应该用 GB/T 17563—1998 中的 16.2.4 说明的"发送(SEND)"控制序列来传输在 data 参数中的字节,这里所提供的听地址是与链接相关的,并且如果 flags(标记)中的结束标记位是"假"则结束符是零,如果 flags 中的结束标记位是"真"则最后一个 DAB 和 END 同时发送。

规则 2.4.2

当 TCP/IP-IEEE 488.1 接口器件接收 device_write RPC 且链接标识符与接口相关联时,它就应该用 GB/T 17563—1998 中的 16.2.3 说明的"发送数据字节(SEND DATA BYTES)"控制序列来传输在 data 参数中的字节。其中,如果 flags 中的结束标记位是"假"则结束符是零,如果 flags 中的结束标记位是"真"则最后一个 DAB 和 END 同时发送。

2.4.2 **从 IEEE 488.1 到接口器件的数据传输**

规则 2.4.3

当 TCP/IP-IEEE 488.1 接口器件接收 device_read RPC 且链接标识符与器件相关联时,它就应该用 GB/T 17563—1998 中的 16.2.7 说明的"接收(RECEIVE)"控制序列传输字节到 data 参数中,这里所提供的讲地址是一个与链接相关的地址，而且停止握手条件与结束条件相同。

规则 2.4.4

当 TCP/IP-IEEE 488.1 接口器件接收 device_read RPC 且链接标识符与接口相关联时，它就应该用 GB/T 17563—1998 中的 16.2.6 说明的“接收响应消息(RECEIVE RESPONSE MESSAGE)”控制序列来传输字节到 data 参数中，这里停止握手条件与结束条件相同。

2.4.3 器件清除操作

规则 2.4.5

当 TCP/IP-IEEE 488.1 接口器件接收 device_clear RPC 且链接标识符与器件相关联时，它应该对在 GB/T 17563—1998 中的 16.2.9.1 说明的被选定的器件执行“器件清除(DEVICE CLEAR)”控制序列，这里提供的地址是一个与链接相关的地址。

规则 2.4.6

当 TCP/IP-IEEE 488.1 接口器件接收 device_clear RPC 且链接标识符与接口相关联时，它应该对在 GB/T 17563—1998 中的 16.2.9.2 说明的所有器件(All DEVICE)执行“器件清除(DEVICE CLEAR)”控制序列。

2.4.4 触发操作

规则 2.4.7

当 TCP/IP-IEEE 488.1 接口器件接收 device_trigger RPC 且链接标识符与器件相关联时，它应该对在 GB/T 17563—1998 中的 16.2.19.1 说明的被选定的器件执行“触发(TRIGGER)”控制序列，这里提供的地址是一个与链接相关的地址。

规则 2.4.8

当 TCP/IP-IEEE 488.1 接口器件接收 device_trigger RPC 且链接标识符与接口相关联时，它应该对在 GB/T 17563—1998 中的 16.2.9.2 说明的所有被寻址的器件执行“触发(TRIGGER)”控制序列。

2.4.5 远地/本地操作

规则 2.4.9

当 TCP/IP-IEEE 488.1 接口器件接收 device_remote RPC 且链接标识符与器件相关联时，它应该执行在 GB/T 17563—1998 中的 16.2.12 说明的“设置具有封锁的远地状态(SET RWLS)”控制序列，这里提供的听地址是一个与链接相关的地址。

规则 2.4.10

当 TCP/IP-IEEE 488.1 接口器件接收 device_remote RPC 且链接标识符与接口相关联时，它应该以 error 置为 8 而返回，操作不被支持。

规则 2.4.11

当 TCP/IP-IEEE 488.1 接口器件接收 device_local RPC 且链接标识符与器件相关联时，它应该对在 GB/T 17563—1998 中的 16.2.10 说明的被选择的器件执行“允许本地控制(ENABLE LOCAL CONTROLS)”控制序列，这里提供的听地址是一个与链接相关的地址。

规则 2.4.12

当 TCP/IP-IEEE 488.1 接口器件接收 device_local RPC 且链接标识符与接口相关联时，它应该以 error 置为 8 返回，操作不被支持。

2.4.6 SRQ 操作

无论服务请求是否被允许，TCP/IP-IEEE 488.1 接口器件都基于 SRQ 线的状态发送 device_intr_srq RPC。SRQ 线是在 IEEE 488.1 系统中所有 RQS 消息的逻辑“或”，无论何时只要接口上的器件要求服务，device_intr_srq 将被发送给每个已被允许服务请求的链接。

规则 2.4.13

对每个链接，如果已经建立了中断通道并且服务请求已经被 device_enable_srq 允许，当 SRQ 线从

“假”变成“真”时，TCP/IP-IEEE 488.1 接口器件应该发出 device_intr_srq。

规则 2.4.14

对每个链接，如果已经建立了中断通道，并且当预先被禁止的服务请求被 device_enable_srq 允许时 SRQ 线已经为“真”，则 TCP/IP-IEEE 488.1 接口器件应该发出 device_intr_srq。

规则 2.4.15

在任何其他的情况下，TCP/IP-IEEE 488.1 接口器件不应该发出 device_intr_srq。

建议 2.4.1

网络仪器客户应在允许服务请求之前建立中断通道，并且当服务请求被允许时保持中断通道，否则服务请求可能会丢失。

2.4.7 读状态字节操作

规则 2.4.16

当 TCP/IP-IEEE 488.1 接口器件接收 device_readstb RPC 且链接标识符与器件相关联时，它应该执行在 GB/T 17563—1998 中的 16.2.18 说明的“读状态字节(READ STATUS BYTE)”控制序列。这里提供的讲地址是与链接相关的地址，应该在 stb 中返回存储的状态字节和 RQS 消息。

规则 2.4.17

当 TCP/IP-IEEE 488.1 接口器件接收到 device_readstb RPC 且链接标识符与接口相关联时，它应该以 error 置为 8 返回，操作不被支持。

2.5 接口通信

device_docmd RPC 是一个通用目的的 RPC，它提供不被其他已定义的 RPCs 包括的接口特定操作。表 1 说明了被允许的命令。

规则 2.5.1

TCP/IP-IEEE 488.1 接口器件应该支持在表 1 中列出的 cmd 值，而不支持其他值。如果当 TCP/IP-IEEE 488.1 接口器件收到一个将 cmd 置成不是在表 1 中列出值的 device_docmd RPC，则该 device_docmd RPC 应该以 error 置成 8 而返回，操作不被支持。

在范围 020000_{16}～$02FFFF_{16}$ 的所有 cmd 值被保留由 TCP/IP-IEEE 488.1 接口器件使用。

表 1 允许的通用命令

名称	cmd	data_in. data_in_len	datasize (数据长度)
发送命令	020000_{16}	0～128	1
总线状态	020001_{16}	2	2
ATN 控制	020002_{16}	2	2
REN 控制	020003_{16}	2	2
Pass 控制	020004_{16}	4	4
总线地址	$02000A_{16}$	4	4
IFC 控制	020010_{16}	0	X

规则 2.5.2

当 TCP/IP-IEEE 488.1 接口器件收到 device_docmd RPC 且链接标识符与器件相关联时，它不应该执行任何操作，并以 error 置为 8 而返回，操作不被支持。

规则 2.5.3

如果在 data_in. data_in_len 或 datasize 中接收的值与表 1 中的 cmd 值冲突，则 TCP/IP-

IEEE 488.1接口器件不应该执行任何操作,并以 error 置为 5 而返回,参数错误。对 datasize 栏中的 X 项,TCP/IP-IEEE 488.1 接口器件应该接受任何值。

规则 2.5.4

在 data_in 和 data_out 中的值是 datasize 字节的无符号整数。

2.5.1 发送命令

规则 2.5.5

在对 cmd 值是 020000_{16} 的 device_docmd RPC 的响应中,TCP/IP-IEEE 488.1 接口器件应该执行在 GB/T 17563—1998 中的 16.2.1 说明的“发送命令(SEND COMMAND)”控制序列。这里发送命令是包含在 data_in 中,被返回的 data_out 应该和接收的 data_in 一样。

2.5.2 总线状态

规则 2.5.6

在对 cmd 值是 020001_{16} 的 device_docmd RPC 的响应中,TCP/IP-IEEE 488.1 接口器件应该在响应参数 data_out 中返回一个值,它取决于表 2 中说明的在 data_in 中收到的值。返回的 data_out,data_out. data_out_len 的长度应该是 2。

表 2 接收并返回总线状态值

名称	data_in	data_out 中返回的值
远地	1	如果 REN 消息为“真”则为 1,否则为 0
SRQ	2	如果 SRQ 消息为“真”则为 1,否则为 0
NDAC	3	如果 NDAC 消息为“真”则为 1,否则为 0
系统控者	4	如果 TCP/IP-IEEE 488.1 接口器件处于系统控制作用态则为 1,否则为 0
责任控者	5	如果 TCP/IP-IEEE 488.1 接口器件不处于控者空闲态则为 1,否则为 0
讲者	6	如果 TCP/IP-IEEE 488.1 接口器件被寻址为讲者则为 1,否则为 0
听者	7	如果 TCP/IP-IEEE 488.1 接口器件被寻址为听者则为 1,否则为 0
总线地址	8	TCP/IP-IEEE 488.1 接口器件的地址(0～30)

2.5.3 ATN 控制

规则 2.5.7

在对 cmd 值为 020002_{16} 的 device_docmd RPC 的响应中,TCP/IP-IEEE 488.1 接口器件应该:

a) 如果 data_in 参数非 0,则置 ATN 线为“真”;

b) 如果 data_in 参数为 0,则置 ATN 线为“假”。

返回的 data_out 应该与接收的 data_in 相同。

2.5.4 REN 控制

规则 2.5.8

在对 cmd 值为 020003_{16} 的 device_docmd RPC 的响应中,TCP/IP-IEEE 488.1 接口器件应该:

a) 如果 data_in 参数非 0,则置 sre(发送远地可能)消息为“真”。

b) 如果 data_in 参数为 0,则置 sre(发送远地可能)消息为“假”。

返回的 data_out 应该与接收的 data_in 相同。

2.5.5 通过控制

规则 2.5.9

在对 cmd 值为 020004_{16} 的 device_docmd RPC 的响应中,TCP/IP-IEEE 488.1 接口器件应该执行在 GB/T 17563—1998 中的 16.2.14 说明的“传递控制(PASS CONTROL)”控制序列,这里讲地址是由

在 data_in 中的值和 80_{16} 按位相“或”构成的。返回的 data_out 应该与接收的 data_in 相同。

2.5.6 总线地址

规则 2.5.10

在对 cmd 值为 $02000A_{16}$ 的 device_docmd RPC 的响应中，若 data_in 包含一个在 0～30 之间的值，则 TCP/IP-IEEE 488.1 接口器件应该将其地址设成 data_in 的内容。如果 data_in 不含有合法的值，device_docmd 应该立刻以 error 置成 5 而返回，参数错误，返回 data_out 应该与接收的 data_in 相同。

2.5.7 IFC 控制

规则 2.5.11

在对 cmd 值为 020010_{16} 的 device_docmd RPC 的响应中，TCP/IP-IEEE 488.1 接口器件应该执行在 GB/T 17563—1998 中的 16.2.8 说明的“发送接口清除(SEND IFC)”控制序列。返回的 data_out 应该将 data_out.data_out_len 置成 0。

ICS 17.220
N 20

中华人民共和国国家标准

GB/T 21547.4—2008

VME 总线对仪器的扩展
第4部分：TCP/IP-IEEE488.2 仪器接口规范

VMEbus extensions for instrumentation—
Part 4：TCP/IP-IEEE488.2 instrument interface specification

（VXI-11.3：1995，Rev 1.0，IDT）

2008-06-30 发布　　2009-01-01 实施

中华人民共和国国家质量监督检验检疫总局
中国国家标准化管理委员会　发布

前　言

GB/T 21547《VME 总线对仪器的扩展》分为如下几个部分：

——第 1 部分：TCP/IP 仪器协议规范

——第 2 部分：TCP/IP-VXI 总线接口规范

——第 3 部分：TCP/IP-IEEE488.1 接口规范

——第 4 部分：TCP/IP-IEEE488.2 仪器接口规范

本部分为 GB/T 21547 的第 4 部分。

本部分的结构与技术内容与 VXI-11.3:1995,Rev1.0 一致，仅有以下编辑性的修改：

——标准名称增加了“第 4 部分”；

——将章节编号 A,B,C 改为 1,2,3；

——缩略语给出了注释。

本部分由中国机械工业联合会提出。

本部分由全国工业过程测量和控制标准化技术委员会第四分技术委员会归口。

本部分起草单位：哈尔滨理工大学、哈尔滨电工仪表研究所。

本部分主要起草人：罗中明、孙名松、曹伟、马龙、马怀俭、袁慧昉。

本部分为首次发布。

VME[1]总线对仪器的扩展 第4部分:TCP/IP[2]-IEEE488.2 仪器接口规范

1 引言

在测试和测量工业中将仪器连接到计算机网络的需求与日俱增。这种连接要求既可以是局域网,也可以是广域网。本规范是VXI[3]总线系列规范的一部分,它说明了仪器如何直接地连接到标准工业网上。本规范支持的通信和编程范例与IEEE488.2器件支持的技术在性质上很类似。本规范描述的协议允许ASCII消息通过TCP/IP网络在控制器和器件间传递。读者应有网络、互联网协议组、ONC RPC和IEEE488.2等方面的知识。

1.1 适用范围

本规范是VXI总线系列规范的一部分,并定义了一个TCP/IP-IEEE488.2接口器件。

本规范唯一直接提及的网络是支持互联网协议组的网络,本规范定义的技术可以在其他网络上应用。如支持OSI协议标准的网络,但本文本并未述及相关变换。本规范在互联网协议组上层使用开放网络计算(ONC)远地过程调用(RPC)。

TCP/IP-IEEE488.2仪器接口也可支持其他的网络协议。

1.2 文本结构

文本分成两个部分。

第一部分:引言,目的是让读者熟悉本文的意图和范围;

第二部分:TCP/IP-IEEE488.2仪器接口,定义TCP/IP-IEEE488.2仪器接口操作,包括由GB/T 21547.1—2008定义的网络处理和仪器内部操作间的变换。

1.3 规范的目的

除了在GB/T 21547.1—2008中的目的之外,本规范还有以下目的:

1) 定义TCP/IP-IEEE488.2仪器接口操作。

2) 定义从网络事务处理到仪器内部操作的变换。

1.4 术语和定义

本部分用与GB/T 21547.1—2008相同的术语和定义

与在其他VXI总线规范中的一样,下面的术语用来区别各段落的内容,这些定义和那些在IEEE1155—1992中定义的相同。

1.4.1

规范 rule

规则是为确保系统内各种卡的兼容性而应该遵守的。规则用"应该"(SHALL)和"不应该"(SHALL NOT)表示。这些词只用于陈述规则,不用于其他目的。

---

1) VME:VERSA-bus-Modular European

2) TCP/IP:Transmission Control Protocol/Internet Protocol

3) VXI:VME-bus Extension for Instrumentation

1.4.2

推荐 recommendation

由一些对执行者的劝告组成，这些劝告可影响最终器件的使用。对增加吞吐量的特定硬件的讨论也列入推荐中，应遵守这些推荐以避免一些问题并获得最佳性能。

1.4.3

允许 permission

用来阐明没有特别禁止的规范的范围，允许使读者放心某些方法是可接受并且不会引起问题的，用“可以”(MAY)表示允许。

1.4.4

注意 observation

注意阐明规则的含义，引起人们对容易忽略问题的注意。给出某些规则的合理解释，使读者更好的理解为什么必须遵守这些规则。

任何没有标题的正文都应认为是对标准的说明。

1.5 参考文献

除了参考 GB/T 21547.1—2008 参考的那些文献外，本规范还参考以下文献：

[1] GB/T 17563—1998 可程控测量设备标准数字接口的标准代码、格式、协议和公用命令(IEEE Std488.1—1992，IEEE Standard Codes，Formats，Protocols，and Common Commands for Use With IEEE Std488.1—1987，IEEE Standard Digital Interface for Programmable Instrument)。

1.6 相关文件

本规范是一系列规范中的文件之一，这组规范说明控制器和器件间通过网络基于 ASCII 码通信的方法。本规范描述了伴随着 TCP/IP-IEEE488.2 仪器接口的操作，从该协议到内部仪器操作的变换。在这组规范中的其他规范不但说明了协议本身，而且说明了从该协议到其他接口类型的变换，下面列出的规范是这组规范的现行部分标准。

[1] GB/T 21547.1—2008 VME 总线对仪器的扩展 第 1 部分：TCP/IP 仪器协议规范。

[2] GB/T 21547.2—2008 VME 总线对仪器的扩展 第 2 部分：TCP/IP-VXI 总线接口规范。

[3] GB/T 21547.3—2008 VME 总线对仪器的扩展 第 3 部分：TCP/IP-IEEE488.1 接口规范。

2 TCP/IP-IEEE488.2 仪器接口

TCP/IP-IEEE488.2 仪器接口把网络仪器消息转换成内部仪器通信协议，它使控制器能控制通过 TCP/IP-IEEE488.2 仪器接口直接连接到网络上的仪器。

注意 2.1

TCP/IP-IEEE488.2 仪器器件按收到的顺序执行 RPC，见 GB/T 21547.1—2008 中的 2.2.1。

推荐 2.1

TCP/IP-IEEE488.2 仪器接口应当同时支持两个或更多个网络仪器服务器。

规则 2.1

TCP/IP-IEEE488.2 仪器接口每个网络仪器服务器应该支持至少两个并行链接。

推荐 2.2

网络仪器服务器和由 TCP-IEEE488.2 仪器接口支持的链接的数目应基于已有的可利用资源而不是基于事先任意确定的限制。

图 1 示出一个典型的 TCP/IP-IEEE488.2 仪器系统，图中标有“消息交换接口”的方框提供了与在 IEEE488.2 的 6 中说明的同样功能。同样，标有“状态报告”的方框提供的功能与在 IEEE488.2 的 11 中定义的一样。

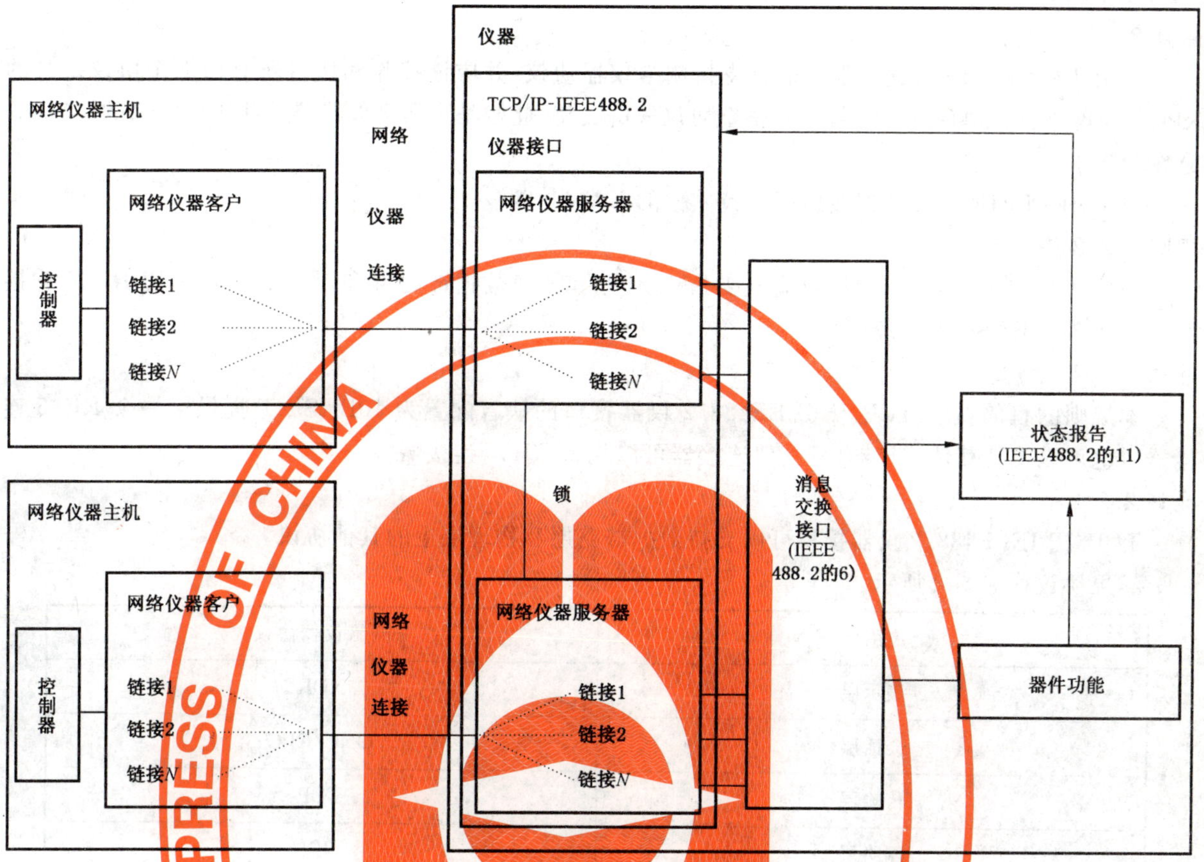

图 1　典型的 TCP/IP-IEEE488.2 仪器系统

2.1　器件字符串格式

器件字符串的内容决定了与链接相关联的信息交换接口，这种结构允许多个仪器使用同一 IP 地址。

规则 2.1.1

TCP/IP-IEEE488.2 器件接口应该支持如下格式的器件字符串：

<inst_name>

其中：

<inst_name>是与单个仪器相对应的名称。

规则 2.1.2

TCP/IP-IEEE488.2 器件接口应该把“inst0”的<inst_name>识别成在 TCP/IP-IEEE488.2 仪器接口中的第一个或唯一的仪器。其他仪器应该用“instN”来识别，这里 N 是一个初值为 1 且按顺序增加的非负整数。

规则 2.1.3

即使在对多个控制器的连接有效时，在 TCP/IP-IEEE488.2 仪器接口中所支持的每个 instN 应该有一个且仅一个消息交换接口和状态报告。

注意 2.1.1

网络仪器服务器能用在相关文件中说明的协议潜在地支持链接，见 1.6。例如，它可以将网络仪器协议转换成 IEEE488.1 操作以及内部仪器操作。在这种情况下，器件字符串允许的内容取决于整个网络仪器服务器的能力。

2.2 LAN 功能

规则 2.2.1

TCP/IP-IEEE488.2 接口器件应该支持网络仪器协议，并应该接收和执行所有由那个协议定义的RPC。对网络仪器协议的支持包括对整个协议栈的支持，此栈是为网络仪器器件使用而定义的。

允许 2.2.1

TCP/IP-IEEE488.2 仪器接口可支持其他的 LAN 协议。

规则 2.2.2

TCP/IP-IEEE488.2 仪器接口应该支持以太网/802.3 数据链路层和对 10BASE-T 用 RJ-45 连接器的 802.3/10BASE-T 物理层。

注意 2.2.1

本规则的目的在于 TCP/IP-IEEE488.2 仪器接口的缺省配置为 10BASE-T 提供了一个 RJ-45 连接器。也可以支持其他连接器，且其他连接器可以代替 RJ-45 连接器。

允许 2.2.2

TCP/IP-IEEE488.2 仪器接口可以支持数据链路层和物理层上的其他协议。

结果协议栈如图 2 所示。

应用层	网络仪器协议
表示层	XDR
会话层	ONC/RPC
传输层	TCP
网络层	IP
数据链路层	以太网/802.3
物理层	802.3/10 BASE-T

图 2　TCP/IP-IEEE488.2 仪器接口协议栈

2.3 链接管理

这一部分包括管理链接的操作和在链接上执行的操作。这些操作主要在 TCP/IP-IEEE488.2 仪器接口内部执行。

2.3.1 建立链接

create_link 和 destroy_link RPC 并不直接变换为任何内部操作。

规则 2.3.1

create_link RPC 和 destroy_link RPC 应该在 TCP/IP-IEEE488.2 仪器接口内部被完全执行。

TCP/IP-IEEE488.2 仪器接口应该保持由网络仪器协议定义的链接。

2.3.2 中断通道操作

create_intr_chan 和 destroy_intr_chan RPC 并不直接变换为任何内部操作。

规则 2.3.2

create_intr_chan 和 destroy_intr_chan RPC 应该在 TCP/IP-IEEE488.2 仪器接口内被完全执行。

2.3.3 器件封锁

device_lock 和 device_unlock 并不直接变换为任何内部操作。

规则 2.3.3

device_lock 和 device_unlock RPC 应该在 TCP/IP-IEEE488.2 仪器接口内被完全执行，TCP/IP-IEEE488.2 仪器接口应该保持由网络仪器协议定义的封锁。

2.3.4 异常结束操作

device_abort RPC 并不直接变换为任何一个内部操作。

规则 2.3.4

device_abort RPC 应该在 TCP/IP-IEEE488.2 仪器接口内被完全执行，以便异常结束任何与链接相关的执行中的操作。

2.4 仪器通信

这一部分包括直接与仪器内部操作通信的操作。除了指定的操作之外，RPC 还与 IEEE488.2 规定的其他方面相互影响，见 2.5。

2.4.1 从接口到仪器的数据传输

规则 2.4.1

当 TCP/IP-IEEE488.2 仪器接口接收 device_write RPC 时，它应该将 data 参数中的字节传送到消息交换接口的输入缓冲器。如果在标记参数中的结束标记位被置位，则最后一个字节应该有一个 END 与之一起传送。

规则 2.4.2

如果在传输操作时输入缓冲区充满，TCP/IP-IEEE488.2 仪器接口应该等待，直到缓冲器有空间。

注意 2.4.1

等待输入缓冲区的空间可能引起 device_write RPC 超时。

注意 2.4.2

当 data 的内容被传送进入了输入缓冲器后，和 device_write 相关的操作便告完成，该操作与正被处理的内容无关。

2.4.2 从仪器到接口的数据传输

规格 2.4.3

当 TCP/IP-IEEE488.2 仪器接口收到 device_read RPC 时，它应该把字节从消息交换接口的输出缓冲器传送到 data 响应参数中直至遇到结束条件。

规则 2.4.4

当传输操作时若输出排队成为空，TCP/IP-IEEE488.2 仪器接口应该等待直到另外的数据可用。

注意 2.4.3

在输出排队等待另外的数据时，可能引起 device_read RPC 超时。

2.4.3 器件清除操作

规则 2.4.5

当 TCP/IP-IEEE488.2 仪器接口接收到 device_clear RPC 时，它应该向消息交换接口发送 dcas 消息。

规则 2.4.6

device_clear RPC 在所有与 dcas 相关的操作全部完成后才返回，见 2.5.2。

2.4.4 触发操作

允许 2.4.1

当 TCP/IP-IEEE488.2 仪器接口接收 device_trigger RPC 时，它可以不进行任何操作，以 error 置 8，操作不被支持而返回，表明它不支持 device_trigger。

规则 2.4.7

如果 TCP/IP-IEEE488.2 仪器接口支持 device_trigger RPC，当 TCP/IP-IEEE488.2 仪器接口接收到 device_trigger RPC 时，它应该将 GET 令牌放在消息交换接口的输入缓冲器中。

规则 2.4.8

如果输入缓冲器满，则它不能接受 GET 令牌，TCP/IP-IEEE488.2 仪器接口应该等待直到缓冲器空间可用。

注意 2.4.4

等待输入缓冲器中的空间可能引起 device_trigger RPC 超时。

注意 2.4.5

当 GET 令牌被送入输入缓冲器，和 device_trigger 相关的操作便告完成。它不等待任何与 GET 有关操作的开始或完成。

2.4.5 远地/本地操作

规则 2.4.9

当 TCP/IP-IEEE488.2 仪器接口接收 device_remote RPC 时，它应该禁止所有可编程的本地控制的本地操作和 rtl(回到本地)本地消息，这相当于 RWLS(具有封锁的远地状态)。见 IEEE488.2 中的 5.6.3 和 5.6.6。

规则 2.4.10

当 TCP/IP-IEEE488.2 仪器接口接收 device_local RPC 时，它应该允许所有可编程本地控制的本地操作，它相当于 LOCS(本地状态)。见 IEEE488.2 中的 5.6.4 和 5.6.5。

2.4.6 SRQ 操作

TCP/IP-IEEE488.2 仪器接口根据 RQS 消息和服务请求是否已被 device_enable_srq 允许来发送 device_intr_srq RPC。

规则 2.4.11

如果已经建立了中断通道，并且服务请求已经被 device_enable_srq 允许，当 RQS 消息由"假"变成"真"时，则 TCP/IP-IEEE488.2 仪器接口应该发出 device_intr_srq。

规则 2.4.12

如果已经建立了中断通道，且 RQS 消息已经为"真"，当服务请求通过 device_enable_srq 被允许时，TCP/IP-IEEE488.1 仪器接口应该发出 device_intr_srq。

规则 2.4.13

在任何其他的情况下，TCP/IP-IEEE488.2 仪器接口器件不应该发出 device_intr_srq。

2.4.7 读状态字节操作

规则 2.4.14

当 TCP/IP-IEEE488.2 仪器接口接收 device_readstb RPC 时，它应该在 stb 响应参数中返回状态字节寄存器(用 RQS)的内容，见 IEEE488.2 中的 11.2。它应该把 rsv 消息置成"假"，见 IEEE488.2 中的 11.3.3，所以新的服务原因到来之前若再次接收到 read_stb RPC，则 RQS 消息将为"假"。

2.4.8 一般的操作

规则 2.4.15

当 TCP/IP-IEEE488.2 仪器接口接收到 device_docmd RPC 时，它不应该执行任何操作，而且应该以 error 置为 8 而终止，操作不被支持。

2.5 与 IEEE488.2 的关系

TCP/IP-IEEE488.2 仪器接口和与之相关的仪器都遵守 IEEE488.2 中的所有要求。除非 TCP/IP-IEEE488.2 仪器接口与 IEEE488.1 的要求不同。

2.5.1 远地/本地

规则 2.5.1

在 IEEE488.2，5.6 远地/本地要求中的所有要求都应该遵守。

注意 2.5.1

TCP/IP-IEEE488.2 仪器接口不支持相当于 LWLS(具有封锁的本地状态)和 RWLS(具有封锁的远地状态)的状态。

2.5.2 器件清除

规则 2.5.2

在 IEEE488.2,5.8 器件清除要求中的所有要求都应该遵守。

2.5.3 消息交换控制协议

在 IEEE488.2 中的 6“消息交换控制协议”中的所有要求都应该被遵守,其中 bav、brq、get、dcas 和 RMT_sent 等信号被重新定义,如表 1 中所示。

注意 2.5.2

这些信号不会改变,除非链接标识符正确且该链接有封锁或没有链接有封锁。

注意 2.5.3

表 1 消息交换控制消息

bav	当收到 device_write 且 data. data_len 大于 0 时被置成“真”。 device_write 在返回应答前,立即将其置成“假”。
brq	当收到 device_read 且 requestSize 大于 0 时被置成“真”。 device_write 在返回应答前,立即将其置成“假”。
get	收到 device_trigger 时发送。
dcas	收到 device_clear 时被置成“真”。 device_clear 在返回应答前,立即将其置成“假”。
RMT_sent	当 device_read 已经从输出队列中传送了<响应消息结束符>(RESPONSE MESSAGE TERMINATOR)时,将其置成“真”。由 bav 或 brq 将其置成“假”。

如果在 data. data_len 置为 0 时调用 device_write,则不试图传输字节,因此 bav 不置成“真”。

如果在 requestSize 置为 0 时调用 device_read,也不尝试移动字节,因此 brq 不置成“真”。

注意 2.5.4

如果在 data. data_len 大于 0 值时调用 device_write,即使因为输入缓冲器满而未传送字节也将 bav 置成“真”。如果在 requestSize 大于 0 时调用 device_read,那么即使由于输出排队空而未传输字节也将 brq 置成“真”。

注意 2.5.5

UNTERMINATED(未结束)和 INTERRUPT(中断)错误将最终导致 device_read 超时。无论如何 device_read 将返回应答,它的作用是将 brq 置成“假”。

注意 2.5.6

在 IEEE488.2 中,get 信息不设成“真”或“假”,它是 I/O 控制发出的消息。

2.5.4 器件听格式和讲元素

TCP/IP-IEEE488.2 仪器接口没有 EOI 线,要用另外的方法传送 END 消息。

规则 2.5.4

在 IEEE488.2 的第 7 部分的“器件听格式”和第 8 部分的“器件讲元素”中的所有要求都应该被遵守。但处理 END 消息例外。

1) 当标记中的 end(结束)标记位置位时,device_write 应该将 data 中的最后一个字节和 END 消息相结合。
2) device_read 应该通过在 data 中放置一换行符作为最后一个字符并将 reason 中的结束标记置位来发送<响应消息结束符>(RESPONSE MESSAGE TERMINATOR)。

2.5.5 公用命令和询问

规则 2.5.5

在 IEEE488.2 的第 10 部分“公用命令和询问”中的所有要求都应该被遵守。

规则 2.5.6

支持 device_trigger 的 TCP/IP 仪器接口应该执行 * TRG。

允许 2.5.1

支持 device_trigger 的 TCP/IP 仪器接口可以执行 * DDT 和 * DDT?。

规则 2.5.7

在自动配置和控制器组中的任选命令不被使用，也不应该被执行。

2.5.6 器件状态报告

IEEE488.2 中的 11.3.3 说明带有 IEEE488.1 接口的仪器如何通过确认 SRQ 线来报告服务请求。

规则 2.5.8

除了 TCP/IP-IEEE488.2 仪器接口应该用 device_intr_srq RPC 报告服务请求外，IEEE488.2，第 11 部分“状态报告”的所有要求都应该被遵守。

2.5.7 器件/控者同步技术

规则 2.5.9

IEEE488.2 中的第 12 部分“器件/控者同步技术”中的所有要求都应该被遵守。

ICS 31.260
M 31

中华人民共和国国家标准

GB/T 21548—2008

光通信用高速直接调制半导体激光器的测量方法

Methods of measurement of the high speed semiconductor lasers directly modulated for optical fiber communication systems

2008-03-31 发布 2008-11-01 实施

中华人民共和国国家质量监督检验检疫总局
中国国家标准化管理委员会 发布

前　　言

本标准是根据我国光通信用高速数字直接强度调制半导体激光器及其组件的实际研制和使用情况而制定的。

附录 A、附录 B 是规范性附录，附录 C、附录 D 是资料性附录。

本标准中的附录 C 非等效采用了美国标准 Telcordia GR-468-CORE 中表 6“激光组件的可靠性试验要求”，但作了部分修改；其修改如下：

——根据我国实际情况，删去了表 6 中热冲击和内部湿度试验项目；

——由于本标准主要是规定光通信用激光器及其组件的测量方法，不涉及要求，因此删去了表 6 中抽样及失效判椐规定。

本标准还参考了：

YD/T 1111.2—2001　SDH 光发送/光接收模块技术要求——2.488 320 Gb/s 光发射模块。

本标准由中华人民共和国信息产业部提出。

本标准由信息产业部(通信)归口。

本标准起草单位：武汉邮电科学研究院。

本标准主要起草人：丁国庆、郑林、丁方昉。

引 言

随着微电子、光电子器件所用材料、制作技术、工艺设备和检测设备的不断进步，光通信用半导体激光器的性能指标、可靠性水平日益提高。应变量子阱分布反馈激光器的出现，标志着激光器水平达到了新的高度。这种激光器阈值可达亚毫安量级，动态光谱线宽可小于 0.1 nm，上升、下降时间可小于 0.3 ns、－3 dB 模拟带宽可大于 10 GHz，这种激光器可直接用于高速数字(622 Mbit/s～10 Gbit/s)直接强度调制。它具有性能优越、调制简单、成本较低等特点，在 SDH、WDM、以太网等光通信系统中具有广泛的应用。

目前，国内还没有一个关于光通信用高速脉码直接强度调制半导体激光器及其组件测量方法的规范性文件。虽然 1993 年有一个光通信行业标准 YD/T 701—1993《半导体激光二极管组件测试方法》，但它主要描述和规范激光二极管的直流参数及测试，没有涉及高速脉码直接强度调制情况下激光器及其组件的光电特性测量问题。为此，制定一个高速脉码直接强度调制半导体激光器及其组件测量方法的规范性文件，是非常必要的。它可用于激光器及其组件的光电特性测量、产品检验和质量等级评定等。

对高速脉码直接强度调制激光器及其组件而言，除一般光电特性外，其高速动态特性无疑是非常重要的。它包括动态光谱特性、光功率—驱动电流非线性特性、调制特性、噪声特性、频率啁啾效应等。本标准对激光器及其组件主要技术参数进行了定义(或描述)、分类，重点对高速脉码直接强度调制下的光电特性测量方法进行了规定。

光通信用高速直接调制半导体激光器的测量方法

1 范围

本标准规定了高速(622 Mbit/s～10 Gbit/s)脉码光纤通信系统中采用非归零码直接强度调制半导体激光器(主要是多量子阱分布反馈激光器)及其组件的术语、定义、分类、主要技术参数测量方法。此外,考虑到激光器测量方法以及相关试验、检验方法的完整性,作为附录,也规定了激光器在模拟系统中常用的几个参数的测量方法以及可靠性试验方法和产品检测方法(或规则)。

本标准适用于SDH、WDM、以太网等高速脉码光纤通信系统中所用直接强度调制半导体激光器及其组件的光电特性测量;模拟光通信系统和其他光系统中激光器及其组件的光电特性测量或检测也可用作参考。

2 规范性引用文件

下列文件中的条款通过本标准的引用而成为本标准的条款。凡是注日期的引用文件,其随后所有的修改单(不包括勘误的内容)或修改版均不适用于本标准,然而,鼓励根据本标准达成协议的各方研究是否可使用这些文件的最新版本。凡是不注日期的引用文件,其最新版本适用于本标准。

GB/T 17626.2—1998 电磁兼容 试验和测量技术 静电放电抗扰度试验(idt IEC 61000-4-2:1995)

GB/T 17626.3—1998 电磁兼容 试验和测量技术 射频电磁场辐射抗扰度试验(idt IEC 61000-4-3:1995)

GB/T 17626.4—1998 电磁兼容 试验和测量技术 电快速瞬变脉冲群抗扰度试验(idt IEC 61000-4-4:1995)

GB/T 17626.6—1998 电磁兼容 试验和测量技术 射频场感应的传导骚扰抗扰度试验(idt IEC 61000-4-6:1996)

YD/T 701—1993 半导体激光二极管组件测试方法

YD/T 767—1995 同步数字系列设备和系统的光接口技术要求

YD/T 1111.2—2001 SDH光发送/光接收模块技术要求——2.488 320 Gb/s光发射模块

ITU-T G.691:2000 具有光放大器的单通道SDH系统光接口和STM-64及STM-256系统

IEC 62007-2 光纤系统中所用的半导体光电子器件 第2部分 测量方法

Telcordia GR-468-CORE(1998) 用于通信设备中的光电子器件的一般可靠性保证要求

3 缩略语、符号、术语和定义

下列缩略语、符号、术语和定义适用于本标准。

3.1 缩略语和符号

缩略语或符号	英文名称	中文名称
ABW	Analog Bandwidth	模拟带宽
BER	Bit Error Rate(or Ratio)	比特差错率
CNR	Carrier-to-Noise Ratio	载噪比
CP	Chirping	啁啾(或频率扫动)
CTB	Composite Triple Beat	组合三次差拍

CSO	Composite Second Order intermodulation	组合二阶互调
DFB	Distribution Feed-Back	分布反馈
DIM	Directly Intensity Modulation	直接强度调制
DSLM	Dynamic Single Longitudinal Mode	动态单纵模
ESD	Electrostatic Discharge	静电放电
EX	Extinction Ratio	消光比
FWHM	Full Wide at Half Maximum	半高全宽度
LD	Laser Diode	激光器(或激光二极管)
ML	Median Life	中值寿命
MLM	Multi-Longitudinal Mode	多纵模
MQW-DFB	Multiple Quantum Well Distribution Feed-Back	多量子阱分布反馈
NRZ	Non Return to Zero	非归零
OIS	Optical Isolation	光隔离
OMA	Optical Modulation Amplitude	光调制幅度
ORL	Optical Return Loss	光回损
PCM	Pulse-Code Modulation	脉码调制
P-I	Optical Power vs. Current Curve	光功率—电流曲线
PIN-PD	PIN-Photodiode	PIN 型光探测器
PRBS	Pseudo Random Binary Sequence	伪随机码序列
RIN	Relative Intensity Noise	相对强度噪声
SDH	Synchronous Digital Hierarchy	同步数字序列
SMSR	Side Mode Suppression Ratio	边模抑制比
TE	Tracking Error	跟踪误差
TEC	Thermo-Electric Cooler	制冷器
WDM	Wavelength Division Multiple	波分复用
$L_{\mathrm{P-1}}$	Optical Power-Driving Current Linearity	*P-I* 曲线线性度
I_{k}	Current at The Kink of *P-I* curve	*P-I* 曲线扭折处电流
I_{th}	Threshold Current	阈值电流
I_{mod}	Modulation Current	调制电流
P_{o}	Output Optical Power	输出光功率
S_{l}	Linearity of the *P-I* of LD	激光器 *P-I* 曲线线性度
S_{11}	Reflection Coefficient of S parameter	反射系数
S_{21}	Transmission Coefficient of S parameter	传输系数
T_{c}	Case operating Temperature	管壳温度
$t_{\mathrm{r}}/t_{\mathrm{f}}$	Rise/Fall time between(10～90)% of maximum	上升/下降时间
U_{f}	Forward voltage at rated power of LD	激光器正向电压
λ_{c}	Central Wavelength	中心波长
$\Delta\lambda$	Optical Spectrum Width of LD	激光器光谱宽度

3.2 术语和定义

3.2.1

半导体激光器及其组件 LD and LD assembly

采用Ⅲ-Ⅴ族化学物半导体多薄层异质结构材料(如 GaAlAs/GaAs、InGaAsP/InP、InAlGaAs/InP)制作的激光器,称为半导体激光器。它主要由有源层、光波导层、光谐振腔和电接触层构成。这种结构实际上是激光器管芯(或芯片)。

相对于波长为980 nm以下的激光器而言，通常把辐射中心波长在1 100 nm以上的激光器称为长波长激光器。

激光器管芯不便测试和使用。只有制成组件才能应用和测试。由半导体激光器、背光探测器、微透镜、光隔离器、耦合光纤、外围电路元件、管壳等组成的混合集成件，称为半导体激光器组件。

3.2.2

多量子阱-分布反馈激光器　multiple quantum-well distributed feed-back laser

有源层为多个量子阱(MQW)结构、光波导层为分布反馈(DFB)结构的激光器。

所谓多个量子阱结构，通常指每层由2～4种元素(或组份)组成且厚度不同的材料交替生长而成的多薄层结构，其薄层厚度小于德布罗意波长(约12 nm)。按能带隙宽度和薄层厚度不同，薄层分为两类。一类为阱层，一类为势垒层。有源层具有多个这种结构的激光器，称为多量子阱激光器。它具有阈值电流低、光谱宽度窄、温度特性好等一系列优点。

所谓分布反馈结构，是指材料组分呈空间周期性分布、从而使折射率也呈空间周期性分布的结构。该结构可起光反馈腔的作用。

激光器光波导层具有分布反馈结构的激光器，称为DFB-LD。它其有光谱宽度窄、线性度好、可实现动态单纵模等优点。

作为例子，MQW-DFB-LD结构示意图如图1所示。

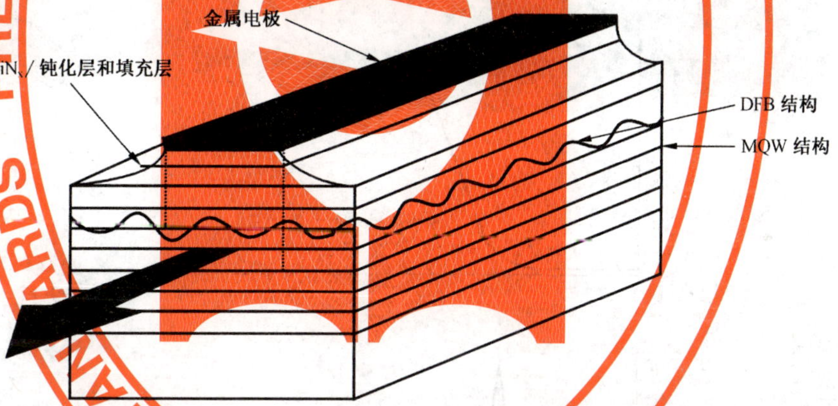

图1　MQW-DFB-LD结构示意图

3.2.3

峰值波长和中心波长　peak wavelength and center wavelength

在发射光谱中，辐射强度(或光功率密度)最大的波长，称为峰值波长。

在发射光谱中，最高强度(或幅度)的50%处两点中心所对应的波长，称为中心波长。

3.2.4

光强度直接调制　directly modulation of optical power density

调制电信号直接控制激光器驱动电流，使激光器输出光强度随调制电信号的幅度而变化的一种调制方式。

3.2.5

光功率-电流曲线　optical power-current curve

激光器输出光功率和其驱动电流之间关系(P-I)的曲线，如图2所示。其中，B处为光功率—电流曲线扭折(the kink)点。

P-I 曲线与激光器中 PN 结温度紧密相关。温度越高,I_{th}越大。

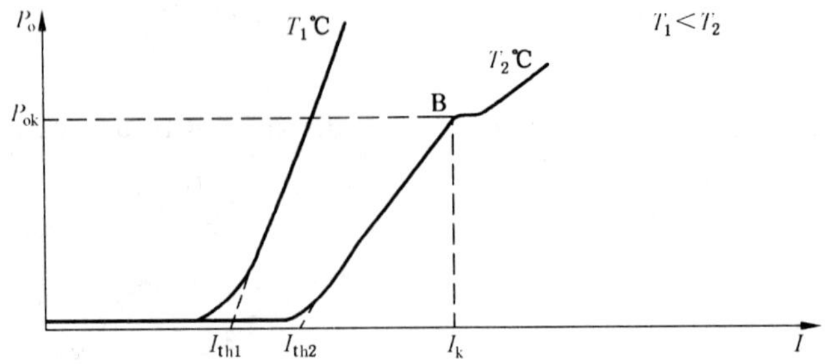

图 2 激光器 *P-I* 曲线

3.2.6

阈值电流 threshold current

物理上,把激光器发射荧光和激光的交界点相对应的电流称为阈值电流;数学上,它为光功率—电流(P_L-I)函数二阶导数(d^2P/dI^2)极值处所对应的电流。其示意图如图 3 所示。

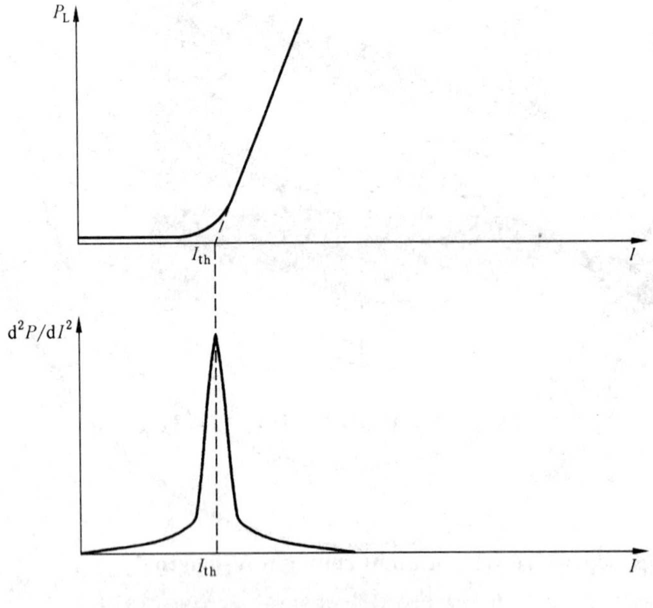

图 3 激光器阈值电流定义示意图

工程上,把与 P_L-I 曲线急剧变化的拐点相对应的电流称阈值电流。

3.2.7

斜率效率(或差分效率) slope efficiency

激光器输出光功率差与其相应驱动电流差之比,即:

$$S=\Delta P/\Delta I=(P_{o1}-P_{o2})/(I_{o1}-I_{o2})$$

斜率效率示意图如图 4 所示,它反映了激光器电光功率转换效率。

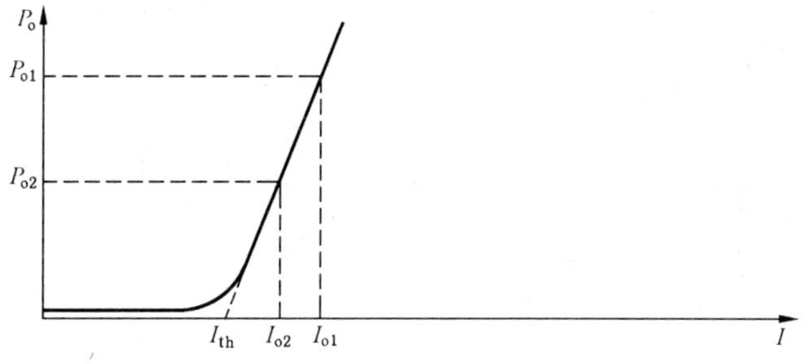

图 4 激光器斜率效率示意图

3.2.8

调制电流 modulation current

加于激光器偏置电流之上的、与传输信号相关的控制电流(I_{mod})。它等于激光器总驱动电流与偏置电流之差。调制电流与时间(I_{mod}-T)、光功率与驱动电流(P_o-I)关系曲线如图 5 所示。

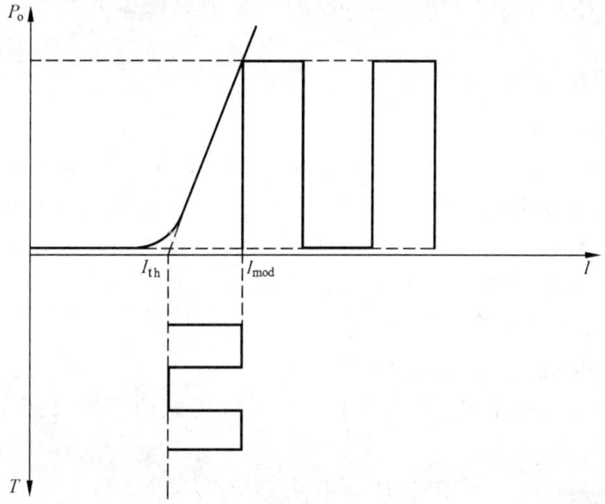

图 5 I_{mod}-T、P_o-I 关系曲线

3.2.9

光功率—驱动电流线性度 optical power-driving current linearity

激光器光功率—驱动电流曲线通常存在不同程度的非线性。

光功率—驱动电流线性度定义为,在 10% I_{mod} 处的光功率(P_1)至 100% I_{mod} 处的光功率(P_o)范围内,实际输出光功率($P_{实际}$)与拟合线性光功率($P_{线性}$)的最大偏差(ΔP),与拟合线性光功率($P_{线性}$)的比值 L_{PI}(绝对值),即:

$$L_{PI}=(P_{实际}-P_{线性})/P_{线性}=\Delta P/P_{线性}$$

L_{PI}示意图如图 6 所示。

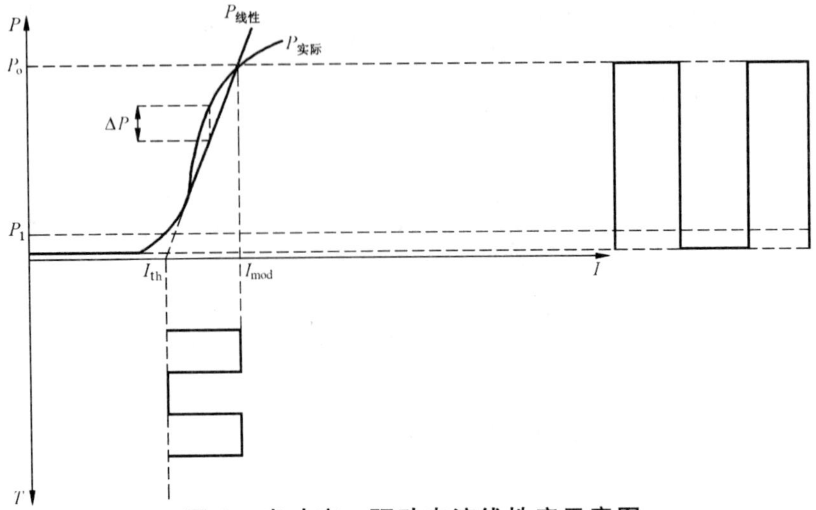

图 6 光功率—驱动电流线性度示意图

3.2.10

动态单纵模 dynamic single longitudinal mode

由于激光器谐振腔的作用，在垂直和平行于光传输方向上存在横模和纵模。横模表现为横向光斑分布，纵模表现为光谱分布。在激光器光谱中，若光强度仅存在一个极大值，就称为单纵模。如果激光器在高速直接调制情况下仍然保持单一纵模，就称为动态单纵模(DSLM)。在工程应用中，常把在高速直接调制下其边模抑制比大于 35 dB 的激光器，称为动态单纵模激光器。MQW-DFB-LD 就是这种动态单纵模激光器。

3.2.11

光谱宽度 spectral width

激光器光谱宽度有几种不同的定义：均方根谱宽(RMS)、FWHM 谱宽和－20 dB 下谱宽。

对于 MQW-DFB-LD，主要采用 FWHM 谱宽和－20 dB 下谱宽。在标准工作条件下，用测得的比峰值波长幅度下降一半或下降 20 dB 处光谱曲线上两点间的波长间隔来表征其光谱宽度。前者称之为 FWHM 谱宽(或称－3 dB 谱宽)，后者称之为－20 dB 下谱宽。

3.2.12

边模抑制比 side mode suppression ratio

在最坏反射条件时、全调制条件下，激光器光谱中主纵模光功率峰值强度(P_{m0})与最大边模光功率峰值强度(P_{m1})之比的对数，即：

$$\mathrm{SMSR} = 10\lg(P_{m0}/P_{m1})$$

SMSR 示意图如图 7 所示。

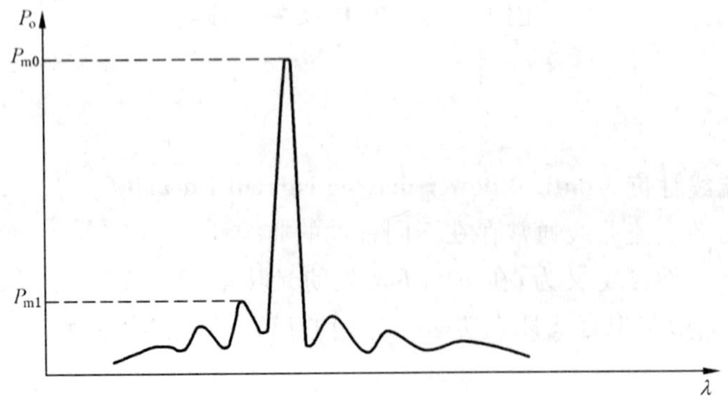

图 7 边模抑制比示意图

3.2.13

消光比　extinction ratio

激光器在逻辑“1”高电平时的输出光功率 A 与逻辑“0”低电平时的输出的光功率 B 之比的对数，即：

$$EX = 10\ \lg(A/B)$$

3.2.14

相对强度噪声　relative intensity noise

半导体激光器由于伴随激光辐射时的自发发射和非均匀激射、反射等原因，输出光功率会产生随机波动。这种随机波动可用相对强度噪声(RIN(ω))来表示，即光强度随机波动的均方根值与平均光强度之比。

理论上，可通过求解具有噪声项的速率方程而近似得出强度自相关函数 $C_{pp}(\tau)$，经傅立叶变换可求出 RIN(ω)：

$$RIN(\omega) = \int C_{pp}(\tau)\exp(i\omega\tau)d\tau$$

这里，$C_{pp}(\tau)$ 为强度自相关函数。

注：除上述原理性 RIN(ω)表式外，还有多种简化处理后的 RIN(ω)表式，如 IEC 62007-2 中 3.5e)中 RIN(ω)表式为：

$$RIN = (N_t - N_d)/(R_L \times G \times \Delta f_N \times I_{R(H)})$$

3.2.15

啁啾参数　chirp parameter

单纵模激光器(如 MQW-DFB-LD)由于在高速调制时电流急剧变化，将导致激光器有源层中的载流子浓度急剧变化和激光器腔长变化，从而产生激光器发射波长的瞬时动态偏移。这种波长的瞬时动态偏移(亦即频率瞬时动态偏移)称为频率啁啾。

频率啁啾可用啁啾因子 α 来衡量，其定义为：

$$\alpha = (d\Phi/dt)/[(1/2P) \times (dP/dt)]$$

这里 Φ 为光信号的相位，P 为光功率。

正啁啾参数相应于脉冲上升边的正频率漂移(蓝移)，而负啁啾参数相应于脉冲下降边的负频率漂移(红移)。

3.2.16

载噪比　carrier noise ratio

所传输的载波信号功率与相应带宽内的噪声功率之比。

在多路复用的传输系统中，要直接测量每路信号的载波功率，在最有利的条件下也是很麻烦的。因此，在 CATV 行业标准中，载噪比定义为载波电平的有效值与规定带内系统噪声电平的均方根之比，用 dB 表示。

3.2.17

跟踪误差　tracking error

半导体激光器是温度敏感器件，温度不同，输出光功率也会有所不同。对半导体激光器来说，在驱动电流相同、但管壳温度不同(T_1、T_2)时激光器所发射并耦合输出的光功率(P_1、P_2)比的对数，定义为跟踪误差(TE)，即：

$$TE = 10\ \lg(P_1 @T_1/P_2 @T_2)$$

3.2.18

组合二阶互调　composite second order intermodulaion

由于激光器 P-I 曲线和探测器 P_i-I_p 的非线性，在模拟调制系统中将导致多个载波射信号的失真。其中，组合二次互调失真定义为，落在被测频道内某频点上的所有二阶互调产物的总功率与该频道载波功率之比。

3.2.19

组合三阶差拍 composite triple beat

由于激光器 P-I 曲线和探测器 P_i-I_p 的非线性，在模拟调制系统中将导致在多个载波射频信号的失真。其中，组合三次差拍定义为，落在被测频道内某频点上的所有三阶差拍产物和三阶互调产物的总功率与该频道载波功率之比。

3.2.20

光回波损耗 optical return loss

入射光功率与反射光功率之比的对数。

3.2.21

背光检测电流 monitor response current

采用 PIN 光探测器监测激光器背面发出的光并转换的电流。

激光器背面发出的光功率与正面发出的光功率有确定的比例关系。

3.2.22

光线路码型 optical line code

根据 ITU-T G.691 和 YD/T 1017—1999，数字光通信系统光接口的线路码型，规定为加扰二进制不归零码(NRZ)。其扰码器要求参照 YD/T 767—1995 中相关规定。

3.2.23

散射参数

S_{11}、S_{21}

在超高频和微波领域，一般不适用电流、电压、开路、短路等概念，而用“波”和“场”的概念来定义、测量和分析网络参数或特性。通常采用的网络参数是散射参数，即 S 参数，它分为 S_{11}、S_{21}、S_{12} 和 S_{22}，能直接地反映出网络的传输特性和反射特性。

S_{11} 定义为，4 端口网络的输出端口匹配时，输入端口的反射系数；

S_{21} 定义为，4 端口网络的输出端口匹配时，输入端口至输出端口的传输系数；

S_{12} 定义为，4 端口网络的输入端口匹配时，输出端口至输入端口的传输系数；

S_{22} 定义为，4 端口网络的输入端口匹配时，输出端口的反射系数。

对激光器等效网络测量而言，一般只测量 S_{11}、S_{21}。其中 S_{21} 包含了传输损耗、带宽和带内平坦度等信息。

3.2.24

静电放电防护阈值 ESD threshold

器件或电路所能承受的最大静电电压。

4 分类

根据发射波长、传输速率、封装形式的不同，MQW-DFB-LD 及其组件分类如表 1 所示。

表 1 MQW-DFB-LD 及其组件分类

分类方法	包含类别	注 释
按发射波长	1 310 nm、1 550 nm、特定波长	WDM 光系统中通常有 4～32 个不同的特定波长
按传输速率	622 Mb/s、1.25 Gb/s、2.5 Gb/s、10 Gb/s 等	
按封装结构	蝶形等	

5 测量方法

5.1 被测激光器组件形式

光通信用高速脉码直接强度调制激光器一般做成组件进行测量或试验。根据内部元件数的多寡和封装外形，被测激光器组件形式分为同轴型组件形式和蝶形组件形式两类。

激光器同轴型组件比较简单。它主要由激光器芯管、背光探测器、耦合光纤、电路元件、同轴底座和管帽构成。

激光器蝶形组件内含较多元件。它主要由激光器芯管、背光探测器、微透镜、光隔离器、热敏元件（热敏电阻和制冷器）、滤波和控制电路元件、耦合光纤和管壳构成。

被测激光器组件结构示意图的一个例子如图 8 所示。

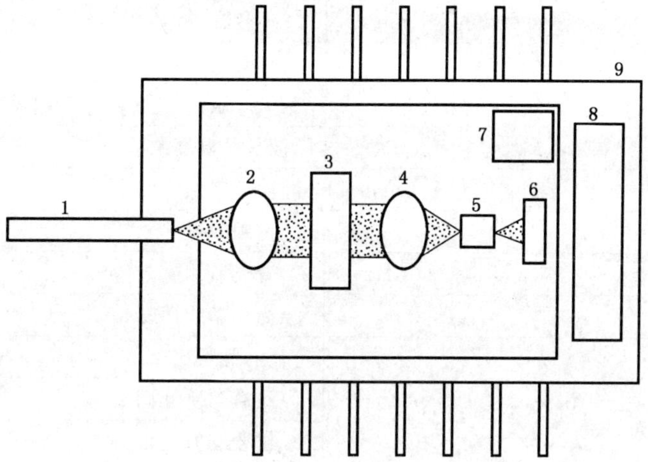

1——光纤

2——后透镜；

3——光隔离器；

4——前微透镜；

5——激光器芯管；

6——背光探测器；

7——热敏元件（热敏电阻和制冷器）；

8——控制电路；

9——管壳。

图 8 被测激光器组件结构示意图

5.2 激光器特性（或技术参数）及分类

激光器特性包括电学特性、光学特性、电—光特性、调制特性、噪声特性、温度特性。其技术参数分类如下：

a) 电学特性

I-U 曲线、阈值电流、正向电压、串联电阻等。

b) 光学特性

发射功率、峰值波长、光谱宽度、光场模式（横模、纵模）、边模抑制比、近场分布、光发散角度等。

c) 电—光特性

P-I 曲线、光电转换效率（包括功率转换效率、内量子效率、外量子效率、斜率效率）、P-I 曲线线性度等。

d) 调制特性（或瞬态特性）

电光延迟时间、脉冲上升/下降时间、张弛振荡、自脉动、脉冲过冲、跳模、眼图、码型效应（光脉冲幅度和宽度变化）等。

e) 噪声特性

相对强度噪声(包括量子噪声)、相位调制噪声、频率啁啾、反射感应噪声等。

f) 温度特性

光功率(或阈值)—温度特性、波长—温度漂移(PN结发热效应)、特征温度、中值寿命等。

激光器技术参数很多。通常,高速脉码直接强度调制激光器及其组件的主要技术参数如表2所示。

表2 高速脉码直接强度调制激光器的主要技术参数

参数	符号	单位	参数	符号	单位
阈值电流	I_{th}	mA	动态光谱	$\Delta\lambda$	nm
输出光功率	P_o	mW或dBm	消光比	EX	dB
峰值波长	λ_c	nm	−3 dB模拟带宽	BW	MHz
边模抑制比	SMSR	dB	回波损耗	L_B	dB
光谱宽度	FWHM、$\Delta\lambda$(−20 dB下)	nm	α-参数(啁啾)	α	radians
斜率效率	S_0	%	相对强度噪声	RIN	dB/Hz
前向电压	U_f	V	眼图		
串联电阻	Rs	Ω	波长—温度漂移		nm/ΔT
*上升/下降时间	t_r/t_f	ns	光功率—温度变化		dBm/ΔT
*光过冲			跟踪误差	TE	dB
*自脉动频率	f_s	MHz	背光监测电流	I_m	nA
*电光延迟时间	τ_{eo}	ns	光功率线性度	S_1	dB
*等效输入噪声电流密度	I_N	pA/rtHz	载噪比	CNR	dB
			组合二阶互调	CSO	dBc
			组合三阶差拍	CTB	dBc
注:以上带"*"者工程上通常不测。					

5.3 测量条件及测量步骤

5.3.1 测量条件

测量结果的精确性与测量条件紧密相关,测量前必须认真做好测量条件的各项准备。

测量条件是指:被测物件及相关物件的完好性;测量设备(或仪表)的准备和校准;测量环境条件的符合性等。

5.3.1.1 环境条件要求

半导体激光器是静电和温度敏感器件。

测量时应采取防静电措施,如设备和仪表接地、触摸激光器时应佩带放静电腕带等;

测量环境温度为15℃~35℃;湿度为25%RH~75%RH;气压为正常大气压。

5.3.1.2 测量设备和仪表要求

测量前,应检定或校准所有测量设备和仪表的技术指标;检定或校准过的测量设备和仪表应在有效期内使用。

本标准所用测量设备和仪表的主要技术指标见以下各条中规定。

5.3.2 光谱宽度、峰值波长、边模抑制比的测量

5.3.2.1 测量设备和仪表

本测量所用测量设备和仪表:

a) 光谱分析仪

入射光波长范围:1 100 nm~1 700 nm;光波长分辨精度:小于0.2 nm;输入光功率范围:−40 dBm<P<10 dBm;光功率分辨精度:<0.1 dB。

b) 驱动电源

驱动电流范围:0 mA~100 mA;电流稳定度:(0.1~1.0)mA;温度稳定度:小于0.1 mA/℃。

c) 光可变衰减器

入射光波长范围：1 100 nm～1 700 nm；光可变衰减范围：30 dB。

5.3.2.2 测量框图

光谱宽度、峰值波长、边模抑制比测量框图如图 9 所示。

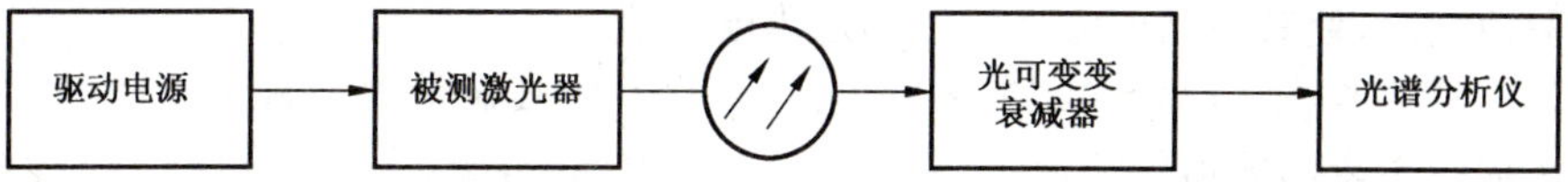

图 9 光谱宽度、峰值波长、边模抑制比的测量框图

5.3.2.3 测量步骤

a) 按图 9 中测量框图配置，连接好线路。

b) 开启光谱分析仪，使其处于准备状态；使光可变衰减器处于最大衰减位置。

c) 开启驱动电源，使其驱动电流慢慢达到适当电流值。

d) 把被测光通入光谱分析仪，调节光可变衰减器的衰减量，使其符合光谱分析仪输入光功率要求。

e) 观察并记录光谱分析仪上显示的峰值波长、光谱宽度和边模抑制比。

注：激光器是正向使用的器件，使用电压很低，受到浪涌电压或过电流冲击很容易损坏。加载驱动电流时应极其小心。后面凡涉及开启激光器驱动电流处，均应如此，不再赘述。

5.3.3 输出光功率、*P-I* 曲线、阈值电流的测量

5.3.3.1 测量设备和仪表

本测量所用测量设备和仪表：

a) 驱动电流源

见 5.3.2.1b)。

b) 光功率计

入射光波长范围：1 100 nm～1 700 nm；光功率(*P*)范围：－50 dBm＜*P*＜10 dBm；光功率分辨精度：＜0.1 dB。

c) 可存取示波器

带宽：(8～25)MHz 范围；即时采样率：200 MS/s；具有 10 组图形保存和显示功能。

d) 标准光接收机

光接收灵敏度：－34 dBm(622 Mb/s)～－18 dBm(10 Gb/s)。

5.3.3.2 测量框图

输出光功率、*P-I* 曲线、阈值电流的测量框图如图 10 所示。

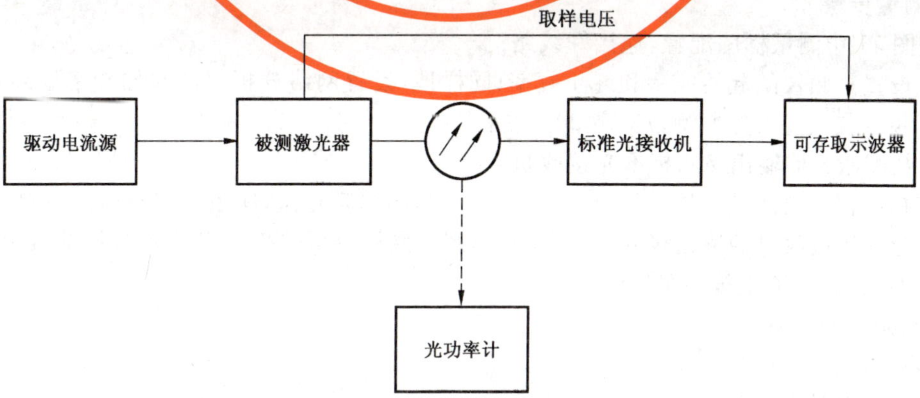

图 10 输出光功率、*P-I* 曲线、阈值电流的测量框图

5.3.3.3 **测量步骤**

a) 按图 10 中测量框图配置,连接好线路。

b) 开启标准光接收机和可存取示波器,使其处于准备状态。

c) 开启驱动电源,使其驱动电流慢慢达到适当电流值。

d) 把被测光通入准光接收机。调节驱动电流,观察并使其显示 *P-I* 曲线。

e) 在 *P-I* 曲线中求出阈值电流值。

f) 用光功率计比对可存取示波器所测 *P-I* 曲线的光功率测量值。

5.3.4 **带宽的测量**

5.3.4.1 **测量设备和仪表**

本测量所用测量设备和仪表:

a) 扫频仪和网络匹配单元

有效扫频宽度:130 MHz～20 GHz。

b) 网络分析仪

频率范围 130 MHz～20 GHz;迹线噪声:0.01 dB rms;幅度动态范围:100 dB。

c) 标准光接收机

见 5.3.3.1d)。

d) 电流源

见 5.3.2.1b)。

5.3.4.2 **测量框图**

带宽的测量框图如图 11 所示。

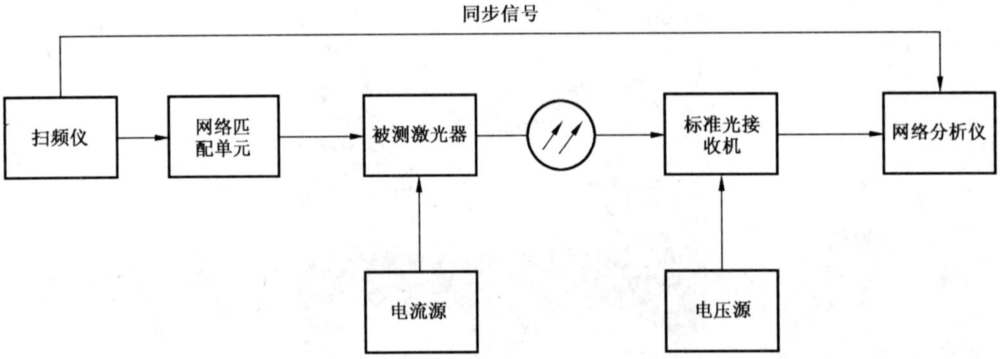

图 11 带宽测量配置框图

5.3.4.3 **测量步骤**

a) 按图 11 中测量框图配置,连接好线路;

b) 先设置扫频仪的起始频率和终止频率;同样地,设置网络分析仪的起始频率和终止频率,其终止频率应设置为比所测带宽高 20%左右。

c) 将被测激光器输出接入标准光接收机。

d) 将扫频仪输出的信号接入被测激光器输入端,调制激光器,使激光器输出扫频光信号。

e) 将标准光接收机的输出接入网络分析仪,观察网络分析仪扫描出的频响曲线,取中频增益下降 3 dB 处,即可读出被测组件的带宽。

5.3.5 **动态光谱的测量**

5.3.5.1 **测量设备和仪表**

本测量所用测试设备和仪表:

a) 驱动电源

见 5.3.2.1b)。

b) 脉冲图形发生器

工作频率：0.1 GHz～20 GHz；伪随机码 2^n-1；其中 $n=7,9,11,15,20,23,31$。

c) 光可变衰减器

见 5.3.2.1c)。

d) 光谱分析仪

见 5.3.2.1a)。

e) 光功率计

见 5.3.3.1b)。

5.3.5.2 测量框图

动态光谱测试框图如图 12 所示。

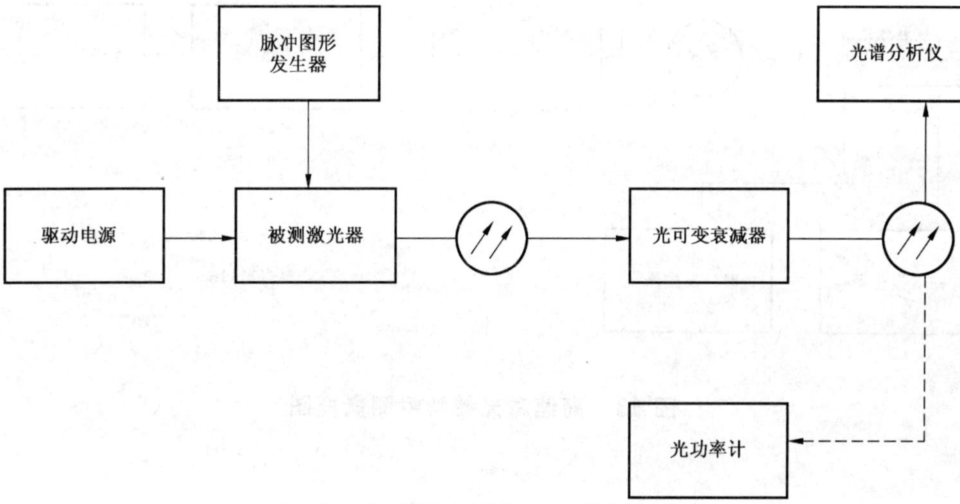

图 12 高速激光器动态光谱测量框图

5.3.5.3 测量步骤

a) 按图 12 配置，连接好线路；

b) 开启驱动电源，调节驱动电流到适当数值，加入脉冲图形发生器；

c) 调整光谱分析仪，通入被测光，调节光可变衰减器到适当值，记录光谱信息。

5.3.6 *α*-参数(啁啾)的测量

5.3.6.1 测量设备和仪表

本测量所用测试设备和仪表：

a) 伪随机码脉冲图形发生器

见 5.3.5.1b)。

b) 干涉仪

波长范围：1 250 nm～1 650 nm，延迟时间：>3.5 μs。

c) 光电(O/E)转换器

响应波长范围：1 100 nm～1 700 nm；带宽：根据实测速率选择适当带宽的 O/E 转换器。

d) 时钟恢复单元/倍频器

变频损耗：<15 dB。

e) 宽带数字示波器

频率带宽：>20 GHz。

f) 时钟发生器

输出频率精度：±5%。

g) 驱动电源

见 5.3.2.1b)。

5.3.6.2 测量框图

α-参数(啁啾)测量框图如图 13 所示。

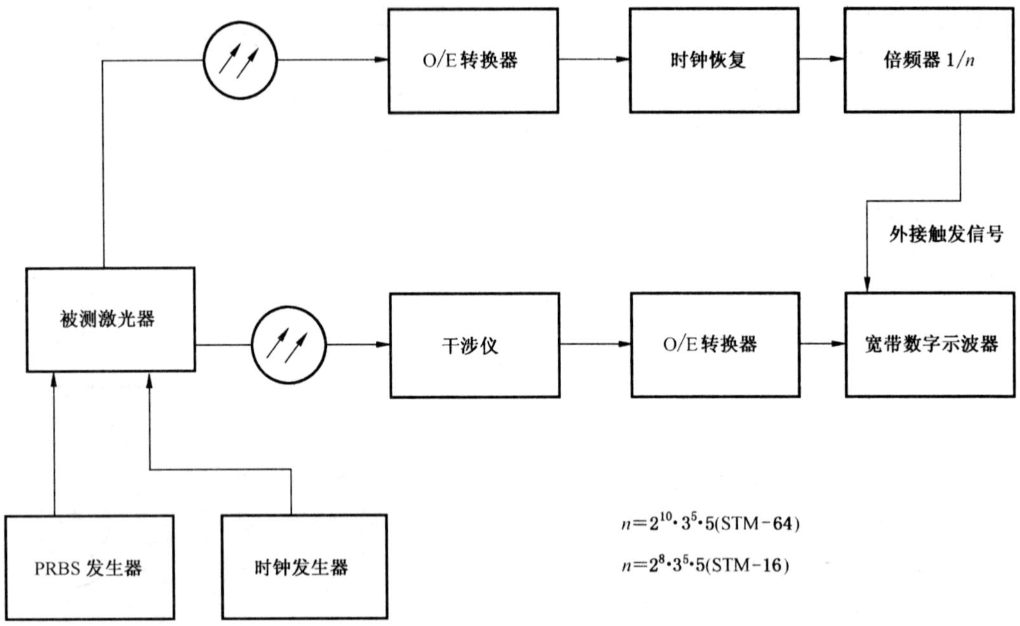

图 13 高速激光器啁啾测量框图

5.3.6.3 测量步骤

a) 按图 13 配置,连接好线路;

b) 开启电源,调节激光器功率到适当数值;

c) 调节干涉仪,记录高速宽带示波器采集的数据;

d) 根据采集的数据自动计算 α 参数。

5.3.7 眼图、消光比的测量

5.3.7.1 测量设备和仪表

本测量所用测试设备和仪表:

a) 高速示波器

光接口带宽:>30 G;

b) 标准光接收机

见 5.3.3.1d);

c) 脉冲图形发生器

见 5.3.5.1b);

d) 光可变衰减器

见 5.3.2.1c);

e) 光功率计

见 5.3.3.1b);

f) 驱动电源

见 5.3.2.1b)。

5.3.7.2 测量框图

眼图、消光比测量框图如图 14 所示。

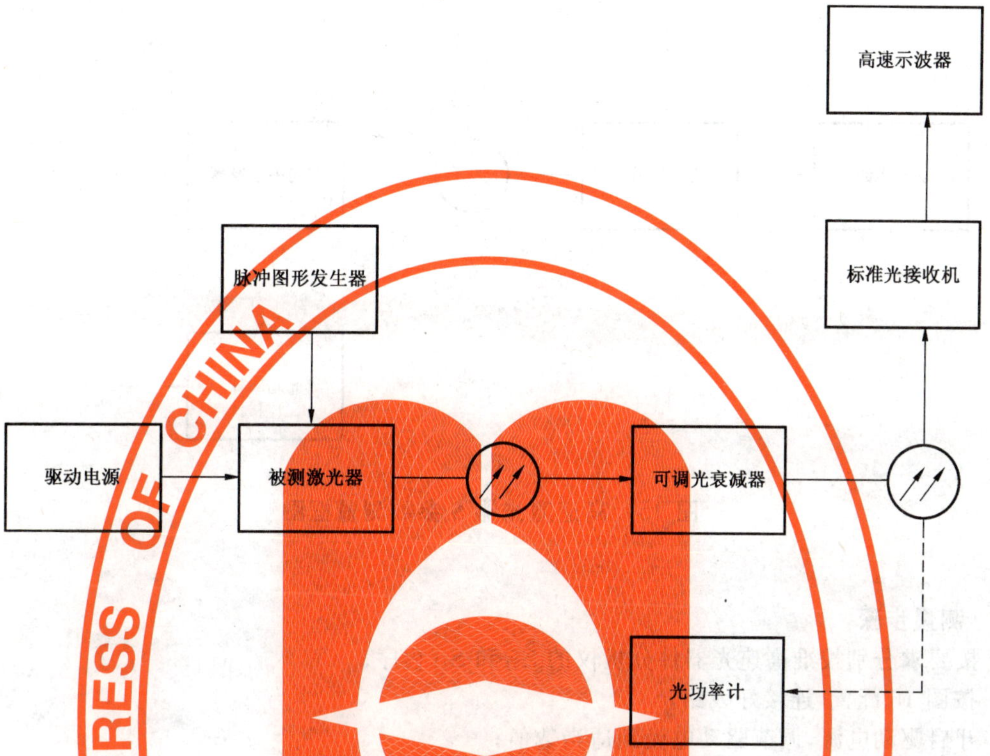

图 14 高速激光器眼图消光比测量框图

5.3.7.3 **测量步骤**

a) 按图 14 设置，连接好线路；

b) 开启驱动电源，调节驱动电流到适当数值，加入脉冲图形发生器；

c) 根据示波器的显示适当调整器件工作状态，使有显示正常的眼图；

d) 从示波器上观察眼图，当眼图稳定后，按眼图标准模板来评估并读取消光比数值。

5.3.8 *S* 参数的测量

5.3.8.1 测量设备和仪表

本测量所用测试设备和仪表：

a) 高速光波器件分析仪
频率范围：130 MHz～20 GHz；

b) 光可变衰减器
见 5.3.2.1c)；

c) 光功率计
见 5.3.3.1b)；

d) 驱动电源
见 5.3.2.1b)。

5.3.8.2 测量框图

S 参数测量框图如图 15 所示。

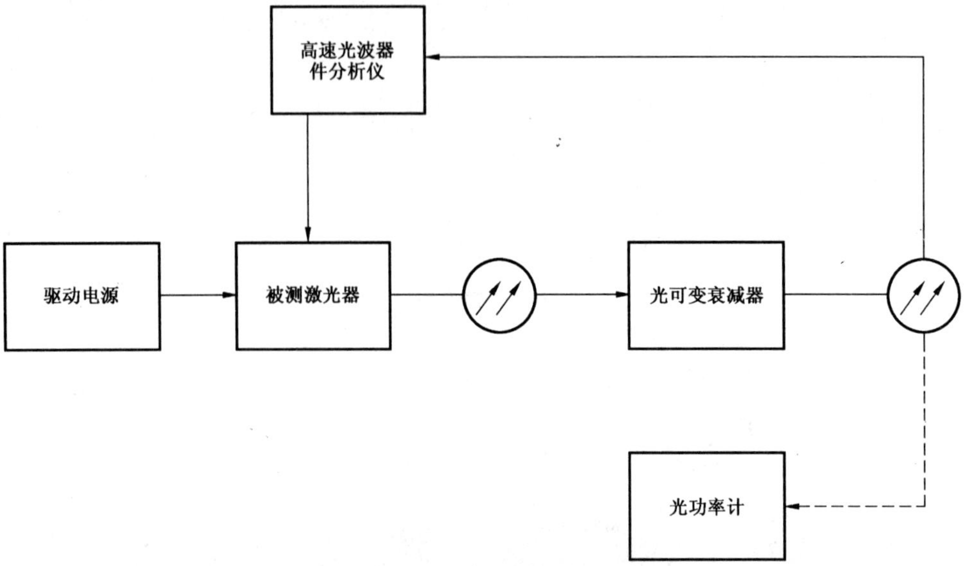

图 15　高速激光器 *S* 参数测量框图

5.3.8.3　测量步骤

a)　按要求分别校准高速光器件分析仪的 S_{21} 和 S_{11} 程序；

b)　按图 15 配置，连接好线路；

c)　开启驱动电源，调节驱动电流到适当数值；

d)　选取光器件分析仪的 S_{11} 挡，记录测试结果；

e)　选取光器件分析仪的 S_{21} 挡，调整驱动电流值，记录测试结果。

5.3.9　光回波损耗的测量

5.3.9.1　测量设备和仪表

本测量所用测试设备和仪表：

a)　光回波损耗测试仪

工作波长：1 310 nm/1 550 nm；功率范围：6 dBm～70 dBm；反射损耗：60 dB～70 dB。

5.3.9.2　测量框图

回波损耗测量框图如图 16 所示。

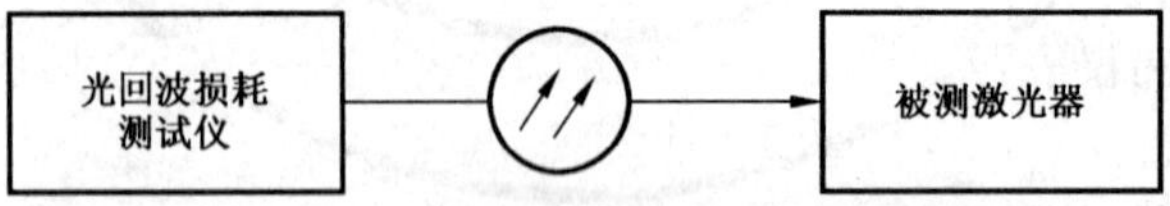

图 16　回波损耗测量框图

5.3.9.3　测量步骤

a)　校准光回波损耗测试仪；

b)　按图 16 配置，连接好线路；

c)　记录光回波损耗测试仪上的数值。

5.3.10　背光监测和跟踪误差的测量

5.3.10.1　测量设备和仪表

本测量所用测试设备和仪表：

a) 温度循环箱

控温范围：−40℃～100℃；温度精度：±3℃；

b) 光功率计

见 5.3.3.1b)；

c) 背光取样电路

d) 电压表

测量精度：±0.1 V；

e) 驱动电源

见 5.3.2.1b)。

5.3.10.2 **测量框图**

背光监测和跟踪误差测量框图如图 17 所示。

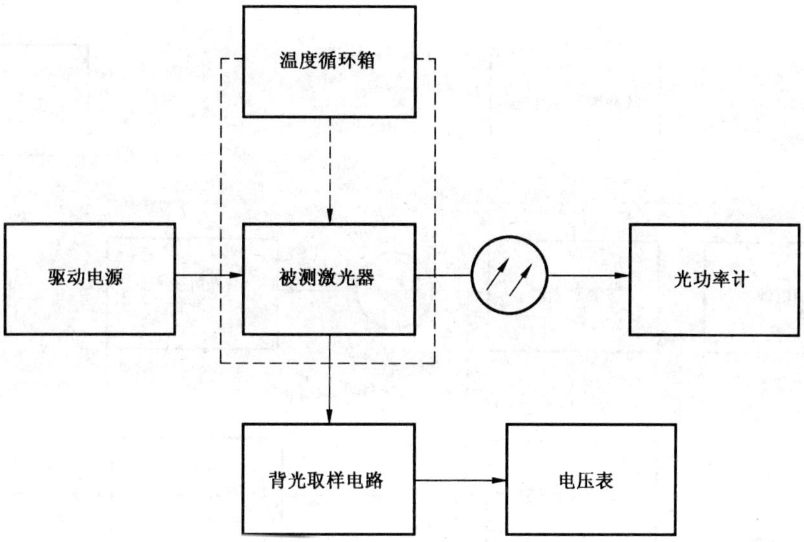

图 17 高速激光器背光监测和跟踪误差测量框图

5.3.10.3 **测量步骤**

a) 按图 17 配置，连接好线路；

b) 开启驱动电源，根据光功率计读数调节驱动电流到适当数值；

c) 记录光功率计读数并记录此时电压表的读数，经换算电压表读数即为激光器件的背光检测电流值；

d) 将被测器件放入温度循环箱中并设置相应温度值；

e) 当设定温度稳定后，调节驱动电流使此时电压表读数与先前记录的读数一致，并记录调整后的光功率计读数；

f) 比较两次光功率计读数，计算跟踪误差。

5.3.11 **波长和光功率的温度变化的测量**

5.3.11.1 **测量设备和仪表**

本测量所用测试设备和仪表：

a) 脉冲图形发生器

见 5.3.5.1b)；

b) 光谱分析仪

见 5.3.2.1a)；

c) 光可变衰减器

见 5.3.2.1c)；

d) 温度循环箱

见 5.3.10.1a)；

e) 光功率计

见 5.3.3.1b)；

f) 驱动电源

见 5.3.2.1b)。

5.3.11.2 测量框图

波长和光功率的温度变化测量框图如图 18 所示。

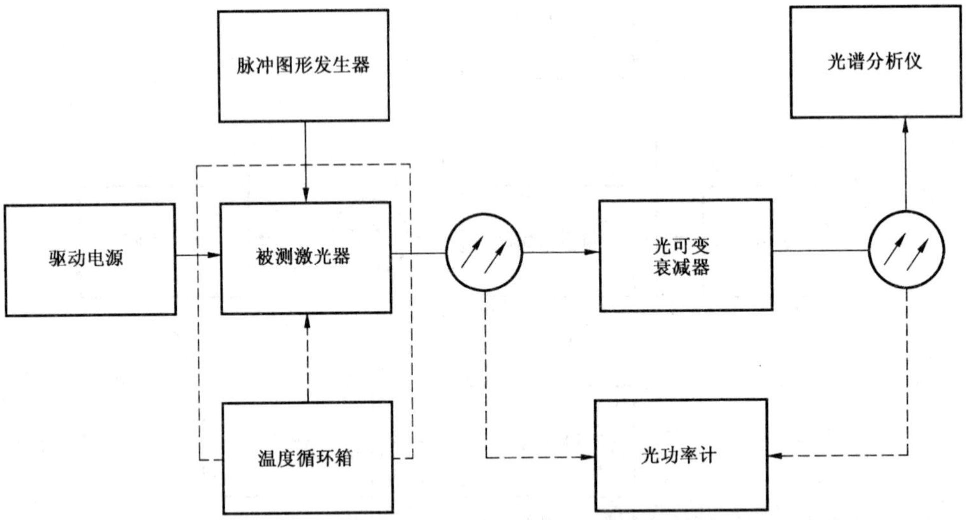

图 18 高速激光器波长和光功率的温度变化测量框图

5.3.11.3 测量步骤

a) 按图 18 配置，连接好线路；

b) 开启驱动电源，调节驱动电流到适当数值，加入脉冲图形发生器；

c) 调整光谱分析仪，通入被测光，调节光可变衰减器到适当值，记录光谱信息和激光器件输出功率值；

d) 将被测器件放入温度循环箱中并设置相应温度值；

e) 当设定温度稳定后，再次记录光谱信息和激光器件输出功率值；

f) 比较两次测量数据，计算结果。

5.3.12 相对强度噪声的测量

5.3.12.1 测量设备和仪表

本测量所用测试设备和仪表：

a) 光波信号分析仪

工作频率范围：100 MHz～20 GHz，工作波长：1 200 nm～1 650 nm；

b) 驱动电源

见 5.3.2.1b)。

5.3.12.2　**测量框图**

相对强度噪声测量框图如图 19 所示。

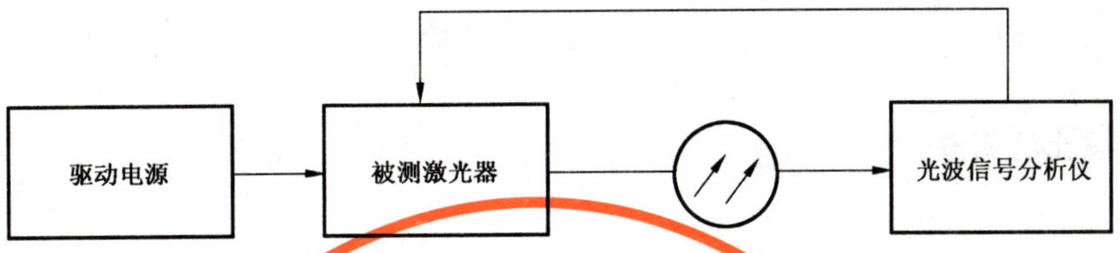

图 19　高速激光器相对强度噪声测试框图

5.3.12.3　**测量步骤**

a)　按图 19 配置,连接好线路;

b)　开启驱动电源,调节驱动电流到适当数值;

c)　记录光波信号分析仪数据。

附 录 A
（规范性附录）
载噪比的测量方法

A.1 激光器载噪比的测量

A.1.1 测量条件

所用测量设备和仪表为：

多路信号发生器；

光发射单元（光发射模块）；

标准光接收机；

频谱分析仪；

光功率计；

滤波器；

可变衰减器；

上述测量设备和仪表的技术指标，见第5章中相关规定。

环境条件为：

环境温度 15℃～35℃；

环境湿度 25%RH～75%RH；

环境气压 正常大气压。

A.1.2 测量框图

激光器组件载噪比的测量框图如图A.1所示。

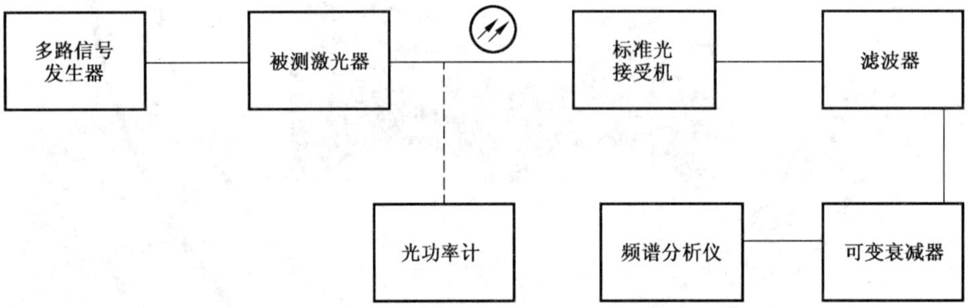

图 A.1 激光器载噪比的测量框图

A.1.3 测量步骤

a） 分别连接电源线，校准仪器，设置各仪器和仪表初始状态；然后按框图相互连线。

b） 把多路信号作为调制信号接入被测激光器，把激光器或组件的输出信号接入标准光接收机；调谐频谱分析仪找到被测载波，读出并记录载波峰值电平（记为 A）。

c） 关掉被测载波，然后用频谱分析仪 Mark 游标测量并记录频道内能量的最小点（记为 B）。

d） 计算未修正的载噪比 CNR1：CNR1＝$A-B$。

e） 由于频谱分析仪测试中使用的中频分辨率带宽比载波的等效噪声带宽小，所以 CNR1 比实际 CNR 要小 C，因此对 CNR1 要作出修正。如载波信号等效噪声带宽为 5.75 MHz，频谱分析仪中频分辨率带宽为 300 kHz，通过简单计算，CNR1 比 CNR 小 12.8 dB。

f） 频谱分析仪成形误差的修正。由于频谱分析仪通常都用对数放大器之类的成形电路处理信号，噪声峰值相对其余部分噪声有所减小，应作出修正。一般修正值 D 为 2.5 dB 左右。

g） 计算载噪比 CNR：CNR＝CNR1－C＝$A-B-C-D$。

附　录　B
（规范性附录）
组合二阶互调和组合三阶差拍的测量方法

B.1　组合二阶失调和组合三阶差拍的测量

B.1.1　测量条件

所用测量设备为：

多路信号发生器；

多个激光器组件；

标准光接收机；

光衰减器；

频谱分析仪；

光功率计；

上述测量设备和仪表的技术指标，见第5章中相关规定。

环境条件为：

环境温度　15℃～35℃；

环境湿度　25%RH～75%RH；

环境气压　正常大气压。

B.1.2　测量框图

激光器及其组件的组合二阶互调和组合三阶差拍参数测量框图如图B.1所示。

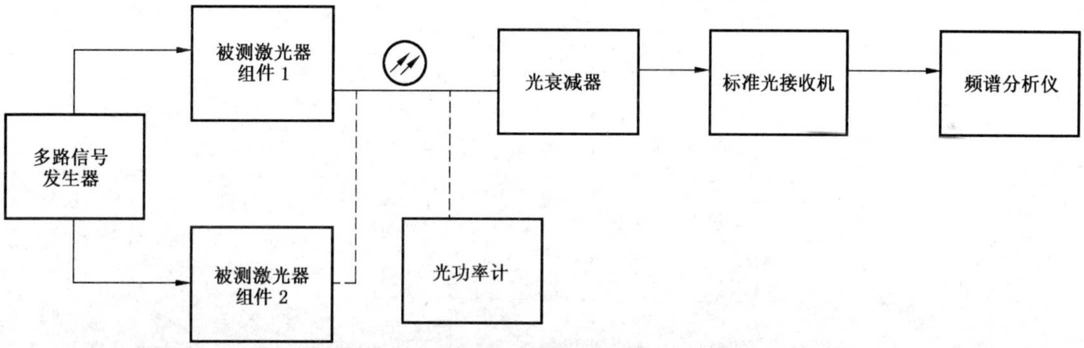

图 B.1　激光器组件的组合二阶互调和组合三阶差拍测量配置框图

B.1.3　测量步骤

激光器及其组件的组合二阶失调和组合三阶差拍测量方法和步骤如下：

a）按图中所示进行电气连接和光路连接。

b）给激光器及其组件适当施加偏置电流。注意，偏置电流不能超过其极限电流（一般小于200 mA）；用光功率计测量激光器组件的出纤光功率。

c）将多路信号发生器的射频信号作为调制信号，接入驱动电路中。

d）调节光衰减器，使其光输出在标准光接收机所需的范围内。

e）将标准光接收机的输出接入频谱分析仪中。

f）通过频谱分析仪测量相应频道的载噪比。

g）调节输入电平，使其载噪比大于规定值；然后根据频谱分析仪的读数，算出组合二阶互调和组合三阶差拍数值。

附　录　C
（资料性附录）
激光器组件可靠性试验分类和试验方法

C.1　可靠性试验分类

激光器组件可靠性试验项目分为机械完整性试验、耐久性试验、特殊试验和电磁兼容试验。

C.2　机械完整性试验、耐久性试验和特殊试验条件

激光器组件可靠性试验条件见表C.1所示。

表C.1　激光器组件可靠性试验条件

试验类别	试验项目	依据标准	试　验　条　件
机械完整性	机械冲击	MIL-STD-883E:2002	条件B:对具有热敏电阻或温度补偿电路的PIN(或APD)/前放组件为:500g,1.0 ms,5次/轴向;对不具有热敏电阻或温度补偿电路的组件为:1 500g,0.5 ms,5次/轴向
	变频振动	MIL-STD-883E:2007	条件A:20g,振动频率20 Hz～2 000 Hz之间变化,4 min/周期,在X、Y、Z三个方向各进行4次循环
耐久性	恒定湿热	Telcordia GR-468-CORE	85℃,85% RH,1 000 h;或50℃,85% RH,3500 h
	高温寿命	Telcordia GR-468-CORE	环境温度85℃,额定光功率或工作电压,时间≥2 000 h
	温度循环	Telcordia GR-468-CORE	−40℃～85℃,组件不加电,100次循环,要求温变率大于10℃/min,高低温保持时间各大于30 min
	低温存储	Telcordia GR-468-CORE	−20℃,≥2 000 h
特殊试验	ESD防护	Telcordia GR-468-CORE	500 V

C.3　机械完整性试验、耐久性试验和特殊试验方法

激光器组件的可靠性试验方法参照Telcordia GR-468-CORE等标准中相关项目进行。

C.4　机械完整性试验、耐久性试验和特殊试验的失效判据

机械完整性试验、耐久性试验和特殊试验的各项试验完成后，在相同测试条件下，出现以下任意一种情况，即判定试验不合格。

a)　组件外壳封装破裂或有裂纹、尾纤折断或脱落等；

b)　激光器组件不能正常工作；

c) 激光器组件光接口或电接口技术指标不能满足行标、企标或其他相关的规范性文件中规定的要求。

C.5 关于电磁兼容试验

激光器组件的电磁兼容试验，可参考：

GB/T 17626.2—1998 电磁兼容 试验和测量技术 静电放电抗扰度试验；

GB/T 17626.3—1998 电磁兼容 试验和测量技术 射频电磁场辐射抗扰度试验；

GB/T 17626.4—1998 电磁兼容 试验和测量技术 电快速瞬变脉冲群抗扰度试验；

GB/T 17626.6—1998 电磁兼容 试验和测量技术 射频场感应的传导骚扰抗扰度试验。

附 录 D
（资料性附录）
激光器组件产品检验方法（或规则）

激光器组件产品检验分为出厂常规检验、抽样检验与型式检验。

D.1 出厂常规检验

所有出厂的激光器组件产品都应该进行常规检验，检验项目如下。

D.1.1 光电指标测量

激光器组件在额定工作条件下工作，其测量指标应符合相应的行标、企标或其他规范性文件中规定的光接口及电接口技术指标要求。

D.1.2 高温老化检验

在最大额定工作环境温度下，激光器组件于正常工作状态，老化时间至少应为 24 h。老化后测试指标，其测量结果应该符合相应的规范性文件中规定的光接口及电接口技术要求。

D.2 抽样检验

批检验抽样方法按 GB/T 2829 进行。

D.2.1 外观检查

用眼睛检查产品的外观。当有争议时，通过协商一致，采用适当倍率的放大镜检查。

若产品表面有明显划痕、污损，或产品标识不清晰、不牢靠，则判产品不合格。

D.2.2 光电指标测量

激光器组件通信用在额定工作条件下，测量光接口或电接口所规定的技术指标，其测量结果应该符合相应规定。

D.3 型式检验

D.3.1 检验时机

有下列情况之一时，应进行型式检验。

a） 产品定型时；

b） 正式生产后，如结构、材料、工艺有较大改变，可能影响产品性能时；

c） 产品长期停产后，恢复生产时；

d） 出厂检验结果与鉴定时的型式检验有较大差别时；

e） 国家质量监督机构提出进行型式检验要求时。

经受了型式检验的样品，一律不能作为合格品交付使用。

D.3.2 检验方案

型式检验方案与可靠性试验要求方案相同。

D.3.3 检验结果合格性判定

型式检验的各项试验完成后，在相同测量条件下，出现以下任意一种情况，即判定该批不合格。

a） 激光器组件不能正常工作；

b） 激光器组件光接口或电接口技术指标不能满足行标、企标或其他相关的规范性文件中规定的要求。

对不影响抽样和试验结果的条件下，一组样品可用于其他分组的检验和试验。

ICS 81.040.01
N 64

中华人民共和国国家标准

GB 21549—2008

实验室玻璃仪器 玻璃烧器的安全要求

Laboratory glassware—Safe requirement of heat resisting glassware

2008-03-24 发布

2009-03-01 实施

中华人民共和国国家质量监督检验检疫总局
中国国家标准化管理委员会 发布

前　言

本标准的第4章为强制性条款，其余为推荐性条款。

实验室玻璃仪器烧器，通常是盛装化学试剂进行直接加热的玻璃容器，应具有优良的化学稳定性和耐热冲击性，以确保盛装物的成分稳定和安全。

本标准由中国轻工业联合会提出。

本标准由全国玻璃仪器标准化技术委员会归口。

本标准起草单位：国家轻工业玻璃产品质量监督检测中心、北京玻璃仪器厂。

本标准主要起草人：蒋中鳌、吴文玲、李美英、杜玉海、贺瑞玲。

实验室玻璃仪器　玻璃烧器的安全要求

1　范围

本标准规定了实验室玻璃仪器—玻璃烧器的安全技术要求及检验规则。

本标准适用于实验室玻璃仪器各种烧器产品。

2　规范性引用文件

下列文件中的条款通过本标准的引用而成为本标准的条款。凡是注日期的引用文件，其随后所有的修改单（不包括勘误的内容）或修订版均不适用于本标准，然而，鼓励根据本标准达成协议的各方研究是否可使用这些文件的最新版本。凡是不注日期的引用文件，其最新版本适用于本标准。

GB/T 2828.1—2003　计数抽样检验程序　第1部分：按接受质量限（AQL）检索的逐批检验抽样计划（ISO 2859-1：1999，IDT）

GB/T 4548　玻璃容器内表面耐水侵蚀性能测试方法及分级（GB/T 4548—1995，eqv ISO 4802-1：1988）

GB/T 4548.2　玻璃制品　玻璃容器内表面耐水侵蚀性能　用火焰光谱法测定和分级（GB/T 4548.2—2003，idt ISO 4802-2：1988）

GB/T 6579　实验室玻璃仪器　热冲击和热冲击强度试验方法（GB/T 6579—2007，ISO 718：1990，IDT）

GB/T 6580　玻璃耐沸腾混合碱水溶液浸蚀性的试验方法和分级（GB/T 6580—1997，eqv ISO 695：1991）

GB/T 6581　玻璃在100℃耐盐酸浸蚀性的火焰发射或原子吸收光谱测定方法（GB/T 6581—2007，ISO 1726：1985，MOD）

GB/T 6582　玻璃在98℃耐水性的颗粒试验方法和分级（eqv ISO 719：1985）

GB/T 15726　玻璃仪器内应力检验方法

GB/T 15728　玻璃耐沸腾盐酸液浸蚀性的重量试验方法和分级

GB/T 16920　玻璃　平均线热膨胀系数的测定（eqv ISO 7991：1987）

QB/T 2298　双线法测线热膨胀系数

3　分类

3.1　烧杯分为低型烧杯、高型烧杯、锥型烧杯。

3.2　烧瓶分为圆底烧瓶、平底烧瓶、锥型烧瓶。

3.3　加热皿分为蒸发皿和结晶皿。

4　技术要求

实验室玻璃仪器烧器的技术要求应符合表1的规定。

表 1 技术要求

<table>
<tr><th>项　　目</th><th colspan="2">技　术　指　标</th></tr>
<tr><td>线热膨胀系数 α(20℃～300℃)</td><td colspan="2">$(3.2\sim3.4)\times10^{-6}K^{-1}$</td></tr>
<tr><td>98℃颗粒耐水性</td><td colspan="2">1 级</td></tr>
<tr><td>内表面耐水性(GB/T 4548 和 GB/T 4548.2)</td><td colspan="2">HC 1</td></tr>
<tr><td>耐酸性能(重量法)</td><td colspan="2">H_1</td></tr>
<tr><td>耐酸性能(光谱测定法)</td><td colspan="2">≤100 μg/dm²</td></tr>
<tr><td>耐碱性能</td><td colspan="2">A_2</td></tr>
<tr><td>内应力—双折射光程差</td><td colspan="2">≤180 nm/cm</td></tr>
<tr><td rowspan="2">耐热冲击温度</td><td>≤400 mL</td><td>>400 mL</td></tr>
<tr><td>180℃</td><td>150℃</td></tr>
</table>

5 试验方法

试验方法按表 2 规定进行。

表 2 试验方法

检　验　项　目	试　验　方　法
线热膨胀系数	QB/T 2298(出厂检验)、GB/T 16920(型式检验)
98℃颗粒耐水性	GB/T 6582
内表面耐水性	GB/T 4548 和 GB/T 4548.2
耐酸性能	GB/T 15728、GB/T 6581
耐碱性能	GB/T 6580
内应力	GB/T 6579
耐热冲击温度	GB/T 15726

6 检验规则

6.1 检验分类

产品的检验分为出厂检验和型式检验，检验项目见表 3。

表 3 检验分类

<table>
<tr><th>检　验　项　目</th><th>技术要求、试验方法</th><th>出　厂　检　验</th><th>型　式　检　验</th></tr>
<tr><td>线热膨胀系数(仪器法)</td><td rowspan="8">见第 4 章和第 5 章</td><td rowspan="5">—</td><td rowspan="5">抽检</td></tr>
<tr><td>98℃颗粒耐水性</td></tr>
<tr><td>内表面耐水性</td></tr>
<tr><td>耐酸性能</td></tr>
<tr><td>耐碱性能</td></tr>
<tr><td>线热膨胀系数(双线法)</td><td rowspan="3">抽检</td><td>—</td></tr>
<tr><td>内应力</td><td rowspan="2">抽检</td></tr>
<tr><td>耐热冲击温度</td></tr>
</table>

6.2 出厂检验

6.2.1 抽样方案

采用 GB/T 2828.1—2003 的正常检验二次抽样方案，其检验水平、接收质量限(AQL)见表 4。

表 4 检验项目、检验水平及接收质量限

<table>
<tr><th>检 验 项 目</th><th>特殊检验水平</th><th>接收质量限</th></tr>
<tr><td>线热膨胀系数</td><td rowspan="5">S-3</td><td rowspan="5">0.65</td></tr>
<tr><td>98℃颗粒耐水性</td></tr>
<tr><td>内表面耐水性</td></tr>
<tr><td>耐酸性能</td></tr>
<tr><td>耐碱性能</td></tr>
<tr><td>内应力</td><td rowspan="2">S-3</td><td>1.0</td></tr>
<tr><td>耐热冲击温度</td><td>2.5</td></tr>
</table>

6.2.2 组批规则

厂内以班产量为一批；向用户交货时，以同一时间交付的同一品种、同一规格产品为一批。

6.2.3 检验实施和检验结果

由生产厂质量检验部门按表 3 的出厂检验项目进行抽样检验。经检验合格的批产品方可出厂，出厂时应附有合格证。经检验不合格的批，全数退回生产部门进行全数检验，剔除不合格品后允许再次提交出厂检验。

6.3 型式检验

6.3.1 抽样方案

采用 GB/T 2828.1—2003 正常检验一次抽样方案，其检验水平、接收质量限(AQL)见表 4。

6.3.2 检验实施和检验结果

由生产厂质量检验部门按表 3 的型式检验项目进行抽样检验。型式检验合格，其代表的产品经出厂检验合格的批，可整批交付使用方。型式检验不合格，应停产分析原因并采取有效措施，直至型式检验合格后方可恢复生产。型式检验不合格周期生产的产品不得出厂，已出厂的产品应追回。

6.3.3 有下列情况之一时，进行型式检验：

a) 新产品或老产品转厂生产的试制定型鉴定；

b) 正式生产后，如结构、材料、工艺有较大改变，可能影响产品性能时；

c) 正常生产时，应定期进行，每年至少进行一次；

d) 出厂检验结果与上次型式检验有较大差异时；

e) 国家质量监督机构提出进行型式检验的要求时。

6.4 判定规则

凡出厂检验或型式检验中的所有各项检验合格时，则判出厂检验或型式检验合格；凡出厂检验或型式检验中的有一项检验不合格时，即判出厂检验或型式检验不合格。

ICS 59.080.40;83.140
Y 47

中华人民共和国国家标准

GB 21550—2008

聚氯乙烯人造革有害物质限量

Restriction of hazardous materials in polyvinyl chloride artificial leather

2008-03-24 发布　　　　2009-03-01 实施

中华人民共和国国家质量监督检验检疫总局
中国国家标准化管理委员会　发布

前　言

本标准的第3章为强制性条款，其余为推荐性条款。

聚氯乙烯人造革主要应用于汽车内饰、建筑装潢、软家具、服装、医药器械、家电装饰等人类生活密切相关的领域，实施本标准有利限制有害物质含量，改善生活环境，保护人身健康。自本标准实施之日起6个月后，市场上停止销售不符合本标准的产品。

本标准由中国轻工业联合会提出。

本标准由全国塑料制品标准化技术委员会归口。

本标准负责起草单位：上海延昌塑胶有限公司。

本标准参加起草单位：国家塑料制品质量监督检验中心(北京)、佛山塑料集团股份有限公司双龙分公司。

本标准主要起草人：卞正银、陆晓理、李洁涛、杨保红、沈士华、张怀海。

聚氯乙烯人造革有害物质限量

1 范围

本标准规定了聚氯乙烯人造革中氯乙烯单体、可溶性铅、可溶性镉和其他挥发物的限量、试验方法、抽样和检验规则。

本标准适用于以聚氯乙烯树脂为主要原料并加入适当助剂，用涂敷、压延、复合工艺生产的发泡或不发泡的、有基材或无基材的聚氯乙烯人造革(以下简称人造革)。

2 规范性引用文件

下列文件中的条款通过本标准的引用而成为本标准的条款。凡是注日期的引用文件，其随后所有的修改单(不包括勘误的内容)或修订版均不适用于本标准，然而，鼓励根据本标准达成协议的各方研究是否可使用这些文件的最新版本。凡是不注日期的引用文件，其最新版本适用于本标准。

GB/T 2918—1998 塑料试样状态调节和试验的标准环境(idt ISO 291:1997)

GB/T 4615—1984 聚氯乙烯树脂中残留氯乙烯单体含量测定方法

3 要求

3.1 氯乙烯单体限量

人造革中聚氯乙烯层中氯乙烯单体含量应不大于 5 mg/kg。

3.2 可溶性重金属限量

人造革中可溶性铅含量应不大于 90 mg/kg，可溶性镉含量应不大于 75 mg/kg。

3.3 其他挥发物限量

人造革中其他挥发物的含量应不大于 20 g/m^2。

4 抽样规则

4.1 按有关产品标准规定执行，相关产品标准无抽样规定时按本标准 4.2～4.4 执行。

4.2 从每批产品中随机抽取 1 卷样品。

4.3 去掉样品卷最外 3 层后抽取，沿产品长度方向截取 1 m。

4.4 样品抽取后，用非聚氯乙烯塑料袋密封在阴凉处放置，不应进行任何特殊处理。

5 试验方法

5.1 时效

自生产之日起，仓储 7 d 后进行试验。

5.2 取样

试验所用试样均应在距样品边缘至少 50 mm 处裁取。

5.3 氯乙烯单体含量的测定

从试样的聚氯乙烯层切取 0.3 g～0.5 g，按 GB/T 4615—1984 规定测定氯乙烯单体含量。

5.4 可溶性重金属含量的测定

5.4.1 仪器

5.4.1.1 原子吸收分光光度计(火焰原子化系统)。

5.4.1.2 分析天平(感量 0.000 1 g)。

5.4.1.3 实验室常用仪器。

5.4.2 试剂和溶液

5.4.2.1 盐酸(分析纯)。

5.4.2.2 硝酸铅(分析纯)。

5.4.2.3 乙酸镉[$Cd(CH_3COO)_2 \cdot 2H_2O$](分析纯)。

5.4.2.4 盐酸溶液($c_{HCl}=1.0$ mol/L):取 83 mL 盐酸(5.4.2.1),用去离子水稀释至 1 L。

5.4.2.5 盐酸溶液($c_{HCl}=0.07$ mol/L)。

5.4.2.6 去离子水。

5.4.3 试样的制备

使人造革处于平展状态,沿宽度方向均匀裁取 10 mm×100 mm 的试样 2 块,分别称取质量后,将其分别裁为 10 mm×10 mm 的试样 10 块,分别加入 25 mL 盐酸溶液(5.4.2.4),浸泡 24 h 后,用去离子水定容至 50 mL。将浸泡液过滤、待测。同时制备空白溶液。

5.4.4 仪器条件

5.4.4.1 测定铅的参考波长为 283.3 nm。

5.4.4.2 测定镉的参考波长为 228.3 nm。

5.4.5 铅标准曲线绘制

5.4.5.1 0.1 mg/mL 铅标准储备溶液

称取 0.160 0 g 硝酸铅(5.4.2.2),用盐酸溶液(5.4.2.5)溶解后移入 1 L 容量瓶中并稀释至刻度,充分摇匀,此溶液 1 mL 含有 0.1 mg 铅。

5.4.5.2 铅标准溶液

分别移取标准储备溶液(5.4.5.1)0 mL、0.5 mL、1.0 mL、2.0 mL、5.0 mL 于 100 mL 容量瓶中,用盐酸溶液(5.4.2.5)稀释至刻度,配成含铅量为 0 mg/L、0.5 mg/L、1.0 mg/L、2.0 mg/L、5.0 mg/L 的标准溶液。

5.4.5.3 标准曲线绘制

将原子吸收分光光度计调至最佳状态,依次测定铅标准溶液(5.4.5.2)的吸光度值,以标准溶液铅含量为横坐标,以相应吸光度值减去空白试验溶液吸光度值为纵坐标,绘制铅标准曲线。

5.4.6 镉标准曲线的绘制

5.4.6.1 0.1 mg/mL 镉标准储备溶液

称取 0.237 1 g 乙酸镉(5.4.2.3),用盐酸溶液(5.4.2.5)溶解于 1 L 容量瓶中并稀释至刻度,充分摇匀,此溶液 1 mL 含有 0.1 mg 镉。

5.4.6.2 镉标准溶液

分别移取镉标准储备溶液(5.4.6.1)0 mL、0.5 mL、1.0 mL、2.0 mL、5 mL 于 100 mL 容量瓶中,用盐酸溶液(5.4.2.5)稀释至刻度。配成含镉量为 0 mg/L、0.5 mg/L、1.0 mg/L、2.0 mg/L、5.0 mg/L 的标准溶液。

5.4.6.3 标准曲线绘制

将原子吸收分光光度计调至最佳状态,依次测定镉标准溶液(5.4.6.2)的吸光度值,以标准溶液镉含量为横坐标,以相应吸光度值减去空白试验溶液吸光度值为纵坐标,绘制镉标准曲线。

5.4.7 测定

采用与标准曲线绘制相同的条件,测定试样浸泡液的吸光度,通过标准曲线求得试样浸泡液中可溶性铅、可溶性镉的含量。

5.4.8 计算

试样中重金属含量按式(1)进行计算:

$$X_1 = \frac{(c_1 - c_0) \times V}{m} \quad \cdots\cdots\cdots\cdots (1)$$

式中：

X_1——试样中重金属含量，单位为毫克每千克(mg/kg)；

c_1——从标准曲线上查得的试样浸泡液中重金属含量，单位为毫克每毫升(mg/mL)；

c_0——空白液中重金属含量，单位为毫克每毫升(mg/mL)；

V——试样浸泡液总体积，单位为毫升(mL)；

m——试样的质量，单位为千克(kg)。

5.4.9 结果表示

以2个试样的测定结果的算术平均值表示，保留2位有效数字。

5.5 其他挥发物含量的测定

5.5.1 仪器和设备

5.5.1.1 电热鼓风干燥箱。

5.5.1.2 分析天平(感量0.000 1 g)。

5.5.2 试样制备及测定方法

5.5.2.1 使人造革处于平展状态，沿宽度方向均匀裁取100 mm×100 mm的试样3块，试样按GB/T 2918—1998中23/50 2级环境条件进行24 h状态调节。

5.5.2.2 称量试样精确至0.000 1 g。

5.5.2.3 调节电热鼓风干燥箱到100℃±2℃，将试样水平置于金属网或多孔板上，试样间隔至少25 mm，鼓风以保持空气循环。试样不能受加热元件的直接辐射。

5.5.2.4 经6 h±10 min后取出试样，将试样在GB/T 2918—1998中23/50 2级环境条件放置24 h后称量(精确至0.000 1 g)。

5.5.3 计算

按式(2)计算挥发物的含量：

$$X_2 = \frac{m_1 - m_2}{S} \quad \cdots\cdots(2)$$

式中：

X_2——其他挥发物的含量，单位为克每平方米(g/m²)；

m_1——试样试验前的质量，单位为克(g)；

m_2——试样试验后的质量，单位为克(g)；

S——试样的面积，单位为平方米(m²)。

5.5.4 结果表示

以3个试样的测定结果的算术平均值表示，保留2位有效数字。

6 检验规则

6.1 本标准规定的有害物质限量的检测均为型式检验项目。

6.2 在正常生产情况下，每年至少进行一次型式检验。

6.3 有下列情况之一时，应进行型式检验：

——新产品试制定型时；

——生产工艺及其原料有较大改变时；

——产品停产6个月后，恢复生产时。

6.4 所有项目的检验结果均达到本标准规定要求时，判定该产品为合格；若有一项检验结果未达到本标准规定要求时，则判定该产品为不合格。

ICS 03.080.01
Y 60

中华人民共和国国家标准

GB 21551.1—2008

家用和类似用途电器的抗菌、除菌、净化功能通则

General requirement of antibacterial and cleaning function for household and similar electrical appliances

2008-03-24 发布 2009-03-01 实施

中华人民共和国国家质量监督检验检疫总局
中国国家标准化管理委员会 发布

前言

GB 21551 的本部分的全部技术内容为强制性条款。

GB 21551《家用和类似用途电器的抗菌、除菌、净化功能》分为以下两部分：

第一部分：通则；

第二部分：特殊要求。

本部分为第一部分。

本部分的附录 A 为规范性附录。

本部分由中国轻工业联合会提出。

本部分由全国家用电器标准化技术委员会(SAC/TC 46)归口。

本部分起草单位：中国家用电器研究院、中国疾病预防控制中心环境与健康相关产品安全所、海尔集团、广东美的企业集团、青岛澳柯玛股份有限公司、北京亚都科技股份有限公司、宁波方太厨具有限公司、中国抗菌材料及制品行业协会、河南新飞电器有限公司、珠海格力电器股份有限公司、松下电器(中国)有限公司。

本部分主要起草人：张铁鹰、金银龙、李一、姚孝元、谷东照、邓明义、程贵亮、陈卉、诸永定、季君晖、肖建军、张辉、王亚力。

家用和类似用途电器的抗菌、除菌、净化功能通则

1 范围

GB 21551 的本部分规定了家用和类似用途电器(以下简称家用电器)的抗菌、除菌、净化功能的范围、术语和定义、技术要求和标识等。

本部分适用于具有抗菌、除菌、净化功能的各种家用电器,其他电器可参照执行。

2 规范性引用文件

下列文件中的条款通过 GB 21551 的本部分的引用而成为本部分的条款。凡是注日期的引用文件,其随后所有的修改单(不包括勘误的内容)或修订版均不适用于本部分,然而,鼓励根据本部分达成协议的各方研究是否可使用这些文件的最新版本。凡是不注日期的引用文件,其最新版本适用于本部分。

GB 4706.1 家用和类似用途电器的安全 第 1 部分:通用要求[GB 4706.1—2005,IEC 60335-1:2004(Ed4.1),IDT]

GB 5296.2 消费品使用说明 家用和类似用途电器的使用说明

GB/T 13267—1991 水质 物质对淡水鱼(斑马鱼)急性毒性测定方法

GB 19489 实验室 生物安全通用要求

《生活饮用水检验规范》(卫生部 2001 版)

《化妆品卫生规范》(卫生部 2007 版)

3 术语和定义

下列术语和定义适用于 GB 21551 的本部分。

3.1

家用和类似用途电器 household and similar electrical appliances

在家庭、寓所和类似用途的场所,由非电气专业人员使用的电子和电器装置。

3.2

抗菌 antibacterial

采用化学、物理等方法杀灭细菌或妨碍细菌生长繁殖及其活性的过程。

3.3

除菌 eliminating bacterial

采用化学、物理等方法去除或减少作用对象上细菌、真菌的过程。

3.4

防霉 preventing mildew

采用化学、物理等方法杀灭霉菌或妨碍霉菌生长繁殖及其活性的过程。

3.5

防霉等级 preventing mildew

在防霉菌试验中用长霉等级表示防霉效果。

3.6

抗菌率 antibacterial rate

在抗菌试验中用百分率表示微生物数量减少的值。

3.7

除菌率 eliminating bacterial rate

在除菌试验中用百分率表示微生物数量减少的值。

3.8

净化率 antibacterial rate

器具在去除某一种空气污染物的洁净空气量与器具额定风量的比值，为器具去除该污染物的净化率。

3.9

抗菌材料 antibacterial materials

具有阻碍细菌的生长、繁殖或具有使细菌失去活性的材料。

3.10

防霉材料 antibacterial materials

具有阻碍霉菌的生长、繁殖或具有使霉菌失去活性的材料。

4 技术要求

4.1 电器安全性要求

4.1.1 具有抗菌、除菌、净化功能的家用电器除必须符合本部分的要求以外，还应符合安全标准的要求，以及其他适用的强制性标准要求，同时应符合国家有关法律、法规要求。

4.1.2 具有抗菌、除菌、净化功能的家用电器为该电器的附加功能，其附加功能不应对使用者的安全、健康、生命财产和所处的环境构成危险或危害。

4.1.3 国家标准或行业标准对其安全特性做出规定的具有抗菌、除菌、净化功能的家用电器，应符合相应标准的要求。国家标准或行业标准未对其安全特性做出规定的具有抗菌、除菌、净化功能的家用电器，至少应符合 GB 4706.1 的有关规定。

4.2 卫生安全性要求

4.2.1 具有抗菌、除菌、净化功能的家用电器及其部件在使用、贮存、运输、销售中不应成为污染源，不应在使用过程中对人体造成危害或对环境造成二次污染。

4.2.2 对于具有抗菌、除菌、净化功能的家用电器中直接接触人体、食品、药品等的部件，应考虑防止微生物的孳生，避免对人体有害或产生污染。

4.2.3 具有抗菌、除菌、净化功能的家用电器中用于过滤微生物的部件不应成为微生物的污染源。

4.2.4 与食品接触及使用中与人密切接触具有抗菌、除菌、净化功能的抗菌部件或材料应通过卫生安全性评估，必须符合附录 A 的要求。

4.3 抗菌除菌净化功能要求

具有抗菌、除菌、净化功能的家用电器，其抗菌率、除菌率、净化率应符合本系列标准的具体产品的特殊要求。

5 标识

5.1 标识原则

具有抗菌、除菌、净化功能的家用电器产品的标识、说明书必须符合国家的相关法律、法规、强制性标准的要求，必须反映产品的真实属性、简明易懂、符合中国人的习惯，应当准确、科学，不得带有误导消费者的明示与暗示，不得使用虚假、夸大的词语。

5.2 标识的基本要求

具有抗菌、除菌、净化功能的家用电器应符合 GB 5296.2 的要求进行标识。

5.3 标识内容

具有抗菌、除菌、净化功能的家用电器的使用说明书应包括以下内容：

a) 抗菌除菌净化功能的种类、达到的抗菌率、除菌率、净化率等技术指标；

b) 家用电器抗菌、除菌、净化功能在使用寿命期内功能正常衰减及性能变化；

c) 家用电器使用寿命内需要更换、清洗等零部件，应予以说明；

d) 抗菌的部件或部位及作用。

附 录 A
（规范性附录）
抗菌、除菌、防霉部件卫生安全性评价和试验方法

A.1 范围

本程序和方法适用于与食品接触及使用中与人密切接触具有抗菌、除菌、防霉部件材料的卫生安全性评价。

A.2 卫生安全要求

A.2.1 抗菌、除菌、防霉部件所用配料不得含有：高毒性物质、致癌物质、致畸物质、致突变物质。

A.2.2 抗菌、除菌、防霉部件应按 A.3.2 的规定进行浸泡试验，必须符合表 A.1 对有害物质释放限量的要求，以及表 A.2 对毒理学试验项目的卫生要求。

表 A.1 抗菌、除菌、防霉部件有害物质释放限量

序 号	项 目		标准值	试验方法
1	综合指标（水浸泡液）	蒸发残渣	30 mg/L	7.1[a]
2		高锰酸钾消耗量	10 mg/L	106.1～106.2[a]
3	重金属（酸浸泡液）	铅	1 mg/L	27.1～27.4[a]
4		镉	0.5 mg/L	25.1～25.4[a]
5		砷	0.04 mg/L	22.1～22.3[a]
6		汞	0.01 mg/L	24.1～24.3[a]
7	单体	氯乙烯	1 mg/kg	64.1[a]
8		丙烯腈	11 mg/kg	42.1[a]
9	抗菌成分		待实验确定	按有关标准进行

注：单体项目仅适用于高分子材料。

[a]《生活饮用水检验规范》条文。

表 A.2 抗菌、除菌、防霉部件毒理学试验项目的卫生要求

序 号	项 目	卫生要求
1	急性经口毒性试验	急性经口毒性(LD_{50})＞10 g/kg 体重
2	鼠伤寒沙门氏菌/回复突变试验（Ames 试验）	阴性
3	体外哺乳动物细胞染色体畸变试验	阴性
4	斑马鱼急性毒性试验	96 h 试验后无中毒症状

A.2.3 抗菌材料溶出性抑菌环直径小于或等于 5 mm。

A.3 试验方法

A.3.1 样品及试样准备

A.3.1.1 取样

抗菌、除菌、防霉部件生产者进行卫生学试验时必须提供实际使用的抗菌、除菌、防霉部件，且制成品不超过 15 d。

A.3.1.2 样品的大小

样品大小应能满足测试项目的需要。当抗菌、除菌、防霉部件体积过大时，可根据具体情况，适当取

其一部分用作浸泡试验试样。

A.3.1.3 试样预处理

受检试样到达实验室后，用纯水将试样充分清洗干净。

A.3.1.4 样品资料

抗菌、除菌、防霉部件生产者进行卫生学试验时还应提供产品应用条件、应用范围、理化性质等资料。

A.3.2 试样浸泡

A.3.2.1 综合指标、单体

按检验项目所需的测定液体积，取一定量试样于玻璃试验容器内，按浸泡液容积与试样的表面积比 2 mL/cm^2 加纯水，在密闭和 60℃避光的条件下浸泡 2 h。浸泡时，浸泡液应淹没试样。

A.3.2.2 重金属

按检验项目所需的测定液体积，取一定量试样于玻璃试验容器内，按浸泡液容积与试样的表面积比 2 mL/cm^2 加 4%乙酸，在密闭和 60℃避光的条件下浸泡 1 h。浸泡时，浸泡液应淹没试样。

A.3.2.3 毒理学试验项目

按检验项目所需的测定液体积，取一定量试样于玻璃试验容器内，按浸泡液容积与试样的表面积比 2 mL/cm^2 加 4%乙酸，在密闭和 37℃避光的条件下浸泡 24 h。浸泡时，浸泡液应淹没试样。

A.3.3 浸泡液收集和保存

浸泡完毕后，应将浸泡液转移至干净的样品瓶内，并立即用于化学或毒理学试验项目试验。

A.3.4 浸泡液分析

A.3.4.1 有害物质释放限量试验

试验方法按《生活饮用水检验规范》进行，具体见表 A.1。

A.3.4.2 毒理学试验

a) 急性经口毒性试验按《化妆品卫生规范》第二部分第二章进行；

b) 鼠伤寒沙门氏菌/回复突变试验按《化妆品卫生规范》第二部分第八章进行；

c) 体外哺乳动物细胞染色体畸变试验按《化妆品卫生规范》第二部分第九章进行；

d) 斑马鱼急性毒性试验按 GB/T 13267—1991 进行。

A.3.5 抗细菌性能安全性评价——抑菌环试验

A.3.5.1 试验样品要求

a) 试验样品：由抗菌部件或同质材料制成的直径为 5 mm，厚度不超过 4 mm 适合检测的待检样品。

b) 对照样品：直径为 5 mm 的无菌干燥滤纸，每片滴加无菌蒸馏水 20 μL，干燥。

A.3.5.2 试验原理

利用抗菌剂不断溶解经琼脂扩散形成不同浓度梯度，显示抗菌性能。以抑菌圈大小来判断是否符合本标准的安全性要求。

A.3.5.3 试验环境

试验采取无菌操作技术，实验室环境应符合 GB 19489 的要求。

A.3.5.4 菌种、材料、仪器和设备

a) 试验用菌：

金黄色葡萄球菌(*Staphylococcus aureus*) AS 1.89 等同 ATCC 6538 p

大肠埃希氏菌(*Escherichia coli*)AS 1.90

注：根据家用电器的使用要求，也可选用其他菌种或菌株作为试验用菌，但所有菌种或菌株必须由国家相应菌种保藏管理中心提供并在报告中标明试验用菌品种及分类号。

b) 材料:

乙醇　医用级

营养琼脂培养基(NA)　生化试剂

接种培养液

c) 仪器和设备:

生化培养箱　温控精度±1℃

冷藏箱 5℃～10℃

超净工作台(100 级)或生物安全柜

压力蒸汽灭菌器

电热干燥箱　室温～200℃

平皿

接种环

酒精灯

A.3.5.5　试样准备

a) 试验样品制取和制备:样品从家用电器及其零部件中裁制,亦可采用与制品相同的原材料和加工方法制成待检样品。

b) 营养琼脂培养基(NA)的制备:

牛肉膏	5.0 g
蛋白胨	10.0 g
氯化钠	5.0 g
琼脂	15.0 g

制法:取除琼脂外其他成分溶解于 1 000 mL 蒸馏水中,用 0.1 mol/L 氢氧化钠溶液调节使灭菌后 pH 值为 7.0～7.2,加入琼脂,溶解后,分装,于压力蒸汽灭菌器内 121℃ 灭菌 20 min。

c) 营养肉汤培养基(NB)的制备:

牛肉膏	5.0 g
蛋白胨	10.0 g
氯化钠	5.0 g

制法:取上述成分加入 1 000 mL 蒸馏水中,加热溶解后,用 0.1 mol/L 氢氧化钠溶液调节使灭菌后 pH 值为 7.0～7.2,分装,于压力蒸汽灭菌器内 121℃ 灭菌 20 min。

d) 接种培养液的制备:用营养肉汤培养基(NB)的生理盐水溶液制备,用于大肠埃希氏菌培养的 NB 浓度为 0.2%,用于金黄色葡萄球菌培养的 NB 浓度为 0.2%～1%。为便于细菌分散可加入少量表面活性剂吐温-80。用 0.1 mol/L 氢氧化钠溶液或 0.1 mol/L 盐酸溶液调节使灭菌后 pH 值为 7.0～7.2,分装,于压力蒸汽灭菌器内 121℃ 灭菌 20 min。

e) 菌种保藏:将菌种接种于营养琼脂培养基(NA)斜面上,在(37±1)℃下培养 24 h 后,在 5℃～10℃下保藏(不得超过 1 个月),作为斜面保藏菌。

f) 菌种活化:将斜面保藏菌转接到平板营养琼脂培养基(NB)上,在(37±1)℃培养(24±1)h,每天转接 1 次,不超过 2 周。试验时应采用 3 代～14 代、24 h 内转接的新鲜细菌培养物。

g) 菌悬液的制备:用接种环从 A.3.5.5.f)新鲜细菌培养物上刮取 1 环～2 环新鲜细菌,加入培养液中,并依次做 10 倍梯度稀释液,选择菌液浓度为 5.0×10^{5} CFU/mL～10.0×10^{5} CFU/mL 的稀释液作为试验用菌液,按 GB/T 4789.2 的方法操作。

A.3.5.6　试验步骤

a) 物品灭菌:试验前对覆盖膜、试验样品、对照样品均应用 70%乙醇溶液浸泡,1 min 后用无菌水冲洗，自然干燥。如不适于用消毒剂处理的样品，可直接用无菌水冲洗。对试验所用到的其他器具可采用高温湿热或干热方法灭菌。

b） 取 0.3 mL 上述菌液，在培养基上涂抹均匀，盖好平皿，置室温静置 5 min。

c） 抗菌样品放置：每次试验贴放 3 个染菌平板，每个平板贴放 2 片试验样品和 2 片对照样品。用无菌镊子取试样贴放在平板表面，各样品中心相距不小于 25 mm，与平板边缘相距不小于 15 mm。贴放好后，用无菌镊子轻压样品，使其紧贴于平板表面。盖好平皿，在(37±1)℃、相对湿度大于 90％的条件下培养 16 h～18 h。

用游标卡尺测量抑菌圈(包括样品)并记录。

测量抑菌圈时，应选择全透明的抑菌圈(法线方向最宽处)进行。测量直径应以抑菌圈外沿为界。

A.3.5.7 试验数据处理

a） 对照样品应无抑菌圈产生，否则试验无效。

b） 抑菌圈数值取 6 个样品的平均值，并保留 2 位有效数字。

ICS 71.100.40
Y 88

中华人民共和国国家标准

GB 21552—2008

烟花爆竹　黑火药爆竹(爆竹类产品)

Fireworks and firecrackers—
Black powder bange(product of firecracker)

2008-03-24 发布　　2009-03-01 实施

中华人民共和国国家质量监督检验检疫总局
中国国家标准化管理委员会　发布

前　　言

本标准的第5章为强制性条款，其余为推荐性条款。

本标准的附录A、附录B为规范性附录。

本标准由中国轻工业联合会提出。

本标准由全国烟花爆竹标准化技术委员会归口。

本标准起草单位：湖南出入境检验检疫局烟花爆竹检测中心。

本标准主要起草人：谭爱喜、张光辉、江资成、刘劲彪、江放明、欧杨、徐鹏、熊浩。

烟花爆竹　黑火药爆竹(爆竹类产品)

1　范围

本标准规定了黑火药爆竹(爆竹类产品)的术语和定义、分类、技术要求 、试验方法、检验规则及标志、包装、运输、贮存的要求。

本标准适用于黑火药爆竹(爆竹类产品)。

2　规范性引用文件

下列文件中的条款通过本标准的引用而成为本标准的条款。凡是注日期的引用文件,其随后所有的修改单(不包括勘误的内容)或修订版均不适用于本标准,然而,鼓励根据本标准达成协议的各方研究是否可使用这些文件的最新版本。凡是不注日期的引用文件,其最新版本适用于本标准。

GB 10631—2004　烟花爆竹　安全与质量

GB/T 10632—2004　烟花爆竹　抽样检测规则

3　术语和定义

GB 10631—2004 确立的以及下列术语和定义适用于本标准。

3.1

黑火药爆竹　black powder banger

在一个单一非金属主体内盛载爆响成分的黑火药,除摩擦头外,配备引线作点燃用途。外壳连同末端封口(如有)的设计为将爆响药局限,而外壳材料的硬度可促使在点燃后所产生的爆响声。

3.2

结编黑火药爆竹　batteries of black powder banger

由多个黑火药爆竹结编而成,但只可从一处点燃,其设计为可产生连串响爆声。

3.3

抛射碎片　projected debris

产品燃放时抛射出来的纸屑、烟火药、底塞等物质。

4　分类

4.1　黑火药爆竹

4.1.1　C级:黑火药爆竹所含净药量不大于 2.0 g。

4.1.2　B级:黑火药爆竹所含净约量不大于 8.0 g。

4.2　结编黑火药爆竹

4.2.1　C级:结编黑火药爆竹每一装药单元所含的净药量不可超出 2.0 g。

4.2.2　B级:结编黑火药爆竹每一装药单元所含的净药量不可超出 8.0 g。

5　技术要求

5.1　外观

5.1.1　产品的外壳不应有穿孔、破裂、凹陷或隆起。末端封口应无穿孔、破裂。

5.1.2　产品的外表整洁,表面无浮药、无霉变、无污染。

5.1.3　筒标纸粘贴吻合平整,文字图案清晰。

5.2 引火线

5.2.1 引火线表面整洁干燥，无破损，无漏药，无霉变。

5.2.2 不得使用氯酸盐引火线。

5.2.3 引火线牢固性，按 GB 10631—2004 中 5.4.2 执行。

5.2.4 引火线的保护，除有内包装或引线套保护的引火线外，其他引火线应通过旁燃测试。

5.2.5 引燃主体时间，按 GB 10631—2004 中 5.4.2 执行。

5.3 药种、药量和安全性能

按 GB 10631—2004 中 5.5 执行。

5.4 燃放性能

5.4.1 燃放效果

所有烟火效果应符合设计要求。

5.4.2 声级值

最大声级值应不大于 140 dB。

5.4.3 抛射碎片

5.4.3.1 C 级黑火药爆竹不应有碎片抛射到测试点 8.0 m 范围以外，而抛射到超过测试点 6.0 m 范围以外的任何碎片颗粒质量不应超过 1.0 g。

5.4.3.2 B 级黑火药爆竹不应有碎片抛射到测试点 15.0 m 范围以外。

5.4.4 爆响率

5.4.4.1 C 级黑火药爆竹和结编黑火药爆竹不小于 90%。

5.4.4.2 B 级黑火药爆竹和结编黑火药爆竹不小于 85%。

6 试验方法

6.1 外观

浮药检验：收集产品表面浮药，用精度为 0.001 g 的天平称量。

其他检验用目测方法进行检验。

6.2 引火线牢固性

按 GB 10631—2004 中 6.3.1 规定执行。

6.3 引火线旁燃

按附录 A 规定执行。

6.4 引火线引燃主体时间

用两块精度不低于 0.1 s 的计时秒表测量引燃时间，取其平均值，采用四舍五入法，精确到 0.1 s。两块表读数偏差不大于 0.5 s，则检验结果有效。

6.5 药种、药量和安全性能

按 GB 10631—2004 中 6.4 规定执行。

6.6 燃放性能

碎片用精度为 0.1 g 的天平称量。

其他燃放性能检测方法按 GB 10631—2004 中 6.5 规定执行。

7 检验规则

7.1 组批

以相同原材料、相同工艺条件、同一生产线和时间段生产的品种、规格相同的产品为一批。

7.2 出厂检验

7.2.1 出厂检验抽样方法：按 GB/T 10632—2004 规定执行。

7.2.2　出厂检验项目：外观、引火线、主体材料、飞行稳定装置、燃放性能。

7.2.3　每批产品应经生产厂家检验部门按本标准规定的方法检验合格，并出具合格证后方可出厂。

7.3　型式检验

有下列情况之一应进行型式检验：

a)　新产品投产前；

b)　停产半年以上再生产时；

c)　原材料、工艺发生重大变化时；

d)　监督检验部门提出要求时。

7.3.1　型式检验抽样方法：按 GB/T 10632—2004 中的 4.1.5 规定执行。

7.3.2　型式检验项目：包括本标准技术要求中的全部项目。

7.4　验收规则

按 GB/T 10632—2004 规定执行。

7.5　结果判定

按 GB/T 10632—2004 中的 4.4、4.5 和本标准附录 B 的规定执行。

8　标志、包装、运输、贮存

8.1　标志

按 GB 10631—2004 中的 5.1 规定执行。

8.2　包装

8.2.1　内包装

内包装应完全覆盖爆竹。包装上除开口及技术上的需要外，不应有穿孔或破裂。内包装应能防潮、抗震。装箱时应有防潮纸，产品之间应有间隔纸板，层间应有层隔纸板、防松动纸板或纸屑，应注意引线装置等勿使其受到挤压摩擦，封箱应牢固。

8.2.2　外包装

外包装应牢固完整，标志齐全。包装箱应符合 GB 10631 的要求，且每箱质量不超过 30 kg，包装箱上应有下列标记：

——产品名称；

——货号与批号；

——数量与规格；

——毛重；

——体积；

——厂名和厂址；

——出厂日期；

——标准编号；

——“防火、防潮、防爆、轻放”等字样或符号。

8.3　运输

运输按 GB 10631—2004 中的 8.1 规定执行，并应遵守国家有关危险货物的运输规定。

8.4　贮存

贮存按 GB 10631—2004 中的 8.2 规定执行，在正常贮存条件下，保质期三年。

附　录　A
（规范性附录）
引线旁燃测试方法

A.1　材料

A.1.1　香烟

无过滤嘴，长 70 mm±4 mm，直径 8.0 mm±0.5 mm，质量 1.0 g±0.1 g。

A.1.2　测试场地

测试场地需为水平面，排风柜内为不可燃平台，或可隔绝风动的密封空间。如有抽风装置，则需在测试时关掉。

A.2　仪器

A.2.1　铁支架

3 个，直径 2.0 mm±0.1 mm，长 50 mm。

A.2.2　测试样本

将解剖所取出的引线用作测试样本。

A.3　程序

点燃香烟（A.1.1），然后平放在铁支架（A.2.1）上，置于测试场地（A.1.2）的排风柜内。将测试样本（A.2.2）的引线放在距火头 15 mm 的香烟上，见图 A.1。让香烟燃烧至超过引线和香烟交叉位置约 10 mm。记录引线有没有被点燃。

单位为毫米

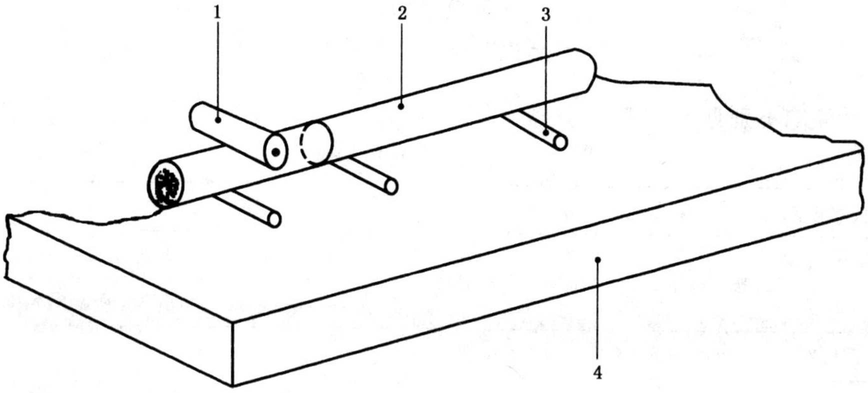

1——测试样本；
2——香烟；
3——铁支架；
4——耐燃面板。

a) 测试装置示意

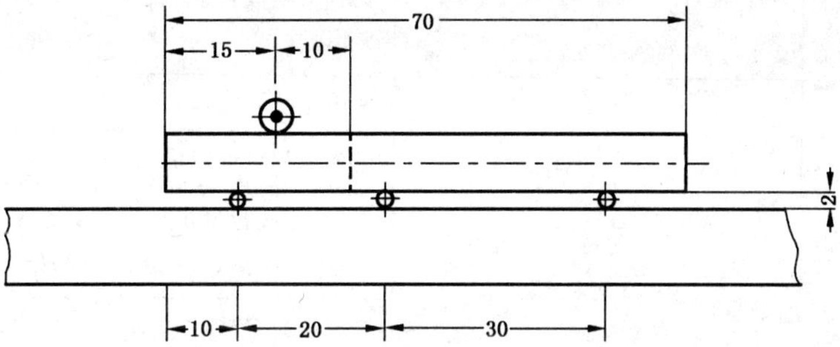

b) 测试装置尺寸

图 A.1 引火线旁燃测试装置图

附 录 B
(规范性附录)
黑火药爆竹缺陷类别

黑火药爆竹缺陷类别见表B.1。

表B.1 黑火药爆竹缺陷类别

检验项目	技术要求	试验方法	缺陷名称	缺陷类别
标志	8.1	按GB 10631—2004中6.1执行	产品(内包装)无标志,无燃放说明	a_2
			标志不齐,标志内容不清晰,遮盖损坏	b_1
包装	8.2	按GB 10631—2004中6.1执行	内外包装不符合要求	b_1
外观	5.1	6.1	重霉变,主体严重变形、开裂	a_1
			主体轻度变形,表面有浮药	b_1
			污染,轻度霉变,露头露脚,露白	c_2
引火线	5.2	6.2 6.3 6.4	t<规定的最小值,使用氯酸盐	a_1
			t>规定的最大值 不能通过旁燃测试、霉变、破损、空引、藕节	b_1
			安装不牢固,安装部位不正确,点火处无明显标志	c_1
药种、药量	5.3	6.5	使用违禁药物,超药量	a_1
燃放性能	5.4	6.6	声级值超过规定值	a_1
			断火,燃放效果不符合设计要求,产生碎片、超重、超距离,烧成率不合格(B级)	b_2
			烧成率不合格(C级)	c_2

ICS 71.100.40
Y 88

中华人民共和国国家标准

GB 21553—2008

烟花爆竹　火箭(升空类产品)

Fireworks and firecrackers—Rockets(product of aerial)

2008-03-24 发布　　　　2009-03-01 实施

中华人民共和国国家质量监督检验检疫总局
中国国家标准化管理委员会　发布

前　言

本标准的第5章为强制性条款，其余为推荐性条款。

本标准的附录A、附录B、附录C为规范性附录。

本标准由中国轻工业联合会提出。

本标准由全国烟花爆竹标准化技术委员会归口。

本标准起草单位：湖南出入境检验检疫局烟花爆竹检测中心。

本标准主要起草人：谭爱喜、张光辉、江资成、欧杨、刘劲彪、江放明、徐鹏、熊浩。

烟花爆竹　火箭(升空类产品)

1　范围

本标准规定了火箭(升空类产品)的术语和定义、产品分级、技术要求 、试验方法、检验规则及标志、包装、运输、贮存的要求。

本标准适用于火箭(升空类产品)。

2　规范性引用文件

下列文件中的条款通过本标准的引用而成为本标准的条款。凡是注日期的引用文件,其随后所有的修改单(不包括勘误的内容)或修订版均不适用于本标准,然而,鼓励根据本标准达成协议的各方研究是否可使用这些文件的最新版本。凡是不注日期的引用文件,其最新版本适用于本标准。

GB 10631—2004　烟花爆竹　安全与质量

GB/T 10632—2004　烟花爆竹　抽样检查规则

3　术语和定义

GB 10631—2004 确立的以及下列术语和定义适用于本标准。

3.1

火箭　rockets

自身带有推进药剂和稳定装置,点燃后产品竖直升空,在空中可以伴随视听效果。

3.2

稳定装置　stabilization equipment

为稳定产品在空中的运动方向而设置安装的稳定杆、尾翼、旋翼。

3.3

碎片　debris

产品在空中燃放后坠落下来的稳定装置、纸片、未着火亮珠等物质。

4　产品分级

按 GB 10631—2004 要求,火箭(升空类产品)分为 A、B、C 三级。

5　技术要求

5.1　外观

5.1.1　产品的外形无明显变形,无损坏。

5.1.2　产品主体外壳应没有穿孔、破裂、凹陷或隆起。

5.1.3　产品的外表整洁,表面无浮药、无霉变、无污染。

5.1.4　筒标纸粘贴吻合平整,文字图案清晰。

5.2　引火线

5.2.1　引火线表面整洁干燥,无破损,无漏药,无霉变。

5.2.2　不得使用氯酸盐引火线。

5.2.3　引火线牢固性,应符合 GB 10631—2004 中 5.4.2 的要求。

5.2.4　引火线的保护,除有内包装或引线套保护的引火线外,其他引火线应通过旁燃测试。

5.2.5 引燃主体时间

5.2.5.1 C级：3.0s ～13.0 s。

5.2.5.2 B级：5.0s ～15.0 s。

5.2.5.3 采用电子点火的升空类烟花不受5.2.5.1和5.2.5.2的限定。

5.3 外壳材料

烟花主体外壳(除盛有上升硝的发射筒)应由纸张、硬纸板或塑料制成。盛有上升硝的发射筒可由硬纸板、塑料或铝管制成。

5.4 飞行稳定装置

5.4.1 稳定装置

产品应：

——装上合适的稳定杆；

——装上其他可稳定飞行的部件，如侧翼、尾翼、支撑环。

飞行稳定装置应由非金属物质(用于固定稳定杆的钉子除外)制成。

5.4.2 稳定杆平直度和挺直度

稳定杆平直度(最大拱起高度)应不大于2.5 cm。

稳定杆挺直度(水平下垂比率)不得大于0.25。

5.4.3 稳定装置的牢固性

稳定装置于升空类烟花开爆前不应脱落。

5.5 发射装置

每一产品销售包装内应配置一个发射用装置。

5.6 药种、药量和安全性能

应符合GB 10631—2004中第5章的要求。

5.7 燃放性能

5.7.1 燃放效果

所有烟火效果应符合设计要求，不得出现急炸、低炸、火险等致命缺陷。

5.7.2 发射高度

5.7.2.1 C级升空类烟花发射高度不得低于10 m。

5.7.2.2 B级升空类烟花发射高度不得低于30 m。

5.7.2.3 A级升空类烟花发射高度不得低于50 m。

5.7.3 碎片

产品燃放后落下物中不得有坚硬的碎片。

C级升空类烟花离燃放点8 m外任一掉落物的质量不应超过100.0 g。

B级升空类烟花离燃放点15 m外任何一掉落物的质量不应超过150.0 g。

5.7.4 发射偏斜角

5.7.4.1 C级升空类烟花于距离地面10 m以下的发射偏斜角不应大于22.5°。

5.7.4.2 B级升空类烟花于距离地面30 m以下的发射偏斜角不应大于22.5°。

5.7.4.3 A级升空类烟花于距离地面50 m以下的发射偏斜角不应大于22.5°。

6 试验方法

6.1 外观

浮药检验：收集产品表面浮药，用精度为0.001 g的天平称量。

其他检验用目测方法进行检验。

6.2 引火线

6.2.1 牢固性检验

按 GB 10631—2004 中 6.3 进行检测。

6.2.2 旁燃测试

见附录 A。

6.2.3 引火线引燃时间的检验

用两块精度不低于 0.1 s 的计时秒表，测量引线时间。两块表读数偏差不大于 0.5 s，则检验结果有效。取其平均值，采用四舍五入法，精确到 0.1 s。

6.3 外壳材料

目测检验。

6.4 飞行稳定装置

稳定杆平直度和挺直度检验见附录 B。

6.5 发射装置

目测检验。

6.6 药种、药量和安全性能

按 GB 10631—2004 中 6.4 进行检测。

6.7 燃放性能

碎片用精度为 0.1 g 的天平称量。

其他检测方法按 GB 10631—2004 中 6.5 进行检测。

7 检验规则

7.1 组批

以相同原材料、相同工艺、同一生产线和时间段生产的品种、规格相同的产品为一批。

7.2 出厂检验

7.2.1 出厂检验抽样方法：按 GB/T 10632—2004 规定执行。

7.2.2 出厂检验项目：外观、引火线、主体材料、飞行稳定装置、燃放性能。

7.2.3 每批产品应经生产厂家检验部门按本标准规定的方法检验合格，并出具合格证后方可出厂。

7.3 型式检验

有下列情况之一应进行型式检验：

a) 新产品投产前；

b) 停产半年以上再生产时；

c) 原材料、工艺发生重大变化时；

d) 监督检验部门提出要求时。

7.3.1 型式检验抽样方法：按 GB/T 10632—2004 中的 4.1.5 的规定执行。

7.3.2 型式检验项目：包括本标准技术要求中的全部项目。

7.4 验收规则

按 GB/T 10632 规定执行。

7.5 结果判定

按 GB/T 10632—2004 中的 4.4、4.5 和本标准的附录 C 规定执行。

8 标志、包装、运输、贮存

8.1 标志

见 GB 10631 的要求。

8.2 包装

8.2.1 内包装

内包装应完全覆盖升空类烟花。包装上除开口及技术上的需要外，不得有穿孔或破裂现象。内包装需防潮、抗震。装箱时应有防潮纸，产品之间要有间隔纸板，层间应有层隔纸板、防松动纸板或纸屑，必须注意引线装置等勿使其受到挤压摩擦，封箱必须牢固。

8.2.2 外包装

外包装必须牢固完整，标志齐全。包装箱应符合 GB 10631 中的要求，且每箱质量不超过 30 kg，包装箱上应有下列标记：

——产品名称；

——货号与批号；

——数量与规格；

——毛重；

——体积；

——厂名和厂址；

——出厂日期；

——标准代号；

——“防火、防潮、防爆、轻放”等字样或符号。

8.3 运输

运输按 GB 10631 中有关条款规定执行，并应遵守国家有关危险货物的运输规定。

8.4 贮存

贮存按 GB 10631 中有关条款规定执行，在正常贮存条件下，保质期三年。

附 录 A
（规范性附录）
引火线旁燃测试方法

A.1 材料

A.1.1 香烟

无过滤嘴，长 70 mm±4 mm，直径 8.0 mm±0.5 mm，质量 1.0 g±0.1 g。

A.1.2 测试场地

测试场地需为水平面，排风柜内为不可燃平台，或可隔绝风动的密封空间。如有抽风装置，则需在测试时关掉。

A.2 仪器

A.2.1 铁支架

3 个，直径 2.0 mm±0.1 mm，长 50 mm。

A.2.2 测试样本

将解剖所取出的引线用作测试样本。

A.3 程序

点燃香烟(A.1.1)然后平放在铁支架(A.2.1)上，置于测试场地(A.1.2)的排风柜内。将测试引线(A.2.2)放在距火头 15 mm 的香烟上，见图 A.1。让香烟燃烧至超过引线和香烟交叉位置约 10 mm，记录引线是否被点燃，见图 A.1。

单位为毫米

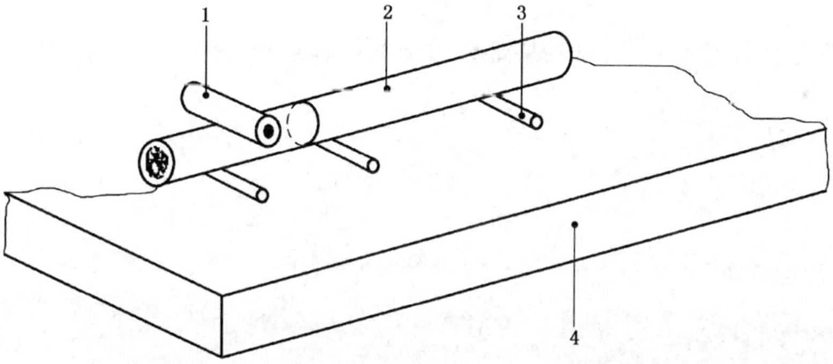

1——测试样本；
2——香烟；
3——铁支架；
4——耐燃面板。

a) 测试装置示意

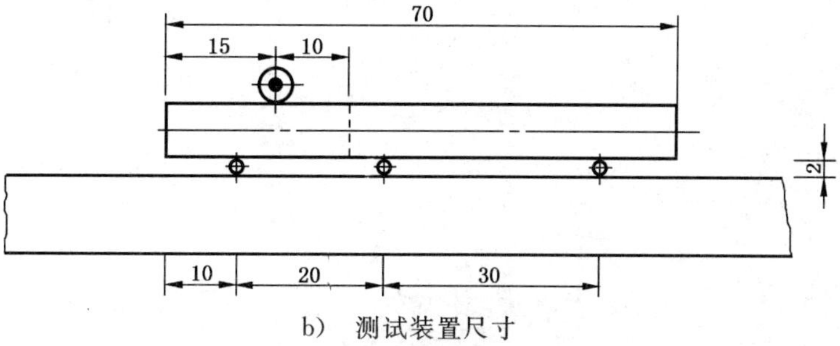

b) 测试装置尺寸

图 A.1 引火线旁燃测试装置图

附 录 B
（规范性附录）
稳定杆平直度、挺直度测定方法

B.1 检验用具

用木板或胶合板自制稳定杆测定板，在板上画上本标准所规定的分格 x（如 2.5 mm 等），如图 B.1。

单位为毫米

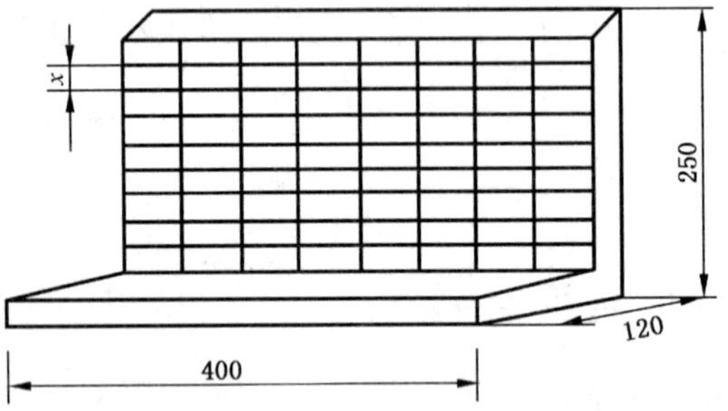

图 B.1 杆扦测定板

B.2 稳定杆平直度测定

将飞行稳定杆放在测定板上，使之转动一周，测量其中拱起的最大高度，是否超过规定要求。

B.3 稳定杆挺直度的测定

将稳定杆尾部夹于测定板上，测量效果部分顶端的下垂距离，除以火箭烟花的全长，所得比率，是否小于规定要求。

附　录　C
（规范性附录）
火箭缺陷类别

火箭缺陷类别见表 C.1。

表 C.1　火箭缺陷类别

检验项目	技术要求	试验方法	缺　陷　名　称	缺陷类别
标志	8.1	按 GB 10631—2004 执行	产品（内包装）无标志，无燃放说明	a_2
			标志不齐，标志内容不清晰，遮盖损坏	b_1
包装	8.2	按 GB 10631—2004 中 6.1 执行	内外包装不符合要求	b_1
外观	5.1	6.1	重霉变，主体严重变形、开裂	a_1
			主体轻度变形，表面有浮药	b_1
			污染，轻度霉变，露头露脚，露白	c_2
引火线	5.2	6.2	$t<$规定的最小值，使用氯酸盐	a_1
			$t>$规定的最大值 不能通过旁燃测试、霉变、破损、空引、藕节	b_1
			安装不牢固，安装部位不正确，点火处无明显标志	c_1
外壳材料	5.3	6.3	筒体使用金属材料	a_1
飞行稳定装置	5.4	6.4	无飞行稳定装置	a_2
			杆扦的平直度与硬度不符合规定，稳定装置脱落	b_1
发射装置	5.5	6.5	销售包装内未配备发射装置	b_1
药种、药量	5.6	6.6	使用违禁药物，超药量	a_1
燃放性能	5.7	6.7	急炸，低炸，火险	a_1
			发射高度、发射偏斜角不合格	b_1
			断火，燃放效果不符合设计要求，产生碎片、超重、超距离，烧成率不符合规定	b_2

ICS 29.140.30
K 71

中华人民共和国国家标准

GB 21554—2008

普通照明用自镇流无极荧光灯 安全要求

Self-ballasted electrodeless fluorescent lamps for general lighting services—Safety requirements

2008-03-24 发布　　2009-03-01 实施

中华人民共和国国家质量监督检验检疫总局
中国国家标准化管理委员会　发布

前　　言

本标准的全部技术内容为强制性。

请注意本标准的某些内容有可能涉及专利。本标准的发布机构不应承担识别这些专利的责任。

本标准由中国轻工业联合会提出。

本标准由全国照明电器标准化技术委员会(SAC/TC 224)归口。

本标准主要起草单位：上海宏源照明电器有限公司、欧司朗(中国)照明有限公司、元光德控股有限公司、浙江晨辉照明有限公司、北京电光源研究所。

本标准主要起草人：李维德、王爱群、刘剑平、徐建光、赵国松、陆光明、杨征、赵秀荣、江姗。

本标准首次发布。

普通照明用自镇流无极荧光灯 安全要求

1 范围

本标准规定了在额定电压 220 V、频率 50 Hz 电源电压下使用螺口和卡口灯头的一般照明用的将控制启动和稳定燃点部件集成为一体的无极荧光灯的安全要求。

本标准规定了此类灯的安全和互换性要求，以及试验方法和检验合格的判定条件。

2 规范性引用文件

下列文件中的条款通过本标准的引用而成为本标准的条款。凡是注日期的引用文件，其随后所有的修改单(不包括勘误的内容)或修订版均不适用于本标准，然而，鼓励根据本标准达成协议的各方研究是否可使用这些文件的最新版本。凡是不注日期的引用文件，其最新版本适用于本标准。

GB/T 1406.1 灯头的型式和尺寸 第 1 部分：螺口式灯头(GB/T 1406.1—2008，IEC 60061-1：2005，MOD)

GB 1407 卡口式灯头的型式和尺寸(GB 1407—1996，eqv IEC 60061-1Q：1994)

GB/T 1483.1—2008 灯头、灯座检验量规 第 1 部分：螺口式灯头、灯座的量规(IEC 60061-3：2004，MOD)

GB/T 1483.5—2003 灯头、灯座的量规 第 5 部分：卡口式灯头、灯座的量规(IEC 60061-3：2002，Lamp caps and holders together with gauges for the control of interchangeability and safety—Part 3：Gauges，MOD)

GB/T 5169.10—1997 电工电子产品着火危险试验 试验方法 灼热丝试验方法 总则(idt IEC 60695-2-1/0：1994)

GB 17935 螺口灯座(GB 17935—1999，idt IEC 60238：1996)

QB/T 2512 灯头温升的测量方法(QB/T 2512—2001，idt IEC 60360：1998)

3 术语和定义

下列术语和定义适用于本标准。

3.1

无极荧光灯 electrodeless fluorescent lamp

一种不带电极，以电磁耦合的方式给低压汞蒸气提供放电能量的荧光灯。

3.2

自镇流无极荧光灯 self-ballasted electrodeless fluorescent lamp

含有灯头、镇流器、灯管和耦合线圈并使之为一体的无极荧光灯，这种灯在不损坏其结构时是不可拆卸的。

3.3

类别 group

具有相同的额定电气特性，相同几何形状的灯。

3.4

型号 type

具有相同光特性和颜色特性的同一类别的灯。

3.5

额定电压 rated voltage

灯上标明的电压或电压范围。

3.6

标称功率 nominal wattage

灯上标明的功率。

3.7

灯头温升 cap temperature rise

Δt_s

和灯安装在一起的标准试验灯座表面的温升，测量时应按照 QB/T 2512 规定的标准测试方法进行。

3.8

带电部件 live part

在正常使用时可能引起触电的导电部件。

3.9

型式试验 type test

根据有关条款，对一个种类，一个类别的样品所进行的检验其设计合格性的试验。

3.10

额定频率 nominal frequency

灯上标明的工作频率。

3.11

型式试验样品 type test sample

为进行型式试验而提供的符合测试需要的一套或数套相同部件组成的样品。

4 试验要求

4.1 自镇流无极荧光灯的设计和结构应当保证灯在正常使用中其功能安全可靠，对用户和周围环境不会产生危害。

通常情况来讲，检验合格性时要对所有规定项目都进行试验。

4.2 除另有规定外，全部的测试项目均应在温度为 25℃±2℃ 的无对流风的试验室中，用额定电压和额定频率进行检验。

如灯上标明的是电压范围，则取该电压范围的平均值作为额定电压。

4.3 自镇流无极荧光灯的各个部件均是工厂封装且不能修理的，不应将其打开进行试验。如果需要检验灯和测试其电路，则应与制造商或销售商协商，让其提供专为进行模拟异常条件试验的灯。

5 标志

5.1 灯上应有清晰、牢固的下列指示标志：

a) 来源标志(可采取商标、制造厂家或销售商名称的形式)；

b) 额定电压和电压范围(以“V”或“伏特”表示)；

c) 额定功率(以“W”或“瓦特”表示)；

d) 额定频率(以“Hz”表示)。

5.2 制造厂应在灯上、或在包装上、或在使用说明书上补充下列标志：

a) 灯的电流；

b） 如果灯的燃点位置有限制的话，在标志上注明；

c） 如果替换灯的重量大大超过被替换灯重量，则应该注明增加的重量可能会降低某些灯具的机械稳定性；

d） 灯在使用时必须遵循的特定条件和制约，如在调光电路中使用时。如果灯不适用于调光线路，则应使用下述标记：

5.3 按照下列条款检验其合格性：

a） 用外观法检验有无 5.1 要求的标志及标志的清晰度；

b） 按照下述方法检验标志的耐久性：用一蘸有水的布轻轻擦拭标志 15 s，待其干后，再用一块蘸有已烷的布擦拭 15 s，试验之后，标志仍应清晰；

c） 采用外观法检验有无 5.2 所要求的标志。

6 互换性

6.1 保证互换性，灯应采用符合 GB/T 1406.1、GB 1407 规定的灯头。

6.2 用表 1 规定的检验其互换性的量规来检验成品灯的灯头尺寸。

表 1 中的量规均引自 GB/T 1483.1—2008 和 GB/T 1483.5—2003。

表 1 检验互换性的量规和灯头尺寸

灯头	用量规检验的灯头尺寸	量规活页号
B22d	A 最大值和 A 最小值 D_1 最大值 N 最小值	7006-10 和 7006-11
	插脚的径向位置	
	插脚插入灯座中的长度	7006-4A
	插脚在灯座中的固定位置	7006-4B
E27	螺纹最大尺寸	7006-27B
	灯头螺纹外径最小尺寸	7006-28A
	接触性	7006-50

6.3 装有 B22d 灯头或 E27 灯头的自镇流无极荧光灯其质量应不超过 1 kg，且灯与灯座之间的弯矩应不大于 2 Nm。

通过测量检验其合格性。

7 预防触电

自镇流无极荧光灯的结构设计应保证，在不装有任何灯具形状的辅助外壳情况下，当灯旋入符合GB 17935 规定的灯座后，触摸不到灯头内的金属件或灯头上的带电金属部件。

采用图 1 规定的试验指检验其合格性，如果有必要，施加 10 N 的力。

采用螺口灯头的灯，其结构设计应符合普通照明(GLS)用灯泡防止意外接触的要求。

可借助 GB/T 1483.1—2008 中 7006-51A 规定的用于检验 E27 灯头的量规来检验其合格性。

对采用 B22 灯头的自镇流无极荧光灯的检验要求与采用同样灯头的白炽灯的检验要求相同。

除了灯头上的载流金属部件以外，灯头外部的金属部件都不应带电或容易带电。为了试验，任何可拆卸的导电材料均应在不使用工具的情况下，置于最不利的地方。

采用绝缘电阻和介电强度试验(见第 8 章)来检验其是否合格。

8 潮湿处理后的绝缘电阻和介电强度

灯的载流金属部件与灯的可能触及部件之间，要有充分的绝缘电阻和介电强度。

8.1 绝缘电阻

灯应先在相对湿度为 91%～95%的潮湿箱内放置 48 h，箱内空气温度要控制在 20℃～30℃之间的任一值上，温差在 1℃之内。

绝缘电阻应在潮湿箱内进行测量，先在灯上施加大约 500 V 的直流电压，1 min 之后开始进行绝缘电阻测试。灯头上载流金属件与可触及到的灯部件(测试时在灯的可能触及到的绝缘件上包一层金属箔)之间的绝缘电阻不得小于 4 MΩ。

注：卡口灯头外壳与触点之间的绝缘电阻正在研究中。

8.2 介电强度

介电强度试验紧接着在绝缘电阻测试后进行。试验时，在上述规定的部位上施加下述交流电压试验 1 min。

ES 灯头：螺口灯头的壳体与灯的其他可触及的部件之间(在可触及到的绝缘部件上包一层金属箔)：

HV 型(220 V～250 V)：4 000 V(有效值)

BV 型(100 V～120 V)：$2U+1\ 000$ V

U=额定电压

试验期间，应将灯头外壳和中心电极之间短路。

开始时，所加电压不超过规定电压值的一半，然后逐渐将电压升至上述规定值。

试验应在潮湿箱内进行，试验中不允许出现飞弧和击穿现象。

金属箔与载流部件之间的距离正在研究中。

B22 灯头：外壳与电触点之间(正在研究之中)。

9 机械强度

抗扭力矩

进行下述扭力矩试验时，灯头应牢固地粘结在灯体上或灯上用来旋进或旋出的部位：

B22d …………………………………………………………………… 3 Nm

E27 ……………………………………………………………………… 3 Nm

试验采用图 2 和图 3 所示的试验灯座。

扭力不应突然施加，而应逐渐从零增加到规定值。

对于不采用粘结方式固定的灯头，可允许在灯头与灯体之间有相对移动，但应不超过 10°。机械强度试验之后，样灯应符合预防触电的要求(见第 7 章)。

10 灯头温升

按照 QB/T 2512 测量成品灯的灯头温升 Δt_s 时，其温升在灯的启动期间、稳定期和稳定以后的时间内均应不超过下列规定值：

B22d …………………………………………………………………………………… 125 K

E27 ……………………………………………………………………………………… 120 K

上述温升值和 60 W(最大功率)的白炽灯的温升值相同，用作防止白炽灯具过热。白炽灯灯具的耐热性能用热试验源(HTS)灯泡检验。

所有试验应采用额定电压进行。如果灯上只标有电压范围，则应采用该电压范围的平均值进行试验，但电压范围的上下极限值与其平均电压值的差别应不大于 2.5 %。对于宽电压范围的灯，试验时则采用其范围中的最高值。

11 耐热性

自镇流无极荧光灯应具有充分的耐热性。灯的外部防触电绝缘部件和固定带电部件的绝缘部件均应具有充分的耐热性。

采用图 4 所示的球压试验装置检验其是否合格。

试验应在加热箱中进行，箱内温度应比第 9 章有关部件正常工作温度高 25℃±5℃。对于固定带电部件的绝缘部件来说至少应为 125℃，其他部件应为 80℃。受试部件的表面应水平叠加在一起，将直径 5 mm 钢球以 20 N 的力压在受试部件表面上。

试验之前，先将试验负载和支撑装置放置在加热箱内加热足够时间，以保证使其达到稳定的试验温度。

施加试验负载之前，受试部件要放进加热箱内加热 10 min。

试验时，如果受试表面出现弯曲，则应将钢球所压的部位支撑起来。为此，如果不能在一个完整的样品上进行试验，则可从其上面取下适当的部分来进行试验。

样品厚度至少要有 2.5 mm，如果该样品达不到这样的厚度，可将两个以上的样品放置在一起。

1 h 之后，从受试部件上取走钢球，将受试部件放入冷水中浸泡 10 min，待其冷却到接近室温后，测量部件上的压痕，其直径应不超过 2 mm。

如果出现弯曲表面使压痕呈椭圆形，则应测量其短轴长度为压痕直径。

如果有疑问，则测量压痕深度，并用公式 $\phi=2\sqrt{P(5-P)}$ 计算直径，公式中 P 为压痕深度。

陶瓷材质部件不进行此项试验。

12 防火与防燃

固定带电部件的绝缘部件及外部防触电的绝缘部件，应能承受 GB/T 5169.10 规定的灼热丝试验：

试样为成品灯。为了进行试验可从灯上去掉无关部分，但必须保证试验条件与实用中的条件基本一致。

将试样安装在支架上，施加 1 N 力将其压在灼热丝顶部，灯丝距试件上部距离最好为 15 mm 或大于 15 mm，同时要处于受试表面的中心。灼热丝穿透试件的深度要用机械法限制到 7 mm。

如果因为试样太小，而不能按上述要求进行试验时，则可取一块相同的材料作为试验样品，该样品应为 30 mm 的正方形，其厚度为成品试样最小厚度。

灼热丝顶部的温度为 650℃。30 s 后将试样从灼热丝上移开。

在开始试验之前，灼热丝的温度和加热电流应恒定 1 min。但要保证在此期间热辐射不得影响试样。采用铠装高灵敏热电偶丝测量灼热丝顶部温度，热电偶的结构与校准应符合 GB/T 5169.10 的要求。

试样从灼热丝上移开后，试样上的任何燃烧火焰均应在 30 s 内熄灭，并且任何燃烧着的下落物质不应点燃水平放置在试样下面的，距离为 200 mm±25 mm 的薄纸。

陶瓷材质部件不进行此项试验。

13 异常状态

自镇流无极荧光灯在特定使用中可能会出现异常状态，但在异常状态下工作不应降低其安全性能。

依次进行下述异常状态试验，以及由此而伴生的其他异常状态。每个异常状态试验使用一个试样。

a) 耦合线圈短路；

b) 电容器或半导体元器件极间短路；

c) 灯管不启动；

d) 灯管负载开路；

e) 断开或跨接线路中的其他触点，而线路图表明这种异常状态可能降低灯的安全性能。

灯的检验及其线路图一般应给出所要进行的异常状态。进行异常状态试验时，应按最便利的顺序依次进行。

制造厂或销售商应提交有关进行异常状态试验的专用灯，并且尽可能提供通过操作灯外部的开关，即可进行异常状态试验的方法。

不能短路的零部件或装置不应跨接，不能开路的零部件或装置同样也不应断开。

制造厂或销售商应提供证明，灯的零部件具有不降低其安全性的性能，如说明其符合有关标准。

关于异常状态 a)、b)或 e)，合格性通过下述方法检验：将受试灯在室温下点燃，施加的电压为额定电压的 90%和 110%，如果是电压范围，则采用该电压范围平均值的 90%和 110%，一直达到稳定状态，然后进行异常状态试验。

关于异常状态 c)、d)，操作方法与上述相同，但是试验一开始就进入异常状态。

然后对灯进行历时 8 h 的试验，在此试验期间，灯不得起火或产生易燃气体，而且带电部件不得变成可触及的。

采用高频火花发生器检验从零部件释放出的气体是否是易燃的。

根据第 7 章要求的试验来检验可触及的部件是否会变成带电体。采用近似 1 000 V 的直流电压来检验绝缘电阻。

长度尺寸单位为毫米

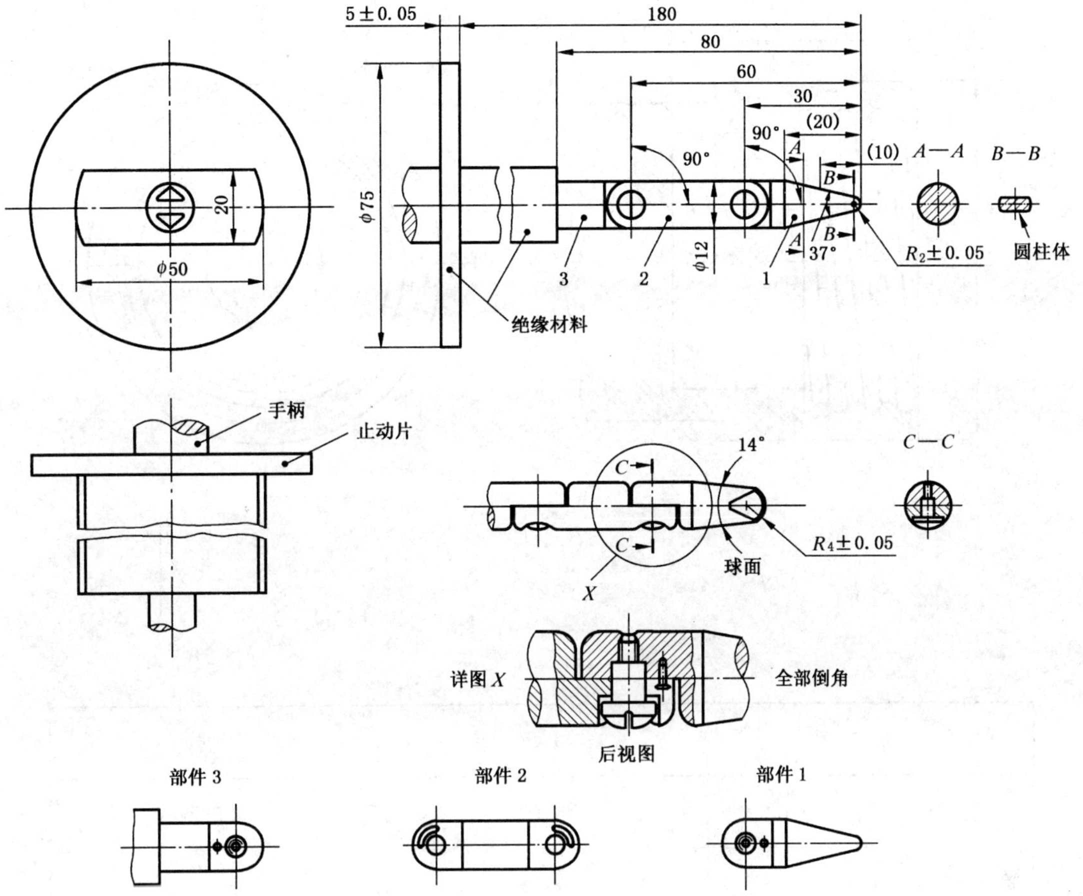

没有具体规定的有关尺寸公差：

角度：$_{-10}^{\ 0}$(°)，长度：不大于 25 mm：$_{-0.05}^{\ 0}$mm

大于 25 mm：±0.2 mm

试验指材料：例如经过热处理的钢。

试验指的两个接合处可以弯曲，但只能向一方向弯曲。

为了把弯曲角度限制在 $90°^{+10°}_{0°}$，采用销子和凹槽来控制只是其中办法之一。因此，这些部件的尺寸与公差在图中没有作规定，实际设计中必须保证可弯曲角度 90°，公差为 0°～+10°。

图 1　标准试验指

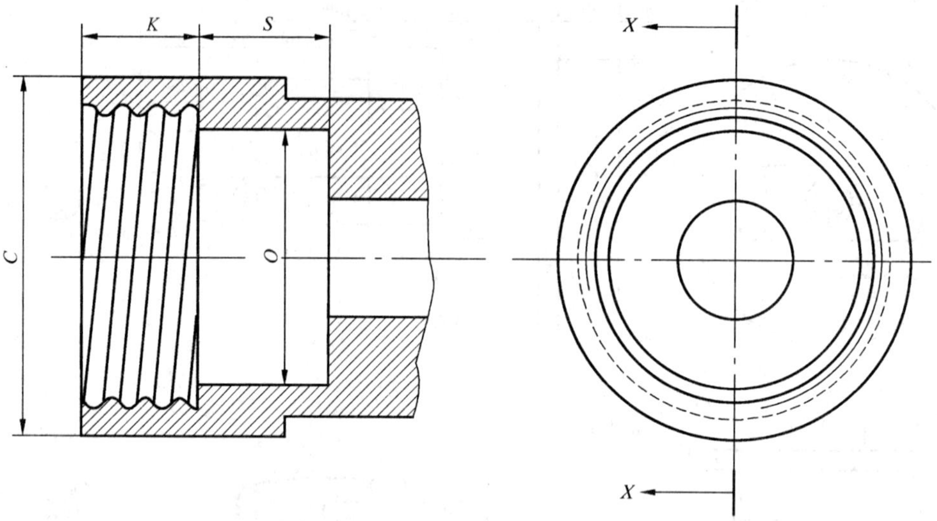

尺寸	E27	公差
C	32.0	最小值
K	11.0	±0.3
O	23.0	±0.1
S	12.0	最小值

其螺纹应符合 GB/T 1406.1 规定的灯座螺纹。

长度单位为毫米。

附图仅表示灯座的基本尺寸。

图 2 装有螺口灯头的灯做扭矩试验用灯座

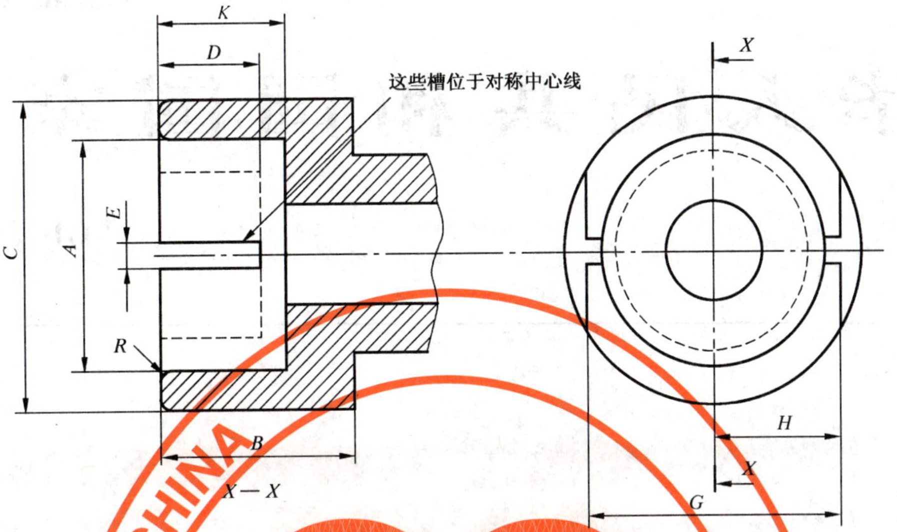

尺寸	B22	公差
A	22.27	+0.03
B	19.0	最小值
C	28.0	最小值
D	9.5	最小值
E	3.0	+0.17
G	24.6	±0.3
H	12.15	最小值
K	12.7	±0.3
R	1.5	近似值

长度单位为毫米。

附图仅表示灯座的基本尺寸。如有疑问，仅需对其进行检验。

图 3　装有卡口式灯头的灯做扭矩试验用灯座

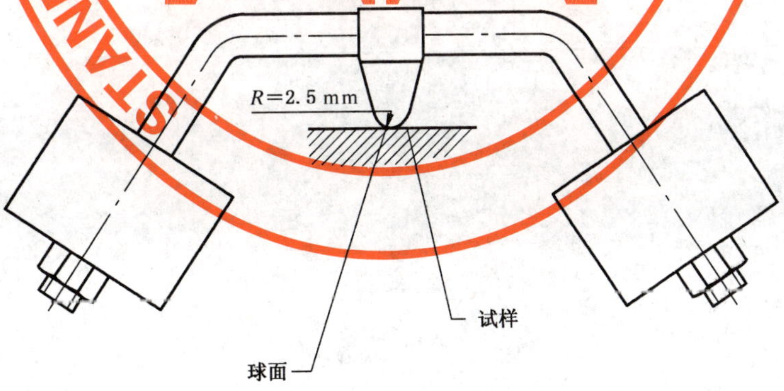

图 4　球压试验装置

ICS 71.100.30
Y 88

中华人民共和国国家标准

GB 21555—2008

烟花爆竹　双响(升空类产品)

**Fireworks and firecrackers—
Double-bang firecracker(product of aerial)**

2008-03-24 发布　　2009-03-01 实施

中华人民共和国国家质量监督检验检疫总局
中国国家标准化管理委员会　发布

前　　言

本标准的第5章为强制性条款，其余为推荐性条款。

本标准根据烟花爆竹行业的市场需求及生产和发展的情况而制定。

本标准的附录A为规范性附录。

本标准由中国轻工业联合会提出。

本标准由全国烟花爆竹标准化技术委员会归口。

本标准起草单位：江苏省乡镇企业烟花爆竹安全质量监督检测中心、河北省蠡县德茂花炮厂、内蒙敖汉旗德茂花炮厂、江苏省高邮市实验烟花爆竹有限公司、江苏省高邮市送桥烟花爆竹有限公司、江苏省高邮市东风花炮厂、江苏省高邮市恒丰花炮厂、江苏省高邮市光华花炮厂。

本标准主要起草人：杜元金、栾立群、李学哲、黄茶香、张继云、李增义、李亚军。

烟花爆竹　双响(升空类产品)

1　范围

本标准规定了双响(升空类产品)的术语和定义、分类、技术要求、试验方法、检验规则及标志、包装、运输、贮存的要求。

本标准适用于双响(升空类产品)。

2　规范性引用文件

下列文件中的条款通过本标准的引用而成为本标准的条款。凡是注日期的引用文件,其随后所有的修改单(不包括勘误的内容)或修订版均不适用于本标准,然而,鼓励根据本标准达成协议的各方研究是否可使用这些文件的最新版本。凡是不注日期的引用文件,其最新版本适用于本标准。

GB 10631—2004　烟花爆竹　安全与质量

GB/T 10632—2004　烟花爆竹　抽样检查规则

QB/T 1942　爆竹　声级值的测定

SN 0306.4—2006　出口烟花爆竹检验规则　第4部分:安全性检验

3　术语和定义

GB 10631—2004确立的以及下列术语和定义适用于本标准。

3.1

双响　double-bang firecracker

外型为圆柱体,主体内分别装填发射药、爆响药,引燃主体产生发射声响后升空,在空中产生第二声爆响(可伴有其他效果)的产品。

3.2

封头　head pressing

把爆响药上部筒口密封。

3.3

封底　end pressing

把发射药下部筒口密封。

3.4

单响　single-explosive

燃放时发射药引爆,而爆响药未点燃;或者发射药未点燃,引线直接引爆爆响药。

3.5

窜结　string-explosive

燃放时,瞬间产生两声爆音后筒体被炸裂的现象。

3.6

低炸　low-explosive

第二响爆炸距离地面在10 m以下发生爆炸的现象。

4　分类

双响分为C级、B级两个级别和一号、二号两种型号,见表1。

表 1 药量和筒体尺寸

级别	型号	最大装药量/g			筒体尺寸/mm		
		单个药量	发射药	爆响药	外径	壁厚 ≥	长度
C	一	8.0	5.0	3.0	28～35	2.5	145～155
B	二	15.0	9.0	6.0	38～45	3.0	195～205

5 技术要求

5.1 外观

应符合 GB 10631—2004 中 5.3 的要求。

5.2 部件

5.2.1 引火线

5.2.1.1 引火线表面整洁干燥，无破损漏药、无空引、无霉变。

5.2.1.2 引火线应在 3 s～6 s 引燃主体。

5.2.1.3 引火线应安装牢固，应能吊起产品的自身重量，并持续 60 s 不脱落。

5.2.1.4 引火线安装部位与燃放说明应在同一视面，点火处应有明显标志。

5.2.2 筒体

5.2.2.1 筒体材料宜用板纸，禁止使用草板纸、金属材料、塑料配件。

5.2.2.2 筒体应粘紧牢固，正常条件下装卸、运输、贮存过程中不开裂，不散筒。

5.2.2.3 筒体外径、壁厚和长度应符合表 1 的要求。

5.2.2.4 筒体底面应平整，筒体直立于地面不得倾倒。

5.2.3 封头、封底

5.2.3.1 封头、封底宜采用手工钉头、拨底工艺，封头、封底应使用密度小于 0.75 g/cm^3 的轻质品或易碎品，禁止使用不散开的硬质品。

5.2.3.2 封头、封底要紧密，不得漏药。

5.3 药种、药量和安全性能

5.3.1 药种

应符合 GB 10631—2004 中 5.5.1 的要求。

5.3.2 药量

5.3.2.1 双响单个最大装药量、发射药和爆响药最大药量应符合表 1 的规定。

5.3.2.2 单个产品最大装药量在 10 g 或 10 g 以上的允许偏差为±10%，在 10 g 以下的允许偏差为±15%。

5.3.3 安全性能

应符合 GB 10631—2004 中 5.5.3 的要求。

5.4 燃放性能

5.4.1 发射高度

5.4.1.1 C 级发射高度大于等于 20 m。

5.4.1.2 B 级发射高度大于等于 30 m。

5.4.1.3 燃放时不得出现窜结、低炸、火险和单响（发射药未点燃，引线直接引爆爆响药）。

5.4.2 发射偏斜角

升空发射偏斜角度小于等于 22.5°。

5.4.3 声级值

爆响的最大声级值小于等于 140 dB。

6 试验方法

6.1 外观

用目测方法进行检验。

6.2 部件

6.2.1 引火线

6.2.1.1 引火线外观：用目测方法进行检验。

6.2.1.2 引火线引燃时间检验：用两块精度不低于 0.1 s 的计时秒表测量引燃时间，取其平均值，采用四舍五入法，精确到 0.1 s。两秒表读数偏差不大于 0.5 s 时，检验结果有效。

6.2.1.3 引火线牢固性检验：用砝码或弹簧秤给引火线施加 100 g 拉力，保持 60 s，引线应不脱落。

6.2.1.4 引火线安装部位：用目测方法进行检验。

6.2.2 筒体

6.2.2.1 筒体材料：用目测方法进行检验。

6.2.2.2 筒体牢固性：将筒体从 50 cm 高处向厚度为 3 cm 的硬木板上自由落下，观察筒体是否开裂、散筒，每个样品重复三次。

6.2.2.3 筒体尺寸

6.2.2.3.1 长度检验：用符合计量要求的计量器具直接对产品的不同方向测量三次，取其平均值。

6.2.2.3.2 壁厚检验：用符合计量要求的计量器具直接对产品的不同位置测量三次，取其平均值。

6.2.2.3.3 外径检验：用符合计量要求的计量器具直接对产品的上中下不同位置、不同方向测量三次，取其平均值。

6.2.3 封头、封底

6.2.3.1 解剖产品，取出封头、封底物，分别测量封头、封底物高度和直径，测算出封头、封底物的体积，用感量千分之一的天平分别称量封头、封底物的质量，即可测出封头、封底物的密度。

6.2.3.2 将主体呈水平状拿住，从 50 cm 高处向厚度为 3 cm 的硬木板上自由落下，观察封头、封底是否散开、漏药，每个样品重复三次。

6.3 药种、药量和安全性能

6.3.1 药种

按 SN 0306.4—2006 中的附录 A 规定执行。

6.3.2 药量

按 SN 0306.4—2006 中的 5.3 规定执行。

6.3.3 安全性能

按 GB 10631—2004 中的 6.4 规定执行。

6.4 燃放性能

6.4.1 发射高度和发射偏斜角度

按 GB 10631—2004 中的 6.5.2、6.5.3 规定执行。

6.4.2 声级值

按 QB/T 1942 规定执行。

7 检验规则

7.1 组批

以相同原材料、相同工艺条件、同一生产线和班次生产的品种、规格相同的产品为一批。

7.2 出厂检验

7.2.1 出厂检验抽样方法：按 GB/T 10632 规定执行。

7.2.2 出厂检验项目:标志、包装、外观、部件、药量、燃放性能。

7.2.3 每批产品应经生产厂家质检部门按本标准规定的方法检验合格,并出具合格证后方可出厂。

7.3 型式检验

有下列情况之一应进行型式检验:

a) 新产品投产前;

b) 停产半年以上再生产时;

c) 原材料、工艺发生重大变化时;

d) 监督检验部门提出要求时。

7.3.1 型式检验抽样方法:按 GB/T 10632—2004 中的 4.1.5 规定执行。

7.3.2 型式检验项目:本标准技术要求中的全部项目。

7.4 验收规则

按 GB/T 10632 规定执行。

7.5 结果判定

按 GB/T 10632—2004 中的 4.4、4.5 和本标准附录 A 规定执行。

8 标志、包装、运输、贮存

8.1 标志

产品标志应注明级别、型号的最大装药量,警示语应注明严禁手持燃放、严禁横放、严禁斜放、严禁倒放,燃放说明应注明燃放时必须垂直于坚硬平整的地面和稳立地面。其余按 GB 10631—2004 中的 5.1 规定执行。

8.2 包装

按 GB 10631—2004 中的 5.2 规定执行。

8.3 运输

按 GB 10631—2004 中的 8.1 规定执行。

8.4 贮存

按 GB 10631—2004 中的 8.2 规定执行。

附 录 A
（规范性附录）
双响缺陷类别

双响缺陷类别见表 A.1。

表 A.1 双响缺陷类别

序号	检验项目	技术要求	试验方法	缺 陷 名 称	缺陷类别
1	外观	5.1	6.1	重霉变，主体严重变形、开裂	a_1
				主体轻度变形，表面有浮药	b_1
				污染，轻度霉变，露头露脚，露白	c_2
2	标志	8.1	按 GB 10631—2004 的 6.1 执行	产品（内包装）无标志，无燃放说明	a_2
				标志不齐，标志内容不清晰，遮盖损坏	b_1
3	包装	8.2	按 GB 10631—2004 的 6.1 执行	内外包装不符合要求	b_1
4	引火线	5.2.1	6.2.1	$t<2$ s	a_1
				2 s$\leqslant t<3$ s，$t>6$ s 霉变，破损，空引，藕节	b_1
				安装不牢固，安装部位不正确，点火处无明显标志	c_1
5	筒体	5.2.2	6.2.2	使用草板纸、金属材料及塑料配件	b_1
				开裂，壁厚低于表 1 要求	a_1
				外径、长度超出表 1 要求	b_1
				筒体底端不平整	b_2
6	封头、封底	5.2.3	6.2.3	使用不散开的硬质品	a_1
				封头、封底不紧密，漏药	a_2
7	药种、药量	5.3.1 5.3.2	6.3.1 6.3.2	使用违禁药物，总药量、发射药、爆响药超出表 1 要求	a_1
				药量超差	c_2
8	安全性能	5.3.3	6.3.3	安全性能不符合 GB 10631—2004 中 5.5.3 要求	b_1
9	燃放性能	5.4	6.4	窜结，低炸，火险，单响（发射药未点燃，引线直接引爆爆响药），声级值$>$140 dB	a_1
				发射高度、发射偏斜角不合格，单响（发射药引爆，而爆响药未点燃）	b_1
				熄引	c_1
注：t 表示实测引火线的燃烧时间，以秒计。					